U0447356

Webots移动机器人仿真实例教程

秦宇飞　刘相权◎著

化学工业出版社
·北京·

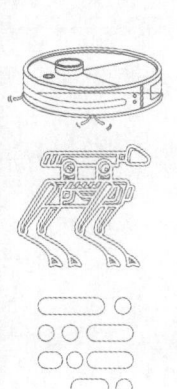

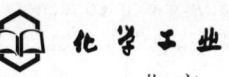

内容简介

《Webots 移动机器人仿真实例教程》全面介绍了 Webots 仿真软件的使用及其在各种机器人领域的应用。本书内容详尽，从 Webots 的基础入门到高级操作，既包括了软件安装、界面操作、节点编辑等基础知识，又涵盖了两轮差速机器人、四轮差速机器人、四足机器人、无人机、水下机器人、人形机器人等多种类型机器人的仿真案例。本书内容特色在于实用性和操作性，通过丰富的案例和详细的步骤指导，帮助读者快速掌握 Webots 的仿真技巧。此外，本书还提供了控制器编程环境的搭建和编程方法，让读者能够自主设计并实现复杂的机器人控制算法。

本书适合机器人专业的学生、科研工作者、工程师以及对机器人仿真感兴趣的读者阅读。无论是初学者还是有一定经验的用户，都能从本书中获得宝贵的指导和启示。通过阅读本书，读者能够更深入地理解 Webots 软件的功能和应用，提升自己在机器人仿真领域的技能和水平。

图书在版编目（CIP）数据

Webots 移动机器人仿真实例教程 / 秦宇飞，刘相权著. -- 北京：化学工业出版社，2025.6. -- ISBN 978-7-122-47547-3

Ⅰ．TP242

中国国家版本馆CIP数据核字第20255F5K90号

责任编辑：雷桐辉
文字编辑：郑云海
责任校对：张茜越
装帧设计：王晓宇

出版发行：化学工业出版社
　　　　（北京市东城区青年湖南街 13 号　邮政编码 100011）
印　　装：天津千鹤文化传播有限公司
787mm×1092mm　1/16　印张 19¾　字数 511 千字
2025 年 7 月北京第 1 版第 1 次印刷

购书咨询：010-64518888　　　　　售后服务：010-64518899
网　　址：http://www.cip.com.cn
凡购买本书，如有缺损质量问题，本社销售中心负责调换。

定　　价：98.00元　　　　　　　　　　版权所有　违者必究

前言
PREFACE

Webots 是一款优秀的移动机器人仿真软件,目前由 Cyberbotics 公司开发和维护。Webots 可以用来模拟各种机器人和环境,用户可以通过它来设计、测试和优化控制算法,以及进行机器人行为的仿真研究。它内置了多种传感器模型,如摄像头、激光雷达、陀螺仪等,可以模拟机器人感知环境的能力。Webots 也支持用户自定义传感器和控制器,可进行运动学和动力学仿真,主要用于机器人和各类自动化系统的建模仿真。该软件在机器人工程专业的教学过程中得到了广泛使用,特别是在"移动机器人定位和导航"课程中,将移动机器人理论知识与算法仿真的动手实践结合在一起,取得了良好的教学效果。限于课时,课程不能覆盖 Webots 软件的各个细节。本书在我校的课程讲义的基础上,增加了更多的节点介绍、更详细的功能描述和更丰富的仿真案例,力图展示 Webots 的功能。因此编撰成书,希望能够从更多的角度来介绍这个软件。

希望读者通过阅读和动手实践,逐步掌握 Webots 软件的使用方法,搭建出自己的机器人仿真场景。学习并理解这类软件的设计思路,可以更容易地学习其他类似的机器人仿真软件。部分章节后提供了练习题,以方便本书作为教材使用。

Webots 是一个功能强大且易于使用的机器人仿真软件,无论是课堂教学、学术研究,还是工程应用,都是一个非常好的选择。

为提升读者的学习体验,本书赠送项目源文件,扫描封底二维码,关注官方公众号,回复关键字"9787122475473",即可获取相应资源。

由于作者水平有限,书中难免有不妥之处,请广大读者批评指正。

秦宇飞　刘相权
于北京信息科技大学

目录 CONTENTS

第 1 章　Webots入门

- 1.1　Webots 简介　001
- 1.2　常用机器人仿真软件对比　002
- 1.3　Webots 安装　003
  - 1.3.1　Webots 软件版本选择　003
  - 1.3.2　Webots 软件安装　005
  - 1.3.3　GitHub 网络安装　007
  - 1.3.4　GitHub 源文件下载安装　009
- 1.4　编译源文件中的控制器程序　011
- 1.5　初识机器人运动仿真　012
  - 1.5.1　切换到中文界面　012
  - 1.5.2　界面风格　012
  - 1.5.3　软件自带的项目示例　013
  - 1.5.4　认识仿真环境　014
  - 1.5.5　编写一个简单的机器人仿真项目　015
  - 1.5.6　Webots 世界文件（.wbt）　023
  - 1.5.7　节点描述文件(.proto)　024
  - 1.5.8　控制器程序　028
- 1.6　Webots 机器人运动仿真项目搭建思路　029
- 1.7　帮助文档及项目示例　029
  - 1.7.1　在线帮助文档　031
  - 1.7.2　及时查看在线帮助文档的方法　032
  - 1.7.3　离线查看帮助文档　032
  - 1.7.4　半离线查看帮助文档　033
  - 1.7.5　项目示例文件　036

第 2 章　Webots基本操作

- 2.1　3D 视图基本操作　037
  - 2.1.1　调整视角　037
  - 2.1.2　移动和旋转对象　037
  - 2.1.3　恢复布局　037
- 2.2　人为施加力操作　038
- 2.3　工具栏　038
  - 2.3.1　仿真时间及仿真速率　039
  - 2.3.2　运行控制　039
  - 2.3.3　渲染　039
  - 2.3.4　录屏和声音　039

2.4 向导菜单 040
　2.4.1 新建项目的主要步骤 040
　2.4.2 新建项目目录向导 040
　2.4.3 新建机器人控制器向导 041
　2.4.4 Webots 控制器程序运行
　　　　原理分析 041
2.5 节点 042
　2.5.1 添加节点 042
　2.5.2 添加节点时无法看到
　　　　缩略图 043
　2.5.3 无法添加基础节点 044
2.6 对象的导出和导入 045
　2.6.1 不同版本的 Webots 对文件
　　　　格式导入和导出的支持 045
　2.6.2 URDF 文件的导入和
　　　　导出 046

2.6.3 外部三维模型导入
　　　（stl、obj、dae）到
　　　Webots2022a 052
2.6.4 wbo 模型的导入和导出 054
2.7 查看菜单 060
　2.7.1 显示坐标系统 060
　2.7.2 恢复视角 061
　2.7.3 视角跟随机器人移动 061
　2.7.4 移动视角到对象 062
　2.7.5 显示摄像头视场 062
　2.7.6 显示接触点 062
2.8 Overlays 菜单 062
2.9 添加声音 063
　2.9.1 添加电机旋转声音 063
　2.9.2 添加碰撞声音 064
2.10 DEF 和 USE 关键字 064

第 3 章　Webots的节点Node

3.1 世界、节点、节点属性 067
3.2 场景树 068
3.3 节点的通用属性 069
　3.3.1 外观调整 069
　3.3.2 位姿和缩放 074
　3.3.3 DEF 和 name 属性 075
3.4 WorldInfo 节点 076
　3.4.1 基本属性 076
　3.4.2 basicTimeStep 基本
　　　　仿真步长 077
　3.4.3 接触属性 contact-
　　　　Properties 077

3.5 TexturedBackgroundLight
　　光源节点 085
3.6 Viewpoint 节点 086
3.7 RectangleArena 地面节点 087
　3.7.1 地面大小 floorSize
　　　　属性 087
　3.7.2 地面外观 floorAppearance
　　　　Parquetry 属性 088
　3.7.3 地面外观 appearance
　　　　PBRAppearance 属性 089
　3.7.4 地面围墙 089
3.8 其他地面 090

- 3.9 实体 Solid 节点 090
  - 3.9.1 基本属性 091
  - 3.9.2 子节点 children 属性 091
  - 3.9.3 物理 physics 属性 092
  - 3.9.4 边界（周界）boundingObject 属性 093
  - 3.9.5 调整实体对象的大小和位姿 097
- 3.10 形状 Shape 节点 097
- 3.11 关节 Joint 节点 098
  - 3.11.1 关节参数 099
  - 3.11.2 设备 device 节点 102
- 3.12 旋转关节 HingeJoint/Hinge2Joint 节点 107
  - 3.12.1 旋转关节 107
  - 3.12.2 编程 109
  - 3.12.3 示例1：简单旋转关节 109
  - 3.12.4 示例2：关节的参数调节 110
- 3.13 滑动关节 SliderJoint 节点 111
  - 3.13.1 滑动关节参数 111
  - 3.13.2 示例1：简单滑动关节 111
  - 3.13.3 示例2：滑动关节对比 113
  - 3.13.4 示例3：滑动关节实现弹簧效果 114
- 3.14 球关节 BallJoint 节点 114
- 3.15 机器人 Robot 节点 115
  - 3.15.1 机器人控制器 controller 116
  - 3.15.2 机器人控制器周期执行函数 wb_robot_step() 116
  - 3.15.3 机器人控制器与仿真器并行执行 118
  - 3.15.4 同步与异步控制器 synchronization 119
  - 3.15.5 自碰撞检测 selfCollision 119
  - 3.15.6 显示机器人窗口 119
  - 3.15.7 Controller 属性 120
- 3.16 组 Group 节点 120
- 3.17 位姿变换 Transform 节点 121
- 3.18 发射器 Emitter 和接收器 Receiver 节点 122
  - 3.18.1 发射器节点 Emitter 123
  - 3.18.2 接收器节点 Receiver 124
  - 3.18.3 函数及示例 125
- 3.19 LED 节点 127
- 3.20 GPS 节点 128
  - 3.20.1 描述及属性 128
  - 3.20.2 函数及示例 129
- 3.21 陀螺仪 Gyro 节点 130
  - 3.21.1 描述及属性 130
  - 3.21.2 函数及示例 131
- 3.22 罗盘 Compass 节点 132
  - 3.22.1 描述及属性 132
  - 3.22.2 函数及示例 133
- 3.23 惯性 InertialUnit 节点（IMU） 134
  - 3.23.1 描述及属性 134

3.23.2	函数及示例	134
3.24	监控 Supervisor 节点	136
3.25	距离传感器 DistanceSensor 节点	136
3.25.1	属性	137
3.25.2	红外距离传感器	140
3.25.3	声呐传感器	140
3.25.4	编程	140
3.25.5	距离传感器示例	141
3.26	接触传感器 TouchSensor 节点	141
3.26.1	描述及属性	141
3.26.2	示例	142
3.27	螺旋桨 Propeller 节点	143
3.27.1	螺旋桨的推力和扭矩	143
3.27.2	螺旋桨的旋转方向和推力/扭矩方向	146
3.27.3	函数及示例	146
3.28	履带 Track 节点及履带轮 TrackWheel 节点	149
3.28.1	描述及属性	149
3.28.2	示例	152
3.29	流体 Fluid 节点及浸没属性 immersionProperties 节点	153
3.29.1	流体 Fluid 节点描述及属性	153
3.29.2	浸没属性 immersionProperties 节点	154
3.29.3	示例 1：浮力	156
3.29.4	示例 2：拖曳力之推动力	157
3.29.5	示例 3：拖曳力之黏滞力	158
3.30	阻尼 Damping 节点	159
3.30.1	描述及属性	159
3.30.2	示例	159
3.31	摄像机 Camera 节点	160
3.31.1	描述及属性	160
3.31.2	相机的识别功能	161
3.31.3	保存相机图像到指定位置	163
3.32	顶点 3D 形状 IndexedFaceSet 节点	164
3.33	皮肤 Skin 节点	164
3.34	键盘输入	165
3.34.1	编程	166
3.34.2	键盘示例代码	166
3.35	仿真项目编辑流程	167

第 4 章　Webots控制器编程环境搭建

4.1	Python 编程	168
4.1.1	Python 和 Webots 联合仿真原理	168
4.1.2	Python 环境设置	168
4.1.3	使用 PyCharm 运行 Python 控制器	169

- 4.1.4 使用 Python 解释器运行 Python 控制器 172
- 4.2 Matlab 编程 174
  - 4.2.1 Matlab 和 Webots 联合仿真原理 174
  - 4.2.2 Matlab 环境设置 174
  - 4.2.3 Matlab 控制器程序使用 177
- 4.3 Visual Studio 和 Webots 联合仿真 177
  - 4.3.1 Visual Studio 和 Webots 联合仿真原理 177
  - 4.3.2 Webots 设置 178
  - 4.3.3 Visual Studio 控制器程序使用 180
- 4.4 机器人窗口插件 Robot Window Plugin 181
  - 4.4.1 机器人窗口设置和使用 181
  - 4.4.2 机器人窗口工作原理分析 182
  - 4.4.3 机器人窗口补充说明 182
- 4.5 文件读写操作 183

第 5 章　Webots编程

- 5.1 控制器程序编程 184
  - 5.1.1 编码格式与习惯 184
  - 5.1.2 HelloWorld 示例 185
  - 5.1.3 读传感器示例 186
  - 5.1.4 使用执行器示例 188
  - 5.1.5 程序和场景对象的接口 189
  - 5.1.6 仿真周期和控制周期 189
  - 5.1.7 向控制器程序传递参数（C 语言） 190
  - 5.1.8 向控制器传递参数（Python） 191
  - 5.1.9 多个机器人使用相同的控制器程序 192
  - 5.1.10 控制器程序退出 193
  - 5.1.11 Webots 中的包含头文件 193
- 5.2 监控 Supervisor 节点编程 194
  - 5.2.1 Supervisor 节点工作原理 194
  - 5.2.2 Supervisor 节点示例 1：基本操作 195
  - 5.2.3 Supervisor 节点示例 2：为场景对象施加力和力矩 198
  - 5.2.4 Supervisor 节点常用函数和操作 200
- 5.3 C 语言程序框架 209
- 5.4 Python 语言程序框架 210
  - 5.4.1 无监督的程序框架 210
  - 5.4.2 有监督的程序框架 211
- 5.5 C 语言与 Python 语言编程的运行差异 214

5.6	常用的库	215	
5.7	常用函数	215	
	5.7.1 打印输出 printf()	215	
	5.7.2 格式化输出 ANSI_PRINTF_IN_BLACK()	216	
	5.7.3 返回仿真步长 wb_robot_get_basic_time_step()	218	
	5.7.4 返回以秒为单位的系统仿真模拟时间 wb_robot_get_time()	218	
	5.7.5 返回项目路径 wb_robot_get_project_path()	219	
	5.7.6 C 语言机器人初始化 wb_robot_init() 与清理环境 wb_robot_cleanup()	219	
	5.7.7 获取对象句柄 wb_robot_get_device()	219	
	5.7.8 设置电机位置 wb_motor_set_position()	219	
	5.7.9 设置电机速度 wb_motor_set_velocity()	220	
	5.7.10 获取电机速度 wb_motor_get_velocity()	220	
	5.7.11 延时 wb_robot_step() 和自定义函数	221	

第 6 章　两轮差速机器人仿真

6.1 搭建两轮差速机器人模型	222	
6.1.1 添加机器人节点和车体	223	
6.1.2 添加差速车轮	223	
6.1.3 添加球轮	224	
6.2 编写控制器程序	224	
6.3 练习题：搭建两轮差速巡线机器人	225	

第 7 章　四轮差速机器人仿真

7.1 搭建基本的四轮差速机器人	226	
7.2 搭建具有基本避障功能的四轮差速机器人	230	
7.3 练习题 1：搭建四轮差速巡线机器人	232	
7.4 练习题 2：利用四轮差速机器人实现 Bug2 算法	232	

第 8 章　机器人底盘仿真

8.1 全向轮的仿真	233	
8.1.1 全向轮仿真结构	233	

	8.1.2 全向轮的控制	235		小车	239
8.2	麦克纳姆轮的仿真	236		8.2.3 麦克纳姆轮小车的控制	240
	8.2.1 麦克纳姆轮仿真结构	236	8.3	练习题：RoboCup 机器人大赛中	
	8.2.2 设计自己的麦克纳姆轮			型组仿真系统	242

第 9 章 四足机器人仿真

9.1	四足机器人模型的搭建	244		9.1.6 添加机器人另外三条腿	256
	9.1.1 使用向导建立项目	245	9.2	添加机器人控制器程序	258
	9.1.2 添加机器人 Robot			9.2.1 单腿逆运动学分析	258
	节点	246		9.2.2 walk 步态的说明	261
	9.1.3 添加机器人身体	246		9.2.3 trot 步态的说明	262
	9.1.4 添加机器人头部	248	9.3	练习题：机器狗越障	263
	9.1.5 添加机器人右前腿	248			

第 10 章 无人机仿真

10.1	直升机仿真	264		10.2.3 PID 控制算法	268
10.2	四旋翼仿真	265		10.2.4 仿真	268
	10.2.1 飞行原理	266	10.3	练习题：四旋翼无人机	
	10.2.2 飞行控制系统	268		群控	271

第 11 章 水下机器人仿真

11.1	水下螺旋桨推进机器人	272		11.2.2 animated_skin 仿真	
11.2	水下仿生机器人	272		案例	276
	11.2.1 salamander 仿真		11.3	练习题：螺旋桨水下机器人	
	案例	272		仿真	277

第 12 章　人形机器人仿真

- 12.1　场景分析　279
  - 12.1.1　机器人类型转换　279
- 12.1.2　机器人关节及连杆　279
- 12.2　程序分析　281

第 13 章　串联机器人仿真

- 13.1　使用 Python 的 ikpy 库　288
- 13.2　利用 utils\motion.h 播放关节角的动作序列　290
- 13.3　练习题：协作机器人抓取物体　291

第 14 章　轮椅机器人仿真

第 15 章　软件使用技巧

- 15.1　仿真软件中的对象大小　294
- 15.2　场景编辑的撤销功能　294
- 15.3　保存功能　294
- 15.4　软件的易用性操作　295
- 15.5　纹理、模型等资源文件的放置位置　296
- 15.6　360 安全软件和杀毒软件　296
- 15.7　场景对象旋转 90°　297
  - 15.7.1　FLU、ENU 和 RUB、NUE 坐标系统　298
  - 15.7.2　解决办法　299
- 15.8　节点无法显示 missing proto icon　301
- 15.9　地面似乎有弹性　302
- 15.10　从动轮的实现　303
- 15.11　移动机器人的控制　303
- 15.12　其他　304

第 1 章
Webots 入门

1.1 Webots 简介

  Webots 是一款开源多平台机器人仿真软件，用于机器人建模、编程和仿真，尤其擅长移动机器人的开发。Webots 诞生于 20 世纪 90 年代，由瑞士洛桑联邦理工学院（EPFL）的微信息学实验室（LAMI）开发，用于研究移动机器人中的各种控制算法，后由 Cyberbotics 公司进一步开发和商业化。Webots 可运行在 Windows、MacOS 和 Linux 操作系统之上。Webots 支持 C、C++、Python、Matlab 和 ROS 等多种编程语言和开发环境。本书主要使用 C 和 Python 进行控制器编程。Webots 的核心模块包括物理引擎 ODE 和 OpenGL 等，可以仿真机器人及其所处环境的物理特性，模拟模型的质量、转动惯量和摩擦因数等各种物理参数，还原真实世界中物体的运动情况。

  Webots 为用户提供了完整的开发环境来实现机器人的建模、编程和仿真，用户可以在其他专业三维建模软件中构建物体模型，再导入 Webots 中。此外，Webots 自带的模型库中不但提供了常用的机器人模型，也提供了搭建自定义仿真环境和机器人模型的接口，以实现自定义机器人的建模。设计的机器人在 Webots 中进行控制器编程和仿真，经过不断改进和迭代，模型仿真成功之后，就可以进行真实机器人的研发和制造，再通过现实环境进行验证。因此，Webots 为开发设计机器人节约了大量的时间与经费，也降低了从事机器人研究的门槛。

  Webots 非常适合于移动机器人相关的研究和教育项目。多年来，Webots 在以下方面发挥了重要作用：
- 机器人算法学习（运动学、强化学习、大模型等）；
- 移动机器人原型制作（汽车、航空航天、吸尘器、玩具等）；
- 机器人运动研究（类人机器人、四足及多足机器人等）；
- 多智能体研究（群体智能、足球机器人、无人机群控等）；
- 自适应行为研究（遗传算法、神经网络、人工智能等）。

  Webots 官网提供了多种版本的安装包和源码，可免费下载，也提供了收费的服务，区别在于技术支持的不同，如图 1-1 所示。

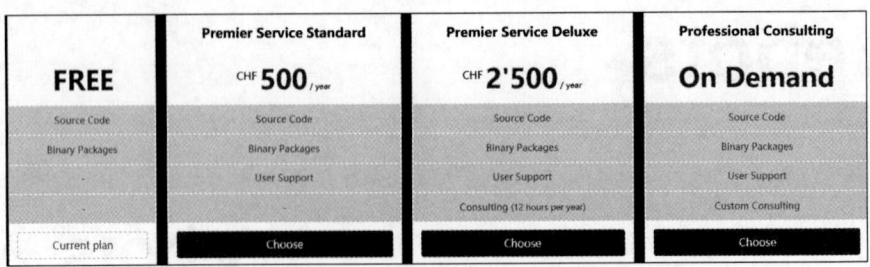

图1-1　Webots 官网的软件服务区别（2024 年 5 月）

1.2 常用机器人仿真软件对比

随着机器人技术的快速进步，新的机器人仿真软件不断出现。目前，常见的机器人仿真软件可分为两大类：

① 离线编程软件：专用于工业机器人的现场实施，更偏向工业机器人的生产应用。离线编程软件可生成机器人语言，为指定品牌的工业机器人编程。如：ABB 机器人的 RobotStudio，KUKA 机器人的 KUKA Sim Pro，Fanuc 机器人的 RobotGuide，面向多种工业机器人的 SprutCAM 和 Robotmaster，等。这类软件通常没有物理引擎，不能进行动力学仿真，一般由工业机器人主机厂提供。

② 机器人动力学仿真软件：用于机器人的研发，专注于机器人本身的研究，常用于研发人员。Matlab、ADAMS 也可以算作这类软件，但大部分仿真软件包含有物理引擎，如本书介绍的 Webots，以及 Gazebo、CoppeliaSim、PyRep（基于 CoppeliaSim/V-REP 构建）、MuJoCo（物理引擎，多用于强化学习、软体机器人、多关节接触动力学，入门难度较高）等。

对于机器人初学者，CoppeliaSim、Gazebo 和 Webots 是三个常用的机器人仿真软件，其特点对比如表 1-1 所示。读者可根据自己需要选择使用。

表1-1　CoppeliaSim、Gazebo和Webots对比

项目	CoppeliaSim	Gazebo	Webots
仿真类型	固定操作机器人	ROS 配套，机械臂和移动机器人均可以	移动机器人
物理引擎	ODE/Bullet/Vortex/Newton	ODE/Bullet/Simbody/DART	ODE
支持平台	Windows/Linux/MacOS	Windows/Linux/MacOS	Windows/Linux/MacOS
上手难度	中等	难，对编程能力要求很高	简单
图形界面	好	多数功能需要编程实现，没有图形界面	好
模型格式	OBJ，STL，URDF	SDF/URDF, OBJ, STL, Collada	WBT, VRML, X3D, 3DS, BVH, Collada, FBX, STL, OBJ, URDF
脚本语言	Lua，Python（V4.3）	C,C++,Python，SDF	C,C++,Python,Java,Matlab
外部 API	C, C++, Python, Java, Matlab, ROS	C++、ROS 等	C,C++,Python,Java,Matlab,ROS
异常处理	好，故障恢复能力强	闪退；无法保存（需要不断点最小化刷新显示）	差，3D 场景的撤销功能不好用

续表

项目	CoppeliaSim	Gazebo	Webots
模型库	多种机器人模型及组件	依赖于 ROS 包，很丰富	多种机器人模型及组件
声音仿真	无	由 ROS 的其他包实现	有
视觉效果	一般	一般	好
稳定性	极好	严重依赖于编程质量	差
流体仿真	无	好	好
摩擦力支持	一般	极佳	极佳
软件中创建基础对象	可以	可以	不可以
逆运动学	有自带的运动学模块，可方便地进行串联机器人逆解计算	由 ROS 的其他包计算	无专门的逆解计算，由用户自己的程序实现
运行模式	控制器与仿真同一进程，可靠性高	服务器、客户端模式	控制器与仿真不同进程，可靠性低
关节的力	支持电机力模式	支持	支持关节摩擦力、弹簧力、关节阻尼常数等
电池模拟	无	无	有
软皮肤模拟	无	无	有
项目文件	1 个项目文件	多个	多个

一般情况下对三个软件的选择建议是：若需要对移动机器人进行仿真，那么使用 Webots；若需要对串联机器人仿真，即机械臂仿真，那么使用 CoppeliaSim；若是复合机器人仿真，那么使用 CoppeliaSim。

总之，Webots 是一款仿真效果逼真的移动机器人仿真软件，它甚至可以仿真扫地机器人擦有灰尘的地面的场景（参见 1.5.5 节）。

1.3 Webots 安装

1.3.1 Webots 软件版本选择

Webots 软件以年份 + "a" 或 "b" 命名，类似于 Matlab 的命名，一般上半年出 a 版，下半年出 b 版。

虽然 Webots 支持多种操作系统，但是 Webots 对 Windows 的支持是最好的，仿真软件会对场景进行渲染，Webots 对 NVIDIA 显示的支持也是最好的。MacOS 电脑不太适合做 Webots 的开发，虽然可以在 MacOS 上安装运行 Windows 的虚拟机，但是可能会出现路径问题（斜杠和反斜杠路径表示）和显卡硬件的问题，如图 1-2 所示，因此，不推荐使用 MacOS 电脑做 Webots 仿真。

不同的 Webots 版本对第三方设计软件生成的文件（STL、URDF）导入的支持程度不同，请参见后文。有时需要来回切换版本，非常不便。

由于网络质量的问题，2022b、2023a 及后续版本安装好之后，经常会出现各种软件未安装完全的报错，此时连最基础的地面也无法添加，如图 1-3、图 1-4 所示。

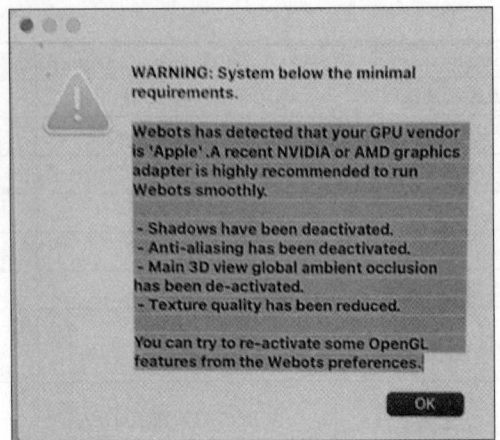

图 1-2　Mac 运行 Webots 可能出现的情况

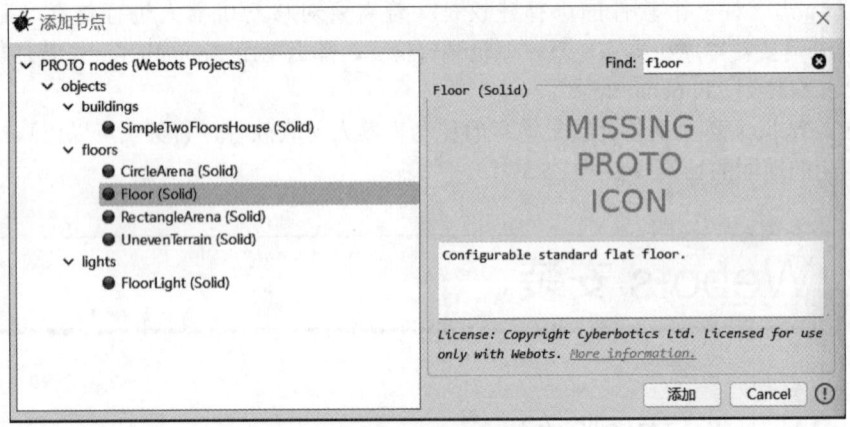

图 1-3　软件未完全安装导致的 2022b、2023a 及后续版本的报错

图 1-4　无法添加地面的严重情况

注意

使用本书介绍的替换 Project 文件夹的方法也不好用。若出现此种情况，可以安装 2021a，这个版本大小为 1.6GB，包含了全部素材，不依赖网络，安装好之后就可以直接使用。2021a 的后续版本，为了减小安装包的大小，其素材需从网络下载。

1.3.2 Webots 软件安装

本书使用 Webots R2022b 进行演示。

安装条件：为保证软件流畅运行，最好在有独立显卡的电脑上运行，运行流畅程度与配置成正比。

操作系统：Windows/Linux/MacOS。

> 在 Linux 中源码编译安装 Webots，不要在 Windows 中下载源码。直接在 Linux 中下载源码，不然会有文件格式问题导致的一系列问题。

本节介绍在 Windows 系统下的安装方法。

在官网可以直接下载各版本的软件安装程序，如图 1-5 所示。图 1-6 是软件版本信息。

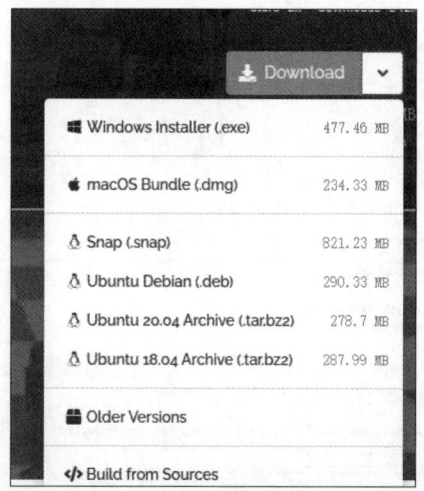

图 1-5 各平台的软件安装包

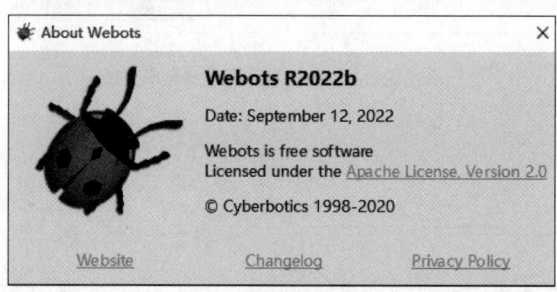

图 1-6 软件版本信息

安装之前，关闭各种杀毒软件、防火墙软件，否则会出现如图 1-7 所示的界面。

图 1-7　未关闭各种安全类软件出现的界面

运行安装包，选择安装对象、安装路径，如图 1-8、图 1-9 所示。

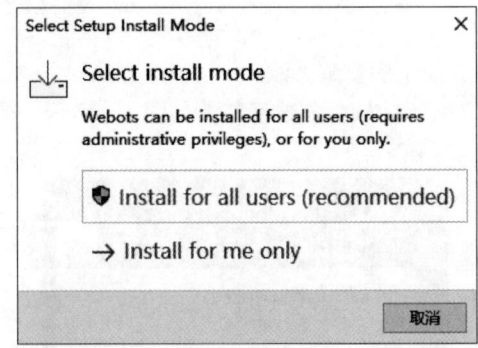

图 1-8　Webots 安装（为所有用户安装）

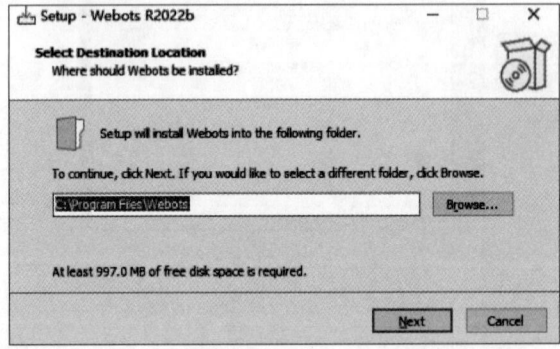

图 1-9　Webots 安装路径（不要有中文字符）

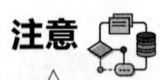

注意

为了避免软件使用过程中的问题，Webots 一定要安装到英文的路径下，安装路径不要出现中文字符。

安装程序时将复制很多小文件，此处用时较长（图 1-10）。

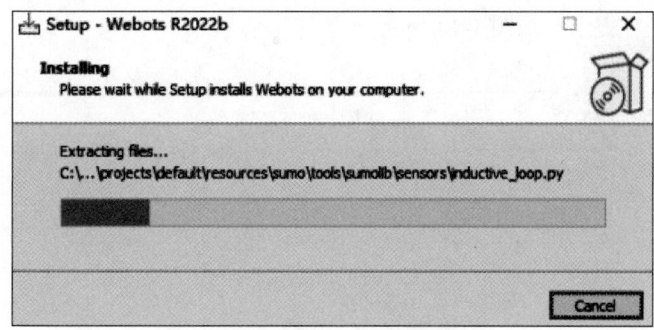

图 1-10　Webots 安装中

安装完成（图 1-11）。

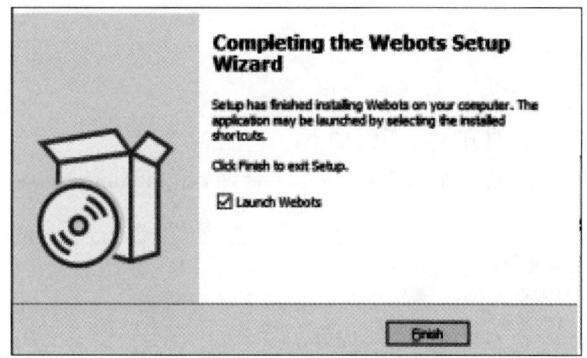

图 1-11　Webots 安装完成

若没有十分良好的网络连接，启动软件后，将出现如图 1-12 所示窗口并无限期加载，解决办法参见下节。

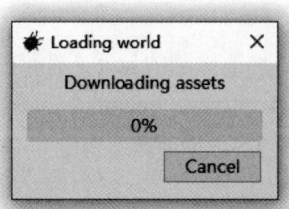

图 1-12　Webots 安装后启动出现的加载窗口

1.3.3　GitHub 网络安装

从 2021b 版开始，官方为降低软件的安装包大小，不再预安装材质文件。当需要使用对应材质时，Webots 将自动访问对应的 GitHub 地址下载，如图 1-13 所示。但是由于国内经常无法访问 GitHub，相关材质无法被正确下载，从而产生报错或无法完成预期的显示效果。在 Downloading assets 的过程中，请耐心等待下载完成。如果出现无法下载的情况，Webots 界面下方会出现红字提示，如图 1-14 所示。

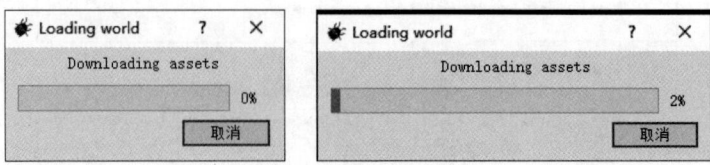

图 1-13　下载资源

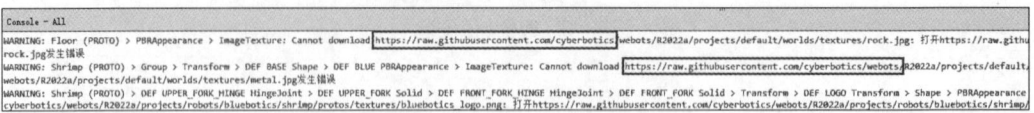

图 1-14　GitHub 报错提示

有两种解决办法：
① 保证良好的网络质量，即可正常下载 assets。
② 采用更改 hosts 文件的方式。步骤如下：
a．登录 IP 地址查询网站，如图 1-15 所示，查询 raw.githubusercontent.com 的 IP 地址。

图 1-15　IP 地址查询工具

b．以管理员登录或者其他方式修改电脑的 host 文件，host 文件位于 C:\Windows\System32\drivers\etc。将 IP 地址和主机名 raw.githubusercontent.com 写入 hosts 文件并保存，如图 1-16 所示。

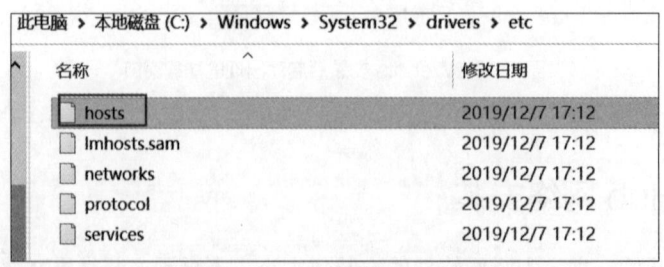

图 1-16　hosts 文件位置

> 为 hosts 文件添加内容时，IP 地址行前不能有 "#"，"#" 代表注释，如图 1-17 所示。
>
>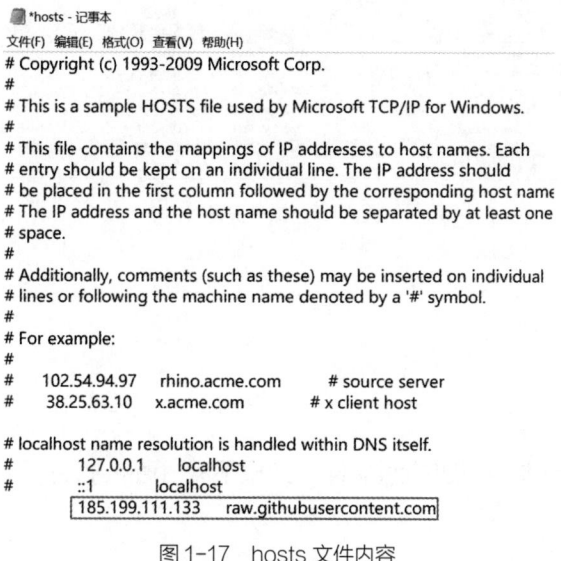
>
> 图 1-17　hosts 文件内容

c．重启电脑。
d．完成。

1.3.4　GitHub 源文件下载安装

若对 Webots 不是很熟悉，建议跳过本节。学完本章后再来看本节。

可以直接从 GitHub 上将 Webots 的源码下载到电脑，如图 1-18 所示，将源码中的 project 文件夹复制到本机 Webots 的安装路径下，运行 Webots 就不会出现 "Downloading assets" 的提示了。但是因为库文件变大，Webots 添加对象的速度会变慢。

源码路径：https://github.com/cyberbotics/Webots/releases/tag/R2022b。

图 1-18　下载源码

例如：Webots2022b 软件安装完成之后的 project 文件夹大小接近 300MB，解压源码文件 ，将其中的 projects 文件夹（大小约 1GB）复制到软件安装目录，替换原来的 projectsOld 文件夹，如图 1-19 所示。

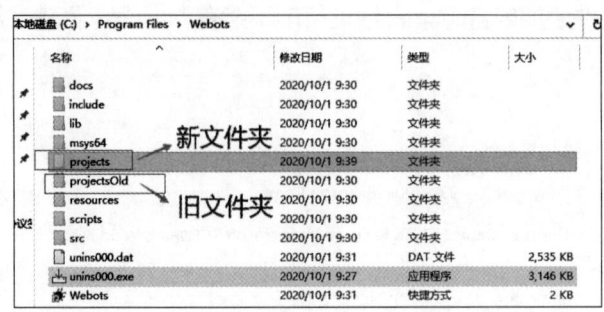

图 1-19　文件夹替换

> **注意**
>
> 要下载软件版本相对应的源文件，如果下载 master，请查看是否与自己的版本一致。

同样，也可以将源文件中的 docs 文件夹全部复制到安装路径中的 docs 文件夹下，以便使用离线帮助。

> **注意**
>
> 在下载的 Webots2022b 对应的源文件中并没有编译好的控制器程序。因此，使用本方法复制过来的源代码在执行之前要重新编译，生成控制器程序，才可以正常运行。

例如，图 1-20 的报错就是这个原因，其中提示使用默认的 generic.exe 来替换未找到的控制器程序。

```
WARNING: generic_traffic_light: Could not find controller file:
WARNING: generic_traffic_light: Expected either: generic_traffic_light.exe, generic_traffic_light.jar, generic_traffic_light
INFO: generic_traffic_light: Try to compile the C/C++ source code, to get a new executable file.
WARNING: generic_traffic_light: Starts the <generic> controller instead.
INFO: <generic>: Starting controller: "C:\Program Files\Webots\resources\projects\controllers\generic\generic.exe" 30 30 r
```

图 1-20　默认的控制器程序替换

1.4 编译源文件中的控制器程序

打开控制器源代码,点击工具栏的编译按钮,如图 1-21 所示。

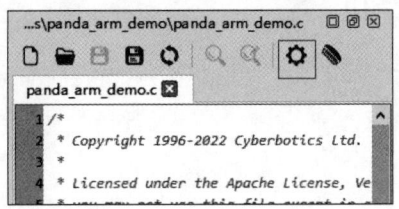

图 1-21 工具栏的编译按钮

这里提示选择一个存放控制器程序的位置,在电脑中选择一个空文件夹,或让 Webots 自己创建,如图 1-22 所示。

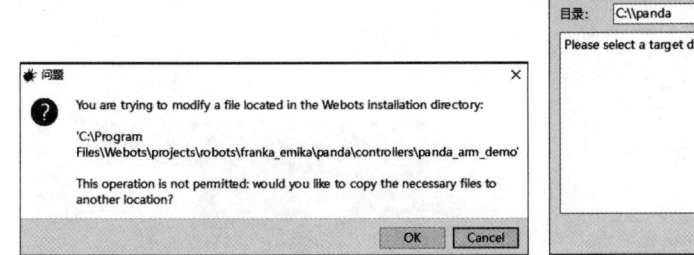

图 1-22 重新选择存放控制器程序的位置

设置完成之后,等待出现编译信息,Webot 将自动编译,或者手动点击编译按钮,直到编译成功,如图 1-23 所示。

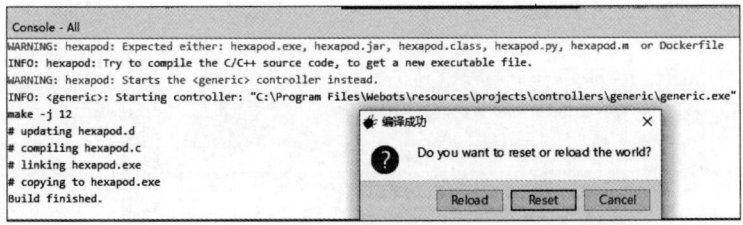

图 1-23 编译

点击"Reload"重新加载,或点击"Reset"之后再点击运行按钮。

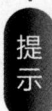

提示　有时,Webots 自带的案例过于复杂,涉及多个文件夹,此时编译要注意将相关的源程序全部重新编译。因为复制过来的源文件并没有编译好的可执行控制器程序。

1.5 初识机器人运动仿真

1.5.1 切换到中文界面

启动以后系统默认是英文，可以在"Tools"→"Preference"→"Language"里面切换成中文。

1.5.2 界面风格

安装完 Webots 后，首次运行可执行程序 ![icon] 将出现界面风格选择界面，可选亮色（经典）、深色、浅深色。根据自己的喜好进行选择，如图 1-24～图 1-26 所示。

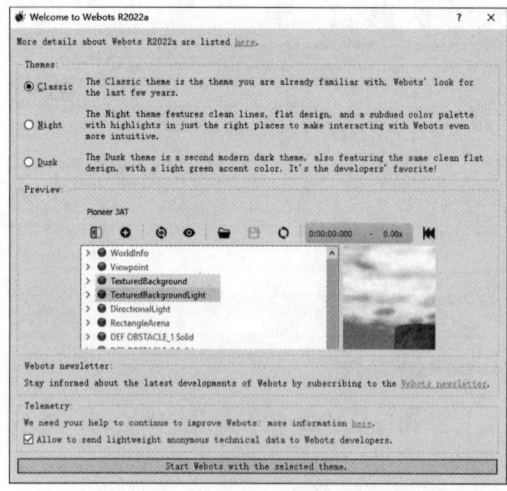

图 1-24　Webots 界面风格 - 经典　　　　图 1-25　Webots 界面风格 - 深色

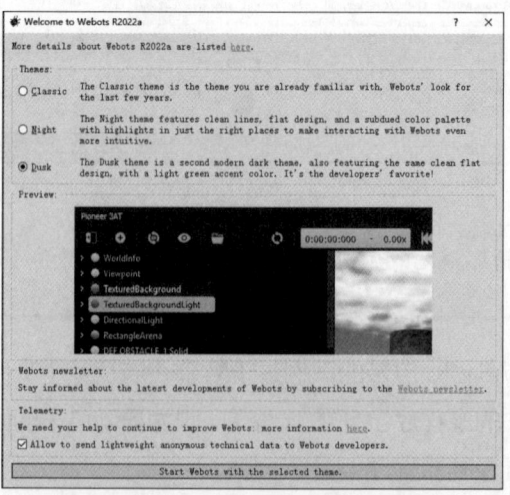

图 1-26　Webots 界面风格 - 浅深色

也可以在软件的"工具"→"首选项"界面中随时切换界面风格，如图 1-27 所示。

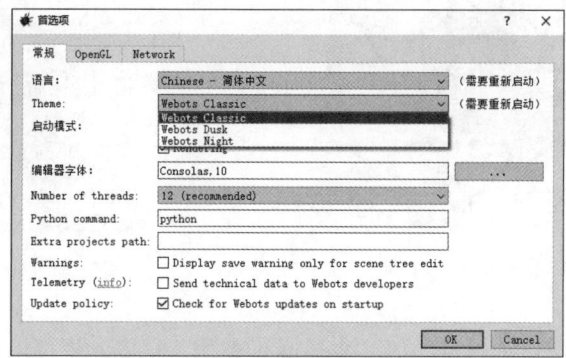

图 1-27　界面风格切换

1.5.3　软件自带的项目示例

Webots 软件提供了丰富的案例可供学习和参考。若软件提供的案例与自己要仿真的机器人很类似，那么就可以直接在软件提供的案例基础上进行修改，以减少工作量。

点击菜单"Help"→"Webots Guided Tour"，可打开项目示例，如图 1-28 所示。选中示例项目之后，软件自动加载，点击"Next"，切换到下一个示例。

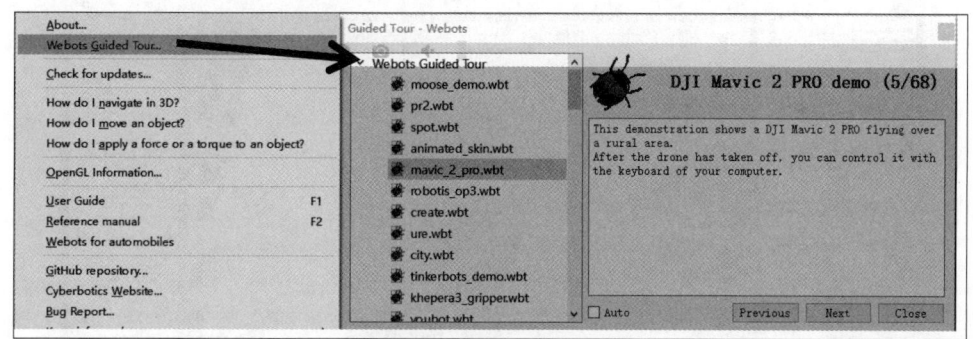

图 1-28　Webots 示例

部分示例截图如图 1-29 ～图 1-32 所示。

　　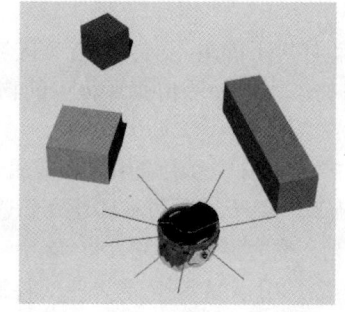

图 1-29　robotis_op3.wbt 示例　　图 1-30　e-puck_line_demo.wbt 示例

图1-31 mantis.wbt 示例

图1-32 soccer.wbt 示例

通过查看这些示例仿真项目，学习 Webots 的使用，很多元素可以直接借鉴和使用，以加快仿真环境的搭建。

1.5.4 认识仿真环境

Webots 启动之后，会自动打开上一次用过的仿真项目。若是第一次打开，则自动打开示例项目列表。

任意打开一个示例中的仿真项目，本例为 range_finder.wbt，如图1-33 所示。

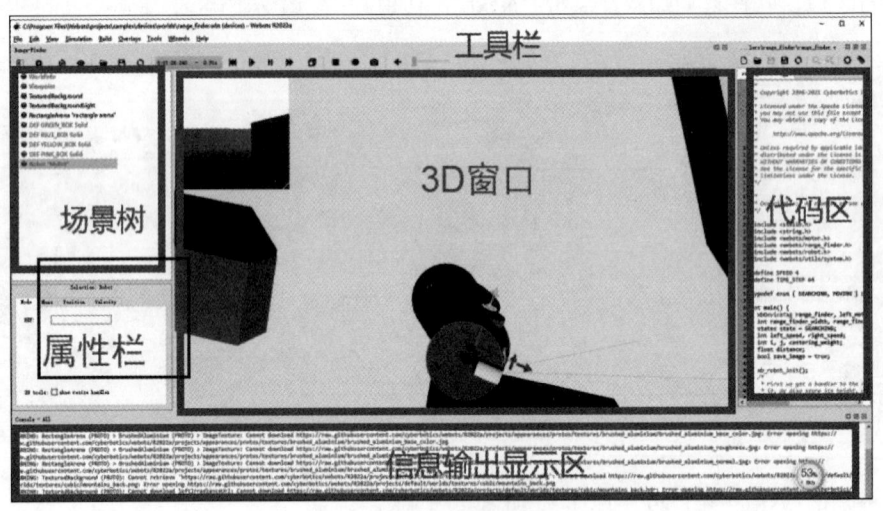
图1-33 Webots 仿真环境

软件编辑环境下的主界面分为五个区域。

① 场景树。用于显示仿真环境中的物体属性，鼠标双击仿真环境中的物体即可看到场景树中对应的信息。

② 属性栏。在场景树中选中对象或属性后，在此设置属性值。

③ 3D 窗口。用于显示仿真环境（新建后系统默认显示一个棋盘形的平地，并带有默认的视角、灯光、重力加速度等）。

④ 代码区。用于显示世界文件或控制器的代码，Webots 自带 IDE（MinGW，编程语言支持 C/C++、Python、Java 等），也可以用其他集成开发环境（IDE），如 Visual Studio、

Matlab 等。该界面可以运用多种计算机语言对机器人传感和驱动系统进行控制，写入相应的算法，编译后就可以看到机器人在仿真界面里的运动。

⑤ 信息输出显示区（也叫控制台）。用于显示调试信息和控制器的输出信息。

此外，双击场景中的对象，可以弹出对象关联的信息窗口，如图 1-34 所示，单击机器人，将出现机器人传感器的信息窗口。

若软件编辑环境发生改变，例如找不到属性栏，需要重置软件编辑环境，可以点击"工具→恢复布局"。

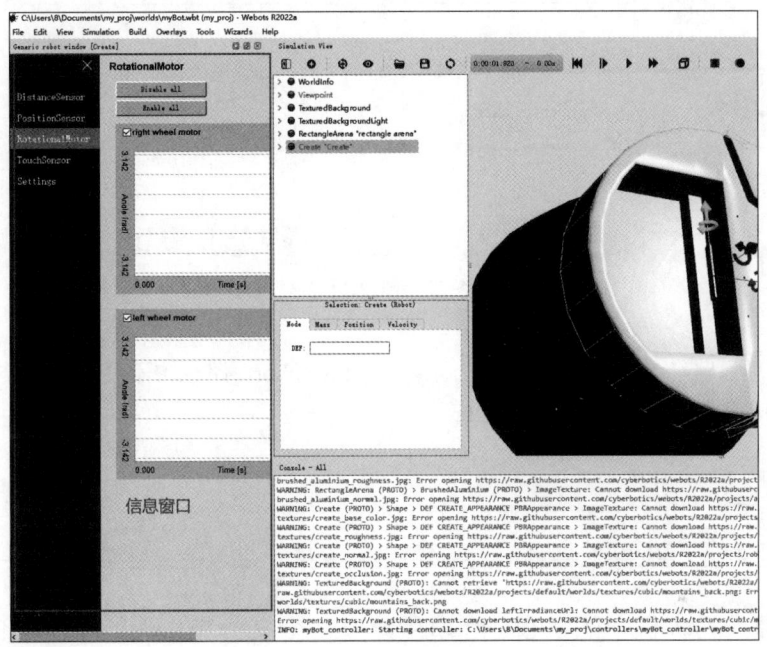

图 1-34　信息窗口

1.5.5　编写一个简单的机器人仿真项目

> Webots 的撤销功能在大部分情况下是无效的。所以项目修改之后，务必手动点击"保存"！

项目文件：myRobot

本示例通过搭建一个最基本的机器人仿真，帮助读者了解 Webots 的基本使用方法。

操作步骤如下：

① 使用向导新建项目（图 1-35、图 1-36）。

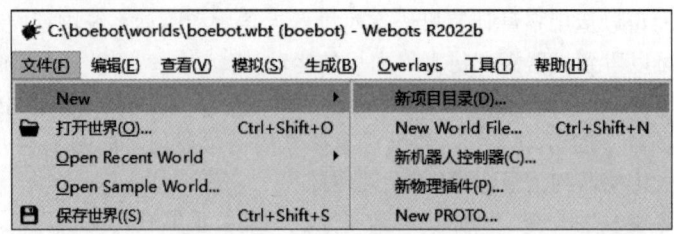

图 1-35 启动新建项目向导

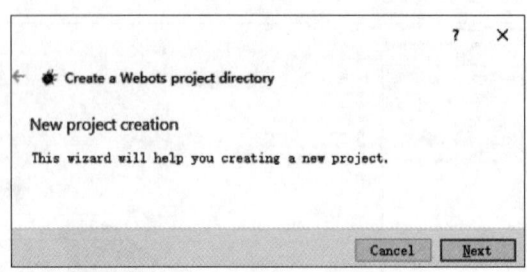

图 1-36 新建项目向导

② 选择项目路径。本示例路径为 C:\my_proj\myRobot，路径中不要出现中文字符。如果电脑的当前用户名为中文，要修改为英文。

要提前为本机中的 Webots 项目建立一个文件夹，例如本例中的 my_project，如图 1-37 所示。

图 1-37 选择目录

③ 世界（仿真环境）设置。这里应将四个选项都勾选，若不勾选，则生成的场景不包含相应场景内容，如图 1-38 所示。四个选项的含义分别如下：

- Center view point：添加中央视角。
- Add a textured background：添加场景背景。
- Add a directional light：添加场景光源。
- Add a rectangle arena：添加方形区域，包含围墙。

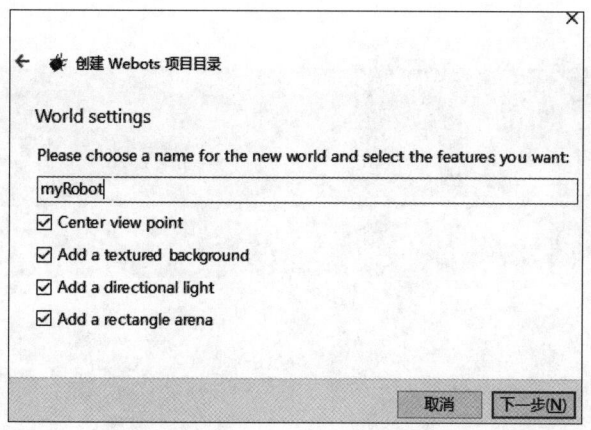

图1-38 世界（仿真环境）设置

④ 项目建立的文件夹如图1-39所示。Webots采用多个文件来管理项目，每个文件有相应的功能。

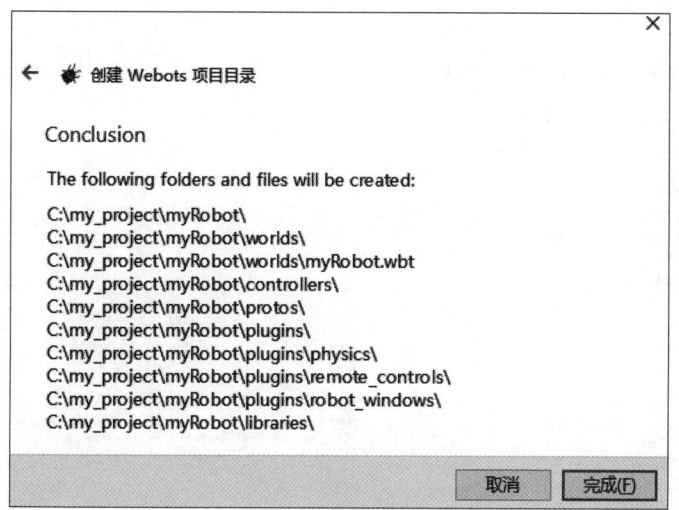

图1-39 项目建立的文件夹

点击"完成"之后，默认场景将出现，如图1-40所示。

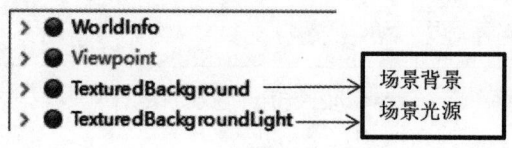

图1-40 建立完成的仿真环境

建立好的场景中，WorldInfo和Viewpoint是必需的，无法删除。WorldInfo里是仿真的基本参数设置，如重力加速度值、FPS帧率、basicTimeStep基本仿真步长等。

⑤ 旋转视角，可以看到生成的仿真场景，如图1-41所示。

图 1-41　生成的仿真场景

⑥ 添加机器人。本例使用扫地机器人 iRobot。在主菜单中或右键菜单选择"添加节点（Add a node）"，如图 1-42 所示。

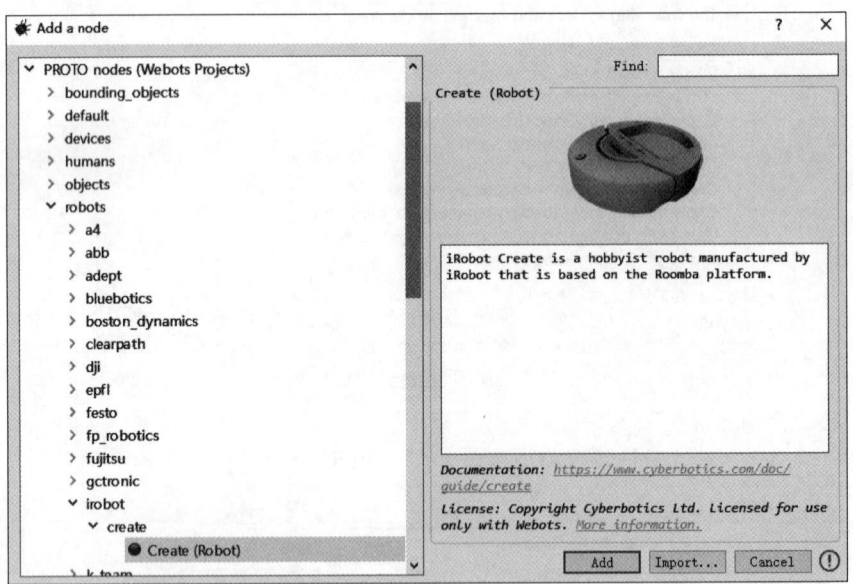

图 1-42　添加 iRobot 机器人

⑦ 点击"Add"之后，场景中将出现机器人，如图 1-43 所示，仿真环境同时进入运行状态。该机器人有自带的控制器程序，因此，其将按照控制器程序运行。

⑧ 在场景树中选择刚加入的机器人，点击"controller "create_avoid_obstacles""，在下方出现的窗体中点击"Edit"查看该控制器程序，将打开 C 语言的控制器程序文件"create_avoid_obstacles.c"。该 c 文件是 Webots 软件提供的控制器程序，如图 1-44 所示。这些示例

程序具有很好的参考价值，对于软件入门学习非常有帮助。

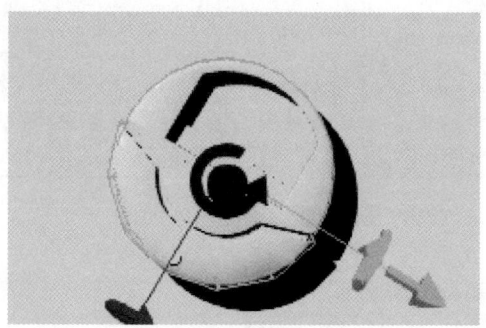

图 1-43　添加完成的 iRobot 机器人

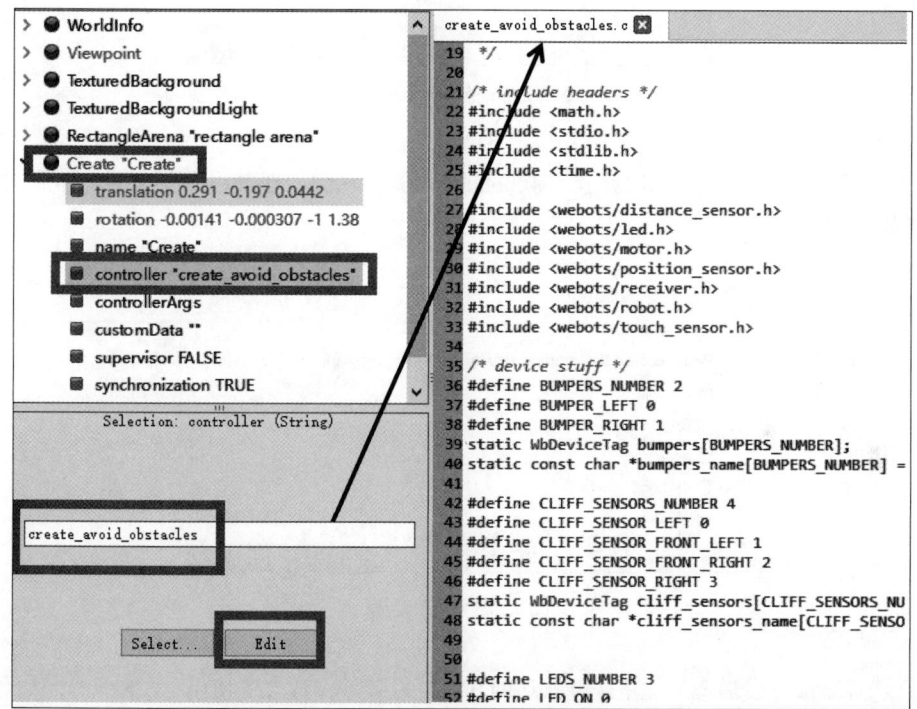

图 1-44　iRobot 机器人自带程序

⑨ 点击暂停按钮可停止仿真程序，如图 1-45 所示。

图 1-45　暂停仿真按钮

如果要调整机器人的行为，可以更改这个 c 文件。若想实现完全不同的行为，可以添加一个新的控制器程序。具体方法如下：

① 打开添加新控制器向导（图 1-46、图 1-47）。

图 1-46　添加新控制器向导

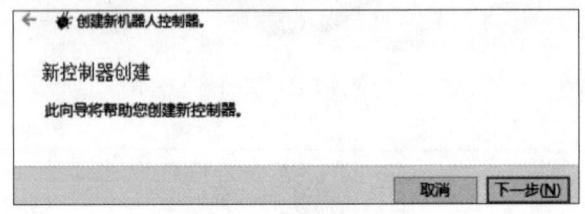

图 1-47　创建新控制器

② 选择 C 语言，如图 1-48 所示。Webots 的大多数示例程序使用 C 语言编写控制器，参考资料相对较多。

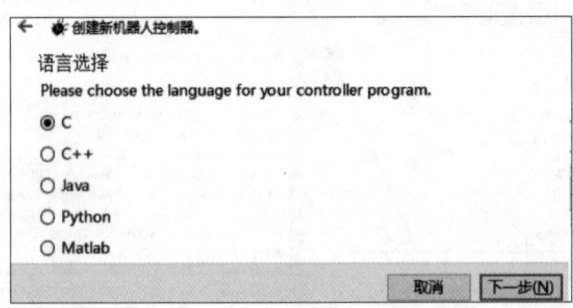

图 1-48　语言选择

③ 选择集成开发环境。这里选择默认的 IDE 开发环境，该 IDE 使用 gcc 编译器，如图 1-49 所示。C++ 难度过大，而 Webots 的多数使用者并不擅长 C++。且使用本软件更多是专注于仿真，而非复杂的 C++ 面向对象编程。Webots 也提供了 Visual Studio 开发环境。其实无论用什么环境，只要能编译出 .exe 控制器程序就可以。

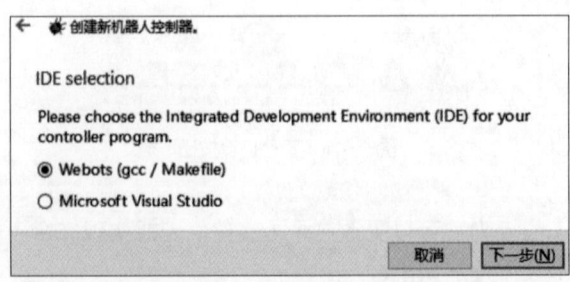

图 1-49　选择集成开发环境

④ 命名新的机器人控制器为 my_controller，如图 1-50 所示，向导将根据这个名称生成代码文件。

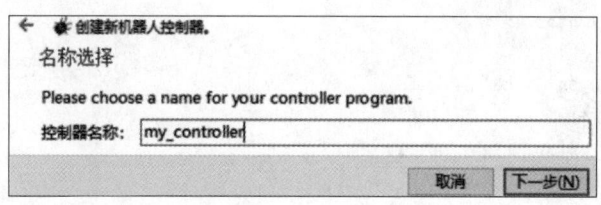

图 1-50　名称选择

⑤ 控制器生成完成之后，会有信息提示，如图 1-51 所示。

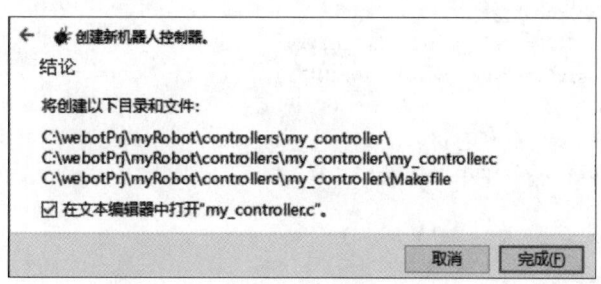

图 1-51　显示提示信息

⑥ 点击"完成"之后，程序打开 my_controller.c 文件。因为使用的是向导建立的控制器，所以该文件中有控制器向导生成的框架程序，如图 1-52 所示。

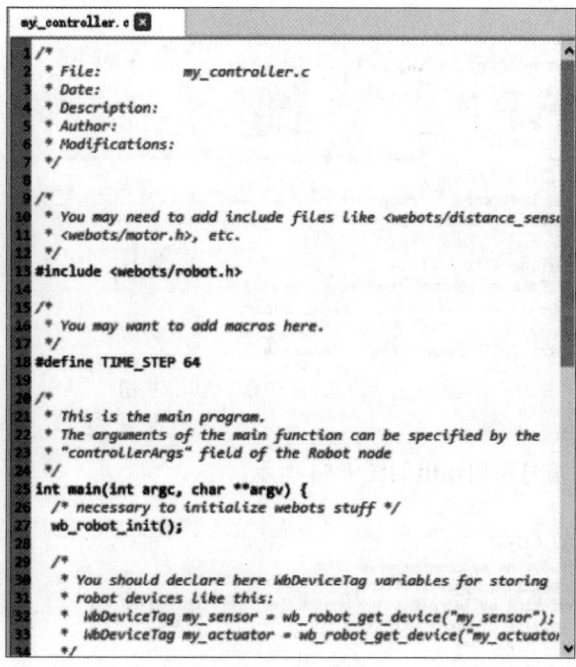

图 1-52　控制器向导生成的框架程序

⑦ 修改 my_controller.c，内容如下：

```c
//包含用到的头文件
#include <Webots/robot.h>
#include <Webots/motor.h>
//程序框架自带:
#define TIME_STEP 64
//定义小车左右车轮的句柄
WbDeviceTag left_motor, right_motor;
int main(int argc, char **argv)
{
  //程序框架自带：初始化机器人程序
  wb_robot_init();
  //获取小车左右车轮的句柄
  left_motor = wb_robot_get_device("left wheel motor");
  right_motor = wb_robot_get_device("right wheel motor");
  wb_motor_set_position(left_motor, INFINITY);
  wb_motor_set_position(right_motor, INFINITY);
  // 设置小车左右车轮的速度
  wb_motor_set_velocity(left_motor, 2.0);
  wb_motor_set_velocity(right_motor, -2.0);
  //程序框架自带，周期任务
  while (wb_robot_step(TIME_STEP) != -1)
{
};
  //程序框架自带：清理
  wb_robot_cleanup();
  return 0;
}
```

⑧ 点击编译按钮（图1-53），开始编译。此步骤可能用时较长。

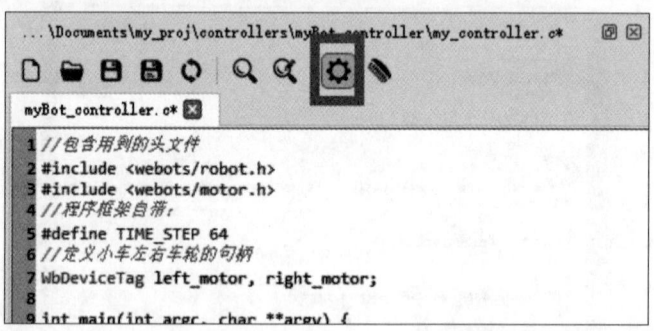

图1-53 Webots 仿真环境编译按钮

⑨ 编译无误后，信息窗口输出如图1-54所示。

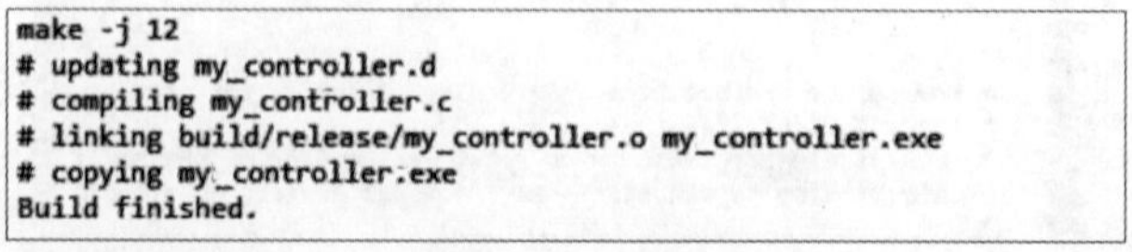

```
make -j 12
# updating my_controller.d
# compiling my_controller.c
# linking build/release/my_controller.o my_controller.exe
# copying my_controller.exe
Build finished.
```

图1-54 编译结果

由此可见，经过编译，生成了可执行程序 my_controller.exe。若程序有问题，则会有错误提示输出，根据提示，修改代码。

⑩ 编译完成后，会有图 1-55 所示提示窗体。因为没有设置机器人对应的控制器，所以这里先点"Cancel"。

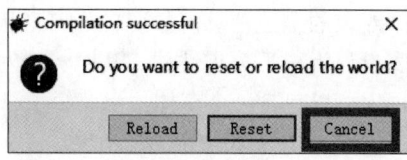

图 1-55　编译结果提示

⑪ 选择机器人，点击"controller "create_avoid_obstacles""，在下方选择"Select..."，在弹出的控制器选择窗体中选择刚才编译完成的控制器"my_controller"，如图 1-56 所示。如果前面的编译正常，顺利生成了可执行程序 my_controller.exe，那么 myBot_controller 将出现在这里，如图 1-57 所示，否则不会出现。

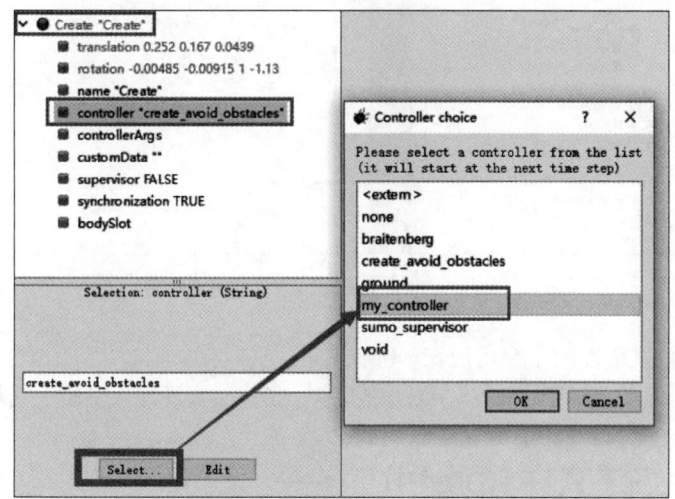

图 1-56　为 iRobot 指定新的控制器

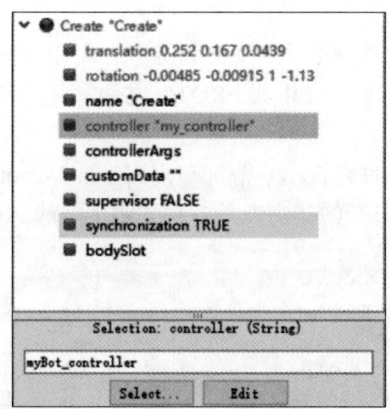

图 1-57　出现 myBot_controller

⑫ 再次点击工具栏运行按钮 ▶，启动仿真，可以观察到机器人按照程序进行原地旋转。

1.5.6　Webots 世界文件（.wbt）

Webots 中的世界是机器人及其环境的 3D 描述，用后缀为 wbt 的文件保存。它包含对每个对象的描述信息：位姿、几何形状、外观（如颜色或亮度）、物理属性、对象类型等。仿真世界为树形分支结构，其中一个对象可以包含其他对象（例如 VRML97）。例如，一个机器人可以包含一个车体、两个轮子、一个距离传感器和一个关节，其中车体又可以包含一个摄像头、GPS 节点等。

但是世界文件不包含机器人的控制器代码，它仅包含每个机器人所需的控制器名称。世界保存在 wbt 文件中。wbt 文件保存在每个 Webots 项目的"worlds"文件夹中。图 1-58 是仿真场景和 wbt 文件的对应关系。

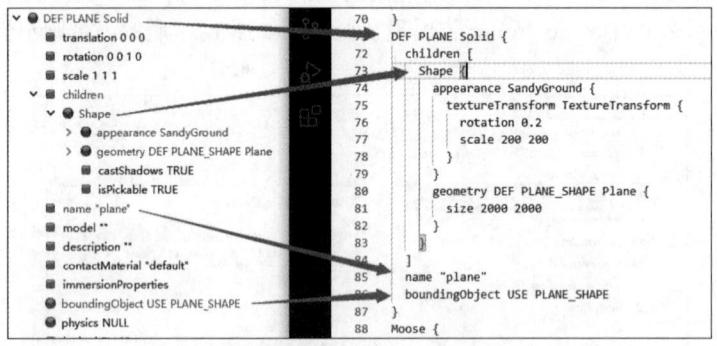

图 1-58　仿真场景和 wbt 文件的对应关系

若参数没有设置值，则不会出现在 wbt 文件里。

wbt 文件有自己的关键字、词法、语法等要求。搭建仿真环境，本质上就是建立 wbt 文件。

1.5.7　节点描述文件 (.proto)

1.5.7.1　PROTO文件介绍

Webots 使用的 PROTO 文件并非 Protobuf 协议（一种用于网络通信数据交换及存储的序列化结构数据的方法）里的消息定义格式 PROTO 文件，两者名称相同、后缀相同，但是具体的定义没有任何关系。

Webots 使用的 PROTO 文件允许用户添加节点来扩展 Webots 的节点。

在 Webots 添加节点时，打开的其实就是各种预定义好的 PROTO 文件，如图 1-59 所示。

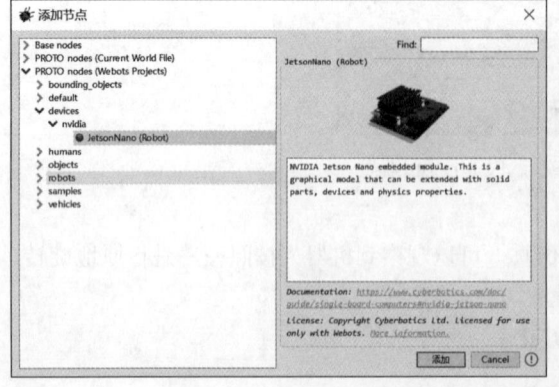
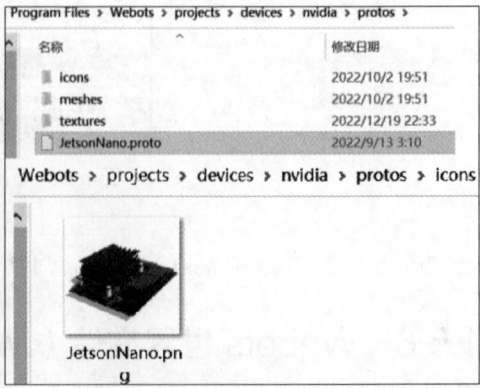

图 1-59　添加节点的 PROTO 文件

某个 PROTO 文件定义如下:

```
#VRML_SIM R2022b utf8
# license: Copyright Cyberbotics Ltd. Licensed for use only with Webots.
# license url: https://cyberbotics.com/Webots_assets_license
# A simple two-colors chair with a customizable mass, but a fixed height of 1.25 meter.
# This object is physics-enabled so it can be pushed.
  PROTO SimpleChair [
    field SFVec3f    translation  0 0 0
    field SFRotation rotation     0 0 1 0
    field SFString   name         "simple chair"
    field SFColor    legColor     1 1 1 0      # Defines the color of the legs of the chair.
    field SFColor    seatColor    1 0.65 0     # Defines the color of the body of the chair.
    field SFFloat    mass         5            # Defines the mass of the chair in kg.
  ]
  {
    Solid {
    translation IS translation
    rotation IS rotation
    children [
    DEF CHAIRSEAT Transform {
        translation -0.24625 0 0.9225
      children [
        Shape {
         appearance DEF SEAT_APPEARANCE PBRAppearance {
          baseColor IS seatColor
          roughness 0.3
          metalness 0
         }
         geometry Box {
          size 0.0275 0.6 0.655
         }
        }
       ]
      }
     ]
    name IS name
   }
  %<
    let size = fields.size.value;
    if (size.x <= 0.0 || size.y <= 0.0 || size.z <= 0.0) { // avoid negative values
      size = fields.size.defaultValue;
      console.error('\'size\' must contain positive values. Value reset to (' + size.x + ', ' + size.y + ', ' + size.z + ').');
    }
  >%
  }
```

注释说明:
- PROTO 文件开头的注释
- PROTO 文件格式: PROTO protoName[protoFields] { protoBody }
- 属性定义: field 类型 field 名 默认值 field fieldType fieldName defaultValue
- IS 关键字: 用于将 PROTO 文件中的属性定义为 PROTO 文件接口,用于外部使用
- Solid 的 children 为 Shape,Shape 有 appearance、baseColor 等属性设置
- 支持 Lua 或 JavaScript 编写脚本,未来将不再支持 Lua,仅保留 JavaScript

1.5.7.2 PROTO 文件查看和编辑

在场景树中点击右键,选择 "Edit PROTO Source",可以查看和编辑 PROTO 文件,如图 1-60 所示。

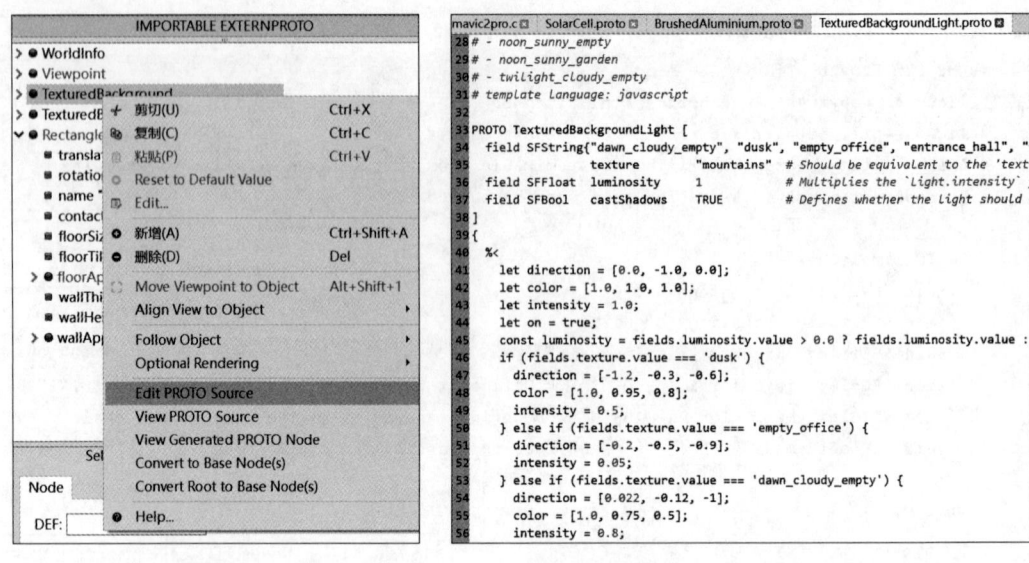

图1-60 节点的查看和编辑功能

1.5.7.3 使用PROTO文件处理节点丢失的情况

Webots 安装路径下的 projects 文件夹下的 PROTO 文件，有时会出现无法使用的情况，缩略图位置显示为"MISSING PROTO ICON"，如图1-61、图1-62所示。

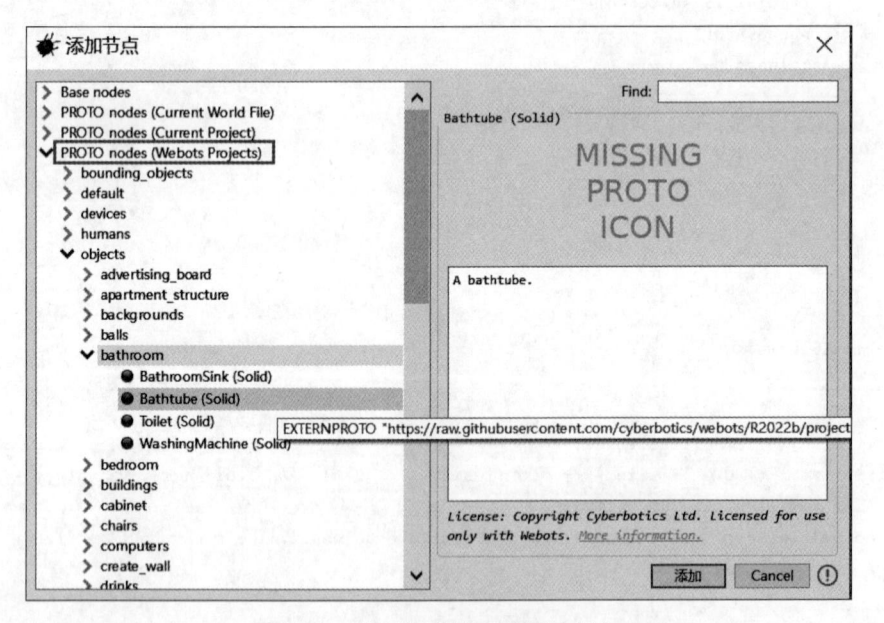

图1-61 节点的无法使用的情况（1）

解决办法：从 Webots 源文件中提取 projects 文件夹下的 PROTO 文件，将这些文件放到项目目录的 protos 文件夹下，如图1-63所示。

添加时，从 Current Project 选择节点或 appearance 文件。若缩略图可以显示出来，则表示该节点文件或外观文件可用，如图1-64、图1-65所示。

图 1-62　节点的无法使用的情况（2）

图 1-63　将源文件中的 PROTO 文件放置到项目文件夹下

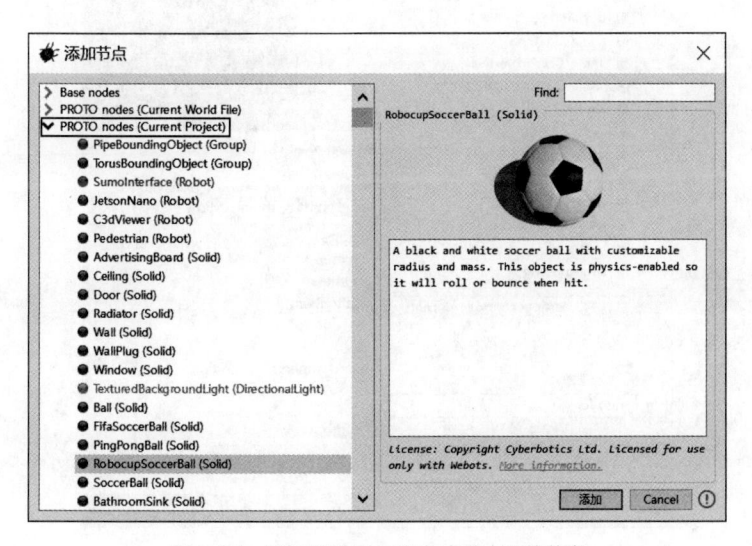

图 1-64　添加项目 PROTO 文件夹下的节点

027

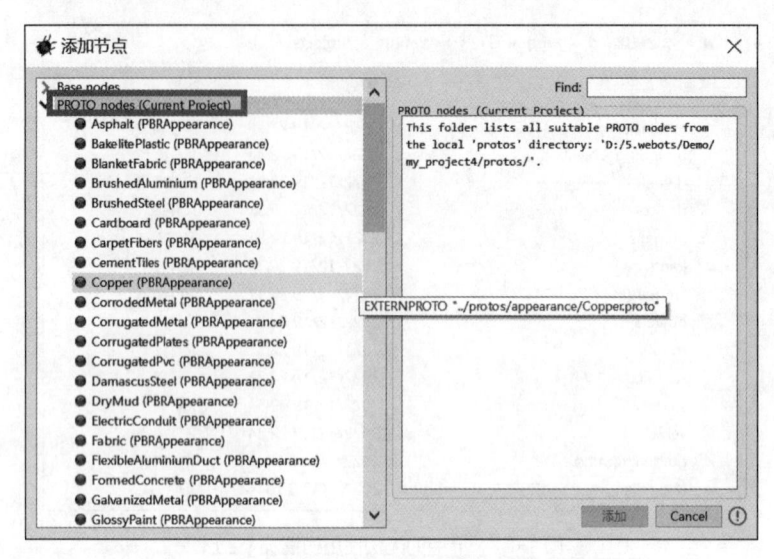

图 1-65　添加项目 PROTO 文件夹下的外观文件

1.5.8　控制器程序

控制器是控制世界文件中指定的机器人的计算机程序。可以使用 Webots 支持的任何编程语言编写控制器，如 C、C++、Java、Python 或 Matlab。当模拟开始时，Webots 启动指定的控制器，并将控制器进程与模拟的机器人相关联，如图 1-66 所示。每个控制器都是一个单独的进程。

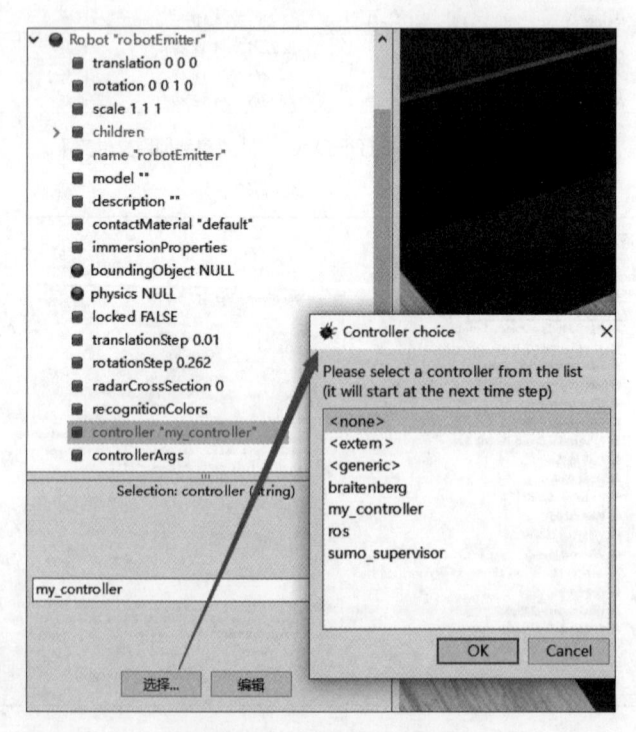

图 1-66　为控制器指定程序

注意，多个机器人可以使用相同的控制器代码，但是将为每个机器人启动一个进程。例如，两个机器人使用同一个控制器代码，那么将启动两个相同名字的控制器进程。图1-67为没有为控制器指定程序，将使用默认控制器程序<generic>。

```
WARNING: hoap2: Could not find controller file:
WARNING: hoap2: Expected either: hoap2.exe, hoap2.jar, hoap2.class, hoap2.py, hoap2.m  or Dockerfile
INFO: hoap2: Try to compile the C/C++ source code, to get a new executable file.
WARNING: hoap2: Starts the <generic> controller instead.
INFO: <generic>: Starting controller: "C:\Program Files\Webots\resources\projects\controllers\generic\generic.exe" walk
```

图1-67　没有为控制器指定程序，将使用默认控制器程序<generic>

　　C和C++是编译执行的，代码编写完成后，需要编译成可执行程序；Python和Matlab是解释执行的；而Java则需要同时编译和解释。例如，C和C++控制器被编译为平台相关的二进制可执行文件（例如Windows下的".exe"）。Python和Matlab控制器由相应的运行时系统（必须安装）解释。Java控制器需要编译为字节码（".class"文件或".jar"），然后由Java虚拟机进行解释执行。

　　控制器在编译过程中添加了Webots的通信和调用机制，所以编译完成的控制器程序才可以和Webots仿真程序联合运行。

　　每个控制器的源文件和二进制文件一起存储在控制器文件夹中。控制器文件夹放置在每个Webots项目的"controllers"子文件夹中。

　　当机器人节点的Supervisor字段设置为TRUE，则这个机器人节点就是监控机器人节点。与常规的机器人控制器相比，它的控制器具有很高的权限，可以执行影响全局的操作，例如，将机器人移动到随机位置，对仿真进行视频捕获等。该监控机器人节点的控制器可以使用Webots支持的全部编程语言。

1.6　Webots机器人运动仿真项目搭建思路

　　先搭建仿真场景，包括机器人及机器人所处的环境，搭建完成后启动机器人，让机器人与环境交互，查看机器人的行为是否满足要求。若不满足，调整控制器程序或调整环境。

　　为搭建仿真场景，主要做两部分内容的工作：

　　① 场景硬件。主要指机器人的实体模型。使用Webots自带的模型或者从其他机械三维设计软件导入自己的模型。

　　② 场景软件。主要指机器人控制器编程，从而定义机器人的行为。

1.7　帮助文档及项目示例

　　由于Webots的学习资料相对较少，所以软件提供的示例文件和帮助文档就是重要学习资料。从软件的帮助菜单中可以找到链接。

　　帮助文档分为Guide和Reference两部分：

- Guide里描述了软件的整体功能。如图1-68～图1-72所示。

Preview	Name	Manufacturer	Description
	Aibo ERS7	Sony	Dog-like robot
	ALTINO	Saeon	Small size car-like robot
	Atlas	Boston Dynamics	Human-size humanoid

图 1-68　机器人列表

Icon	Device	Description
	Brake	Simulates a mechanical braking system.
	Connector	Simulates a mechanical and breakable docking system.
	Display	Simulates a computer screen.
	Emitter	Simulates radio, serial or infra-red emitters sending data to other robots.

图 1-69　执行器列表

Icon	Device	Description
	Accelerometer	Simulates an accelerometer sensor which measures the relative accelerations.
	Camera	Simulates an RGB camera, a linear camera, a gray-scale camera, a fish-eye camera or a smart camera with multiple special effects including noise, depth of field, motion blur or lense flares.
	Compass	Simulates a magnetic sensor which measures the relative direction to the north.
	DistanceSensor	Simulates a distance measuring sensor based on infra-red light, sonar echo, or laser beam.

图 1-70　传感器列表

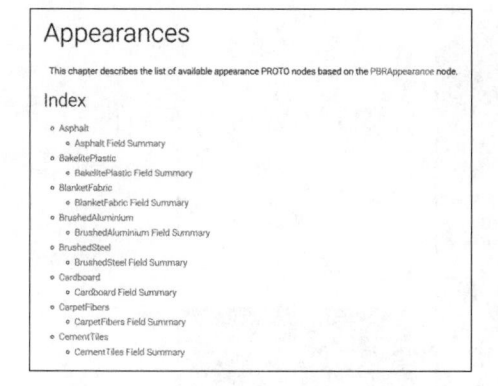

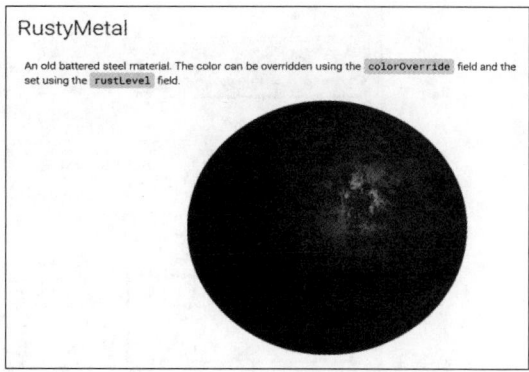

图 1-71　外观和材质列表

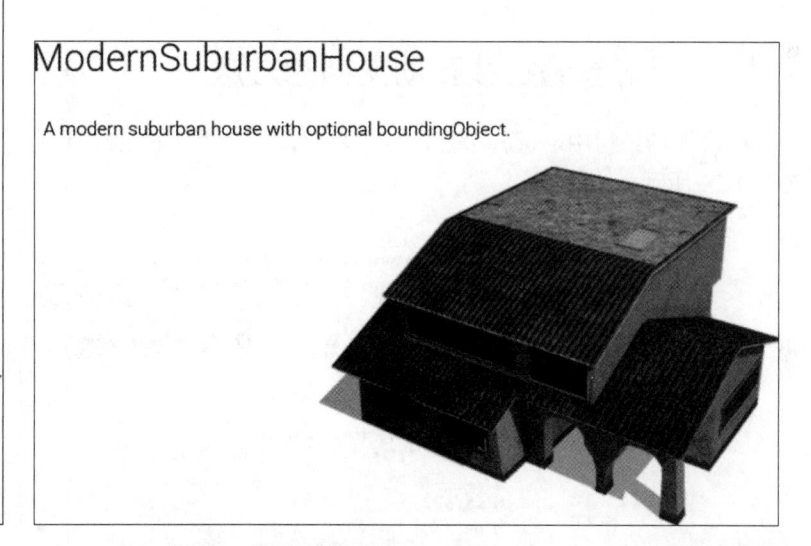

图 1-72　对象列表

● Reference 里提供了具体的节点总图、节点描述、节点属性介绍（Field Summary）、节点函数介绍（Functions）、函数说明及示例、ROSAPI 等。Reference 是机器人编程必备的手册。

1.7.1　在线帮助文档

帮助文档网址为 https://cyberbotics.com/doc/guide/index?version=R2022b。图 1-73 为示例文件和帮助文档。

- User Guide：通过案例介绍软件的操作方法。
- Reference manual：包括详细的对象属性及函数的说明。
- Webots for automobiles: 针对自动驾驶的案例。

帮助文档提供了各种编程语言的示例，是重要的参考资料。

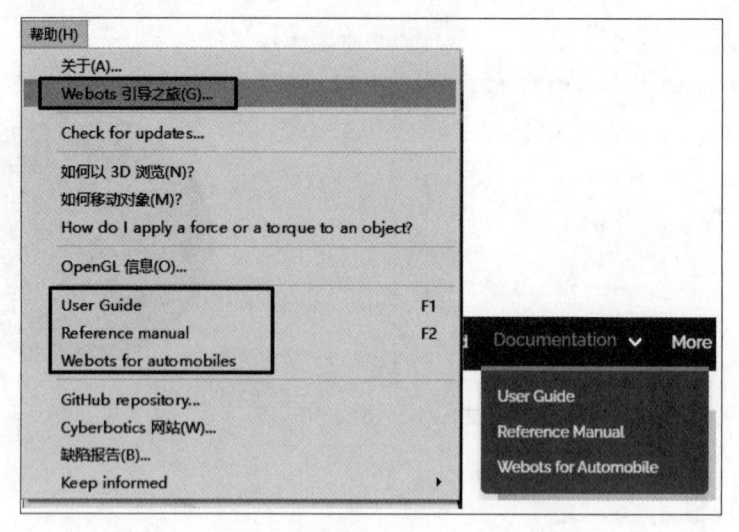

图1-73 示例文件和帮助文档

1.7.2 及时查看在线帮助文档的方法

在软件场景树中，选择节点，点击右键，选择"Help…"，可以查看某个属性的帮助，如图1-74所示。

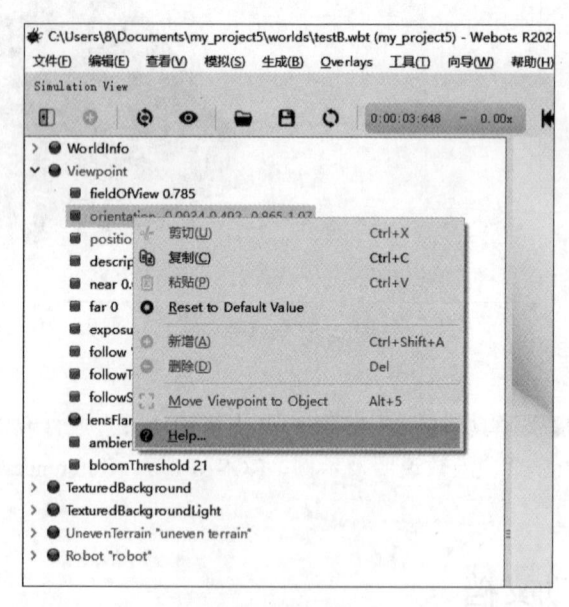

图1-74 属性的帮助

如果出现帮助无法打开或打开速度慢的情况，请换时间重试。

1.7.3 离线查看帮助文档

按照"GitHub 源文件下载安装"的方法，将下载的源文件中的 docs 文件夹全部复制到安装路径下的 docs 文件夹如图 1-75 所示。

图 1-75 复制完成的 docs 文件夹

安装 Typora 软件，使用 Typora 软件打开 md 后缀的文件。md 全称 markdown，是一种 HTML 的标记语言，用于文本和图片的展示。

可以使用 Typora 软件打开 guide、reference、automobile 目录下的 md 文件。该文件与正常显示的帮助文档的区别在于其缺少导航栏，如图 1-76 所示。

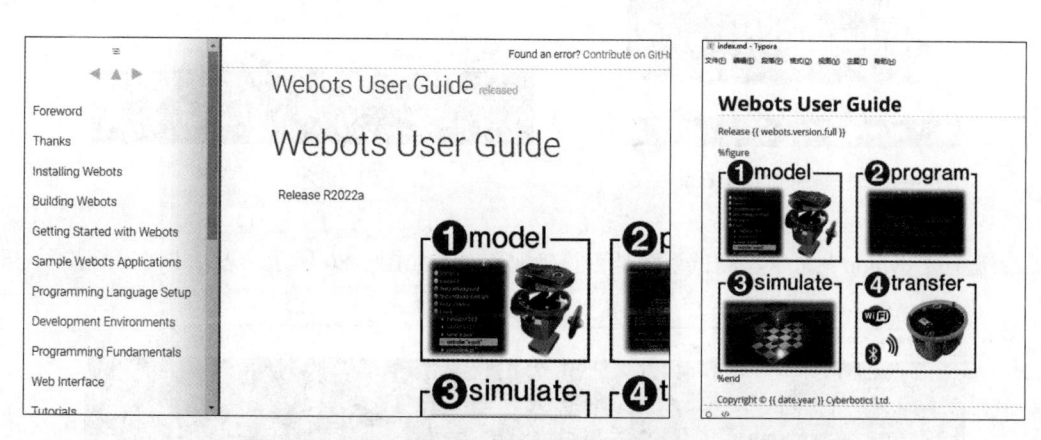

图 1-76 帮助文档结构（左侧正常，右侧为只打开 md 文件）

1.7.4 半离线查看帮助文档

使用 Typora 软件打开 docs 文件夹下的 README.md，如图 1-77 所示，该文件介绍了离线帮助的配置方法。

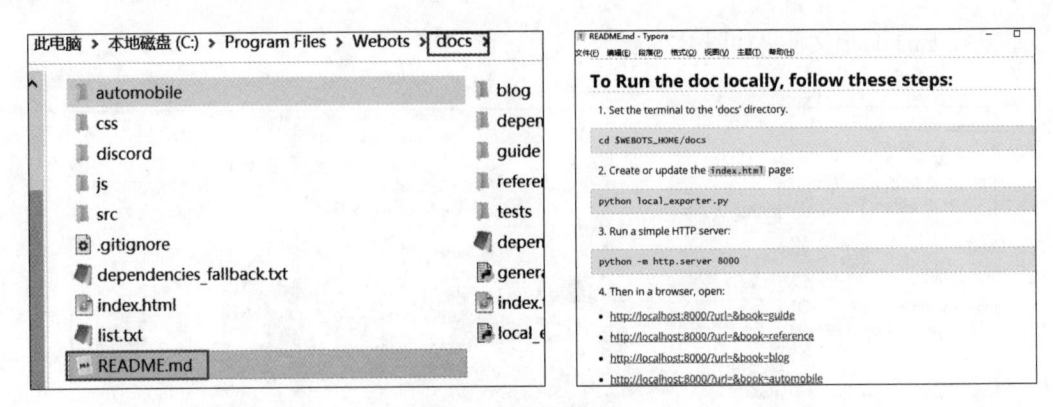

图 1-77 README.md

具体步骤：

① 安装 Python 环境。使用前文的"Python 环境设置"安装 PyCharm，并配置好一个 Python 环境。

② 进入 docs 目录，使用管理员权限运行"python local_exporter.py"命令，如图 1-78、图 1-79 所示。

图 1-78 管理员权限运行 cmd 命令　　　　图 1-79 进入 docs 路径

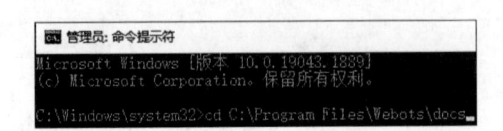

运行"python"命令，测试系统是否正确配置。若如图 1-80 所示，表示 Python 正常。

图 1-80 Python 测试

若无法启动 Python，则编辑环境变量，找到配置好的 Python 环境，将该环境的"python"命令的位置添加到系统 PATH 中，再进行测试，如图 1-81 所示。

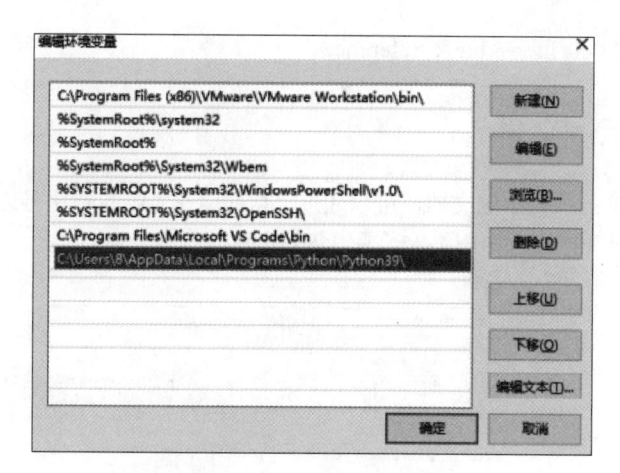

图1-81　编辑环境变量

运行"python local_exporter.py",效果如图1-82所示。这一步需要从网络下载资源,若失败,则重试。

图1-82　运行效果

或者命令行键入"python",再将 local_exporter.py 文件拖到窗口(图1-83)。

图1-83　local_exporter.py 文件拖到黑窗口

③ 运行"python -m http.server 8000",启动本地 web 服务器,如图1-84所示。

图1-84　启动本地 web 服务器

在浏览器中键入如下地址,就可以访问本地服务器:
http://localhost:8000/?url=&book=guide

http://localhost:8000/?url=&book=reference

1.7.5　项目示例文件

软件提供了标准的项目示例文档，可以通过"帮助"→"Webots 引导之旅"或"文件"→"Open Sample World"打开，如图 1-85、图 1-86 所示。

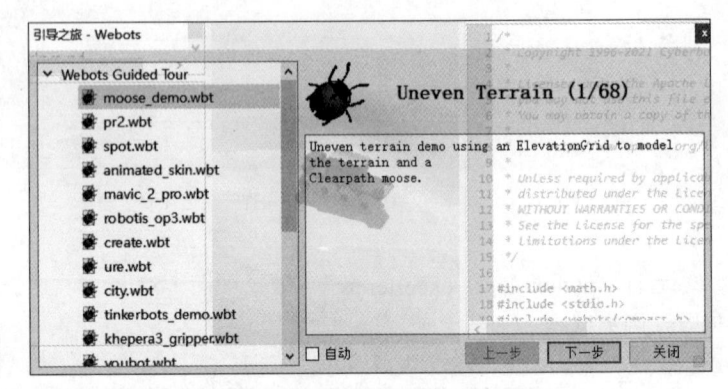

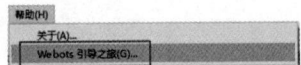

图 1-85　仿真项目示例 Webots 引导之旅

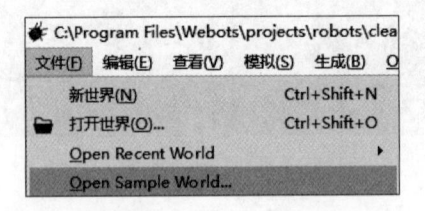

图 1-86　仿真项目示例 Open Sample World

如果搭建的仿真缺少某些元素，可以从这些示例项目中找到，并用于自己的项目。

示例项目打开比较费时间，建议先查看 Guide 文档，从这个文档查看仿真对象，并找到需要的仿真项目，再通过菜单打开，如图 1-87 所示。

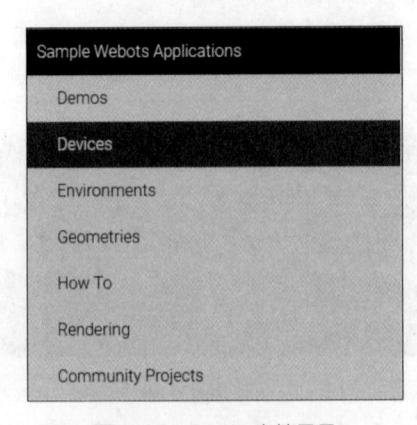

图 1-87　Guide 文档目录

第 2 章
Webots 基本操作

2.1 3D 视图基本操作

2.1.1 调整视角

在 3D 显示窗口中，可以通过鼠标调整视角：
- 左键：旋转视角。
- 中键（鼠标滚轮）：缩放视角。
- 右键：平移视角。

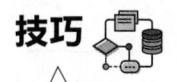

> **技巧**
>
> 若从地面 floor 的下面往上看，地面将隐藏，这方便用户查找对象。

2.1.2 移动和旋转对象

移动和旋转对象之前，要先选中对象，但是，如想移动 Solid 下的 Shape，要选中 Solid 再移动，因为 Shape 本身没有坐标属性，是无法移动的。

按住 Shift 移动物体：
- Shift+ 左键：水平移动选中物体。
- Shift+ 中键：将选中的物体沿垂直方向移动。
- Shift+ 右键：将选中的物体旋转。
- 双击选中物体：出现信息框。

也可以选中物体，再拖动坐标系的平移箭头或者旋转箭头，实现沿坐标轴的平移和旋转。移动过程中同时会显示移动的距离，旋转会显示旋转的角度，如图 2-1 所示。

2.1.3 恢复布局

Webots 支持窗体工作区的拖动。例如，可以根据习惯，将工作区更改为图 2-2 所示布局。

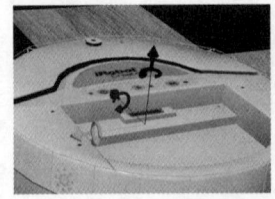

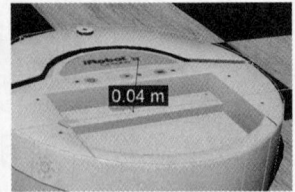

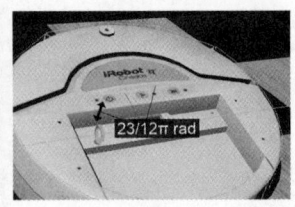

图 2-1 物体移动和旋转

图 2-2 调整后的工作区

若想恢复默认布局，则在菜单中选择"工具"→"恢复布局"。

2.2 人为施加力操作

按住 Alt，用鼠标左键拖动选中对象，出现红色箭头，可以给对象施加各方向作用力。力的大小与鼠标拖动距离成正比。同理，使用鼠标右键施加扭矩。

左右键第一次点中对象的位置是拖动点，该点若太靠上、远离质心，则在按住 Alt 拖动时，有可能导致对象侧翻，如图 2-3 所示。

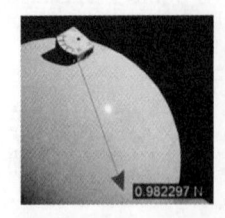

图 2-3 施加力和扭矩

2.3 工具栏

本节介绍工具栏的使用。

2.3.1 仿真时间及仿真速率

如图 2-4 所示，左侧时间为仿真世界的时间，可以比真实世界的时间快。右侧为当前仿真时间与真实世界时间的比率，即仿真速率。

图 2-4 仿真时间及仿真速率

2.3.2 运行控制

如图 2-5 所示为运行控制工具栏。
- 启动仿真：开始仿真。点击启动仿真按钮（此时按钮图标变成 ▮▮），场景中的机器人或节点开始运动，有的对象的位姿发生变化。再次点击此按钮，可停止仿真。
- 重置仿真：将仿真恢复到保存时的 3D 场景的状态，例如对象的位姿的变化。但是不会恢复更改过的全部属性的值。
- 单步：在调试时比较有用。
- 快进：快速运行仿真。左侧时间窗口的仿真速率会增加，例如 0:00:39:400 - 4.62x。
- 重新加载：恢复到文件保存时的状态。

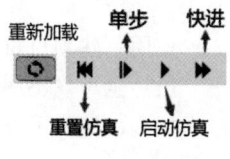

图 2-5 运行控制

注意以下几点：
① 若点击工具栏的保存按钮 ▣，此时会将当前场景各对象的位姿保存到文件。

> **提示** 若需要保存修改的属性参数，可以点击保存按钮。

> **注意** 仿真过程中，慎重点击保存按钮！

② 若点击重置仿真按钮，则场景各对象的位姿恢复到启动仿真时的状态。
③ 点击播放停止仿真，再点击重置仿真，可回到文件的初始状态。

2.3.3 渲染

若不使用渲染，即隐藏 3D 显示，可以点击工具栏 ▣。仿真还是会进行，但是不以画面形式显示出来，这样能够提高速度，便于快速验证仿真效果。

2.3.4 录屏和声音

如图 2-6 所示为录屏和声音工具栏。

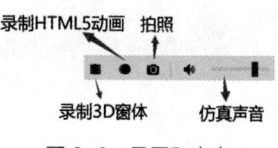

图 2-6 录屏和声音

039

录制 3D 窗体：将仿真以视频的形式保存，可以设置视频格式。
录制 HTML5 动画：录制仿真过程，但是需要做环境配置。
仿真声音：播放电机、碰撞、与地面摩擦的声音。

2.4 向导菜单

使用新建项目目录向导和新建机器人控制器向导，可以搭建基本的仿真场景。

虽然也可以不用向导，场景中所有对象（包括背景、灯光等）都通过手动添加，但这样过于烦琐，笔者不推荐。

2.4.1 新建项目的主要步骤

第一步：使用向导新建项目目录，搭建仿真环境。注意仿真环境中要有机器人节点。
第二步：使用向导新建机器人控制器，编写控制器程序。
第三步：程序调试。

2.4.2 新建项目目录向导

向导的基本使用参见前文 "1.5.5 编写一个简单的机器人仿真项目" 一节。项目建立完成之后，在项目路径下生成 5 个文件夹，如图 2-7 所示，

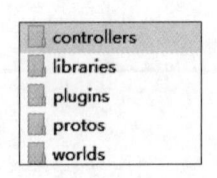

图 2-7 项目路径下生成的文件夹

新建项目后，向导生成了 4 个或 5 个（包括地面 floor）节点，之后就可以在场景中添加各种对象，如图 2-8 所示。

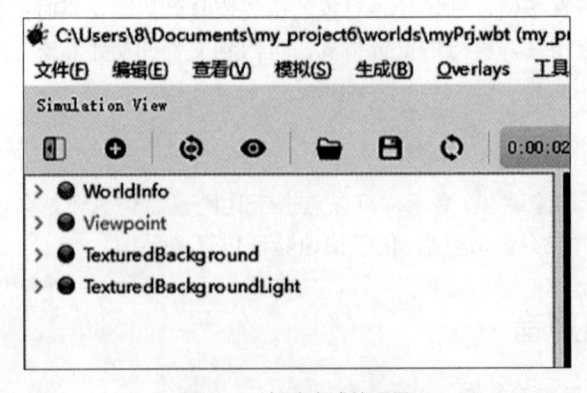

图 2-8 新建完成的项目

项目文件将以 wbt 的格式保存，该文件其实就是 VRML 语言编写的文件，使用文本文件编辑器打开，可以看到如图 2-9 所示内容，这些内容定义了场景中的各对象及其属性。

```
pedestrian.wbt ×
C: > Program Files > Webots > projects > humans > pedestrian > worlds >  pedestrian.wbt
 1  #VRML_SIM R2022a utf8
 2  WorldInfo {
 3    info [
 4      "Pedestrian Simulation"
 5    ]
 6    title "Autonomous Vehicle"
 7    ERP 0.6
 8    basicTimeStep 10
 9    lineScale 1
10    contactProperties [
11      ContactProperties {
12        softCFM 0.0003
13      }
14    ]
15  }
16  Viewpoint {
17    orientation 0.306689270390532825 -0.2902331601799681 -0.9064113751612043 4.648170330709373
18    position 0.005197140878764703 -22.232530148048017 16.570466173724824
19    near 1
20  }
```

图 2-9　wbt 文件内容

2.4.3　新建机器人控制器向导

向导的基本使用，参见前文"1.5.5　编写一个简单的机器人仿真项目"一节。

> **注意**
>
> 新建机器人控制器向导并不是只创建了一个 .c 文件，后台还有其他配套的工作。直接手动创建 .c 文件是不能使用的。

2.4.4　Webots 控制器程序运行原理分析

有以下几点值得关注：
① 只有场景节点的机器人 Robot 节点才可以添加控制器程序。
② 控制器需要使用向导生成，不能手动创建。
③ 在编写控制器程序时，需要添加"#include <webots/robot.h>"。
④ 写好的程序使用 gcc 或 python 等相对独立的通用编译器或解释器处理。
编译器或解释器处理源代码时，调用了 Webots 提供的库函数，在控制器程序 (.exe、.py 等) 与 Webots 仿真软件之间建立双向的通信连接。这个过程是 Webots 自动处理的，用户不

需要关注内部实现，只需要按照规则编写程序。工作原理如图 2-10 所示。

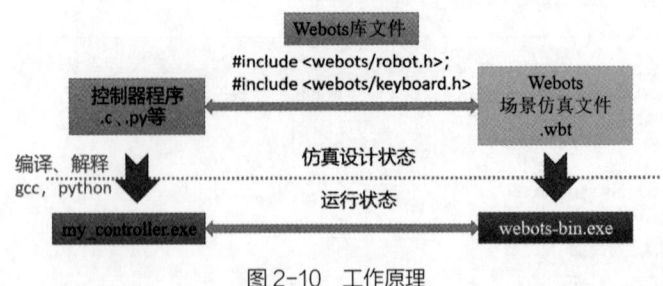

图 2-10 工作原理

在仿真运行时，控制器程序 .exe 与 Webots 仿真程序建立的是进程间通信，而非软件内部的线程通信，如图 2-11 所示。这样松散的通信组织会导致 Webots 仿真时出现莫名其妙的问题，这些问题往往重启就能解决。这样的通信方式不如 Coppeliasim（原名 Vrep）的独立进行的通信方式更可靠。

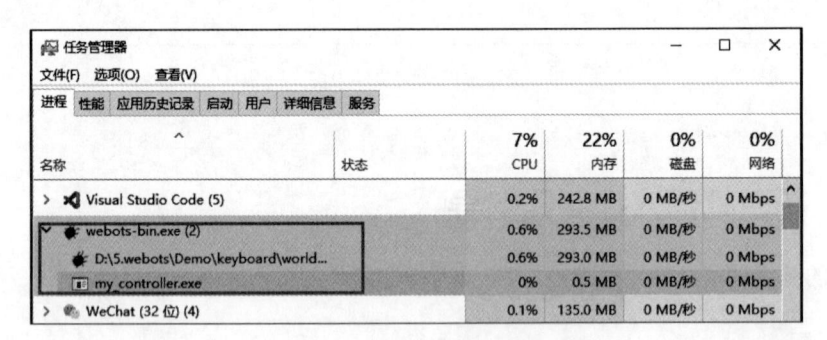

图 2-11 仿真运行时的任务管理器

2.5 节点

2.5.1 添加节点

在 3D 场景中点击右键，选择"新增"，或者使用快捷键 Ctrl+Shift+A，如图 2-12 所示。

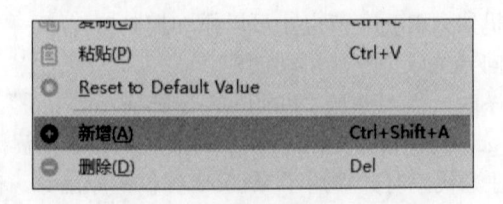

图 2-12 添加节点

也可以选中父节点的 children 属性，添加子对象。当网络状态正常时添加节点，在左侧树形结构中选择想要添加的节点，如图 2-13 所示。

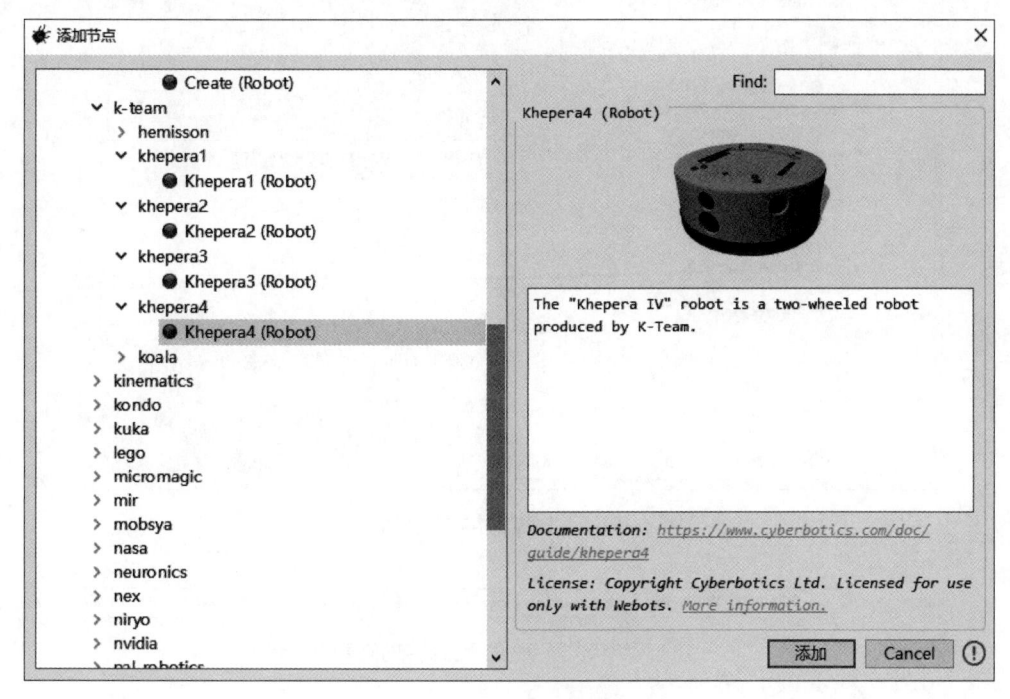

图 2-13　网络状态正常时的添加节点

也可以在右侧根据名称搜索，图 2-14 为搜索 "puma" 的结果，能搜索到 Puma560 机器人。

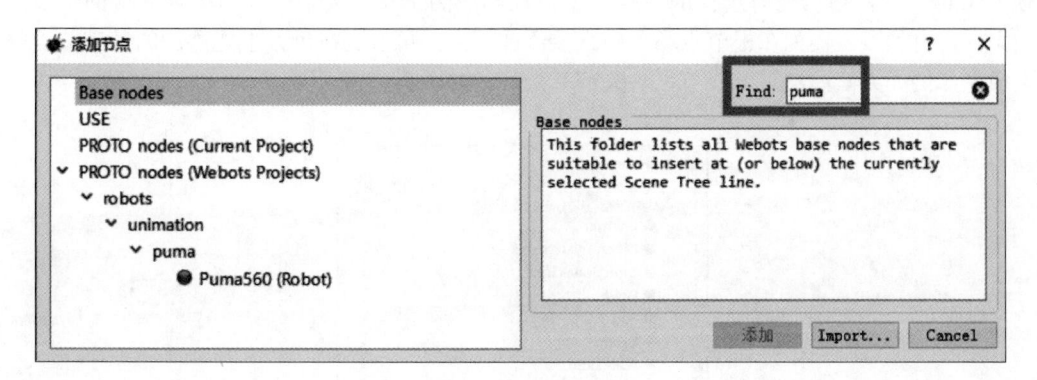

图 2-14　搜索节点

2.5.2　添加节点时无法看到缩略图

有时由于网络原因或者本地库文件损坏，在添加对话框中无法看到缩略图，也无法正常地添加节点，点击 "添加" 之后，在场景中并未出现要添加的对象，此时就需要重启电脑，或者查找网络问题，如图 2-15、图 2-16 所示。解决办法可参见前文 "1.5.7.3　使用 PROTO 文件处理节点丢失的情况" 一节。

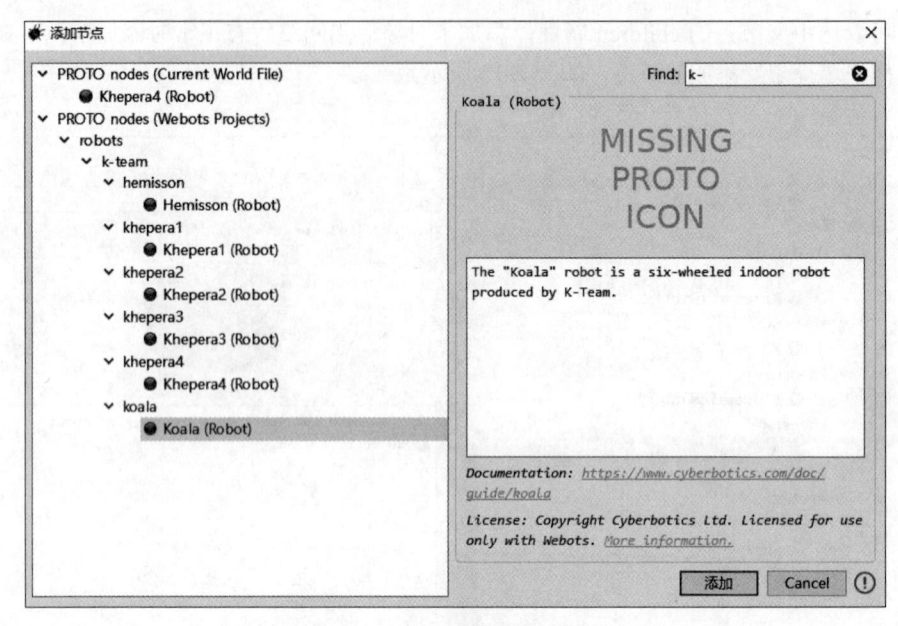

图 2-15　网络状态异常时的添加节点

ERROR: Retrieval of PROTO 'Khepera2.proto' was unsuccessful, the asset should be cached but it is not.

图 2-16　网络状态异常时的添加节点的信息栏报错

2.5.3　无法添加基础节点

Webots 软件根据当前选择的节点类型添加相应的子节点类型，有的节点支持的子节点类型少，有的多。例如在根节点场景中直接添加节点，可看到在场景中能添加的基础节点类型很少，例如无法添加摄像头节点、关节节点等，如图 2-17 所示。

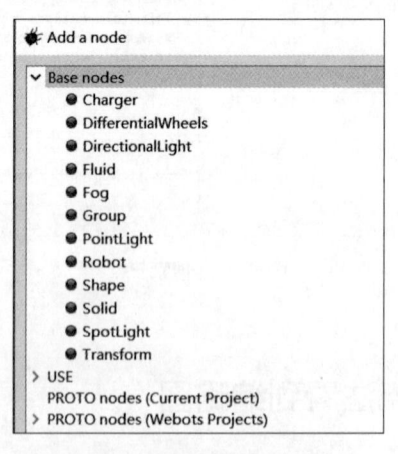

图 2-17　在场景中直接添加节点

先在场景中添加 Robot 节点，再在该节点的 children 节点下添加子节点，能看到允许添加的子节点类型。Robot 节点下支持大部分节点类型，如图 2-18 所示。

第2章　Webots基本操作

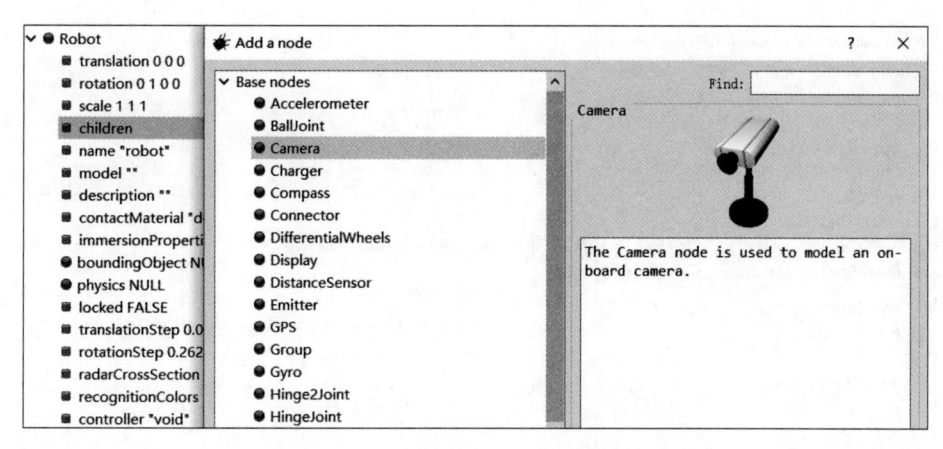

图 2-18　在 Robot 节点的 children 属性中添加节点

2.6　对象的导出和导入

2.6.1　不同版本的 Webots 对文件格式导入和导出的支持

不同版本的 Webots 对文件的导入导出支持也不完全相同，因此可利用不同版本 Webots 的特点实现外部文件的导入。

例如，Webots2020a 支持 VRML97 的导入和导出。VRML 这种格式比较老旧，现在用的人越来越少了，特别是 VRML97（97 代表 1997 年），如图 2-19 所示。

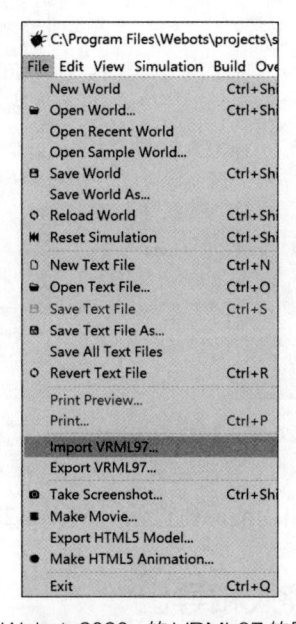

图 2-19　Webots2020a 的 VRML97 的导入和导出

Webots2022a 支持 URDF 文件的导入导出以及 STL、dae、obj 的导入，如图 2-20 所示。

045

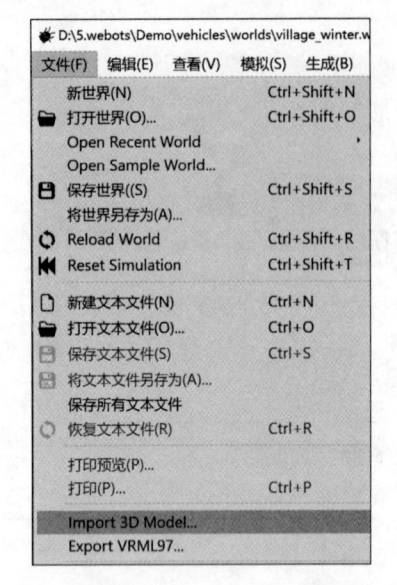

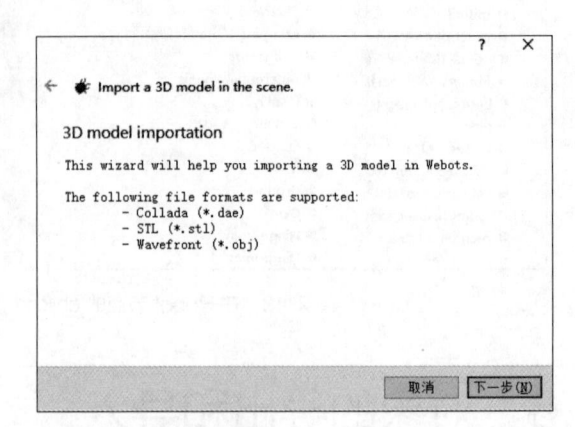

图 2-20 Webots2022a 的导入和导出

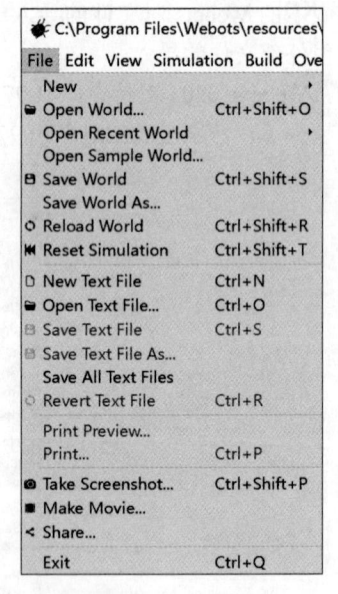

Webots2022b 和 Webots2023a 的文件菜单中没有导入和导出菜单，如图 2-21、图 2-22 所示。

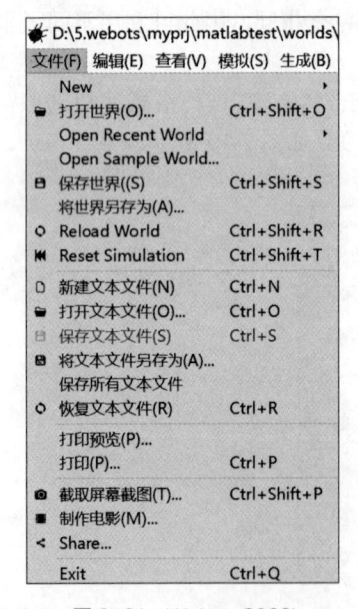

图 2-21 Webots2022b   图 2-22 Webots2023a

因此，如果需要文件导入导出功能，建议使用 Webots2022a。

2.6.2　URDF 文件的导入和导出

为了便于多人协作，以及学习和借鉴别人的工作成果，可以将项目中的部分对象进行导出和导入。可以从 Webots 或 Solidworks 中导出 URDF 文件。

URDF 全称为 Unified Robot Description Format，中文翻译为"统一机器人描述格式"。与计算机文件中的 .txt 文本格式、.jpg 图像格式等类似，URDF 是一种基于 XML 规范、用于描述机器人结构的格式。根据该格式的设计者所言，设计这一格式的目的在于提供一种尽可能通用的机器人描述规范。

因此，只有机器人节点才可以导出为 URDF 文件。

> **注意**
>
> 实际使用时不能完全依赖 URDF 文件，因为不同软件对这个格式支持的程度不同。导入后，一定要人工检查通过 URDF 导入的内容是否正确。有的软件在导入的时候会出现错误提示，当有错误提示的时候要重视，可以手动修改 URDF 文件直至没有报错。

2.6.2.1　SolidWorks导出URDF文件

① 使用 SolidWorks 的插件 SW2 URDF，安装并加载该插件。

SW2URDF 下载路径为：https://github.com/ros/solidworks_urdf_exporter/releases。

> **注意**
>
> 下载时一定要下载对应 SolidWorks 版本的 SW2URDF 插件，如果匹配版本不对，会出现闪退等问题。

SolidWorks 的 SW2URDF 插件的主要功能就是指定机器人的关节和连杆，并生成 URDF 文件及 STL 文件。每个连杆将生成一个独立的 STL 文件，如图 2-23 所示。

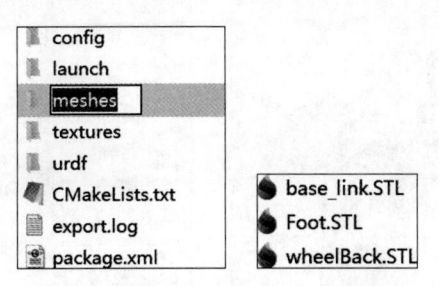

图 2-23　某项目生成的位于 meshes 文件夹下的 STL 文件

② 安装之后，点击 SolidWorks 小齿轮旁边的下拉菜单，选择"插件"，选中 SW2URDF 的插件，点击选中，然后保存，如图 2-24 所示。

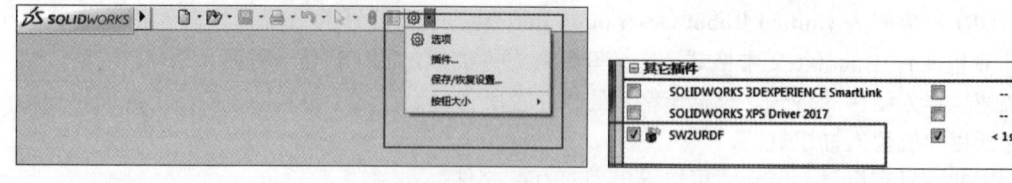

图 2-24 urdf_exporter 插件

③ 点击"工具"→"File"→"Export as URDF",打开导出对话框,如图 2-25 所示。
④ 在如图 2-26 所示的机器人中选中"base_link",其有一个子节点 Empty_Link。

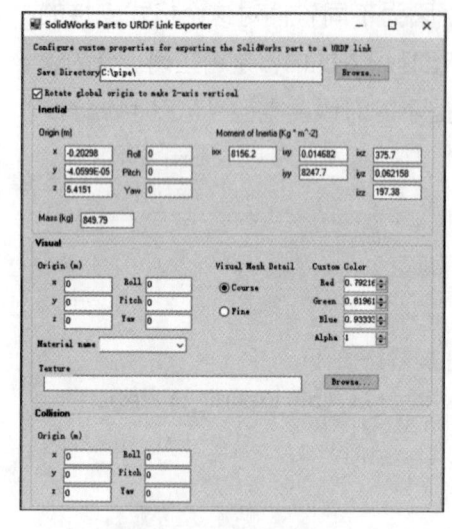

图 2-25 导出对话框 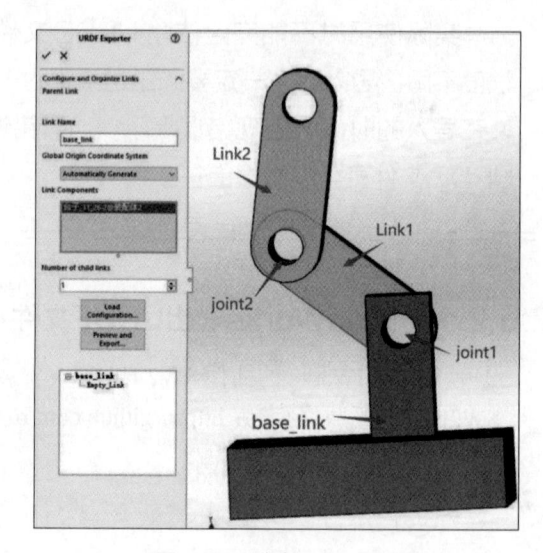   图 2-26 选中 base_link

⑤ 点击"Empty_Link",设置子节点,将其命名为"Link1",JointName 设置为"joint1",这个名字就是之后在 Webots 中的电机名称,如图 2-27 所示。
⑥ 再设置其子节点"Link2",如图 2-28 所示。

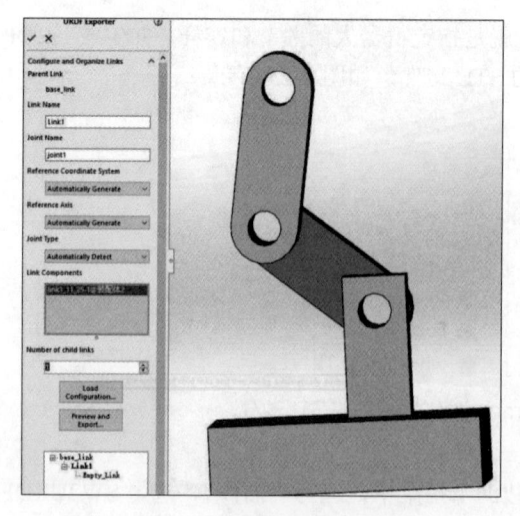

图 2-27 设置子节点 Link1 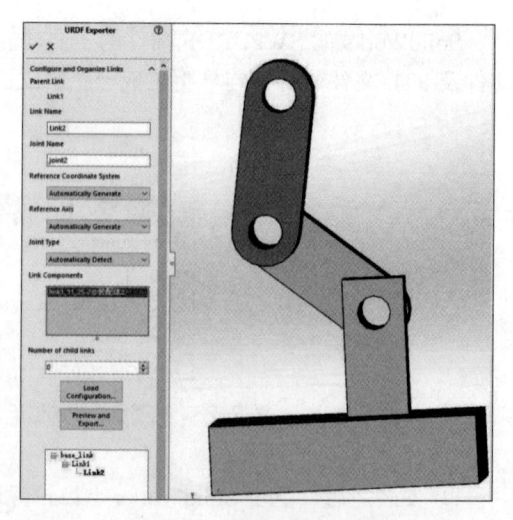   图 2-28 设置子节点 Link2

⑦ 点击"Preview and Export",打开设置面板,设置关节参数,确定 Axis 栏中都有值,如图 2-29 所示。

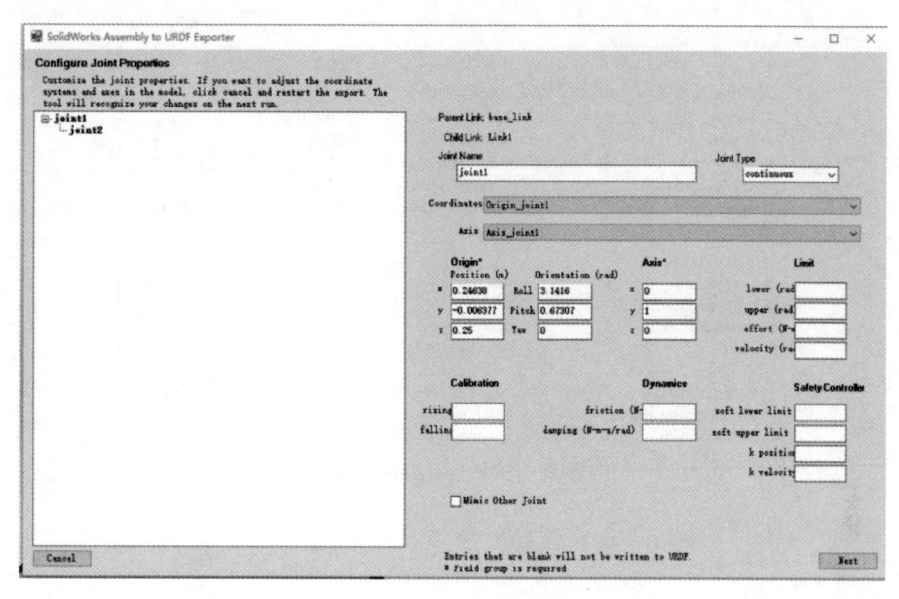

图 2-29　关节参数

⑧ 在 Link 界面中"Material name"一栏必填,否则在 Webots 中无法显示模型。
⑨ 点击"Export URDF and Meshes",开始导出 URDF 文件,STL 文件也同时被导出,如图 2-30 所示。

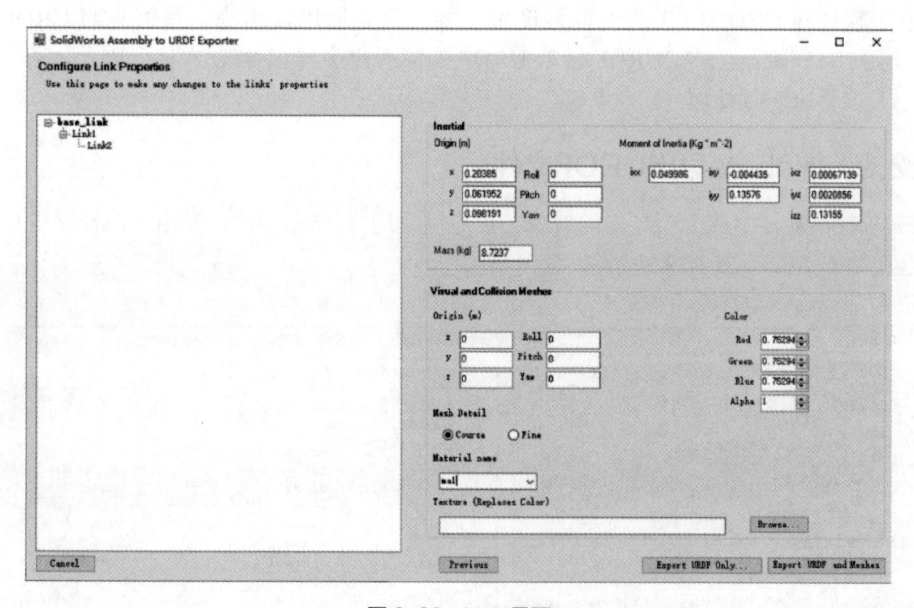

图 2-30　Link 界面

如果导出的原点不在模型上,则在 Webots 中使用该模型时会有问题,一般在 SolidWorks 中装配体插入零部件时,第一个零件会默认与原点相关,但如果最后原点不在模型上,可以让装配体 base_link 上一点与导出后生成的 origin_global 重合配合，再重新导出。

某个项目的导出结果如图 2-31 所示。

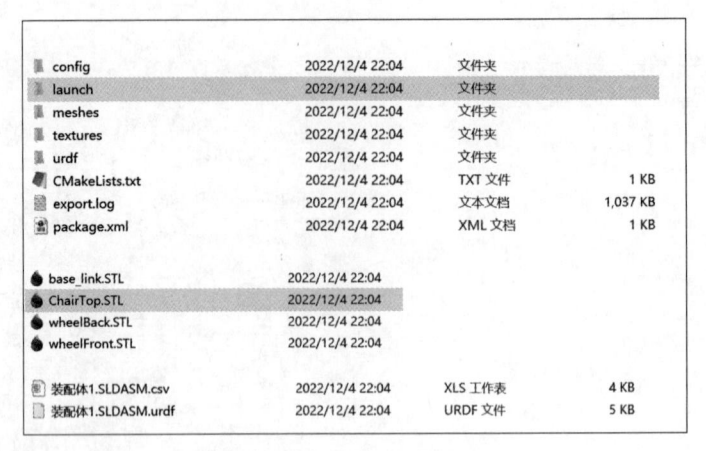

图 2-31　SW2URDF 的导出结果

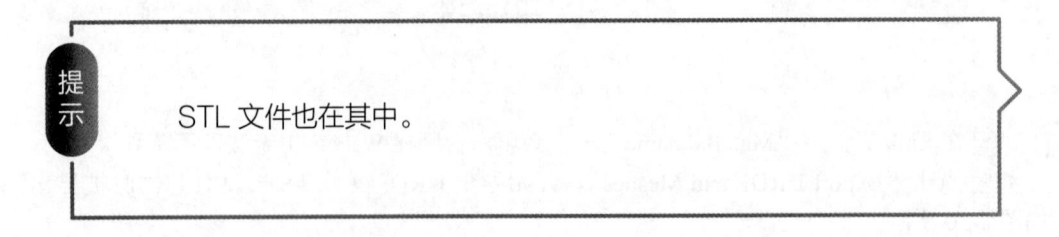

> **提示**　STL 文件也在其中。

不同软件对 URDF 格式的支持程度不一样，出于通用性考虑，最好先将 URDF 转成 STL，再把 STL 导入。SW2URDF 转换 URDF 的同时也会导出 STL 文件，因此，可以利用这些 STL 文件来进行处理。

2.6.2.2　Webots导出URDF文件

在 Webots 软件中选中要导出的对象，点右键，选择"Export"，弹出"Export to URDF"对话框，如图 2-32、图 2-33 所示。

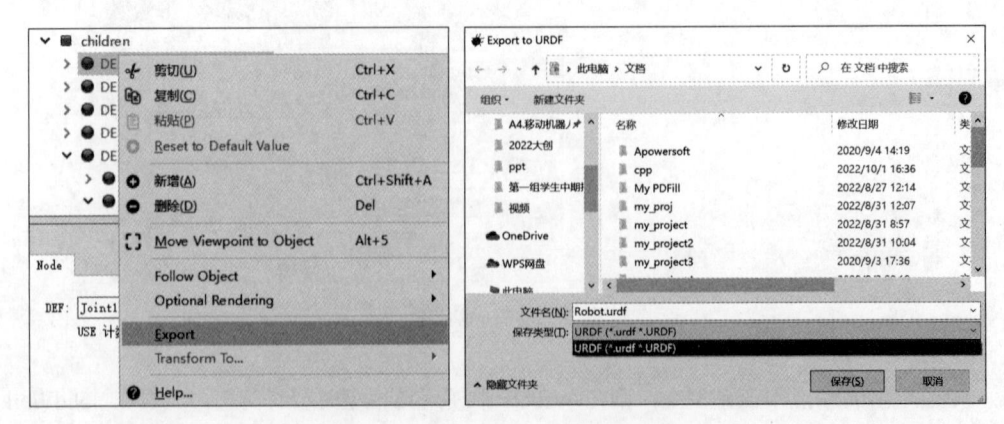

图 2-32　对象的导出（Webots2022b）

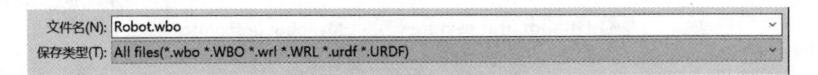

图 2-33　对象的导出（Webots2022a）

2.6.2.3　URDF文件导入到Webots2022a

需要在 Python 环境下，使用官方的 urdf2webots 包进行转换。本书使用 PyCharm，在 Python 环境设置中添加包，安装 urdf2webots，如图 2-34 所示。

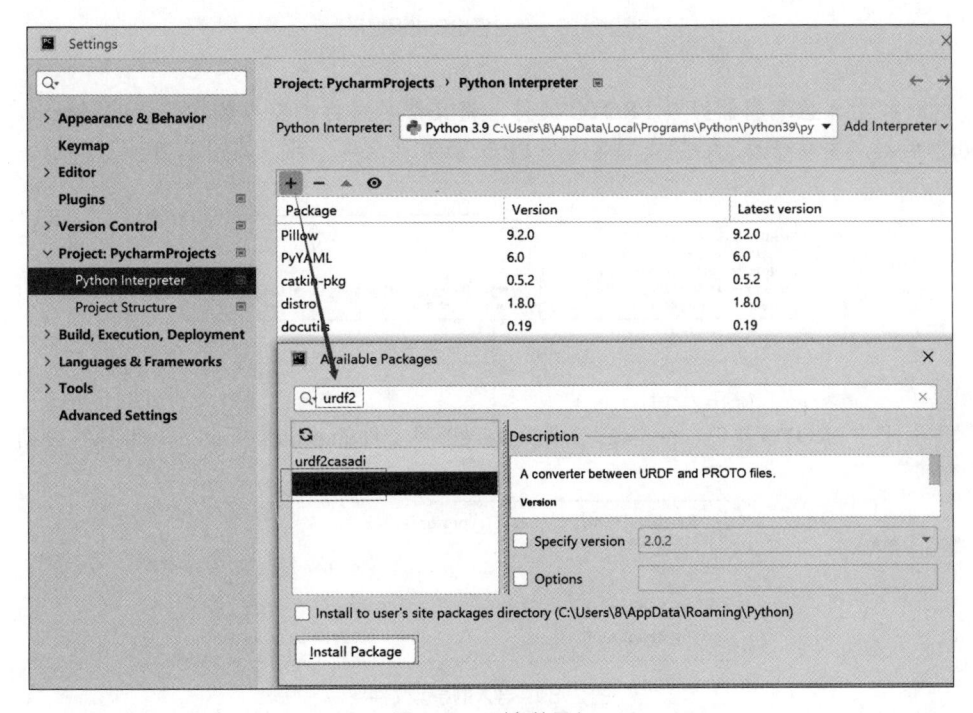

图 2-34　对象的导入

> **注意**
>
> 一定安装到当前使用的 Python 虚拟环境中。

安装完成后，如需要将文件路径"d:\myrobot.urdf"导入，输入命令，如图 2-35 所示。该命令将在电脑当前用户的 Documents 路径下生成原型文件"MyRobot.urdf.proto"，如图 2-36 所示。

```
D:\>python -m urdf2webots.importer --input d:\myrobot.urdf
Robot name: C:/Users/8/Documents/MyRobot.urdf
Root link: base_link
There are 96 links, 95 joints and 0 sensors
```

图 2-35　对象的导入命令

图 2-36　生成的原型文件

成功生成了 PROTO 并导入进 Webots 之后，在 Webots 信息栏可能出现如图 2-37 所示的提示。

```
ERROR: "D:/5.webots/myprj/testC/protos/Robot.urdf.proto": 7: 7: 错误: Invalid token "C:\Users\8\Documents\Robot.urdf. {1'?} {2:7:?}
ERROR: "D:/5.webots/myprj/testC/protos/Robot.urdf.proto": 10: 42: 错误: Invalid escaped character. {1'?} {2:42:?}
ERROR: "D:/5.webots/myprj/testC/protos/Robot.urdf.proto": 10: 48: 错误: Invalid escaped character. {1'?} {2:48:?}
ERROR: "D:/5.webots/myprj/testC/protos/Robot.urdf.proto": 10: 50: 错误: Invalid escaped character. {1'?} {2:50:?}
ERROR: "D:/5.webots/myprj/testC/protos/Robot.urdf.proto": 10: 60: 错误: Invalid escaped character. {1'?} {2:60:?}
```

图 2-37　信息栏出现错误提示

此时，用任意编辑器打开 PROTO 文件，将文件名进行调整，删除过长的路径名称和"urdf"后缀，注意修改之后的模型名应与 PROTO 文件名称一致，如图 2-38 所示。

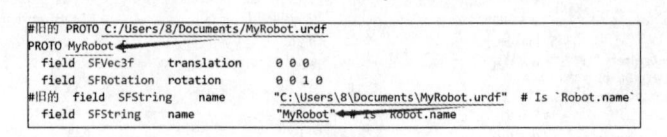

图 2-38　更名原型文件

将生成的 PROTO 文件、textures 文件夹放入项目文件的 protos 目录下，如图 2-39 所示。

图 2-39　导入的原型文件

在 Webots 中点击添加节点，在右侧找到 PROTO nodes（Current Project）目录，可找到添加的模型，如图 2-40 所示。

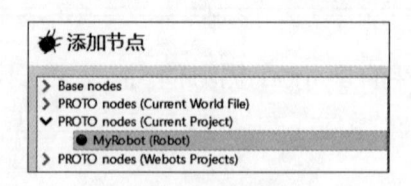

图 2-40　添加模型

2.6.3　外部三维模型导入（stl、obj、dae）到 Webots2022a

要避免导入过于复杂的包含了太多的细节的模型，这将导致仿真程序报错，如图 2-41 所示。

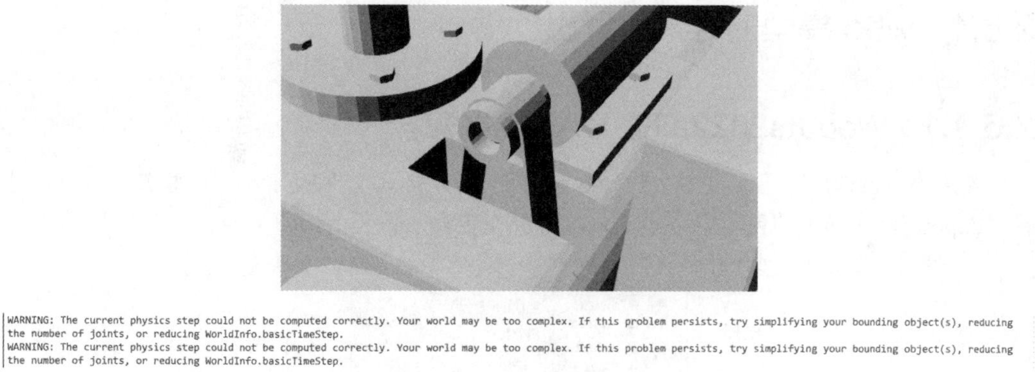

```
WARNING: The current physics step could not be computed correctly. Your world may be too complex. If this problem persists, try simplifying your bounding object(s), reducing
the number of joints, or reducing WorldInfo.basicTimeStep.
WARNING: The current physics step could not be computed correctly. Your world may be too complex. If this problem persists, try simplifying your bounding object(s), reducing
the number of joints, or reducing WorldInfo.basicTimeStep.
```

图 2-41　导入过于复杂的模型将导致报错

在 Webots2022a 中，点击"文件"→"Import 3D model"可导入外部模型，如图 2-42 所示。

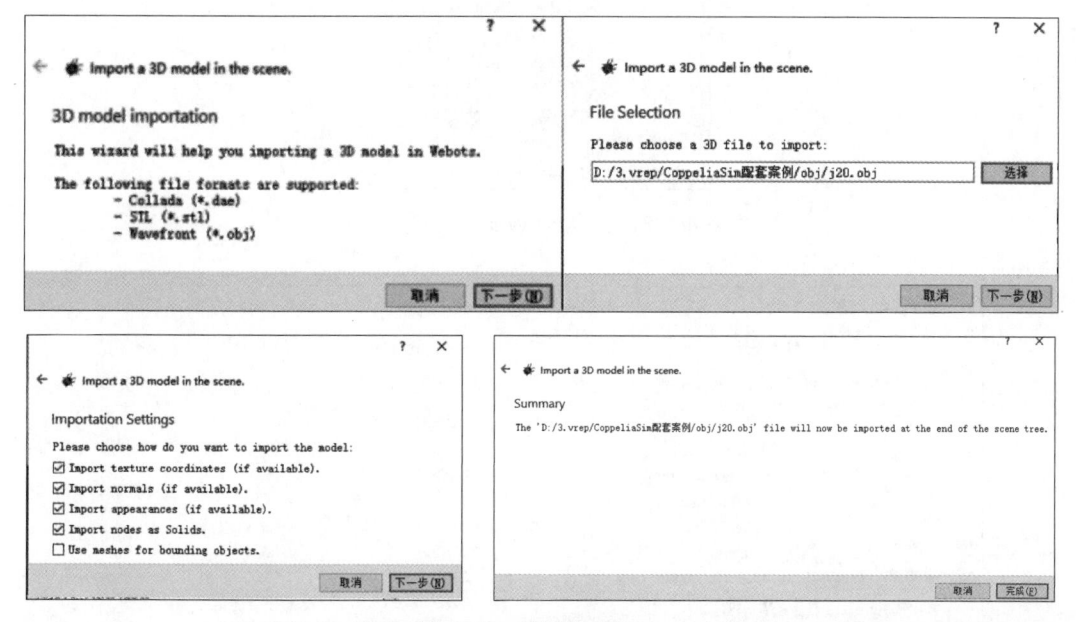

图 2-42　外部模型的导入

导入的形状将放置在场景树的最后一个节点。

导入时有可能报如下警告，但模型仍可以被导入，该警告提示导入的 STL 中三角形过多，可在其他三维设计软件中减少三角形数量后，再进行导入操作。

> **WARNING:** Solid > Solid > Shape > IndexedFaceSet: Too many triangles (22894) in mesh: unable to cast shadows, please reduce the number of triangles below 21845 or set Shape.castShadows to FALSE to disable this warning.

外部模型导入后，并不是以 Webots 标准的模型为基础，而是使用顶点的形式生成 3D 形状，类型为 IndexedFaceSet。导入后的对象如图 2-43 所示。

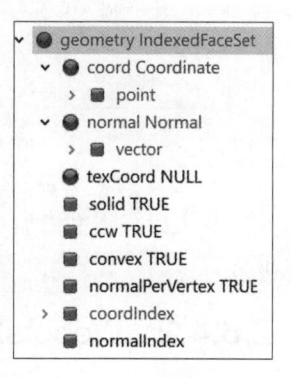

图 2-43　导入后的外部模型

2.6.4　wbo 模型的导入和导出

2.6.4.1　Webots2022a 下的导入和导出操作

使用 Webots2022a 可实现 SolidWorks 制作的 STL 格式文件的导入。右键选中对象，选择"Export"，在弹出的窗口中选择 wbo 文件并指定存放位置，如图 2-44、图 2-45 所示。

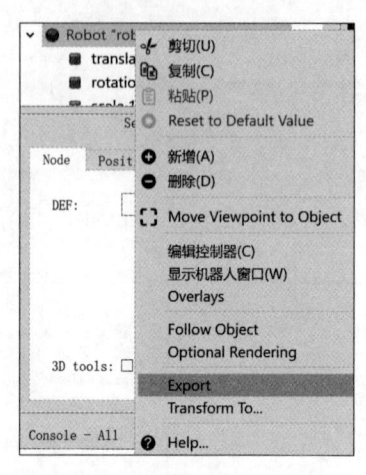

图 2-44　对象的导出（Webots2022a）(1)

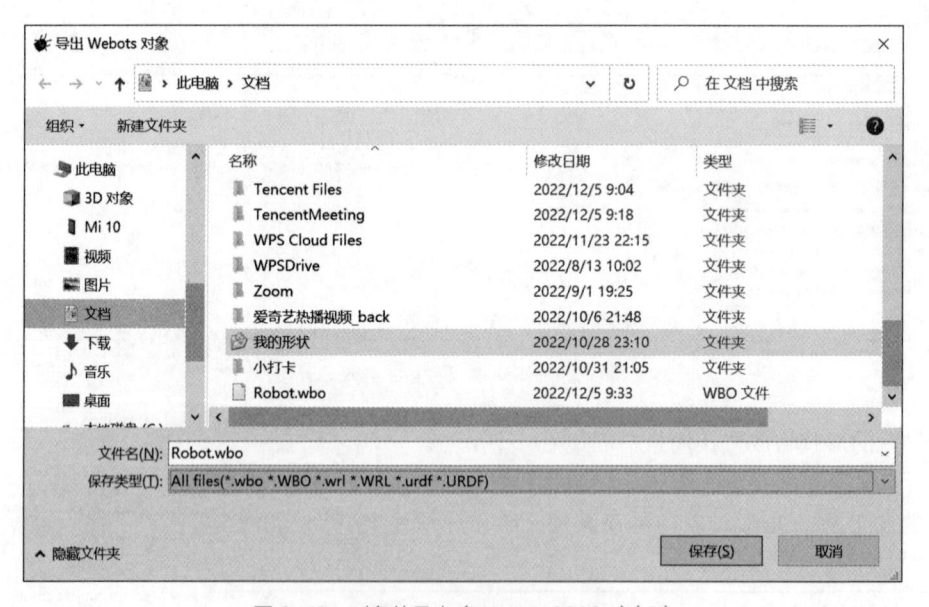

图 2-45　对象的导出（Webots2022a）(2)

导入时，点击添加对象按钮，在弹出的对话框中选择前面导出的 wbo 文件，如图 2-46 所示。

2.6.4.2　Webots2022b 下的导入三维模型文件操作

无法直接将三维模型文件（stl、obj、dae）导入到 Webots2022b 中，需要经过如下操作：

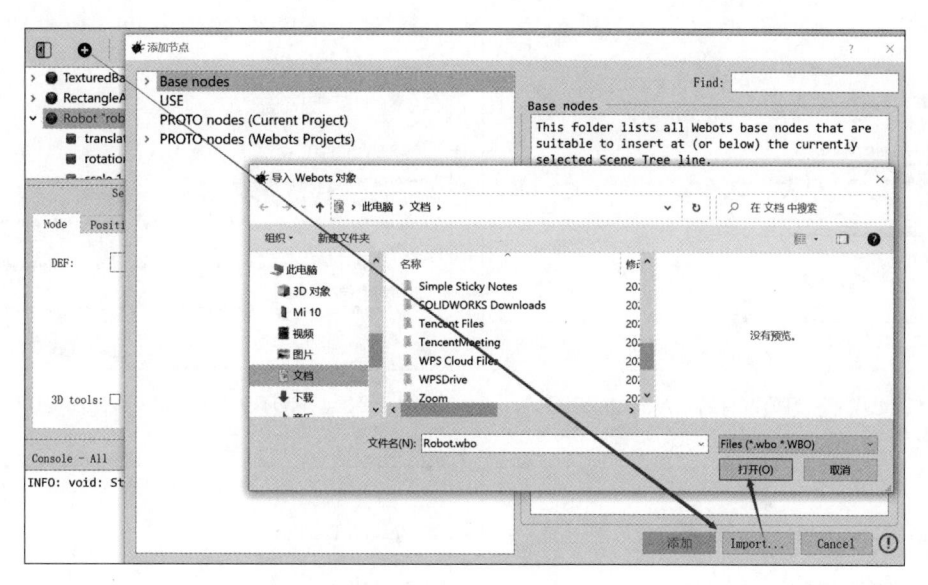

图 2-46　对象的导入（Webots2022a）

① 将外部三维模型导入到 Webots2022a 中，方法参见前文。
② 在 Webots2022a 中，导出模型为 wbo 文件。
③ 使用文本文件打开 wbo 文件，选择相关部分，如图 2-47 所示。

图 2-47　选择 wbo 文件的相关部分

④ 在 Webots2022b 中新建 PROTO 文件（图 2-48～图 2-52）。

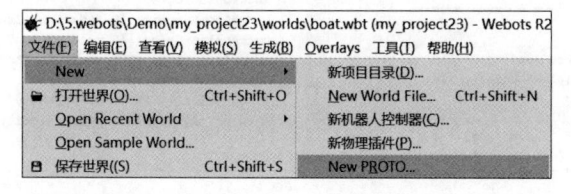

图 2-48　新建 PROTO 文件（Webots2022b）

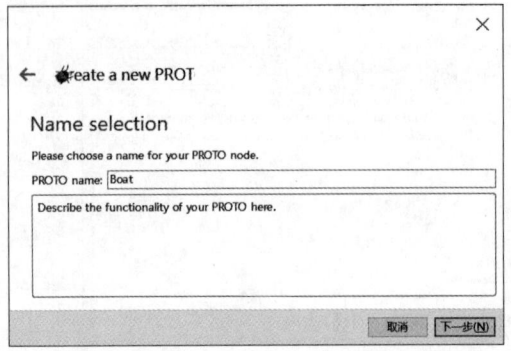

图 2-49　PROTO 文件名（Webots2022b） 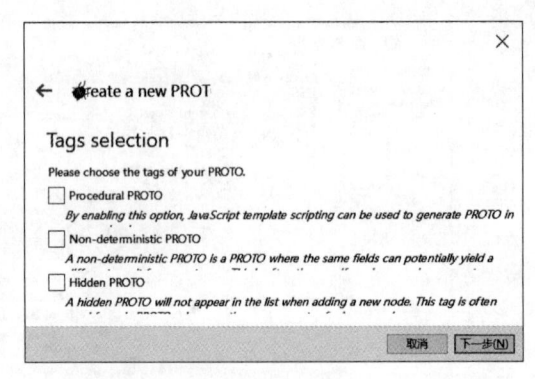　　图 2-50　PROTO 文件类型（Webots2022b）

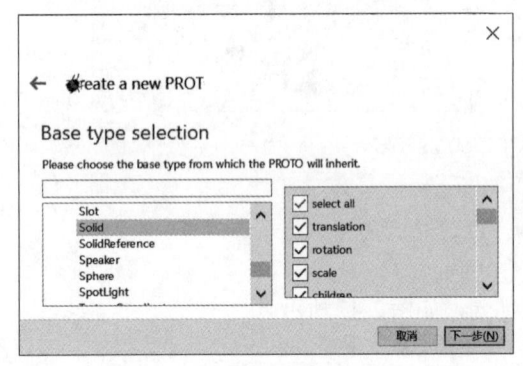

图 2-51　新建 PROTO 文件要继承的类（Webots2022b） 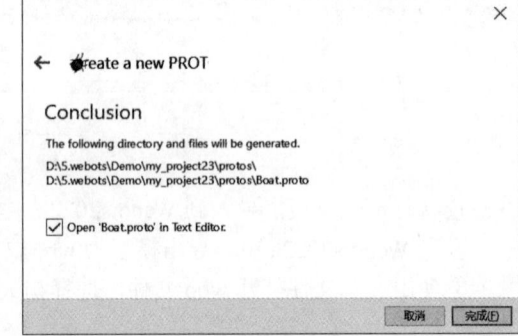　图 2-52　打开 PROTO 文件（Webots2022b）

⑤ 打开新建的 PROTO 文件，将 wbo 文件的相关部分复制到此 PROTO 文件中（图 2-53）。

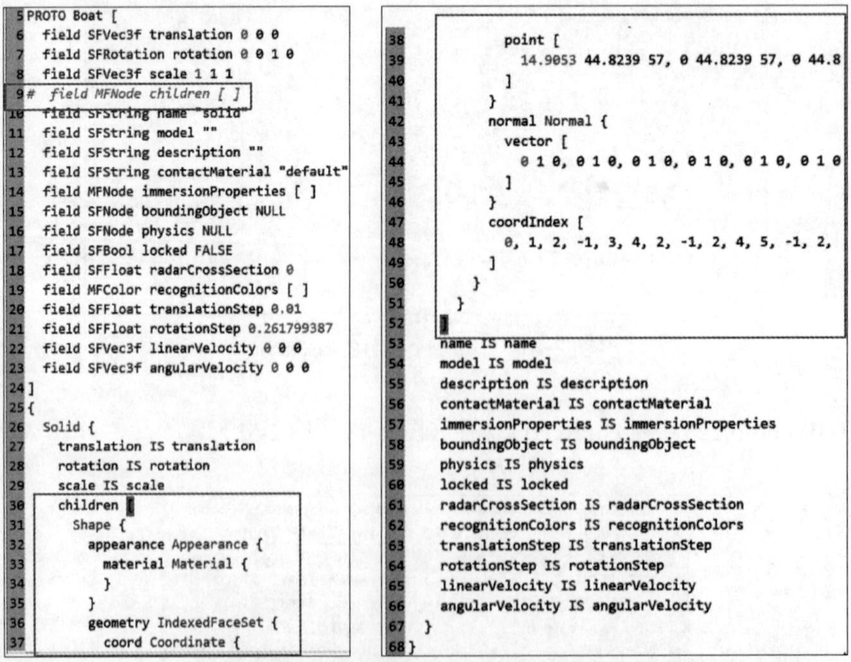

图 2-53　复制 wbo 文件的相关部分

⑥ 保存此 PROTO 文件。

⑦ 使用这个 PROTO 文件：添加节点，选择 Current Project 分支下的 PROTO 文件，如图 2-54 所示。

⑧ 导入后的节点名为 Boat，并非基本节点，需要将其转换为基本节点。转换方法是右键导入的对象，从右键菜单中选择"Convert to Base Node(s)"，如图 2-55 ～图 2-57 所示。

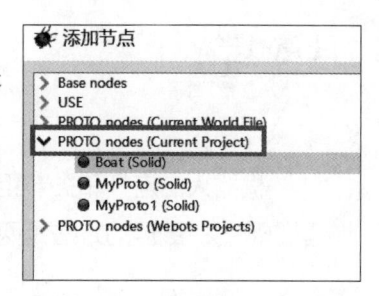

图 2-54　导入 PROTO 文件的使用（Webots2022b）

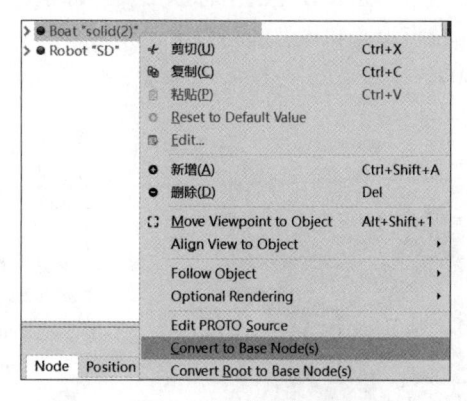

图 2-55　转换前　　　　图 2-56　转换为基本节点　　　　图 2-57　转换后

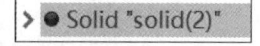

2.6.4.3　Webots2022b下的导出URDF文件操作

Webots2022b 只能导出 URDF 文件，无法导出 wbo 文件，如图 2-58 所示。

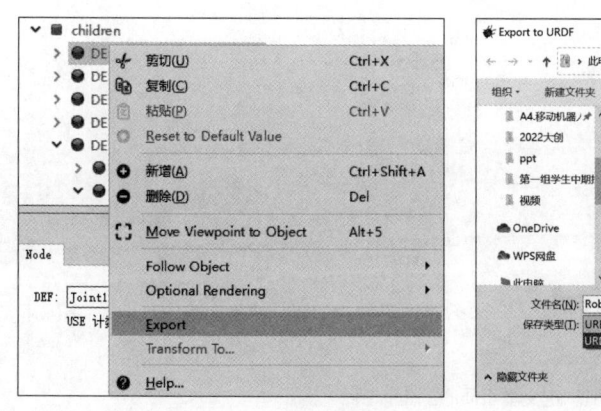

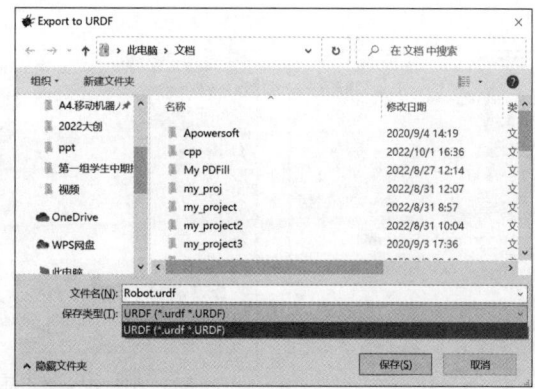

图 2-58　URDF 文件的导出（Webots2022b）

2.6.4.4　示例：Webots2022b导入SolidWorks2020的STL文件

本例实现了将 SolidWorks 的三维文件导入到 Webots2022b。

在 VMware 虚拟机中安装 Webots2022a。

> **注意**
>
> 机器人由连杆和关节组成。因此，从 SolidWorks 导出的时候要尽量减少模型的数量。最佳的方法是两个关节之间只导出一个连杆。

① 使用 SolidWorks2020 绘制机器人或其他对象的三维模型，如图 2-59 所示。

② 在 SolidWorks2020 软件里定义模型的坐标原点及坐标系，将质心调整到合适的位置。在导入 Webots 时，其影响位姿调整和模型的动力学计算。

a. 定义质心（图 2-60）。

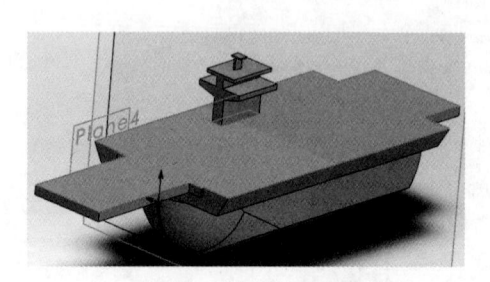

图 2-59　待导入的模型

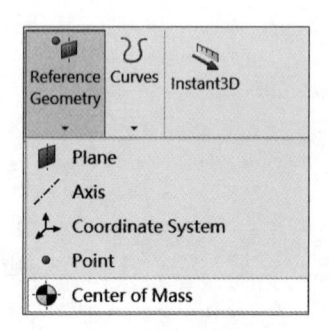

图 2-60　定义质心

b. 根据质心定义基于质心的坐标系。单击坐标系红绿蓝箭头可改变坐标系方向；定义 Xaxis、Yaxis、Zaxis 时，选择平行边即可，如图 2-61 所示。建好的坐标系名为 Coordinate System2。

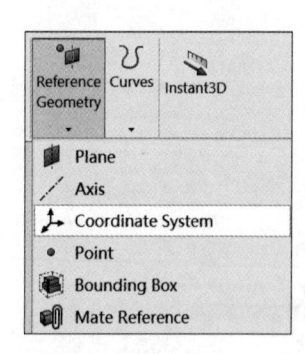

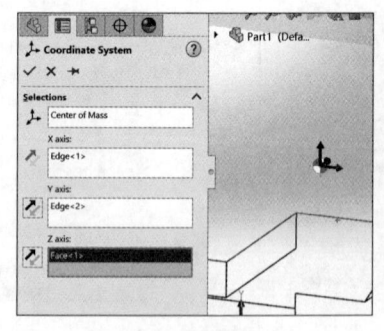

图 2-61　定义基于质心的坐标系

c. 另存为 STL 格式。点击"Options…"按钮，如图 2-62 所示。

d. 在"Options…"中勾选"Do not translate STL output data to positive space"，选择导出坐标系"Coordinate System2"，选择输出单位为"Meters"，如图 2-63 所示。

③ 将导出的 STL 文件复制到 VMware 的 Webots2022a 中，点击"File"→"Import 3D Model…"，如图 2-64 所示。

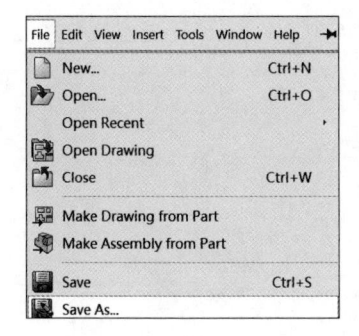

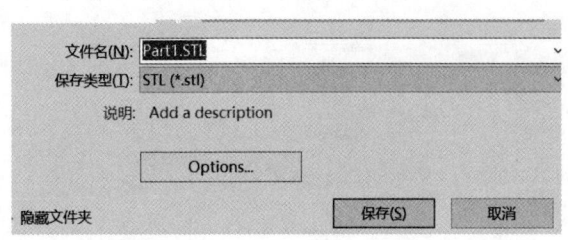

图 2-62　另存为 STL

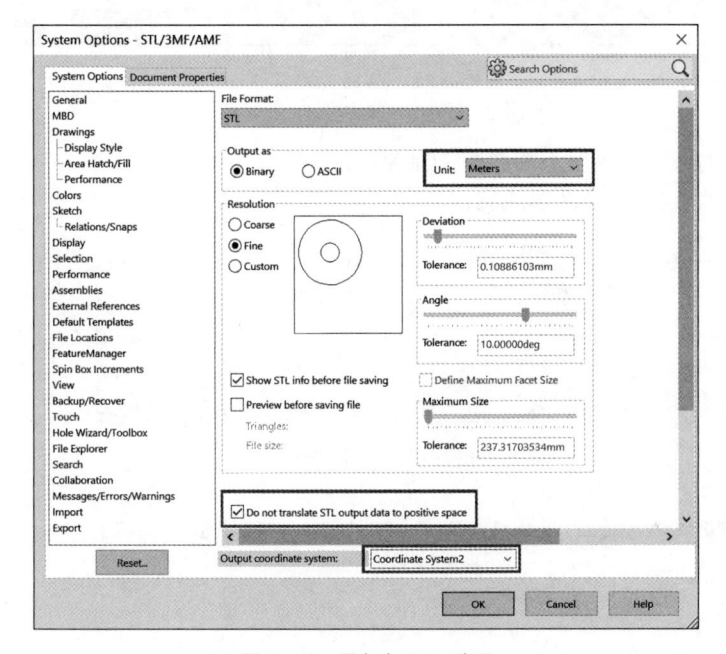

图 2-63　另存为 STL 选项

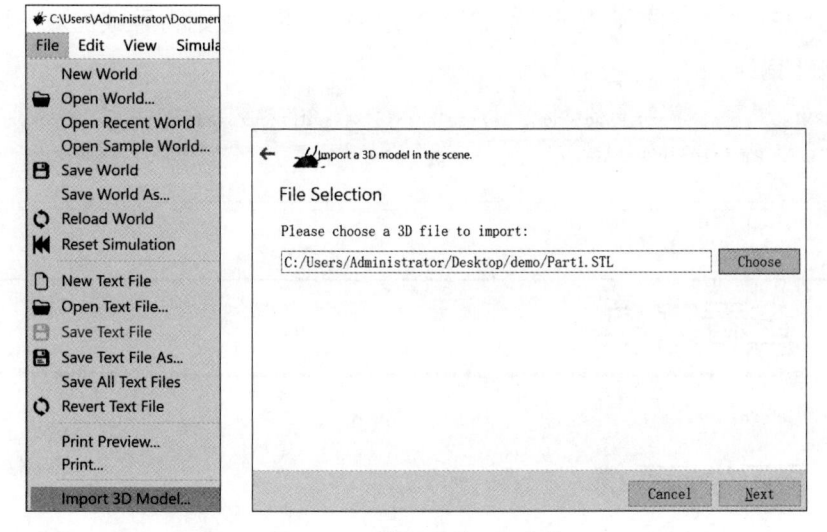

图 2-64　选择导入的 STL 文件

④ 在 Webots2022a 中选中导入的对象，右键菜单中点击"Export"，导出文件的格式选择 wbo，如图 2-65 所示。

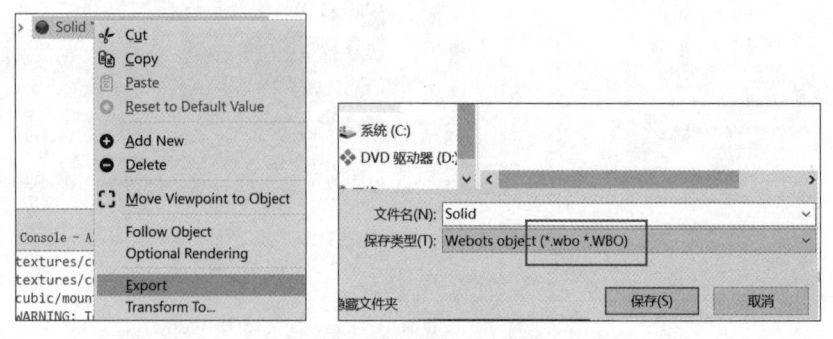

图 2-65　导出 wbo 文件

⑤ 将导出的 wbo 文件从虚拟机复制到 Webots2022b 电脑中。
⑥ 新建一个 PROTO（图 2-66）。

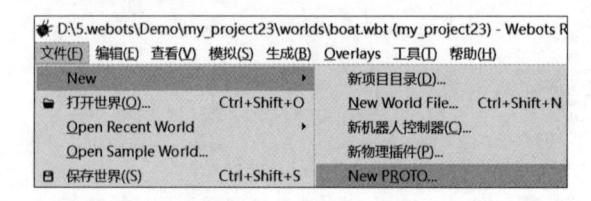

图 2-66　新建 PROTO

其余操作请参见"2.6.4.2 Webots2022b 下的导入三维模型文件操作"一节。

> **注意**
>
> 建模的尺寸与导入 Webots 的尺寸要保持一致，否则将导致仿真不正确，并报如下错误。
>
> ```
> WARNING: Robot: This Robot node is scaled: this is discouraged as it could compromise the correct physical behavior.
> ```

2.7　查看菜单

2.7.1　显示坐标系统

软件默认的场景坐标系是不显示的，为了便于观察和分析，务必将世界坐标系显示出来。

设置方法为点击"可选显示"→"显示坐标系统",或按快捷键 Ctrl+F1,效果如图 2-67 所示。

图 2-67 视角随机器人移动(右图右下角有坐标系显示出来)
(R2022b 之前的某些版本使用的世界坐标系是 Y 轴向上、Z 轴向前,R2022b 调整成 Z 轴向上的坐标系。)

2.7.2 恢复视角

恢复到上一次文件保存时的视角。方法:点击"查看"→"恢复视角"。

2.7.3 视角跟随机器人移动

可设置观察视角跟随机器人移动,可避免机器人从视角跑丢,便于用户查看机器人运动。

方法:点击"查看"→"追随对象"→"Tracking Shot",或选中要跟随的对象(不一定是机器人对象),也可以按 F5,如图 2-68 所示。

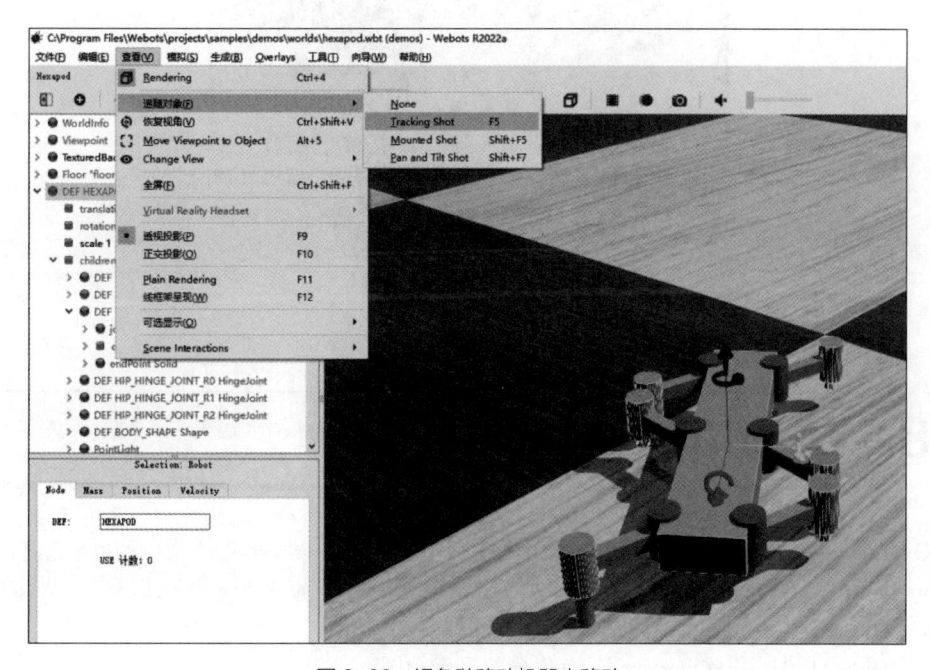

图 2-68 视角随移动机器人移动

2.7.4 移动视角到对象

用于快速查看选中的对象,在找不到对象时,特别是对象被覆盖时特别有用。

方法:先选中想查看的对象,再点击"查看"→"Move Viewpoint to Object"。

2.7.5 显示摄像头视场

将摄像头的视场显示出来,便于分析。方法:点击"查看"→"可选显示"→"显示摄像头视场"。效果如图 2-69 所示。

2.7.6 显示接触点

可以将机器人与地面等物体的接触面显示出来,从而便于分析。这个功能在进行力相关的仿真时经常用到。

图 2-69 显示摄像头视场

方法:点击"查看"→"可选显示"→"显示接触点",或按快捷键 **Ctrl+F3**。显示效果如图 2-70 所示。

图 2-70 查看接触点(右图为接触点显示)

2.8 Overlays 菜单

Overlays 菜单如图 2-71 所示,功能说明如下:
- Hide All Camera Overlays:隐藏全部摄像头的视图。
- Hide All RangeFinder Overlays:隐藏测距仪的视图。
- Hide All Display Overlays:隐藏全部显示视图。

如图 2-72 所示为 3D 场景中显示的视图。

图 2-71　Overlays 菜单

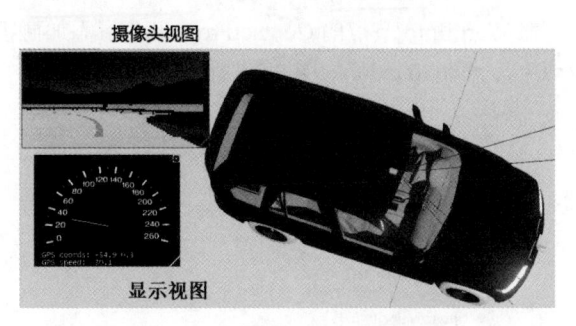

图 2-72　3D 场景中显示的视图

2.9　添加声音

Webots 的仿真要尽可能接近物理世界，它也提供了声音功能，用于表现碰撞、电机转动等状态。

2.9.1　添加电机旋转声音

在 HingeJoint 对象中添加 device，选择电机 RotationalMotor，如图 2-73 所示，在电机的属性里可以设置声音文件（图 2-74）。

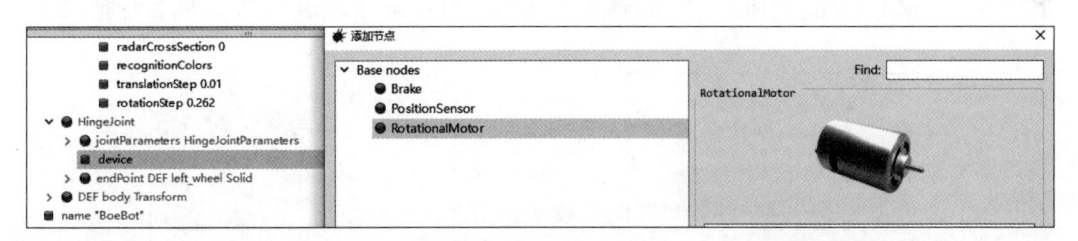

图 2-73　添加 device

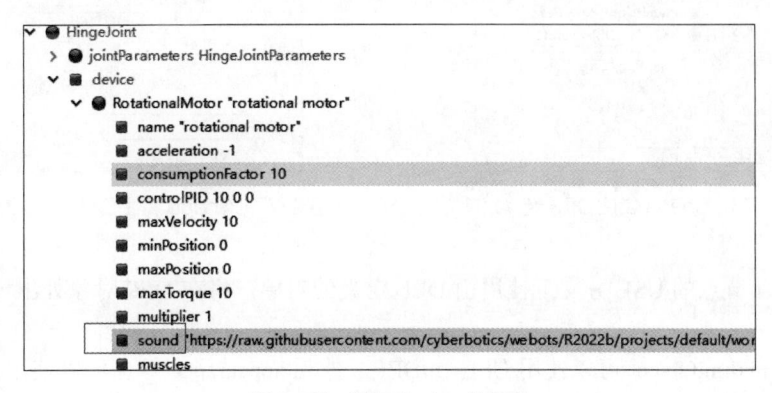

图 2-74　添加 device 的声音

2.9.2 添加碰撞声音

在 WorldInfo 节点的 ContactProperties 下添加碰撞声音 bumpSound、滚动声音 rollSound、滑动声音 slideSound，如图 2-75 所示。

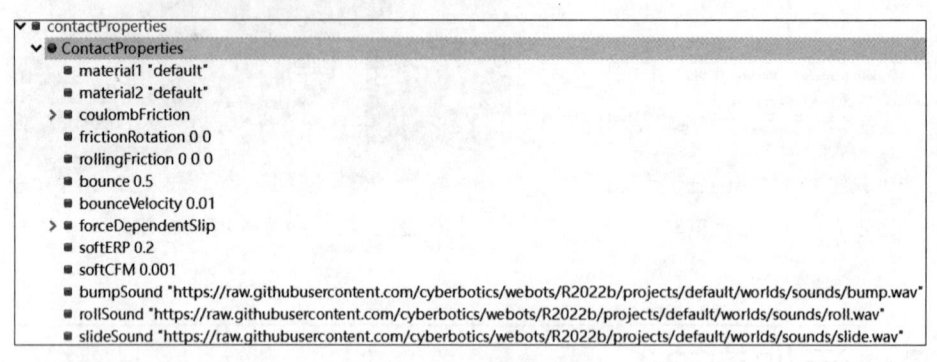

图 2-75 添加碰撞声音

2.10 DEF 和 USE 关键字

先使用 DEF 进行引用的定义，再使用 USE 进行引用。最常用的是对 boundingObject 的设置和使用。在 Solid 中，boundingObject 通常设置为 children 属性下的形状 Shape。该 Shape 先在 DEF 里定义，例如可定义名称为 "BD"。在 DEF 中定义之后，设置 boundingObject 时，从 USE 中选择 DEF 的对象 "BD"。该节点标题自动添加 DEF 前缀，如图 2-76～图 2-78 所示。

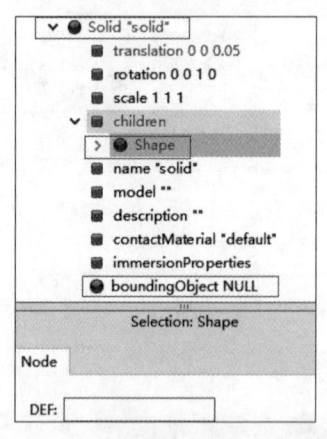

图 2-76 Shape 属性 DEF 定义之前 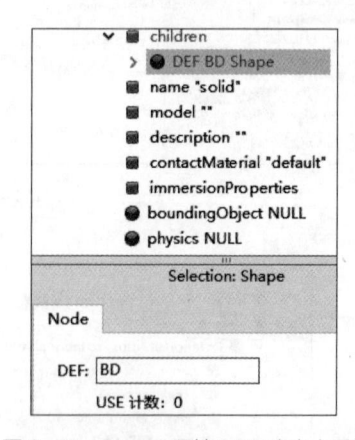   图 2-77 Shape 属性 DEF 定义之后

若在添加节点的 USE 分支下使用由 DEF 定义的对象，将在 DEF 对象处出现引用计数，如图 2-79 所示。

不仅 boundingObject 可以使用 USE 和 DEF，外观 appearance 等也可以使用，如图 2-80 所示。

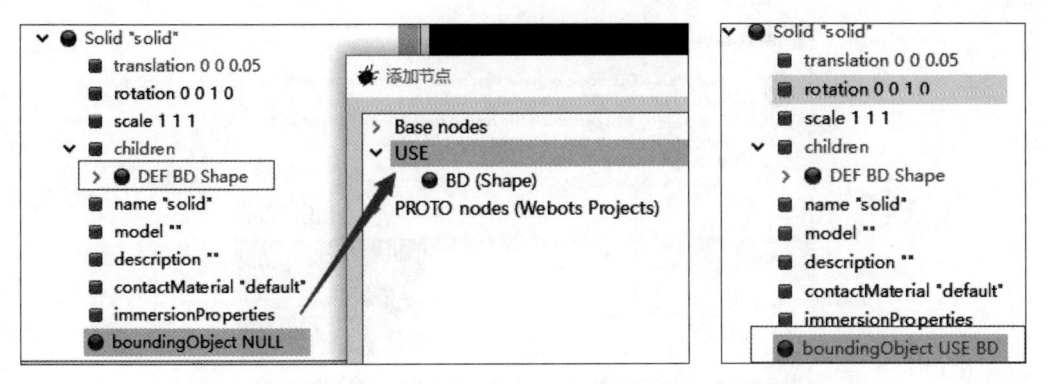

图 2-78　在 boundingObject 属性 USE 中选择 DEF 定义的对象 "BD"

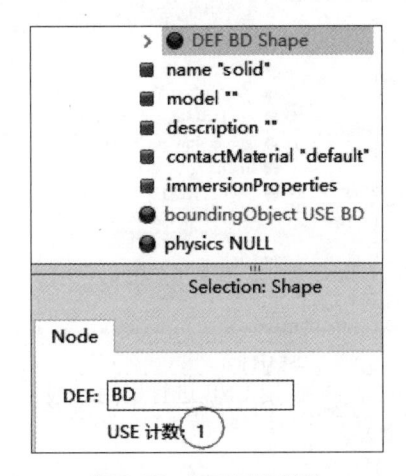

图 2-79　DEF 引用计数

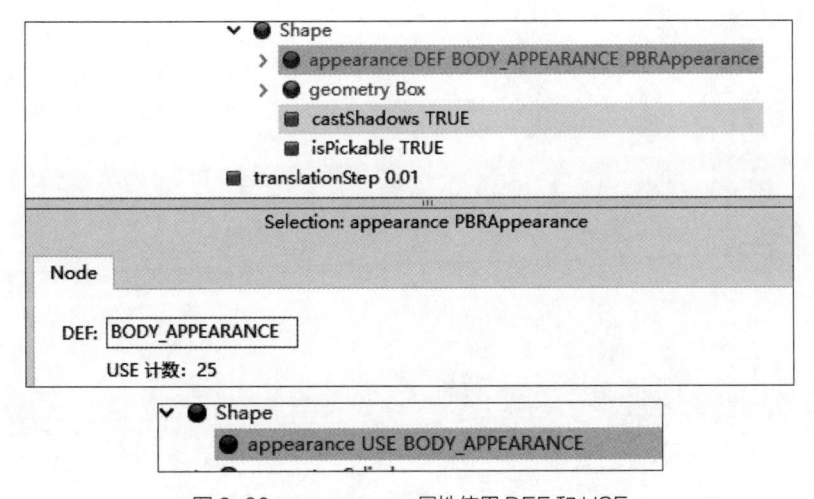

图 2-80　appearance 属性使用 DEF 和 USE

在引用计数存在的情况下，删除 DEF 的节点将报错，如图 2-81 所示。

DEF 定义节点的改名：直接更改 DEF 节点的名称，引用的位置将同步更改。例如，将前文 DEF 的 "BD" 改名为 "BDZD"，引用的位置都将更新，如图 2-82 所示。

065

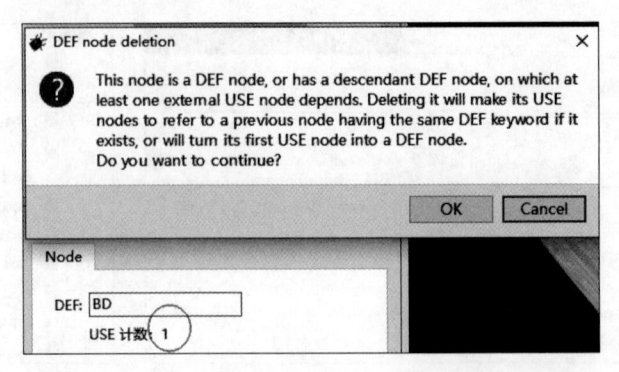

图 2-81　删除引用数量不为 0 的 DEF 的节点的报错提示

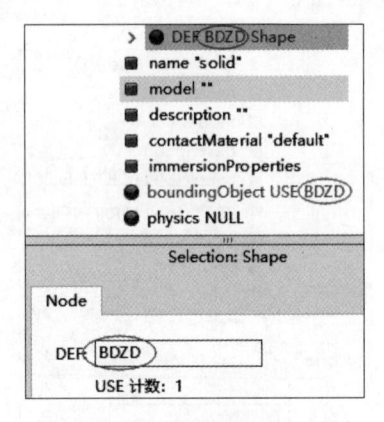

图 2-82　DEF 的节点的 DEF 更名

第 3 章
Webots 的节点 Node

3.1 世界、节点、节点属性

Webots 的世界（world）由节点（node）构成，每个节点都有一定数量的属性（Field），其中节点也可以作为 Field。

Webots 的基础节点类型如图 3-1 所示。

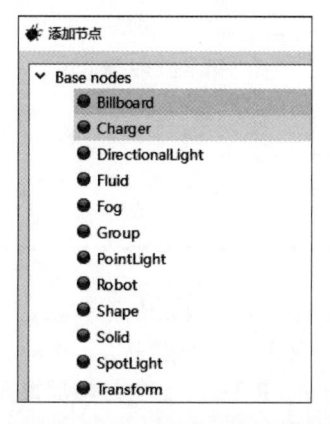

图 3-1 Webots 的基础节点类型

Webots 节点下的属性 Field 数据类型有很多，主要分为多参数 MF 和单参数 SF 两类，如图 3-2 所示。MF 可以包含多个数据，可以理解为数组；SF 只包含一个或一组数据。对 MF 类型的属性，点击右键，可添加新的数据，如图 3-3 所示。

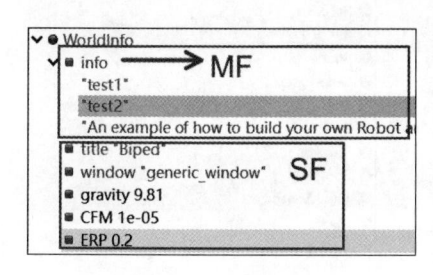

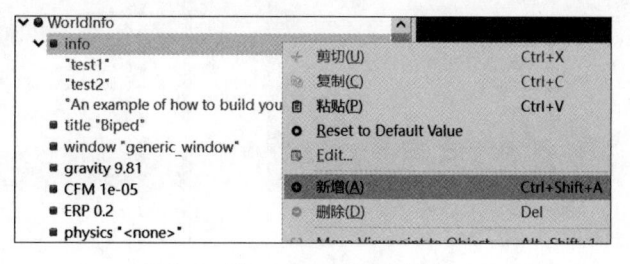

图 3-2 MF 和 SF 属性类型   图 3-3 增加 MF 属性类型的数据

选中 / 双击属性，可在下方信息窗口查看 / 打开具体的数据类型，如布尔、整数、浮点、字符串、矢量等，如图 3-4、图 3-5 所示。

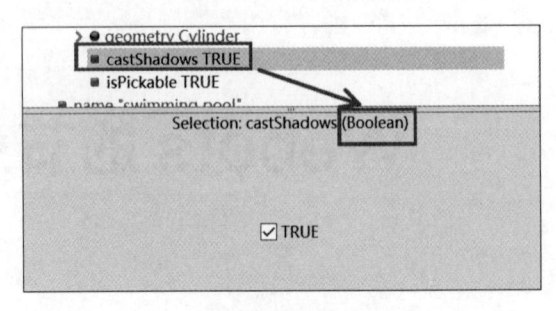

图 3-4　布尔类型

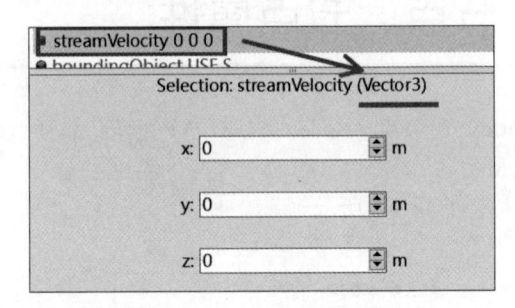

图 3-5　三维矢量类型

3.2　场景树

场景树是一个树形结构，由许多节点构成仿真环境。节点能够嵌套，组成复杂的结构，每个节点能添加的子节点类型与父节点的类型有关，不同类型的节点可增加的子节点的种类是不同的，如图 3-6 所示。例如，Robot 节点能够增加很多种类的子节点，如图 3-7 所示，但是 Solid 节点可增加的节点类型就有限。

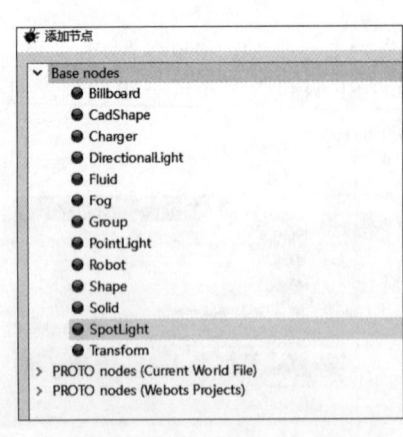

图 3-6　根节点可增加的子节点类型 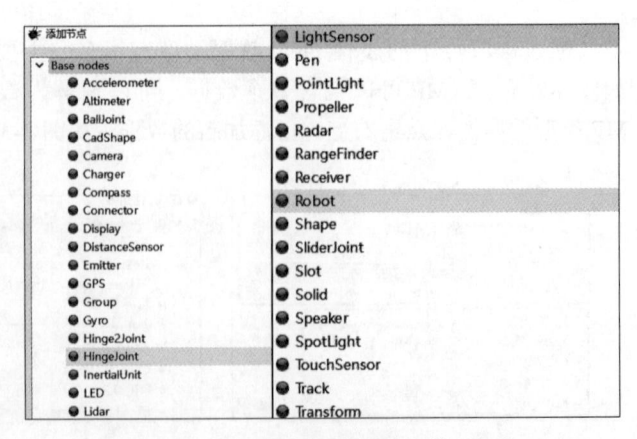　　　　图 3-7　Robot 节点可增加的子节点类型

每个节点有各种属性可以设置。在 3D 场景中选中对象，则场景树相应的节点也自动选择，这便于设置节点属性，如图 3-8 所示。

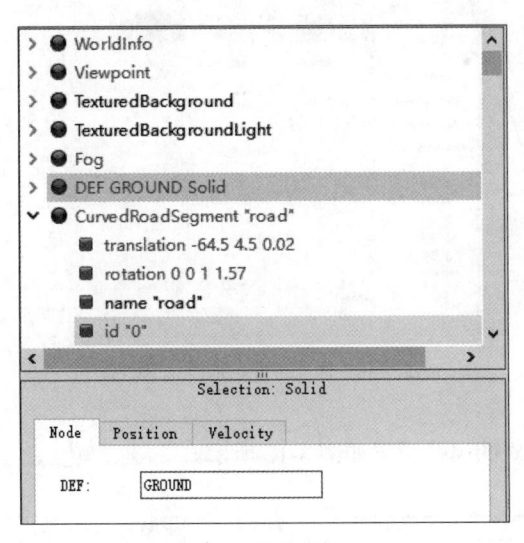

图 3-8 场景树中的节点

3.3 节点的通用属性

3.3.1 外观调整

3.3.1.1 传统的 Appearance

如图 3-9 所示为 Appearance 属性。

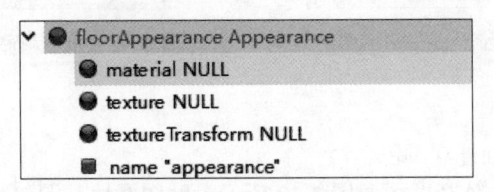

图 3-9 Appearance 属性

双击"material""texture"可添加材料和纹理。在 texture 的 url 属性里选择图片，可以使用图片做纹理，如图 3-10 所示。

3.3.1.2 基于物理引擎的 PBRAppearance

Webots 提供了多种基于物理引擎的 PBRAppearance 的外观属性，如图 3-11 所示。

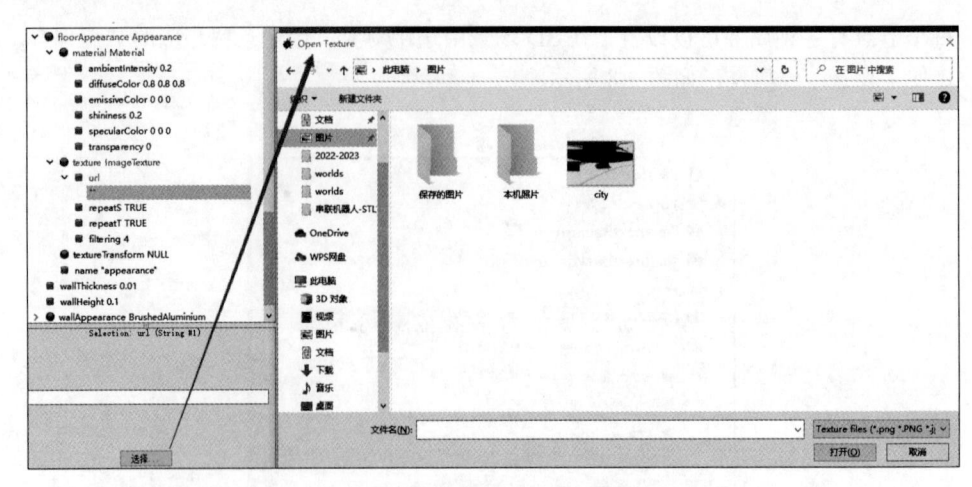

图 3-10　添加 Appearance 属性值

PBRAppearance 外观的属性设置如图 3-12 所示。

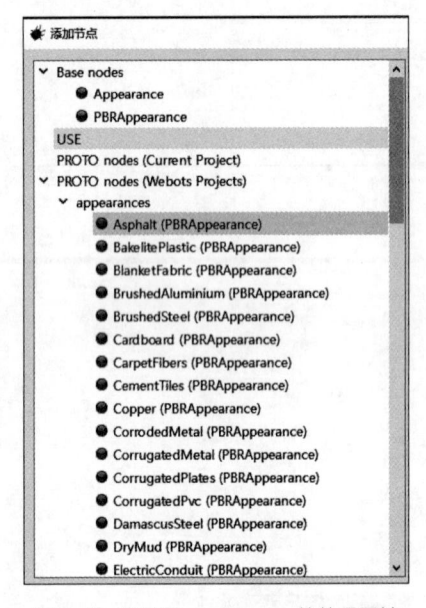

图 3-11　PBRAppearance 的外观属性 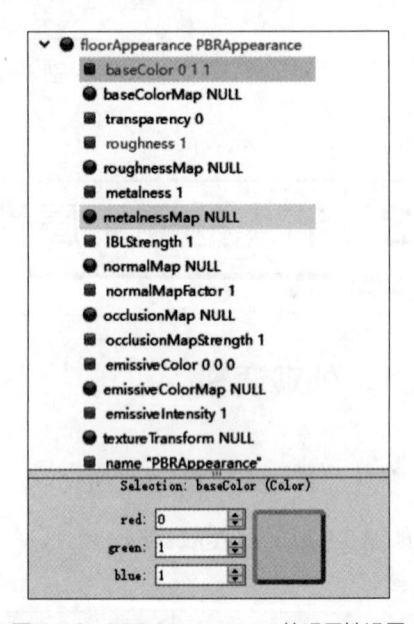　　　　图 3-12　PBRAppearance 外观属性设置

常用的属性有：
- baseColor：基础外观颜色。
- baseColorMap：外观贴图，图 3-13 所示为贴图属性，图 3-14 为贴图效果。

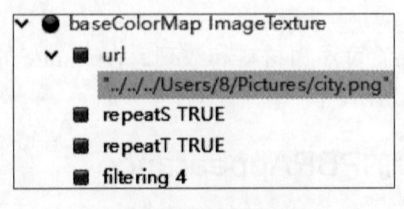

图 3-13　贴图属性

图 3-14　贴图效果（右图为 png 图片透明效果）

- roughness：粗糙度，范围 [0,1]。
- metalness：金属度，范围 [0,1]。

3.3.1.3　调整纹理位置和姿态texture Transform属性

texture Transform 用于调整每个纹理图片的位置和姿态以及缩放等，如图 3-15 所示。

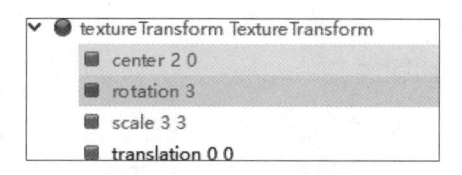

图 3-15　texture Transform 属性

rotation 属性的单位是 rad。不同 rotation 属性的显示效果如图 3-16 所示。

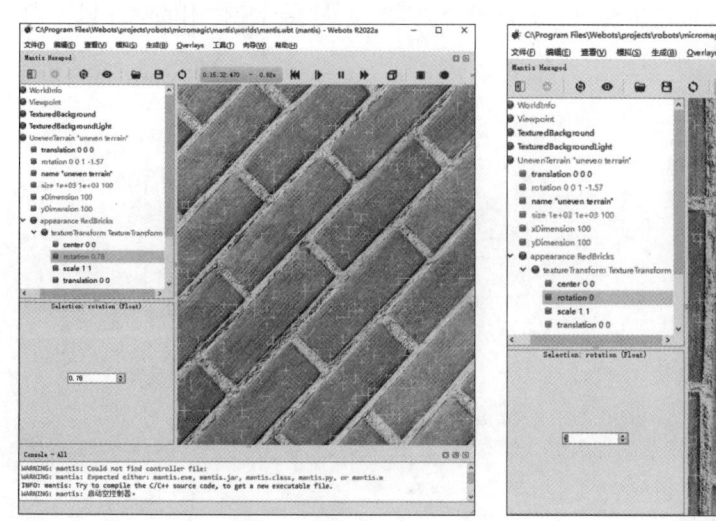

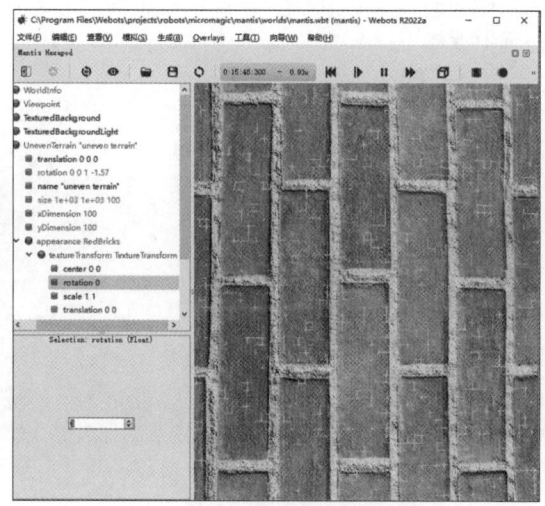

图 3-16　不同 rotation 属性的显示效果（左侧 0.78rad，右侧 0rad）

3.3.1.4　调整纹理大小scale属性

通常，默认的纹理图片并不是期望的效果，因此，需要对纹理进行位置、姿态、大小的调整。不同 scale 属性的显示效果如图 3-17 所示。

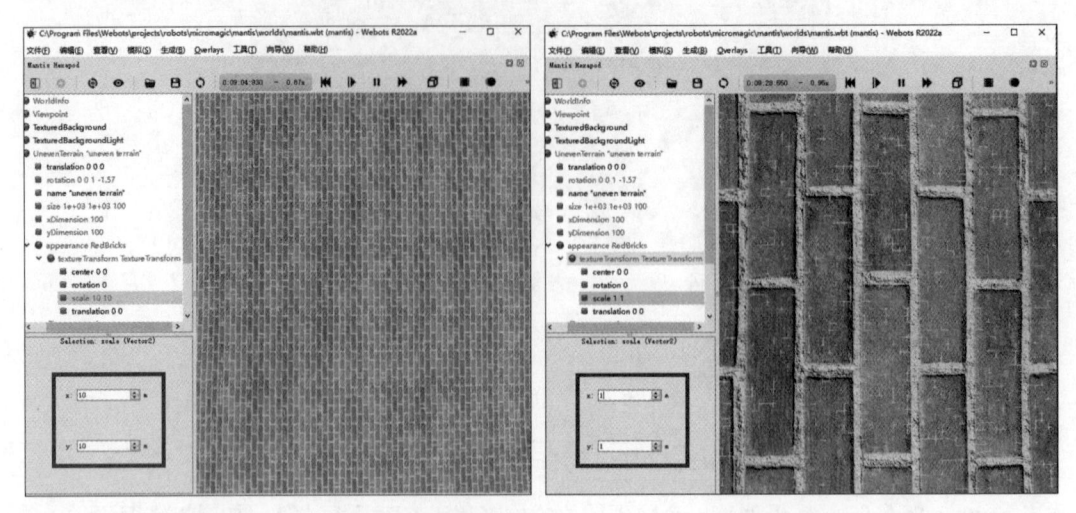

图 3-17　不同 scale 属性的显示效果（左侧 x 为 10、y 为 10，右侧 x 为 1、y 为 1）

3.3.1.5　材质 material 属性

用于设置物体的颜色。物体的主体颜色主要由漫反射的颜色 diffuseColor 属性决定，如图 3-18 所示。transparency 为透明度属性。

3.3.1.6　实例：水的模拟

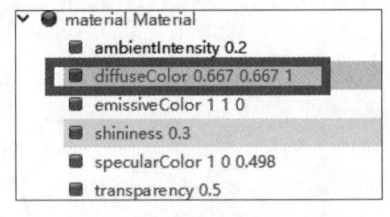

图 3-18　材质 material 属性

Webots 支持流体的仿真，虽然仿真中的流体不会流动，但是会给流体中的物体以浮力。仿真步骤如下：

① 场景中添加 Fluid 节点（图 3-19）。

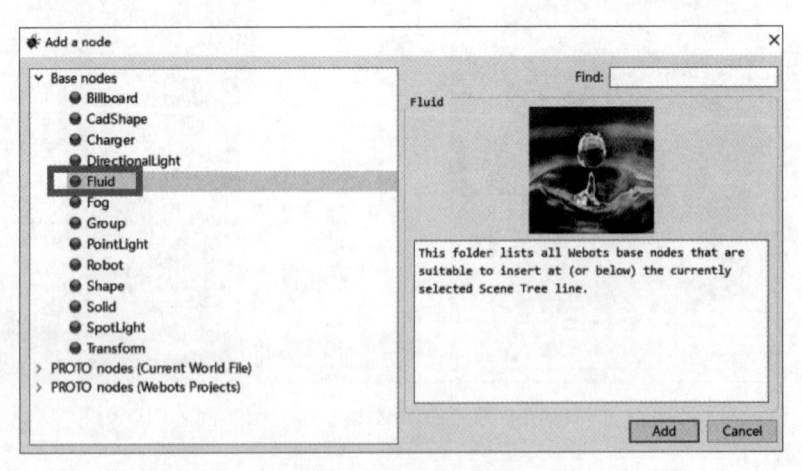

图 3-19　添加 Fluid 节点

② 依次添加 Solid、Shape、geometry Box，并调整到合适大小，如图 3-20 所示。

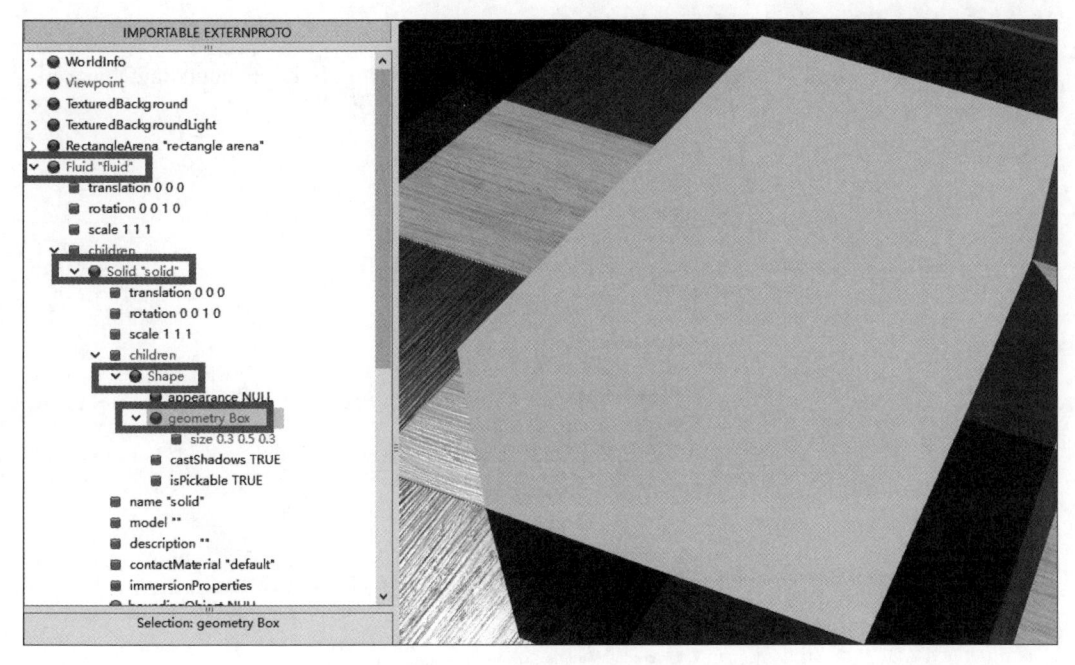

图 3-20 添加 Solid、Shape、geometry Box

③ 在 Shape 下添加 PBRAppearance、baseColorMap、url，添加水的图片，路径为"../../../../../Program Files/Webots/projects/samples/geometries/controllers/water_flow_animation/ water_flow.jpg"，如图 3-21 所示。

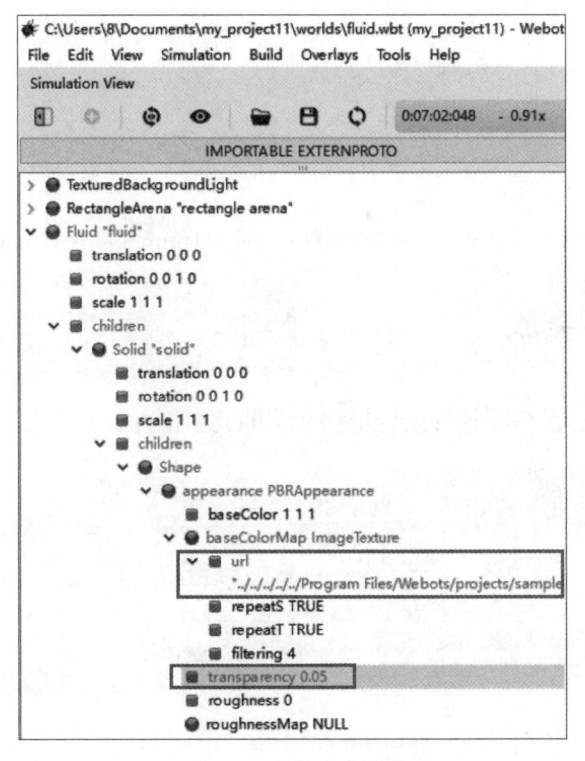

图 3-21 添加水的图片

④ 还可以调整 transparency，以调整水的透明度。

⑤ 将步骤②添加的 Shape 定义为 DEF BDTANK，添加到 Soild 的 boundingObject 里，如图 3-22 所示。

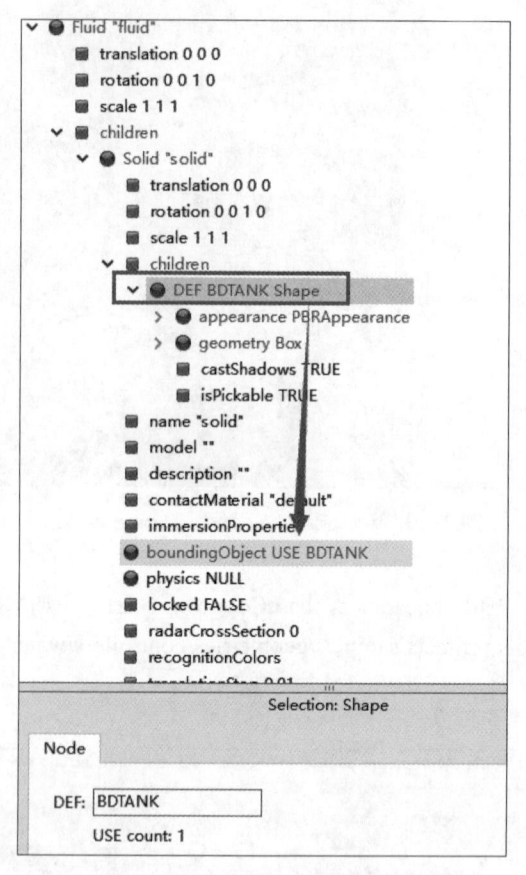

图 3-22 边界属性

⑥ 设置 WorldInfo 的 defaultDamping 属性：添加 Damping，设置 linear、angular。

3.3.2 位姿和缩放

3.3.2.1 位置和姿态属性translation和rotation

位置和姿态属性如图 3-23 所示。

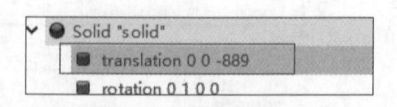

图 3-23 位置和姿态属性

启动仿真之后，有时会发现 translation 的 Z 值一直在减少，那是因为物体在下落。停止仿真后，这个值会保持在仿真时移动到的位置。

> **技巧**
>
> 相同结构的数据是可以直接复制粘贴的。如图 3-24 所示，选中 size 并按 Ctrl+C，再选中 translation 或 scale 并按 Ctrl+V，可进行数据的粘贴。

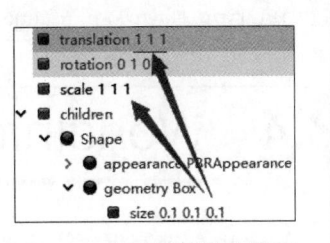

图 3-24　相同结构数据的复制

3.3.2.2　scale属性

对象的缩放属性如图 3-25 所示。

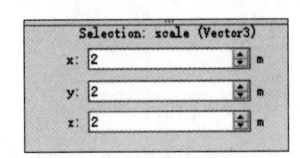

图 3-25　对象缩放属性

3.3.3　DEF 和 name 属性

若某个对象要被其他对象的属性引用，则需要在 DEF 里定义。图 3-26 中 Wheel1 被定义为 Node，在 boundingObject 中使用。

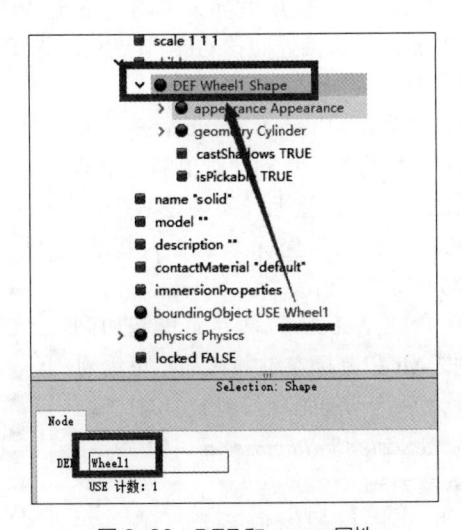

图 3-26　DEF 和 name 属性

> **注意**
>
> boundingObject 里调用 DEF 定义的 Shape 对象，该 Shape 对象要与 boundingObject 同级。

若某个对象要在代码中使用，则需要设置该对象的 name 属性，例如图 3-26 中的 name "solid"，代码中的获取句柄脚本如下：

```
left_motor = wb_robot_get_device("solid");
```

注：DEF 是 VRML 文件的关键字之一。

3.4 WorldInfo 节点

WorldInfo 节点保存用于描述仿真场景的世界的信息，包括重力、摩擦、帧数等参数。该节点为仿真必需的基础节点，不能删除。

3.4.1 基本属性

- title：标题。
- info：保存项目的相关信息，例如创建仿真项目的作者、创建日期等。可以使用多个字符串。
- gravity：重力。重力默认设置为地球上的重力。若需要模拟空间机器人或月球、火星，可以更改这个值。
- gpsCoordinateSystem：GPS 参考坐标系。用于指示由 GPS 节点返回的坐标在哪个坐标系中表示。如果设置为 WGS84，则使用世界大地测量系统 WGS84 的赤道坐标的经纬度和高度；如果设置为本地 local，则直接返回该 GPS 节点相对于仿真世界的坐标值。具体使用请参见"3.20 GPS 节点"一节。
- gpsReference：GPS 参考点。如果 gpsCoordinateSystem 使用本地坐标 local，则每个坐标的单位是 m，对象的三个坐标值直接加到 GPS 坐标系的三个坐标值上。如果是 WGS84 坐标，经纬度和高度以 Webots 的世界坐标系中心为基准。具体使用请参见"3.20 GPS 节点"一节。
- dragForceScale：用户在 Webots 仿真界面里施加到实体上的力的缩放系数。按 Alt 和鼠标左键并移动，可给对象施加力，该处设置按 Alt 之后拖动的距离与施加力的比例。力的计算如下：$F = dragForceScale \times Solid.mass \times d^3$。其中，$d$ 对应于拖动鼠标的距离（单位为 m）。
- dragTorqueScale：拖动扭矩的缩放系数，用户在 Webots 仿真界面里施加到实体上的扭矩的缩放系数。按 Alt 和鼠标右键并移动，可给对象施加扭矩，这里指按 Alt 之后拖动的距离与施加扭矩的比例。扭矩的计算如下：$T = dragTorqueScale \times Solid.mass \times d^3$。其中，$d$ 对应于拖动鼠标右键的距离（单位为 m）。
- window：用于指定基于网页显示的机器人数据窗口。

如图 3-27 所示为 WorldInfo 节点属性。

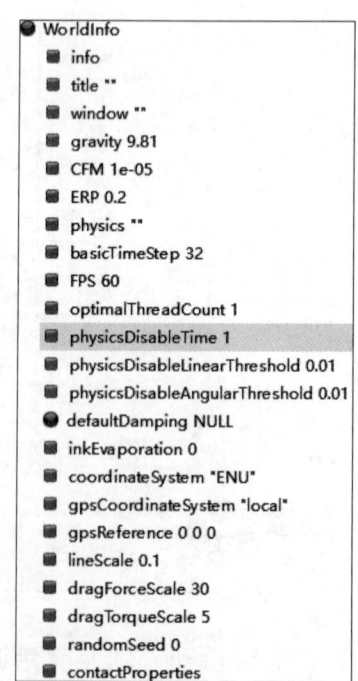

图 3-27 WorldInfo 节点属性

3.4.2 basicTimeStep 基本仿真步长

该属性定义 Webots 仿真引擎的每一个仿真步骤的周期，是一个以 ms 为单位的浮点值，最小值为1。这个字段的值越小，仿真速度越快，但是精度和稳定性会降低，特别是在物理计算和碰撞检测中。当该数值过大或过小时机器人会显示为解体。

建议调整这个值，以便找到一个合适的速度/精度平衡点。

在程序代码中，wb_robot_get_basic_time_step() 函数可返回仿真步长。

3.4.3 接触属性 contactProperties

contactProperties 用于设置材料的摩擦因数、弹力系数、碰撞声音 bumpSound、滚动声音 rollSound、滑动声音 slideSound 等接触属性。仅对 Solid 节点及其派生的节点有效。

同一个项目的 ContactProperties 节点可以同时存在多个，如图 3-28 所示。

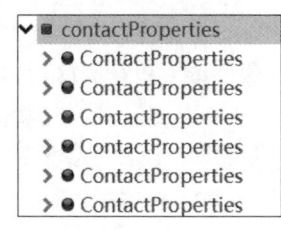

图 3-28 多个 ContactProperties 节点

每个 ContactProperties 可以指定接触的两种材料，在 material1 和 material2 处可设置材料名称，在 Solid 节点的 contactMaterial 属性中定义材料名称，默认为"default"，如图 3-29、图 3-30 所示。

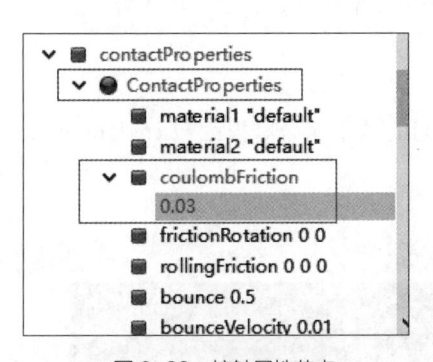

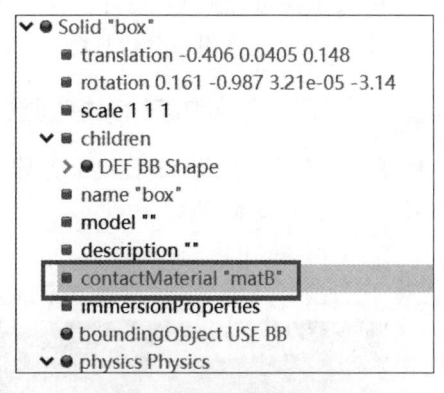

图 3-29 接触属性节点   图 3-30 接触材料定义节点

若没有定义 contactProperties 属性，则 Webots 在仿真时将使用默认值。

当两个实体节点发生接触时，Webots 就在 WorldInfo.contactProperties 属性中搜索匹配的 ContactProperties 节点。如果某个 ContactProperties 节点的 material1 和 material2 属性与两个碰撞的实体的 contactMaterial 字段相对应（以任何顺序），那么这个 ContactProperties 节点就被匹配。如果没有找到匹配的 ContactProperties 节点，就会使用默认值。

接触属性 contactProperties 组成如下：

```
ContactProperties {
    SFString  material1         "default"      # 指定接触材料1，Solid的碰撞节点属性中设置
    SFString  material2         "default"      # 指定接触材料2，Solid的碰撞节点属性中设置
    MFFloat   coulombFriction   1              # 库仑摩擦因数，0将表现为无摩擦接触，无穷大将表现为
接触永不滑动
```

```
SFVec2f   frictionRotation      0 0                    # 允许用户旋转摩擦方向
SFFloat   bounce                0.5                    # 恢复系数,表示撞击前后的速度比
SFFloat   bounceVelocity        0.01                   # 弹跳速度
MFFloat   forceDependentSlip    0                      # 摩擦的滑移
SFFloat   softERP               0.2                    # 管理局部接触关节的错误减少参数
SFFloat   softCFM               0.001                  # 管理局部接触关节的软约束力混合
SFString  bumpSound             "sounds/bump.wav"      # 碰撞声音定义
SFString  rollSound             "sounds/roll.waw"      # 滚动声音定义
SFString  SlideSound            "sounds/slide.wav"     # 滑动声音定义
}
```

- material1 和 material2：指定该 ContactProperties 节点必须使用的两种接触材料。材料的值（即名称）在 Solid 节点的 contactMaterial 属性中定义。

- frictionRotation：摩擦力方向旋转。允许用户在不对称库仑摩擦 coulombFriction 和 / 或不对称摩擦力相对滑移 FDS 的情况下旋转摩擦力的方向，需要与 coulombFriction 联合使用。coulombFriction 定义摩擦力的方向，frictionRotation 根据需要进行旋转，例如麦克纳姆轮的小轮的摩擦属性。参见后节介绍。

- rollingFriction：滚动摩擦。指定了滚动 / 旋转摩擦力的系数。例如：球体和圆柱在平面滚动的情况。该属性有三个系数，使用 ODE 的命名法，它们是 [rho, rho2, rhoN]。每个系数只接受正值或 -1.0，其中 -1.0 对应于无限大。rho 是第一摩擦方向的滚动摩擦因数；rho2 是第二摩擦方向的滚动摩擦因数，垂直于 rho。参见后面介绍和软件自带案例 rolling_friction.wbt。

- bounce：恢复系数。若设置为 0，碰撞后将不回弹。

- forceDependentSlip(FDS)：摩擦力相对滑移。两物体相接触时，当受到接触面切向方向的力时，两物体有相互滑动的趋势。该参数用于定义滑动系数，更详细内容参见后文。

3.4.3.1 设置简单的库伦摩擦因数

打开项目文件，按住 Alt 拖动立方体，设置不同的单个库仑摩擦因数 coulombFriction，观察其效果，如图 3-31 所示。

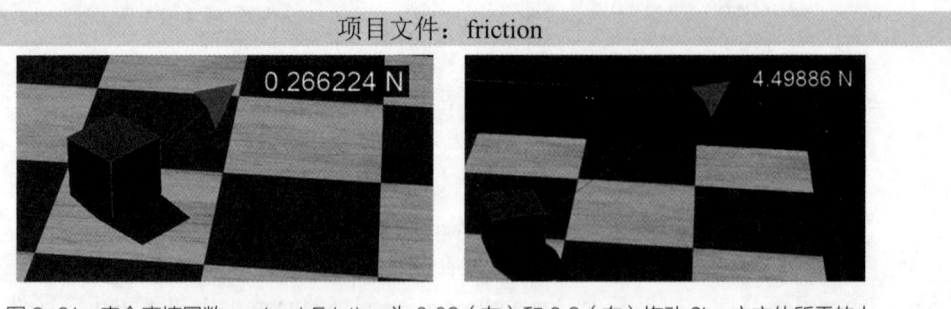

图 3-31　库仑摩擦因数 coulombFriction 为 0.03（左）和 0.3（右）拖动 2kg 立方体所需的力

3.4.3.2 定义名称指定摩擦因数

如果需要设定一个或两个对象的摩擦因数，则需要设置 Solid 的接触材料属性 contactMaterial。

示例 1：将 Solid 的 contactMaterial 设置为"fricA"，再在 WorldInfo.contactProperties 里将 material1 或 material2 设置为"fricA"，则该 Solid 将使用这个接触属性，如图 3-32 所示。

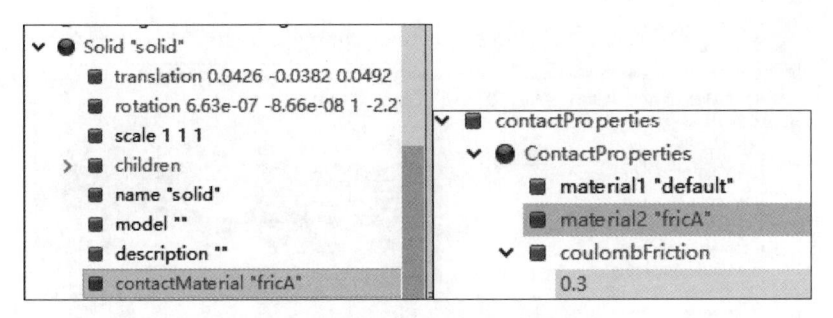

图 3-32 设置指定对象的摩擦因数

示例 2：两个对象的 contactMaterial 均设置为"fricA"，另外一个没有设置，实现了同一场景两种摩擦因数的应用，如图 3-33 所示。

此外，在麦克纳姆轮的仿真中也设置了接触材料的摩擦因数，使得小车可以移动。

3.4.3.3 库仑摩擦因数coulombFriction

库仑摩擦是静摩擦力和滑动摩擦力的统称。

coulombFriction 是库仑摩擦因数，范围在 0 到无穷大之间（-1 表示无穷大）。若设置为 0，则表示无摩擦的接触；若设置为无穷大，则表示永远不会滑动的接触。

两个 Solid 的接触形式可以是面，可以是线，也可以是点。

对于一个接触面，其由两种材料组成。Webots 支持沿接触面的不同角度滑动有不同的摩擦因数。如图 3-34 中的波纹板的表面，从上往下滑动的摩擦因数要小于从左到右的摩擦因数。

项目文件：frictionObj

图 3-33 同一场景两种摩擦因数的应用　　　　图 3-34 波纹板

两个接触面可以设置不同的库仑摩擦因数，这称为不对称摩擦，库仑摩擦因数有 X、Y 两个方向。例如，两个 Solid 分别为 A、B，A 相对 B 滑动和 B 相对 A 滑动，可使用不同的系数，此时摩擦力为两个 Solid 同方向上摩擦力的和，如图 3-35 所示。

只有箱体 Box、平面 Plane 和圆柱体 Cylinder 节点支持不对称摩擦。如果使用了其他节点，则只有第一个值用于对称摩擦。

库仑摩擦因数可以取 1 到 4 个值。

① 如果它只有 1 个值，则摩擦力是完全对称的，即各个方向的摩擦力是相同的，如前文示例。

项目文件：friction-coulombFriction2

图 3-35 使用两个值的 coulombFriction 属性

② 如果有两个值，则摩擦是完全不对称的，X 方向使用第 1 个值，Y 方向使用第 2 个值，X、Y 方向是相对于自己的坐标系而言的。例如，Y 方向的摩擦因数小于 X 方向，拖动时，立方体沿 Y 方向滑动。

注意

此处的 X、Y 方向是相对于场景中相应固体的，而不是相对于世界坐标系的。

③ 如果有 3 个值，第一个 Solid（对应于 material1）使用非对称系数的前两个值，另一个 Solid（对应于 material2）使用对称系数的最后一个值。如图 3-36 中，两个 Box 的库仑摩擦因数在 X、Y 方向分别为 0.5、0.01，斜面的库仑摩擦因数为 0。左侧 Box 的 X 方向沿斜面方向，与斜面的库仑摩擦因数和为 0.5；右侧 Box 的 Y 方向沿斜面方向，与斜面的库仑摩擦因数和为 0.01。因此，右侧的箱子将沿斜面滑动。

若将 coulombFriction 设置为（0.5，0.01，1），则两个立方体都无法滑动。

④ 如果有 4 个值，两个 Solid 都使用不对称系数，第一个 Solid（material1）使用前两个，第二个 Solid（material2）使用后两个。

项目文件：friction-coulombFriction3

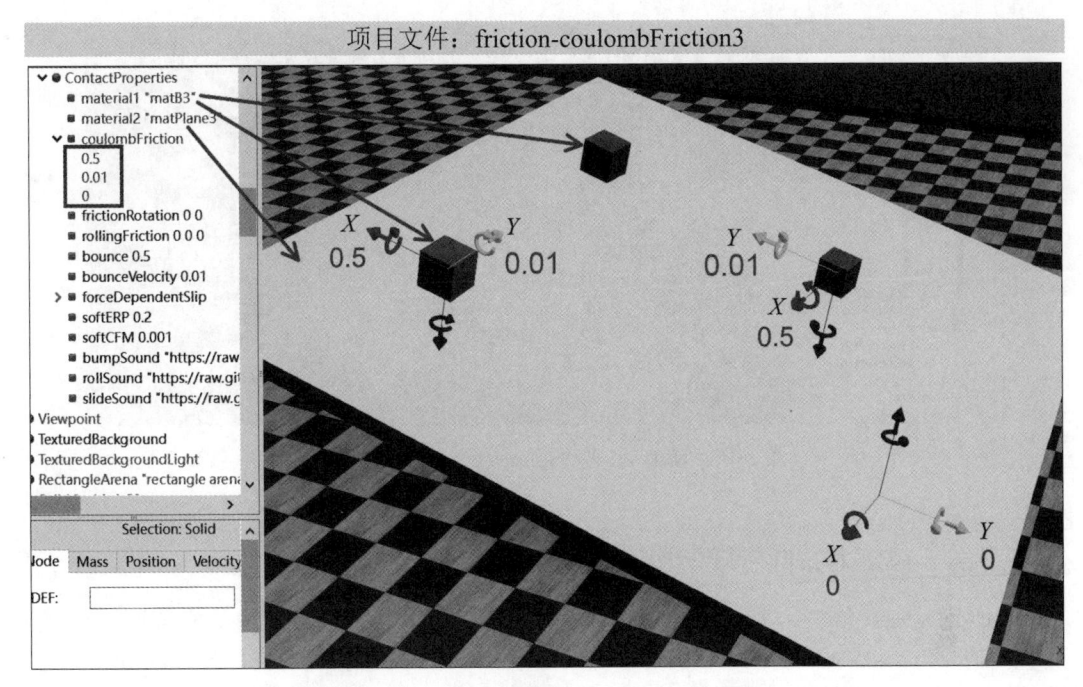

图 3-36　使用 3 个值的 coulombFriction 属性

如图 3-37 中，两个 Box 的 X、Y 方向的库仑摩擦因数分别为 1、0，斜面的库仑摩擦因数 X、Y 方向分别为 1、0。左侧 Box 的 X 方向沿斜面方向，与斜面的库仑摩擦因数和为 2；右侧 Box 的 Y 方向沿斜面方向，与斜面的库仑摩擦因数和为 0。因此，右侧的箱子将沿斜面滑动。

项目文件：friction-coulombFriction4

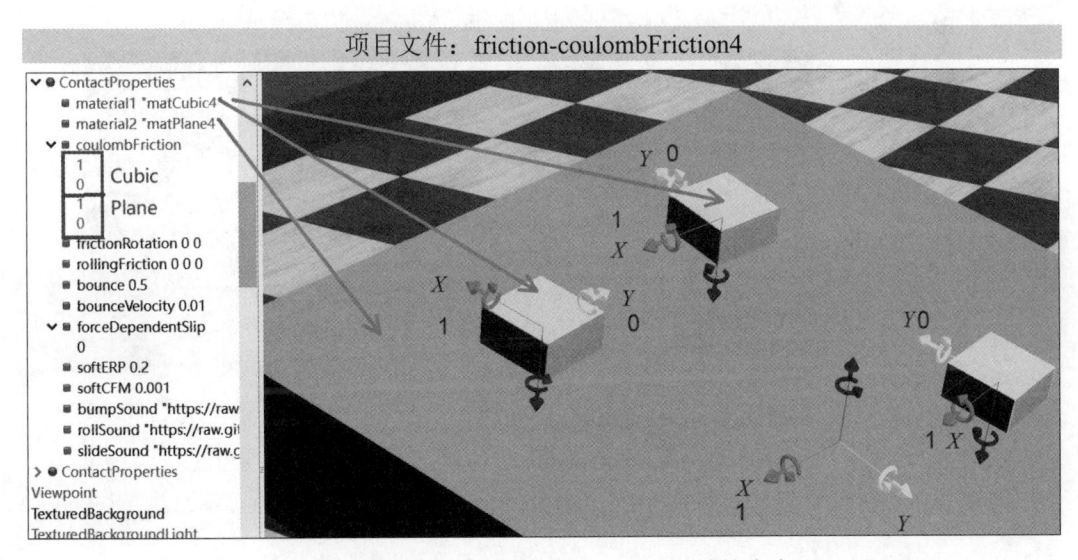

图 3-37　使用 4 个值的 coulombFriction 属性（1）

若将斜面的库仑摩擦因数改为（1,1），则两个立方体均不沿斜面滑动。

若将斜面的库仑摩擦因数改为（0,1），立方体的库仑摩擦因数改为（0.001,0），则拖动立方体，可实现立方体在斜面水平方向的移动，如图 3-38 所示。

图 3-38　使用 4 个值的 coulombFriction 属性（2）

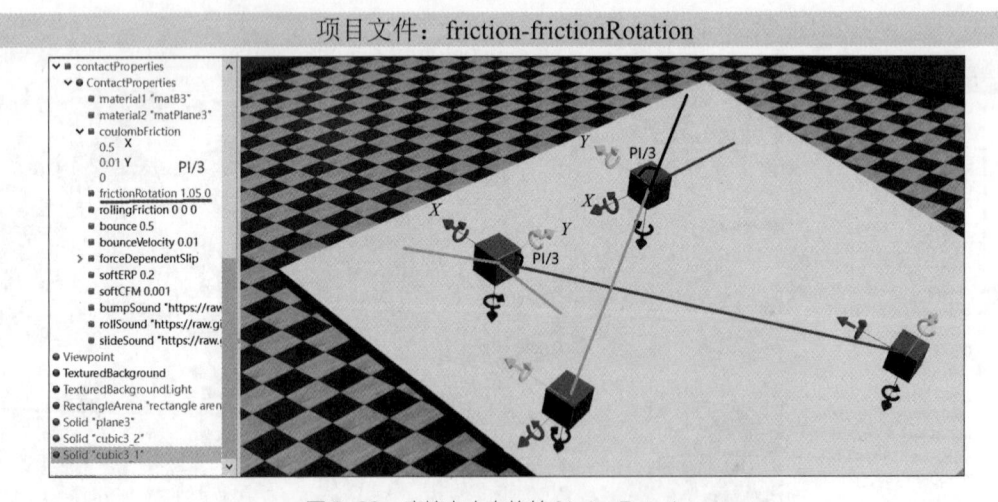

3.4.3.4　摩擦力方向旋转 frictionRotation

frictionRotation 允许用户在不对称库仑摩擦和 / 或不对称摩擦力相对滑移的情况下旋转摩擦方向，需要与 coulombFriction 联合使用。coulombFriction 定义摩擦力的方向，frictionRotation 根据需要进行旋转，例如后文所介绍的麦克纳姆轮的小轮的接触属性的设置。

示例：将前文示例"使用 3 个值的 coulombFriction 属性"进行修改，将其 frictionRotation 改为（1.05，0）。其中 1.05 为 π/3，即 60°，表示将原来的坐标系正向旋转 60°。原来的摩擦因数在 Y 轴上较小，因此，新的滑动方向将旋转 60°。左边的立方体原来不动，但是旋转后新的坐标系将使其沿斜面运动。同样，右侧立方体的摩擦力所沿坐标系也将旋转 60°，如图 3-39 所示。

项目文件：friction-frictionRotation

图 3-39　摩擦力方向旋转 frictionRotation

3.4.3.5　摩擦力相对滑移 forceDependentSlip（FDS）

forceDependentSlip 字段定义了摩擦力相对滑移（FDS）。ODE 文档中描述：FDS 是一种效应，它使接触面相互移动，移动速度与施加在该表面上的切向力成正比。若存在一个摩擦因数 mu 为无限大的接触点，如果在这两个接触面上施加一个力 F 试图让它们相互滑动，则这是不可能做到的。然而，如果 FDS 系数被设定为正值 k，那么这两个表面就会互相滑动，并形成一个相对于对方的 $k×F$ 的稳定速度。但是，这与普通的摩擦效应是完全不同的：这个力不会导致表面相对于对方的持续加速——它会导致一个短暂的加速来达到稳定的速度。

只要两个接触表面存在接触力 F，并且设置了该 FDS 属性，那么这个接触表面就会产生相对运动。如下例所示，两个长方体的 FDS 若设置为 0（图 3-40），则两个长方体不会发生相对运动，若将 FDS 设置为 10000（图 3-41），则会发生相对运动。

项目文件：FDS

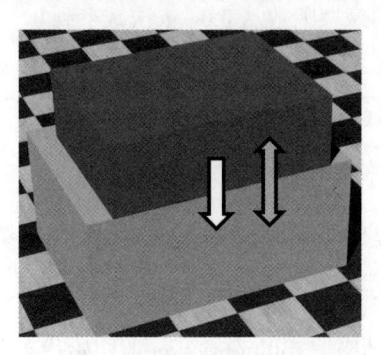

图 3-40　FDS=0

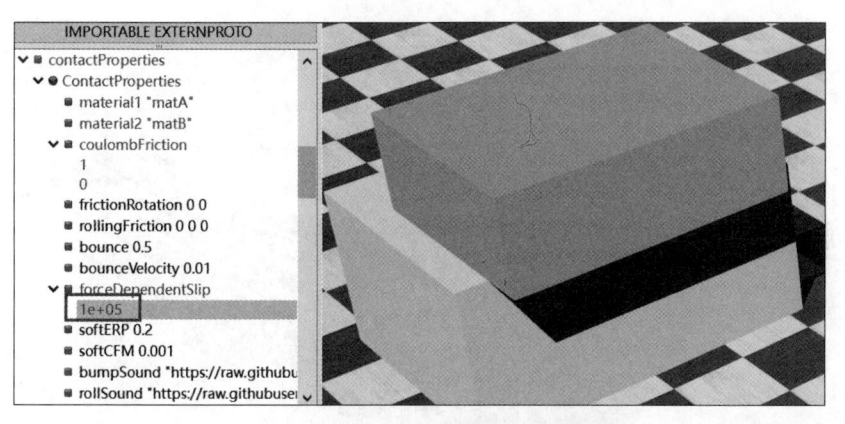

图 3-41　设置 FDS=10000 出现的滑动现象

这个属性可以包含 1～4 个值。

① 如果有 1 个值，这个系数就适用于两个方向（如果值为 0，则摩擦力相对滑移被禁用）。

② 如果有 2 个值，摩擦力相对滑移是完全不对称的，对两个实体使用相同的系数（如果一个值为 0，FDS 在相应的方向被禁用）。

③ 如果有 3 个值，第一个实体（对应于材料 1）使用不对称系数（前两个值），另一个实体（对应于材料 2）使用对称系数（最后一个值）。

④ 如果有 4 个值，两个实体都使用不对称系数，第一个使用前两个，第二个使用后两个。摩擦力相对滑移和支持的节点与 coulombFriction 相同，均为 Solid 及其派生节点。

3.4.3.6　滚动摩擦因数 rollingFriction

前面几个参数主要影响接触面之间的仿真效果，面与面之间有相对运动。本参数指定了滚动/旋转运动的摩擦因数，接触面为线或点，若只设置此参数，则接触界面没有相对运动。

该参数由 3 个数组成，分别表示围绕世界坐标系 X、Y、Z 轴旋转的滚动摩擦因数。若设置为 -1，表示摩擦力无限大。

项目文件：friction-rolling_friction

图 3-42 的示例项目中，各组小球的初始速度相同，由程序给定。

左边斜面：绕 Y 轴旋转的摩擦因数从左向右依次减小，小球左移的幅度依次增大。

右边斜面：绕 X 轴旋转的摩擦因数从左向右依次减小，小球下滑的幅度依次增大。

中间转盘：绕 Z 轴旋转的摩擦因数从 0.04 依次减小到 0，小球原地转速越来越快。

> **注意**
>
> 此处的 X、Y 方向是相对于世界坐标系，而不是场景中相应固体的坐标系。

图 3-42 为设置不同的滚动摩擦 rollingFriction 的初始状态，图 3-43 为设置不同的滚动摩擦 rollingFriction 的运行效果。

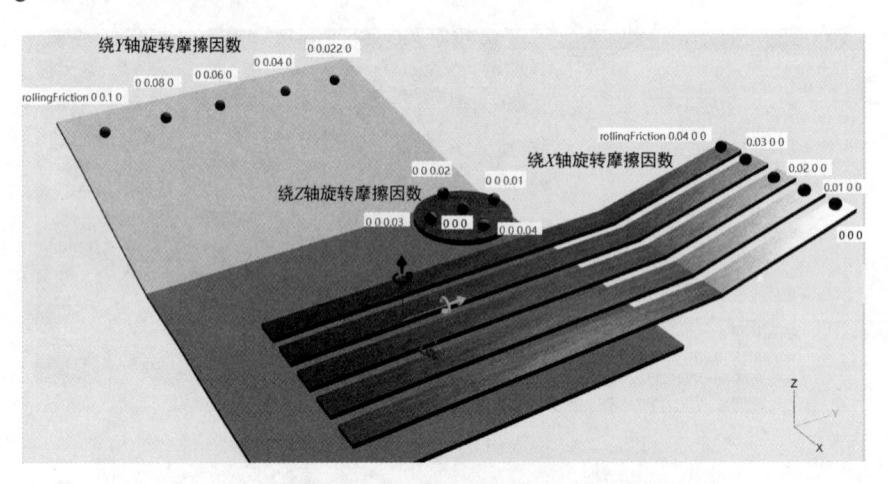

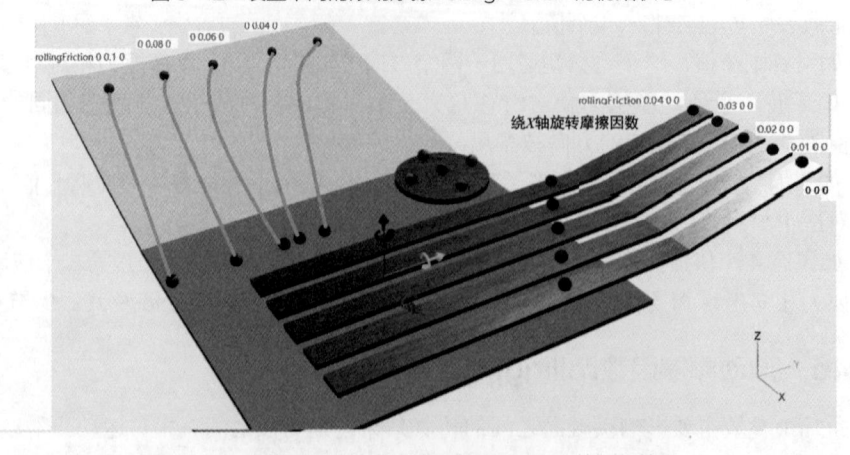

图 3-42　设置不同的滚动摩擦 rollingFriction 的初始状态

图 3-43　设置不同的滚动摩擦 rollingFriction 的运行效果

3.4.3.7 弹性恢复系数

弹性恢复系数（Coefficient of Restitution，COR）代表撞击后和撞击前的速度比，公式可写为：

COR=（碰撞后的相对速度）/（碰撞前的相对速度）。

- COR=1 的物体会发生弹性碰撞；
- COR<1 的物体则会发生非弹性碰撞；
- COR=0，物体有效地"停止"在它所碰撞的表面，没有反弹。

contactProperties 可设置如下：

- 弹性恢复系数 bounce：设置 COR。
- 弹跳速度 bounceVelocity：表示弹跳所需的最小入射速度。速度低于这个阈值的固体物体的弹跳值将被设置为 0。

项目文件：frictionBounce

三个立方体在倾斜的斜面上。将左侧两个立方体的 bounce 设置为 0.5，右侧立方体 bounce 设置为 1，则右侧立方体将不断弹跳，在摩擦力的作用下，能量不断衰减，高度不断下降，如图 3-44 所示。

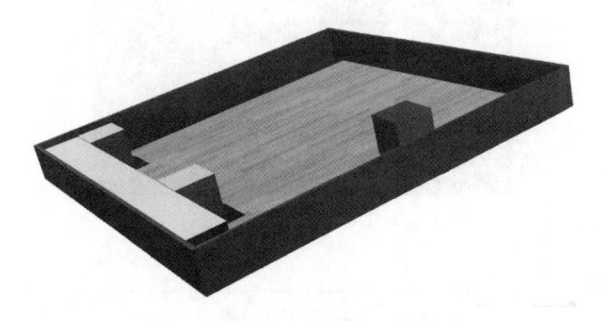

图 3-44 设置不同的弹性恢复系数 bounce 的运行效果

3.5 TexturedBackgroundLight 光源节点

该节点用于模拟灯光，同时也是使用向导生成的场景的默认光源节点，如图 3-45 所示。删除该节点，场景中将失去灯光。

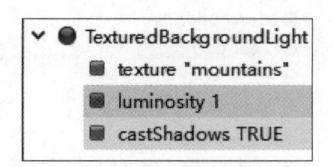

图 3-45 光源节点

- luminosity：光照强度。
- castShadows：被光照的物体是否有阴影（图 3-46）。

图 3-46　castShadows 属性（左图为 True，右图为 False）

texture 属性可设置环境光源效果，如图 3-47 所示为剧场投影灯效果。

图 3-47　剧场投影灯效果

3.6　Viewpoint 节点

该节点是 3D 窗体显示的观察视角，如图 3-48 所示。使用鼠标移动观察视角时，能看到该节点的 position 和 orientation 数值在变化。

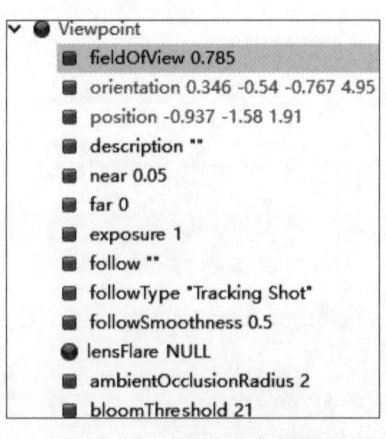

图 3-48　Viewpoint 节点

① 视角 fieldOfView：弧度指定视角。小视野大致对应长焦镜头，大视野大致相当于广角镜头。

② 跟随对象名 follow：可以指定视角跟踪的对象。点击菜单"查看"→"跟踪对象"就可以设置这里的相关属性。跟踪的对象名以冒号区分层次，例如"robot:second_solid:target_solid"。

③ 跟随类型 followType：指定视点应如何 follow 属性中定义的对象。有三种类型：

a. Tracking Shot：视点将跟随对象平移。

b. Mounted Shot：视点将在平移和旋转中都跟随对象，常用于从对象内部查看的情况，例如从车辆内部查看。

c. Pan and Tilt Shot：视点将始终注视对象中心。

④ followSmoothness：跟随平滑度。相机在跟随对象时的平滑程度。该值为 0 时，相机会立即跟随对象的运动，增加该值会增加相机的惯性，从而使运动更加平滑。

3.7　RectangleArena 地面节点

该节点表示地面，如图 3-49 所示。在使用新建项目目录向导时，可以随向导添加这个节点。

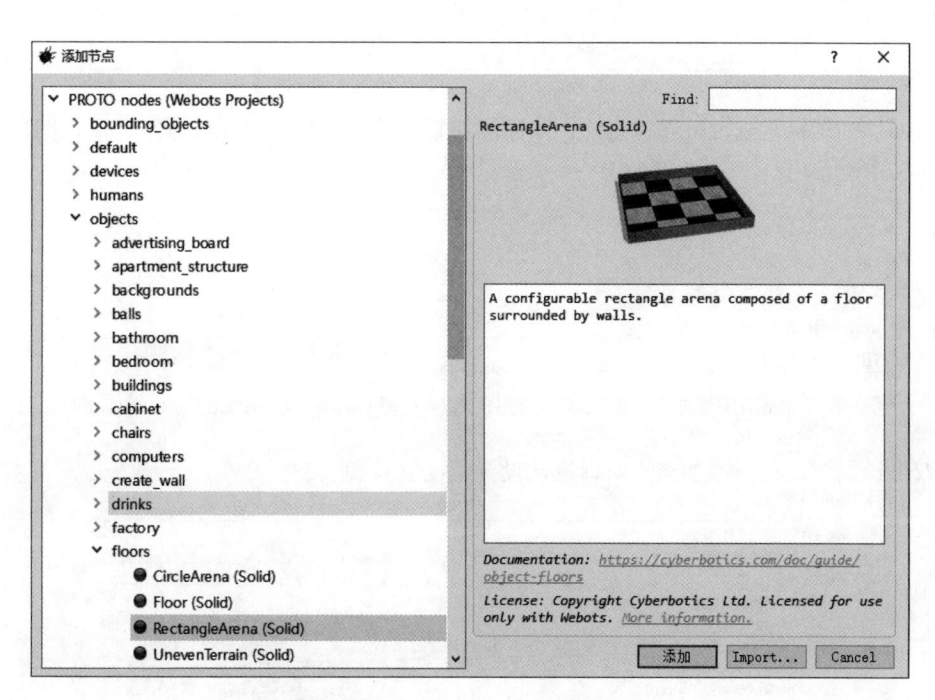

图 3-49　RectangleArena 地面节点

3.7.1　地面大小 floorSize 属性

更改地面大小，如图 3-50 所示。

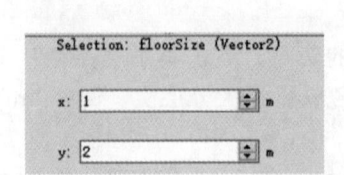

图 3-50　floorSize 属性

3.7.2　地面外观 floorAppearance Parquetry 属性

默认外观为棋盘格。
- type：设置外观类型。只能是指定的 4 种外观类型，如马赛克、木板纹理等。
- colorOverride：设置具体颜色（图 3-51）。

> **注意**
>
> 外观涉及纹理，纹理通常需要从 GitHub 下载，因此，网络不好时该属性会设置无效。

该属性的图标为●，可以被删除，从而添加新的外观属性。该属性删除之后，图标变为如图 3-52 所示。

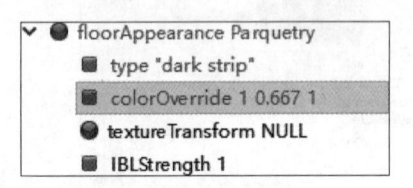

图 3-51　地面外观属性　　　　　图 3-52　删掉 floorAppearance Parquetry 属性之后

双击该属性，打开添加节点对话框，设置属性值（图 3-53）。

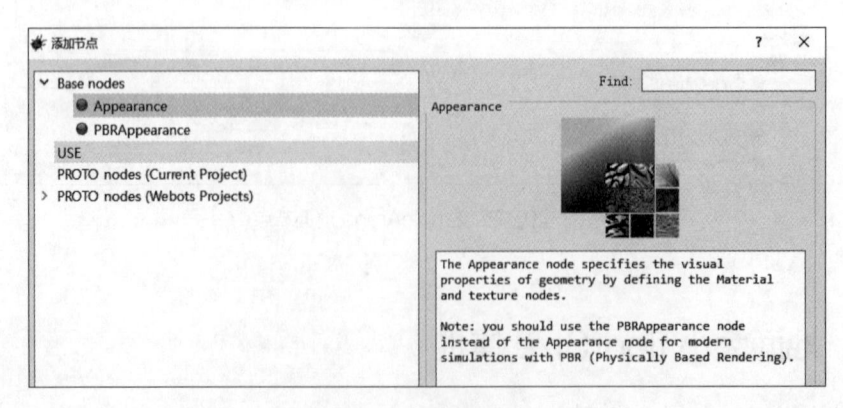

图 3-53　添加属性值

可以添加两种属性：一个为传统的 Appearance，另一个为 PBRAppearance。Webots 推荐使用后者，因为这个属性是基于物理引擎的渲染，效果更好。

3.7.3 地面外观 appearance PBRAppearance 属性

地面的 appearance 若设置为 PBRAppearance，则 baseColorMap 可设置图片纹理，纹理文件路径位于 C:\Program Files\Webots\ projects\ default\worlds\textures。如果需要水面，可选择 water.jpg。也可以使用任意自定义的图片作为地面图形显示，如图 3-54、图 3-55 所示。

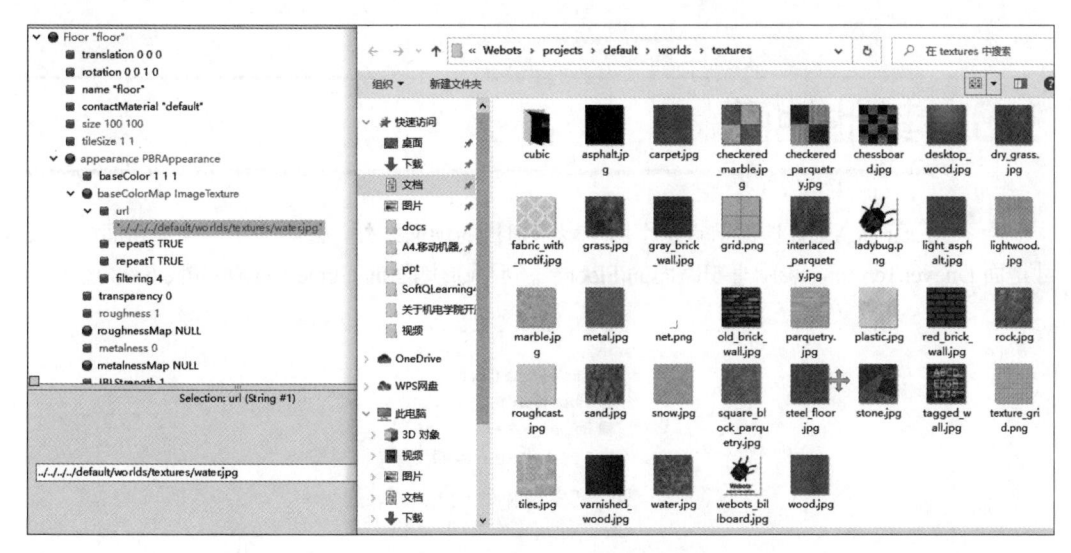

图 3-54　PBRAppearance 外观属性

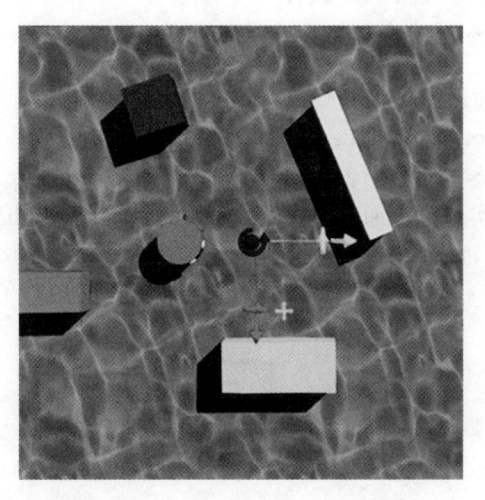

图 3-55　PBRAppearance 水面外观

3.7.4 地面围墙

地面围墙属性及效果如图 3-56、图 3-57 所示。

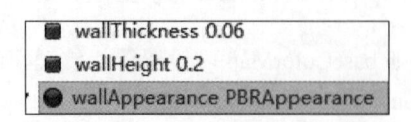

图 3-56　围墙厚度、高度、外观属性　　　　　图 3-57　围墙效果

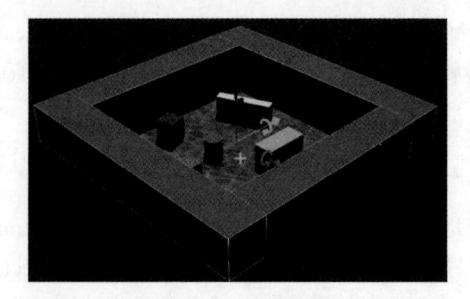

3.8　其他地面

除了 RectangleArena 地面节点这个用于表示地板的地面之外，还有表示非平整路面的大尺寸地面 UnevenTerrain、表示平整路面的 Floor、表示圆形地面的 CircleArena，如图 3-58 所示。

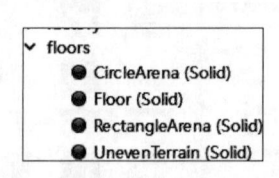

图 3-58　四种地面

3.9　实体 Solid 节点

实体节点代表一个具有物理属性的物体，如尺寸、接触材料和质量等。实体节点有很多子类，例如机器人类 robot、设备类 device 等。

Solid 节点是一个容器，场景中表现为一个点，需要在其 children 属性里添加 Shape 节点才能成为真正的实体，实体也是通过 Shape 体现出来。因此，Solid 本身并不是一个有形的东西，需要在 children 里添加 Shape 才能有形。

Solid 节点主要用于设置碰撞边界、质量和密度等参数。Solid 节点的常用属性如图 3-59 所示。

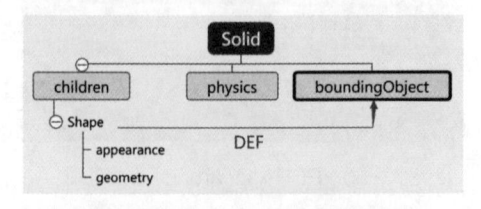

图 3-59　Solid 节点的常用属性

通过多级 Solid 节点嵌套（下一级 Solid 节点放置到上一级的 children 属性里），每一个 Solid 节点再通过 Shape 节点来定义具体形状，可搭建复杂的机构模型。某个模型由三个实

体组成，其场景树结构如图 3-60 所示。

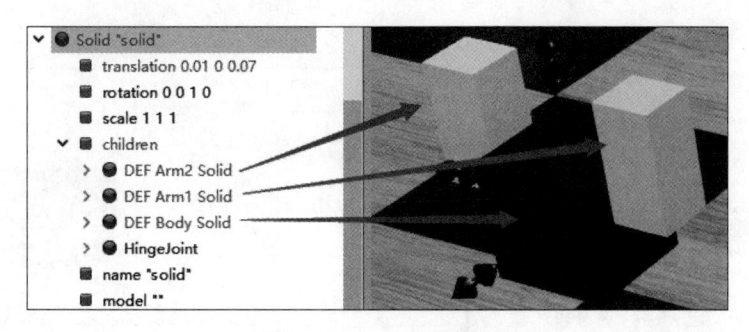

图 3-60　Solid 节点嵌套

3.9.1　基本属性

● locked：锁定。如果为 TRUE，则无法使用鼠标移动实体对象。这对于防止错误地移动对象很有用。

● radarCrossSection：雷达横截面。如果大于 0，则此 Solid 节点可反射雷达信号。雷达横截面（RCS）是目标在雷达接收器方向上反射雷达信号的能力，即它是雷达方向上的后向散射密度与被截获的功率密度之比。鸟的默认值为 0.01，人为 1，汽车为 100，卡车为 200。

● recognitionColors：视觉识别色。如果不为空，则此 Solid 节点可以被任何具有 Recognition 节点的相机设备识别。如果相机识别到此对象，则返回此字段中定义的颜色，但它们对 Solid 节点的视觉外观没有影响。

3.9.2　子节点 children 属性

Webots 的很多节点都有 children 属性，在该属性下允许几乎无限的级联，因此可以制作非常复杂的模型。

在 children 属性里定义 Shape 节点，再定义几何形状 geometry 和外观 appearance。

通过在 Shape 里定义形状使 Solid 体现为实体。在 children 中添加 Shape，如图 3-61 所示。

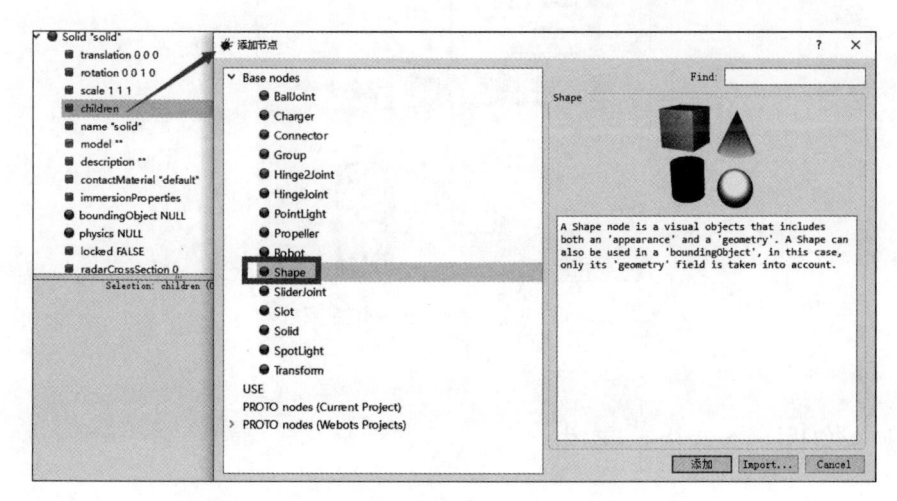

图 3-61　在子节点 children 属性中添加 Shape 节点

双击 geometry，打开添加节点对话框，Base nodes 下的内容发生变化，这里有多种形状可选，如图 3-62 所示。

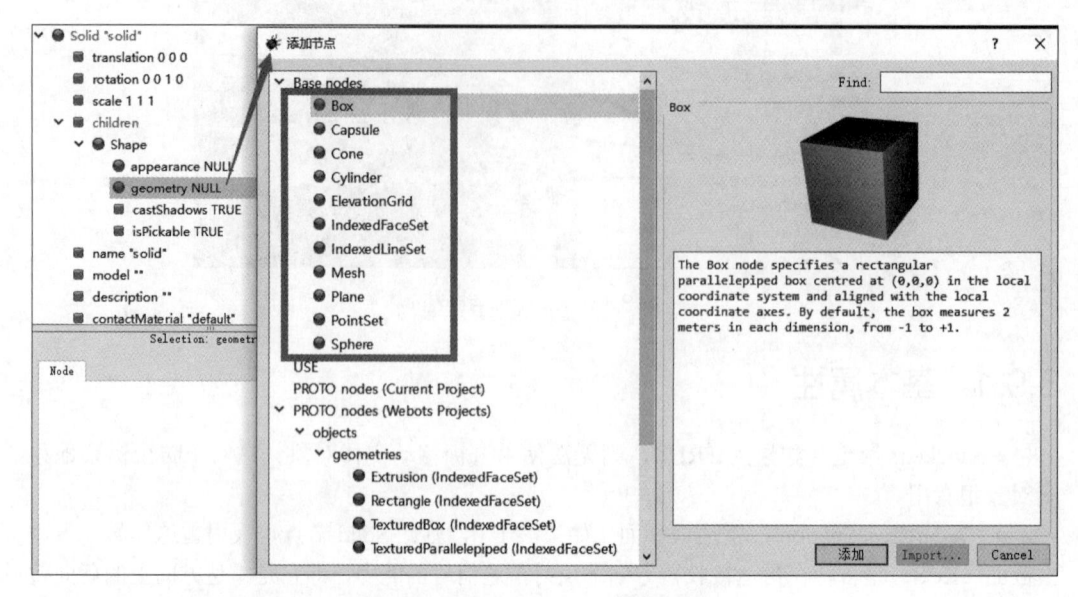

图 3-62　给 geometry 属性添加节点

添加完成后，可以在属性里设置相应的尺寸，如图 3-63 所示。

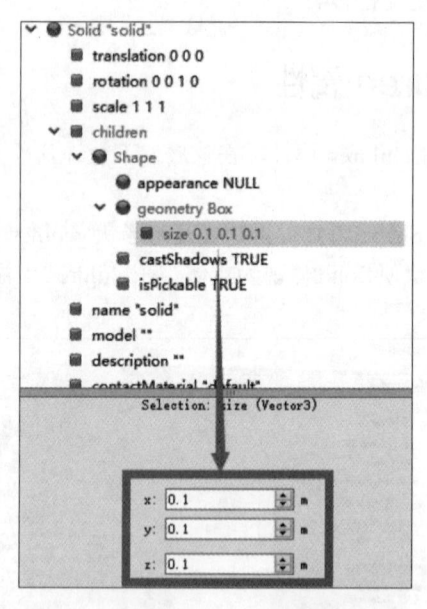

图 3-63　设置 geometry 属性的尺寸

3.9.3　物理 physics 属性

该属性用于赋予物理实体的性质，如质量、质量分布、惯性、摩擦力和接触力等属性，如图 3-64 所示。

如果该 physics 属性设置为 NULL，则 Webots 在运动学模式下模拟此对象。如果此字段不为 NULL，则需要指定 boundingObject。

若将此属性删除，或不设置，则物体不具有物理实体的性质，比如无法在重力作用下下落。例如图 3-65 所示的场景，为了使用一个平板搭建斜坡，将平板的 physics 属性设置为 NULL，将 boundingObject 设置为平板的 Shape。

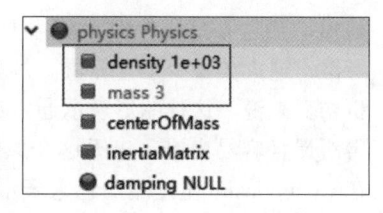

图 3-64 physics 属性

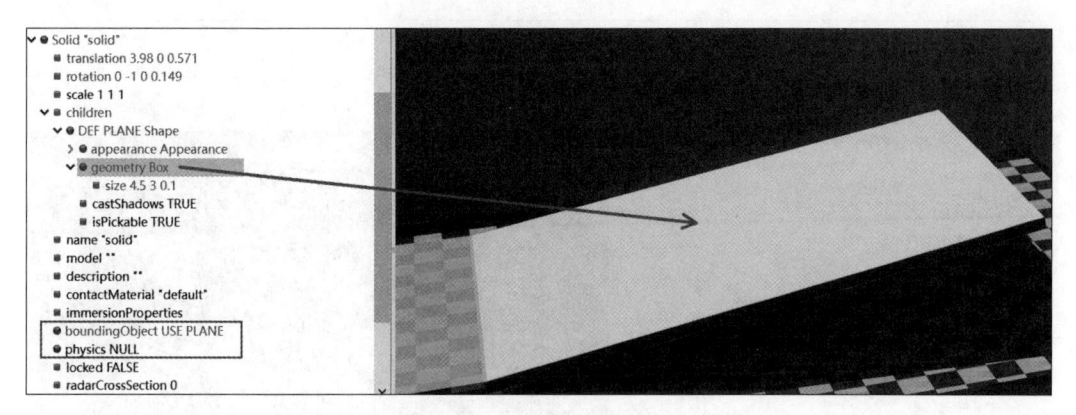

图 3-65 physics 属性示例

> **提示**
>
> mass 和 density 只需要设置一个就可以，软件会自动计算出另外一个。
>
> 如果父对象和子对象都添加了 physics 节点，那么最终的作用效果是这些 physics 节点作用的和。

- damping：阻尼节点。用于指定一个定义速度阻尼参数的阻尼 damping 节点。

3.9.4 边界（周界）boundingObject 属性

该属性使用几何形状定义 Solid 的边界。Solid 的物理边界用于感知碰撞。若不设置接触属性，那么两个物体相撞时将会穿过对方。

此外，在履带、流体节点的仿真中，boundingObject 也是必须要设置的属性。

每个 boundingObject 都可以包含一个或几个几何形状，例如 Box、Capsule、Cylinder 等。通常应该选择与 Solid 近似的形状作为 boundingObject。

边界属性是大多数动力学机器人仿真软件都需要设置的属性。由于计算机处理能力的限制，物理引擎都需要指定要进行动力学计算的几何形状以加速仿真。Webots 使用 boundingObject 属性进行物体边界范围的计算，而不是仿真对象显示的外形。这样做是因为，用真正外观做动力学计算将十分消耗算力，而软件的动力学计算只使用物体的质心等抽象的数值，并且不是所有对象都需要设置 boundingObject，boundingObject 的形状也足够简单和标准，这大大减少了计算量。例如，机器人的图形表示由许多复杂的形状组成，是对于计算机仿真来说，这种图形表示通常过于复杂，无法直接用于检测碰撞。如果面太多，模拟会变得缓慢且容易出错。出于这个原因，通过更简单的图元来近似表示图形是常用的简化方法。在 Coppeliasim 里是用凸包来表示，道理与此相同。

边界可以通过菜单设置显示出来，点击"View"->"Optional Rendering"->"Show All Bounding Objects"（中文菜单为："显示所有绑定对象"，"绑定"这个词翻译有误），则场景中的边界都将可见，如图 3-66 所示。

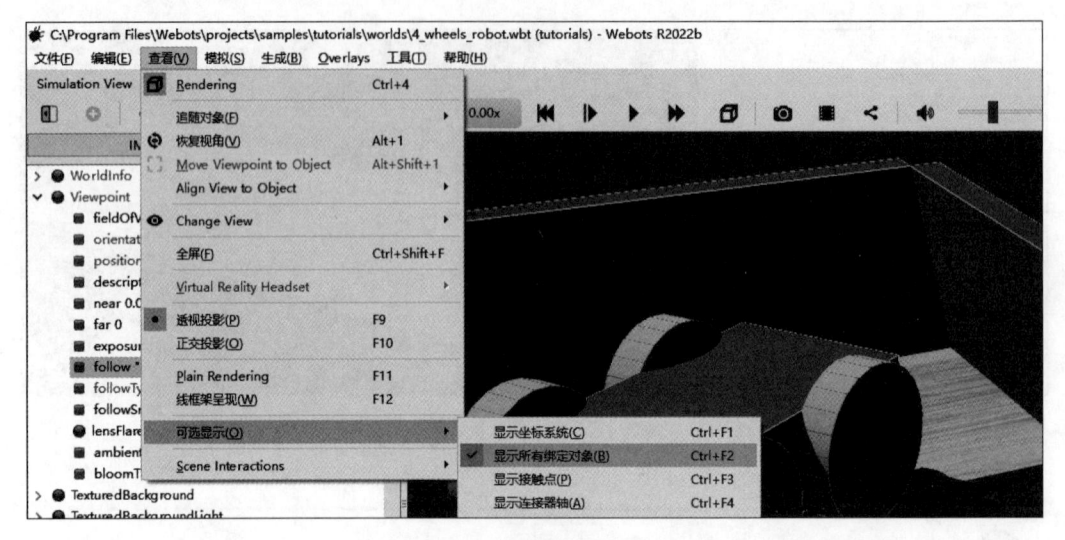

图 3-66 显示边界

通常边界用白线表示，但是如果发生碰撞，这些线会变色。例如图 3-67 中小车的 4 个车轮与地面发生碰撞，边界会显示为粉色，没有发生碰撞的车体显示为白色。

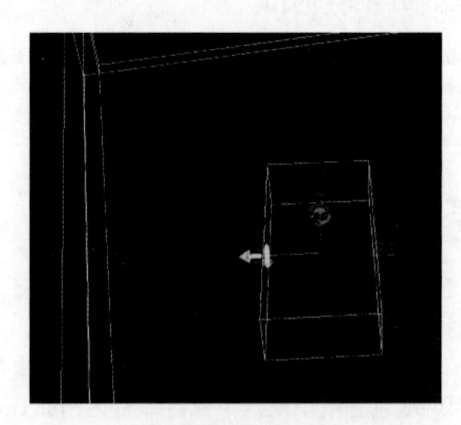

图 3-67 边界颜色

3.9.4.1 添加使用DEF定义的边界

在 Solid 中，boundingObject 通常设置为 children 属性下的形状 Shape，但是该 Shape 需

要先在 DEF 里定义。如图 3-68 为定义 Wheel1 的 Shape。

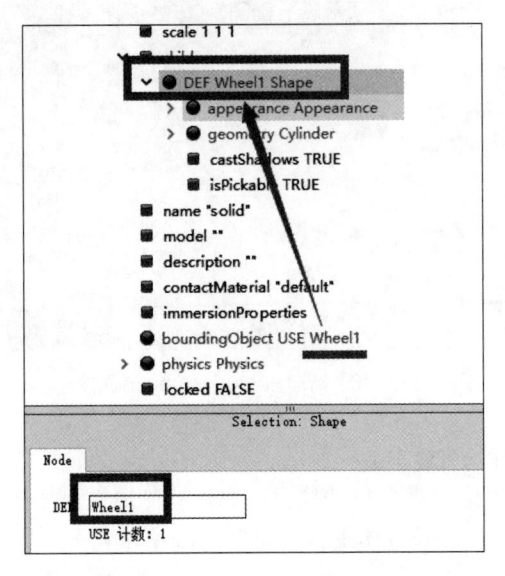

图 3-68 定义 Wheel1 的 Shape

> **注意**
>
> 只有使用 children 属性的形状才可以使用 USE 找到。

使用 DEF 定义之后，设置 boundingObject 时，从 USE 中选择 DEF 的对象 Wheel1，如图 3-69 所示。

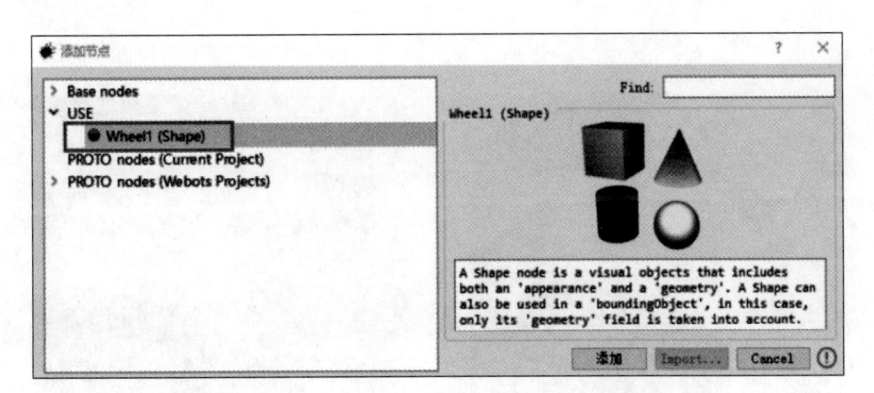

图 3-69 boundingObject 属性使用 USE 添加节点

3.9.4.2 添加自定义的边界

例如要给图 3-70 中长方体添加边界，右键 boundingObject 属性，选择"新增"。

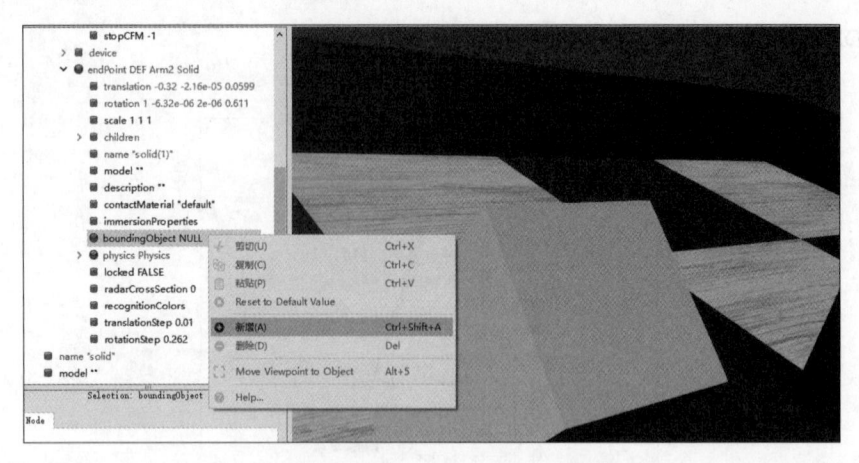

图 3-70　新增 boundingObject 属性

添加的节点中，选择长方体 Box，如图 3-71 所示。

添加之后，长方体周边出现白色的线框。修改 size 属性，如图 3-72 所示，可调整白色线框的尺寸，使白色的线框与长方体重合，如图 3-73 所示。

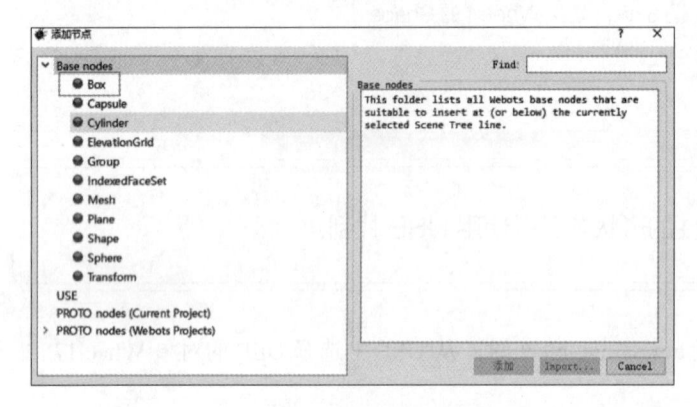

图 3-71　选择 Box

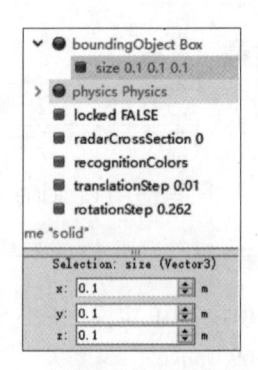

图 3-72　修改 boundingObject 的 size 属性

图 3-73　boundingObject 属性（右图为调整之后的）

有时需要调整边界使其偏离原对象一定距离和角度，此时可以在 boundingObject 下再添加一个 transform 节点进行偏移操作。

3.9.5　调整实体对象的大小和位姿

对于基本形状，例如立方体、球体等，可以在 size 属性中设置大小，也可以在 scale 和 rotation 里设置大小缩放比例和姿态，如图 3-74 所示。若将 scale 设置为 [0.5 0.5 0.5]，表示在 X、Y、Z 尺度上都缩小到原尺寸的 1/2。

图 3-74　基本形状的大小和位姿

从外部导入的点云模型，没有基础形状的长宽高、半径等属性，其可以通过外部第三方软件修改大小和形状。模型导入之后，只可以通过 scale 和 rotation 设置大小缩放比例和姿态，如图 3-75 所示。

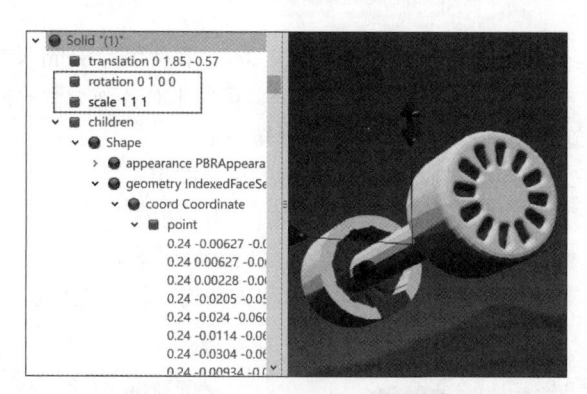

图 3-75　点云形状的大小和位姿

3.10　形状 Shape 节点

Shape 节点用于在世界中创建显示的渲染对象。Shape 定义了一个形体，该形体由几何和外观构成，没有位姿。

Shape 节点一般放到 Solid 节点下面，或者放到 Transform 节点下面，再定义形状。其中一个原因是 Shape 本身没有位置和姿态属性，需要通过 Solid 或 Transform 节点来调整位姿，如图 3-76 所示。

- appearance：外观。包含一个 Appearance 或 PBRAppearance 节点，该节点指定要应用于几何图形的视觉属性，例如材质和纹理。

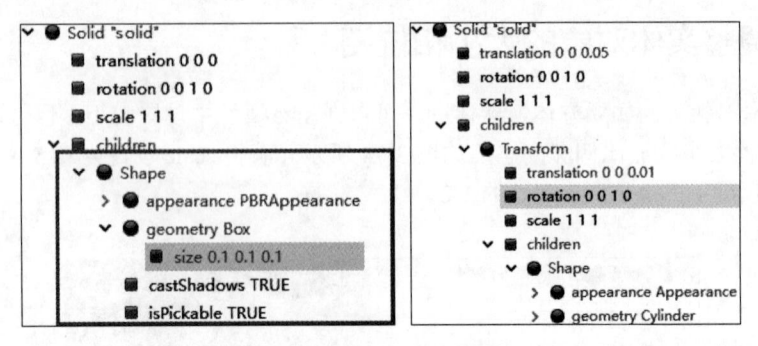

图 3-76　Shape 节点的属性

- geometry：几何尺寸。包含一个 Geometry 节点，可以是 Box、Capsule、Cone、Cylinder、ElevationGrid、IndexedFaceSet、IndexedLineSet、Mesh、Plane、PointSet 或 Sphere。
- castShadows：投影。允许用户打开 (TRUE) 或关闭 (FALSE) 此形状投射的阴影。若仿真场景中顶点数超过 65535 个，投影将自动关闭。
- isPickable：是否可选中。设置在点击 3D 场景时是否可选中该对象。

3.11　关节 Joint 节点

关节 Joint 节点是一个抽象节点（不实例化），Joint 节点在其 Solid 父节点和放置在其字段中的 Solid 之间创建一个链接。关节有多种派生类，可用于对各种类型的机械结构进行建模：

① HingeJoint：旋转关节，一个自由度的旋转关节。
② Hinge2Joint：2 自由度关节，两个自由度的旋转关节。
③ SliderJoint：滑动关节（滑块）。一个自由度的滑动关节。
④ BallJoint：球状关节（球节）。三个自由度的旋转关节。

如图 3-77 所示，除了球状关节外，其他三种关节均可以被电机驱动并由 PositionSensor 节点获取关节位置。

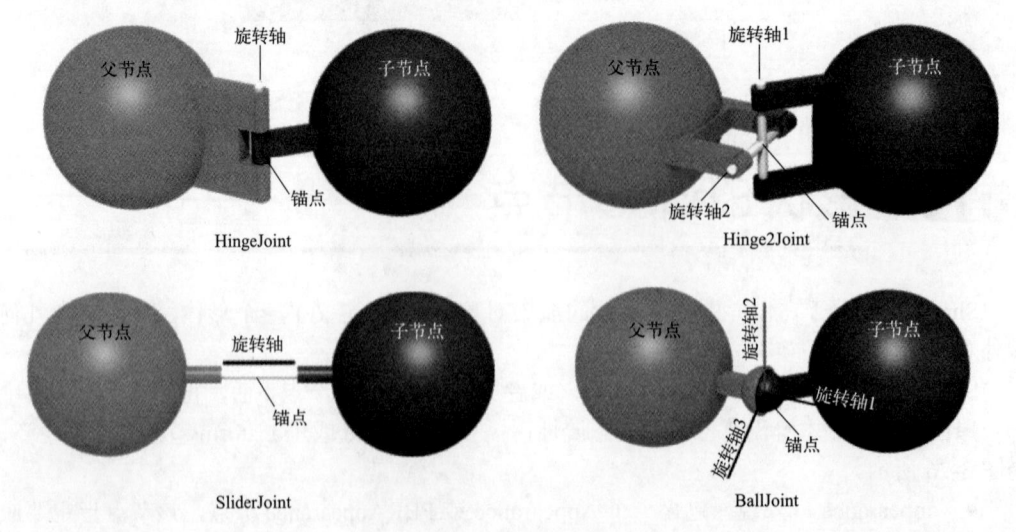

图 3-77　四种关节

使用关节节点要注意，对象要为 Robot 类型才行，否则会出现如图 3-78 所示的提示。

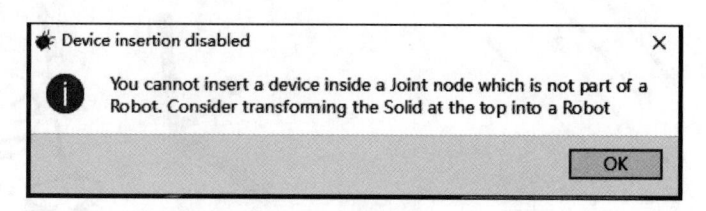

图 3-78　关节节点使用对象错误提示

解决这一问题的办法是右键单击对象，选择"Transform To"→"Robot"，如图 3-79 所示。

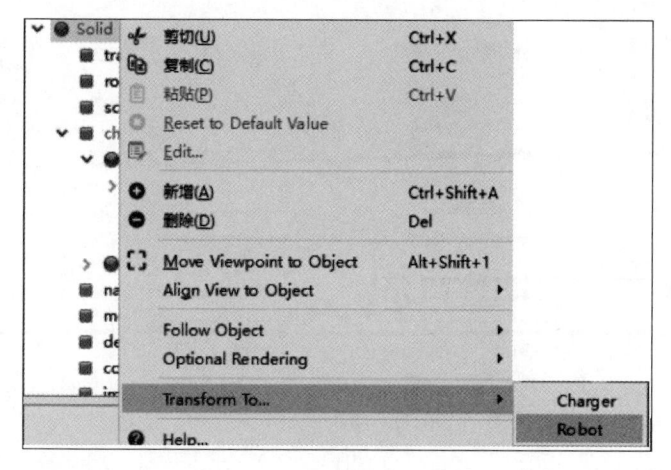

图 3-79　转换为 Robot 类型

此时，若原来对象在场景中显示为 Solid "solid"，则在转换之后显示为 Robot "solid"。

3.11.1　关节参数

3.11.1.1　关节参数的基本概念

参数 HingeJointParameters 如图 3-80 所示。
- position：关节的当前位置。对于旋转关节，它是以 rad 为单位的当前旋转角度。对于滑动关节，它是当前平移的距离（单位为 m）。
- axis：旋转轴。是一个有方向的量。可以理解为是一个矢量，有方向，但是在空间的位置是不确定的，如图 3-81 所示。
- anchor：锚点，即旋转中心点。其坐标值是相对于父坐标系的。可以理解为 anchor 是空间中的一个点，旋转轴需要通过这个点才可以确定。

由旋转轴 axis 和锚点 anchor 共同确定空间的旋转轴。旋转方向符合右手定则（图 3-82）。

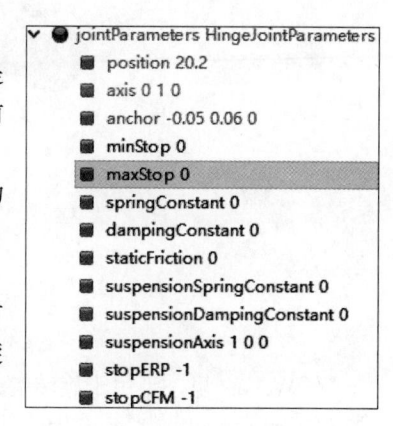

图 3-80　旋转关节参数

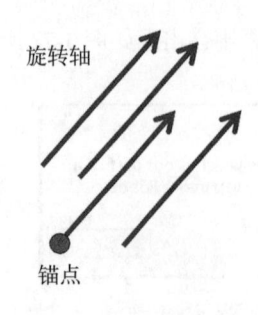

图 3-81 旋转轴和锚点

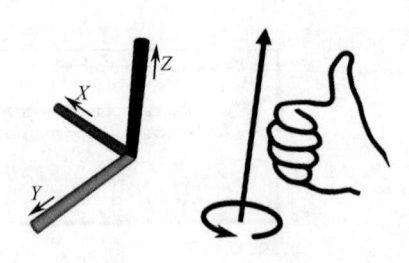

图 3-82 右手定则

旋转轴 axis 方向向量设置如图 3-83 所示，若指向 x 的负方向，将 x 设置为 -1 即可。

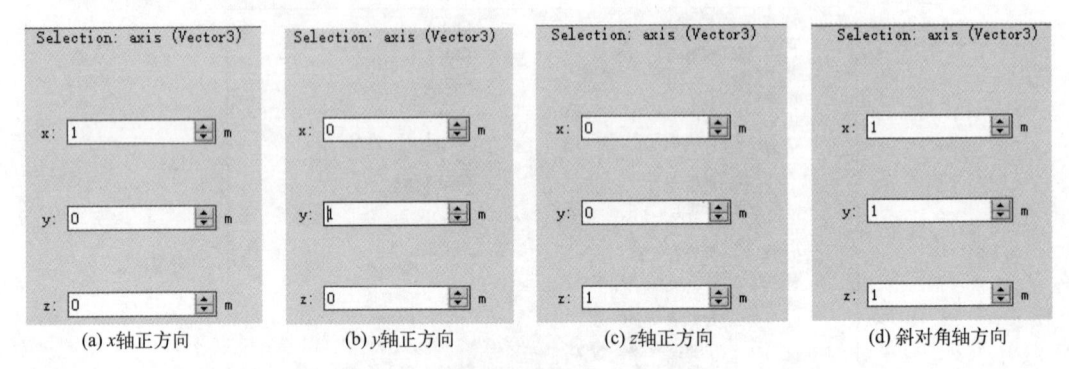

(a) x 轴正方向　　(b) y 轴正方向　　(c) z 轴正方向　　(d) 斜对角轴方向

图 3-83 旋转轴 axis 方向向量

- 物理限位最小值 minStop 和最大值 maxStop：minStop 和 maxStop 属性定义了关节的硬限位。硬限位代表任何力量都不能超越的机械界限；与此相对的是电机 Motor 节点的软限位 minPosition 和 maxPosition。例如，某工业机器人的 1 轴有个机械挡块，限制了 1 轴的转动范围，如图 3-84 所示。

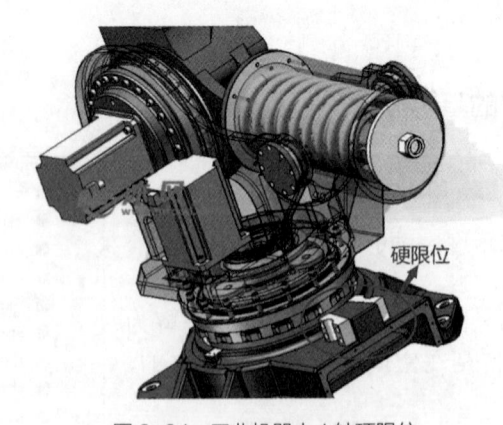

图 3-84 工业机器人 1 轴硬限位

在 Webots 里，当用于旋转运动时，minStop 的值必须在 $[-\pi, 0]$ 范围内，maxStop 的值必须在 $[0, \pi]$ 范围内。当 minStop 和 maxStop 都为 0（默认值）时，硬限位被禁用。当软限位和硬限位都被激活时，软限位的范围必须包含在硬限位的范围内，即 minStop ≤ minPosition

和 maxStop ≥ maxPosition。
- staticFriction 属性：定义了一个与关节运动相反的静摩擦力。

3.11.1.2 关节的初始位置——零点

零点定义：在搭建机器人关节的时候，在 HingeJointParameters 的 position 设置为 0 的条件下，将 endPoint 放置的角度值作为此关节零点。

零点标定：关节搭建好之后，若想更改零点，先将 HingeJointParameters 的 position 设置为 0，再更改 endPoint 的姿态。此时的姿态就是此关节的零点。

minStop、maxStop、position、wb_motor_set_position() 等属性和函数的值均是相对于关节的零点而言的。关节零点只能通过 3D 仿真界面来修改。

旋转关节与滑动关节的硬限位与零点如图 3-85 所示。

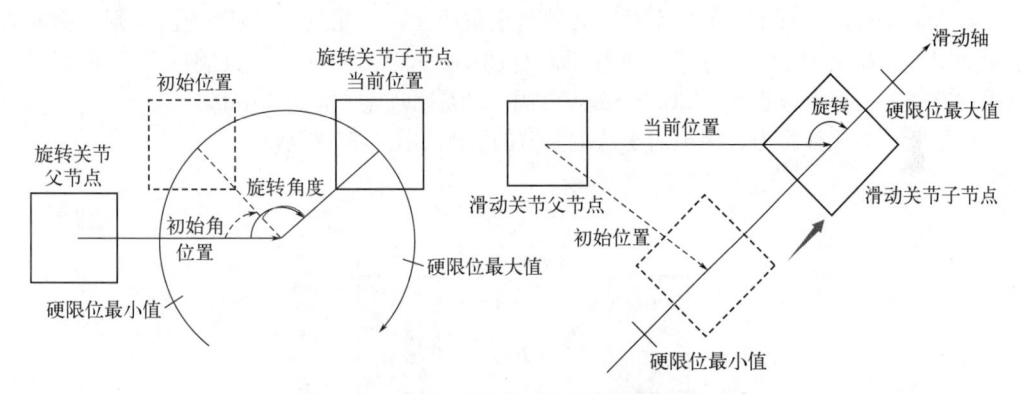

图 3-85 旋转关节与滑动关节的硬限位与零点

当关节属性中的 position 值为 0 时，endPoint 的位姿为此关节零点，如图 3-86 所示。

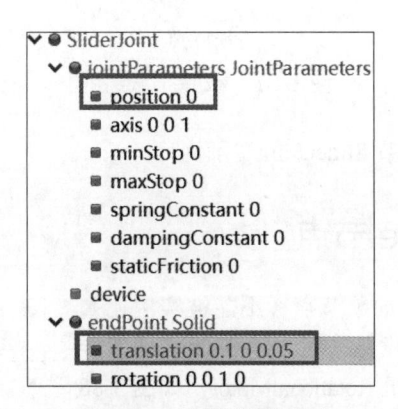

图 3-86 零点位姿的判断

3.11.1.3 关节的硬限位与软限位

- 由关节参数设置硬限位：minStop、maxStop。
- 由电机参数设置软限位：minPosition、maxPosition。

详见下文关节与电机部分的说明。

3.11.1.4 关节的弹力和阻尼

Webots 支持关节弹力的模拟。物体在力的作用下发生的形状改变叫作形变。在外力停止作用后，能够恢复原状的形变叫作弹性形变。发生弹性形变的物体，会对跟它接触的物体产生力的作用。这种力叫弹力。弹力产生在直接接触而发生弹性形变的物体之间。通常所说的压力和支持力都是弹力。

● springConstant：弹性常数，通常表示为 K，必须是正数或零。如果为零（默认值），则不会对关节施加弹力。如果大于零，则除了其他力（即电机驱动力、阻尼）之外，Webots 仿真器将计算弹力并将其施加到关节。弹力根据胡克定律计算，即 $F = -Kx$。其中，K 是 springConstant；x 是当前关节位置，由 position 决定。因此，弹力与当前关节位置成比例，并会将关节移回其初始位置。通常可对滑动关节设置弹性常数，也可对旋转关节设置弹性常数。例如：大负载工业机器人的 2 轴，通常要加平衡缸或弹簧以降低 2 轴电机输出力。

● dampingConstant：阻尼系数，必须是正数或零。如果为零（默认值），则不会向关节添加阻尼。如果大于零，除了其他力（即电机驱动力、弹力）之外，还将向关节施加阻尼。阻尼与有效关节速度成正比，即 $F = -Bv$。其中：B 是阻尼常数，$v = dx/dt$。

电机驱动力、弹簧力、阻尼对于滑动关节的影响如图 3-87 所示。

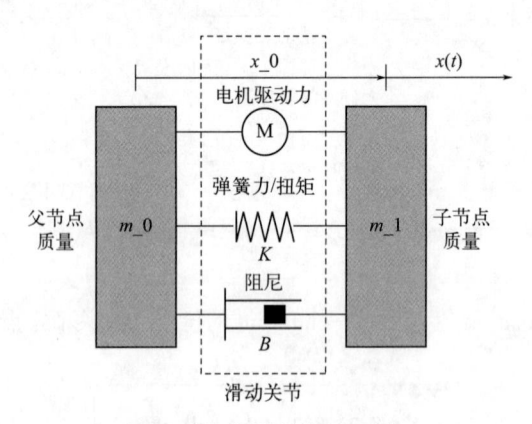

图 3-87 滑动关节所受影响

具体参见"3.13 滑动关节 SliderJoint"示例。

3.11.2 设备 device 节点

设备 device 节点是一个抽象节点（不能被实例化）。设备 device 节点可添加三种设备：制动器 Brake、位置传感器 PositionSensor、旋转电机 RotationalMotor，如图 3-88 所示。电机可以设置 PID 控制参数、加速度等。

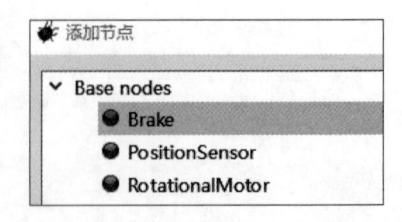

图 3-88 Device 节点支持的三种类型

3.11.2.1 电机 Motor 节点

Motor 节点是一个抽象节点（未实例化），其派生类是旋转电机 RotationalMotor 和线性电机 LinearMotor，在仿真中常用。属性介绍如下：

● acceleration：加速度，定义了 P- 控制器的默认加速度。对于线性电机，单位为 m/s²；对于旋转电机，单位为 rad/s²。若设置为 -1，表示加速度不受 P- 控制器限制。wb_ motor_set_acceleration() 函数可以更改这个值。

- consumptionFactor：能耗系数，如果机器人节点启用了电池模拟，则该属性定义电机的能耗系数。能耗（单位：J）是对时间的功耗（单位：W）进行积分来计算的。

旋转电机的耗电量计算公式：

$$electrical\_input\_power = output\_torque \times consumptionFactor$$

直线电机耗电量计算公式：

$$electrical\_input\_power = output\_force \times consumptionFactor$$

式中，output_torque 由 wb_motor_get_torque_feedback() 函数得到；output_force 由 wb_motor_get_force_feedback() 函数得到。

- controlPID：PID 控制器参数，如图 3-89 所示，x、y、z 代表 PID 的三个值。具体 PID 的参数意义和整定方法可参考相关资料。通过 wb_motor_set_control_pid() 函数可修改这三个值。

- minPosition、maxPosition：最小位置和最大位置。指定电机目标位置的软限位。线性电机 LinearMotor 的参数单位为 m，旋转电机 RotationalMotor 单位为 rad。电机零点位置和关节零点位置是一致的。软限位规定了控制软件的输出界限，超过这个界限 PID 控制器将不会输出更大或更小值。如果控制器调用 wb_motor_set_position() 函数时，目标位置超过了软限位，则以软限位的值作为输出值。当 minPosition 和 maxPosition 都为零时（默认），软限位被禁用。

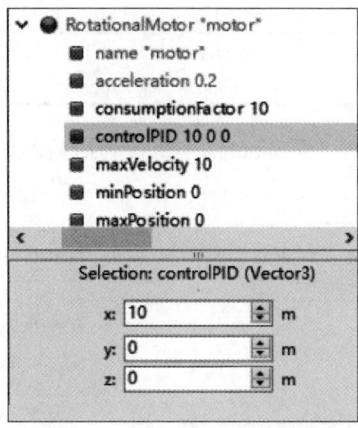

图 3-89 controlPID 的三个系数

但是，当一个非常大的外力被施加到电机上时，软限位可能被超越，电机有可能到达硬限位（参见"3.11.1 关节参数"）。当软限位（minPosition 和 maxPosition）和硬限位（minStop 和 maxStop）都被激活时，软限位的范围必须在硬限制的范围内，如 minStop ≤ minPosition，maxStop ≥ maxPosition。

- maxVelocity：电机最大速度。对于直线电机，单位为 m/s；对于旋转电机，单位为 rad/s。该值应始终为正数（默认值为 10）。wb_motor_get_max_velocity() 函数可获取最大速度值。

- maxTorque：电机最大扭矩。允许电机输出的最大扭矩。即使设置了电机的转速，但是如果最大扭矩不足，无法克服阻力，那么关节也无法旋转。

- multiplier：乘法因子。设置控制器发送的位置、速度和力/扭矩指令乘以的因子，与耦合电机的功能配套使用，参见"3.11.2.3 耦合电机 coupled motors"一节。仅影响：wb_motor_set_position()、wb_motor_set_velocity() 和 wb_motor_set_torquewb_motor_set_force() 函数。默认情况下，该字段为 1。

- sound：声音。设置声音文件的 URL。该声音用于播放电机的声音。它根据电机的速度进行自动调制，以产生逼真的电机声音。声音文件可以来自网络，也可以来自本地。若来自本地，则路径默认与 wbt 文件或 PROTO 文件的路径相同。

- muscles：肌肉。用于添加一个或多个肌肉 muscle 节点，以图形方式显示连接父实体节点和关节 endPoint 节点的人造肌肉的收缩。

3.11.2.2 电机控制模式

电机支持位置控制、速度控制、力/扭矩控制三种类型。电机三种控制类型及相关函数如表 3-1 所示。

表3-1　电机三种控制类型

函数	位置控制	速度控制	力/扭矩控制
wb_motor_set_position()	设置目标位置	设置为 INFINITY	切换到位置/速度控制
wb_motor_set_velocity()	设置最大速度	设置目标速度	忽略
wb_motor_set_acceleration()	设置最大加速度	设置最大加速度	忽略
wb_motor_set_available_force() 或 wb_motor_set_available_torque()	设置可用的力（相应的扭矩）	设置可用的力（或扭矩）	设置最大力（或最大扭矩）
wb_motor_set_force() 或 wb_motor_set_torque()	切换到力控制（或扭矩控制）	切换到力控制（或扭矩控制）	设置所需的力（或扭矩）

Webots 的电机控制结构图如图 3-90 所示。

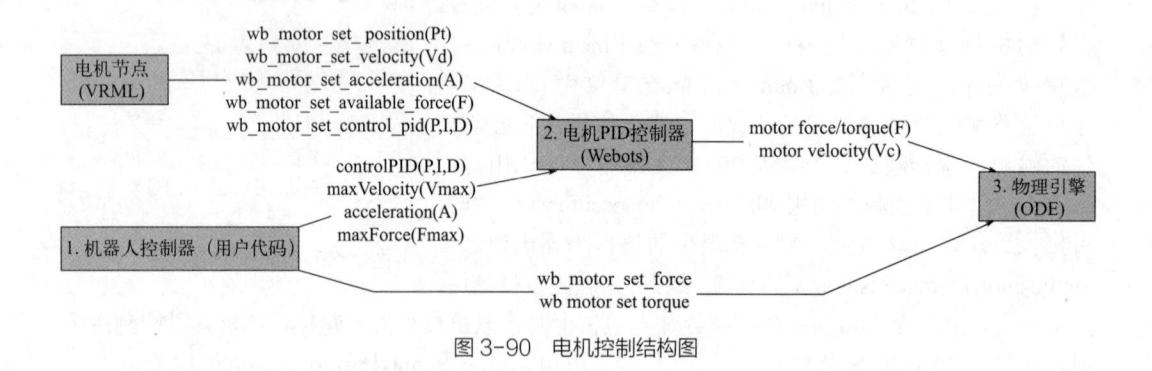

图 3-90　电机控制结构图

在 Webots 中，位置控制分为三个阶段进行，如图 3-90 所示。第一阶段由用户指定的机器人控制器执行，决定必须使用哪个位置、速度、加速度和电机力。第二阶段由电机 PID 控制器执行，计算出电机的当前速度 Vc。最后，第三阶段由物理引擎（ODE 联合电机）执行。

（1）位置控制模式

使用 wb_motor_set_position() 函数指定电机的目标位置，然后电机 PID 控制器根据配置速度、加速度和力等参数，使电机运动到目标位置。

（2）速度控制模式

使用速度控制时，需要调用两个函数：

① 必须调用 wb_motor_set_position(INFINITY) 函数，将 INFINITY 作为一个位置参数；

② 调用 wb_motor_set_velocity() 函数来设置指定的速度，这个速度可以是正或负。

例如：

```
wb_motor_set_position(motor, INFINITY);
wb_motor_set_velocity(motor, 6.28);   // 1 rotation per second
```

不同的编程语言，INFINITY 的设置也不同：

- C/C++ 语言里，INFINITY 是 IEEE 754 浮点标准的定义的 C 语言宏；
- Java 里，使用 Double.POSITIVE_INFINITY；
- Python 里，使用 float('inf')；

- Matlab 里，使用 inf。

（3）力矩控制模式

力矩控制模式下，使用 wb_motor_set_force()/wb_motor_set_torque() 直接指定电机施加的力/扭矩的大小。该模式下，不使用电机的 PID 控制器，而是直接将力/扭矩指令发送给 ODE 物理引擎，参见图 3-90。再次调用 wb_motor_set_position() 函数可以恢复原来的位置控制。

使用力矩控制模式要注意：力/扭矩是连续施加在电机上的。若不使用合适的算法或没有合适的阻力，电机将持续加速。

电机处于力矩控制模式下时，要设置关节末端实体的 endPoint.physics 属性。

如图 3-91 所示，三组对象，使用同样的机器人控制器，电机名称相同。由于各关节末端实体质量不同、姿态不同，在同样的电机力矩设置条件下，仿真的效果不同。

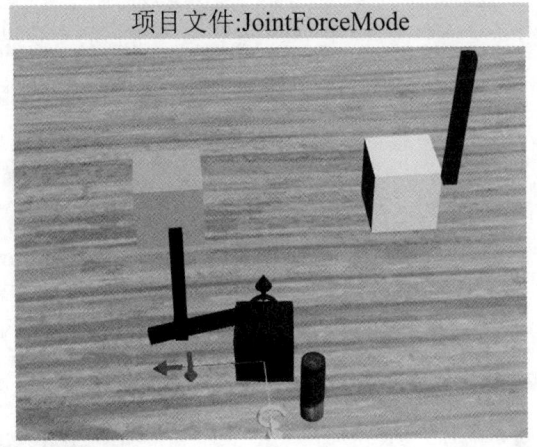

项目文件:JointForceMode

图 3-91　电机的力矩控制

3.11.2.3　耦合电机 coupled motors

（1）功能介绍

Webots 2021b 之后，该软件增加了耦合电机功能，该功能允许一次控制多个逻辑连接的电机。如果多个电机共享相同的名称结构并且它们属于同一个 Robot，无论是旋转电机 RotationalMotor、线性电机 LinearMotor 还是两者的混合，那么这些电机就是耦合电机。例如，电机名称 name 分别为"motorQ::A""motorQ::B""motorQ::C""motorQ::D"，当向其中任一个耦合电机发出命令时，例如使用 wb_motor_set_position() 或 wb_motor_set_velocity() 函数，相同的指令将同时发给其他电机。尽管每个耦合电机接收到的是相同的指令，但电机实际执行的操作取决于它们的 multiplier 值。

电机是逻辑耦合在一起的，而不是机械耦合的。如果其中一个电机被物理阻塞，其他电机不会受到影响。在力控制模式下使用时，耦合电机可以轻松模拟机械差速器。差速器的作用是改变车轮的速度，能将电机扭矩平均分配到每个车轮。因此，在多个耦合电机中使用相同的扭矩，物理引擎将相应地调整速度。它适用于模拟普通汽车和 4×4 车辆，只要它们有 3 个差速器（前、后和中央）。multiplier 可以调整扭矩的分配值，以模拟有些差速器分配 40% ~ 60% 的扭矩给后轮的情况。

（2）命名约定

耦合电机的命名约定是"motor name::specifier name"，"::"用作分隔符，"motor name"是耦合电机共同的名称，"::"后面的字符串"specifier name"用于唯一地标识每个电机。使用 wb_robot_get_device() 函数请求句柄时，需要提供全名。

（3）耦合系数 multiplier 的相关设置

每个耦合电机的 multiplier 属性可以相同，也可以不同。由于每个电机实际执行的指令等于自己的 multiplier 属性乘以接收到的指令，因此，minPosition、maxPosition 和 maxVelocity 要做成比例修改。

例如，一组四个耦合电机的 multiplier 值分别为 2、0.5、4 和 -4，表 3-2 显示了电机的设置。

表3-2 耦合电机的设置示例

电机 multiplier	A(2)	乙（0.5）	C (4)	D (-4)
最小位置 minPosition	-1	-0.25	-2	-4
最大位置 maxPosition	2	0.5	4	2
最大速度 maxVelocity	10	2.5	20	20

（4）耦合电机示例

项目文件：coupleMotor

图 3-92 为三台耦合电机，名称分别为：左侧"motor::A"，中间"motor::B"，右侧"motor::C"。使用一个指令进行控制，motor = wb_robot_get_device（"motor::B"），左侧和中间电机的 multiplier 属性为 1，右侧电机的 multiplier 属性为 −2.1。仿真结果显示：左侧和中间的两个耦合电机的旋转角度相同，右侧电机的旋转角度是前两个耦合电机的 −2.1 倍。

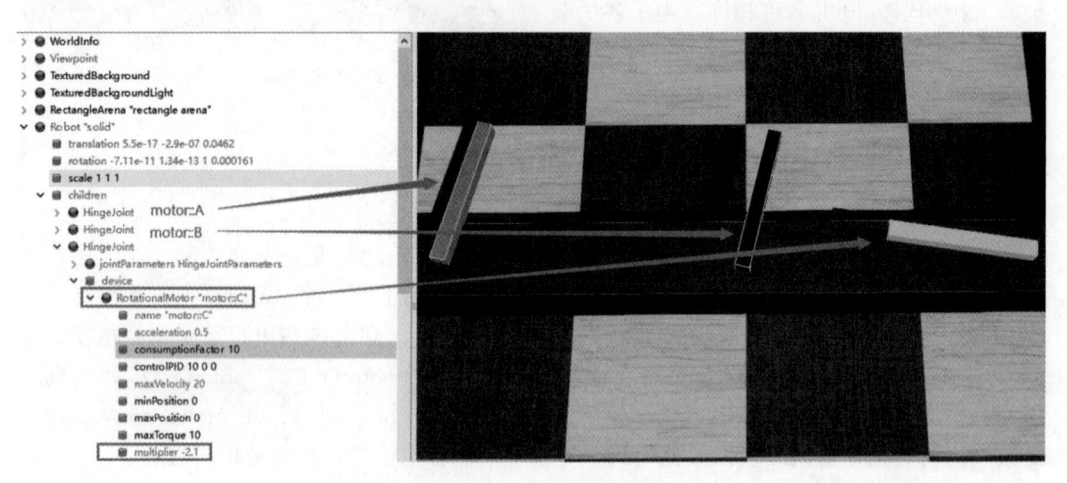

图 3-92 三个耦合电机

关键脚本如图 3-93 所示。

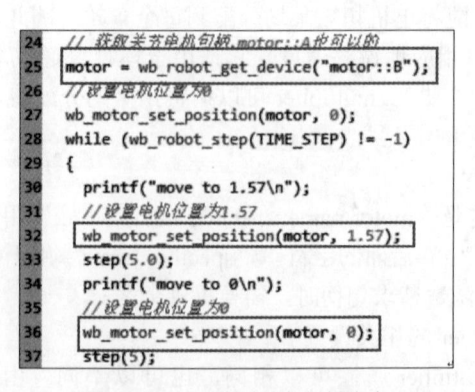

图 3-93 三个耦合电机关键脚本

此外，Webots 自带的案例 coupled_motors 比较好地展示了耦合电机的使用，但是该案例较为复杂。

3.11.2.4 旋转电机RotationalMotor节点

该节点从电机 Motor 节点派生。RotationalMotor 节点可用于为 HingeJoint 或 Hinge2Joint 提供动力,以产生关节的旋转运动,其属性如图 3-94 所示。

- maxTorque:最大扭矩。指定电机扭矩的上限,单位为 N·m。速度控制中,在达到目标速度之前始终用此最大扭矩运行。在电机运行时也可以更改此属性。若该值太小,会导致电机无法到达目标位置。

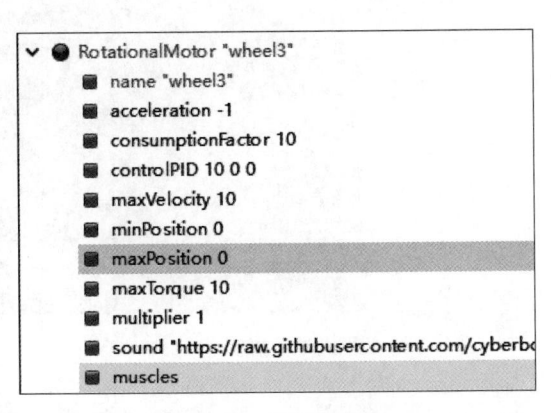

图 3-94 电机节点属性

绕关节旋转的节点通常为 Solid 节点。

3.12 旋转关节 HingeJoint/Hinge2Joint 节点

3.12.1 旋转关节

HingeJoint 节点是旋转关节,通过旋转轴和锚点连接父节点 Parent 和子节点 End point,根据给定的角度,子节点 End point 绕着旋转轴旋转。

旋转关节参数详见前文。

旋转轴 Axis 定义了三维空间的旋转方向,Anchor 定义旋转轴的空间位置。多个关节级连起来,就组成了关节串联型机器人,如图 3-95 所示。

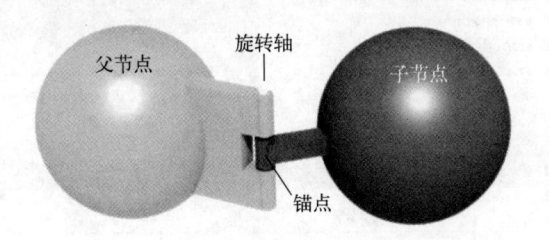

图 3-95 HingeJoint 节点

某个机器人对象的仿真如图 3-96 所示。

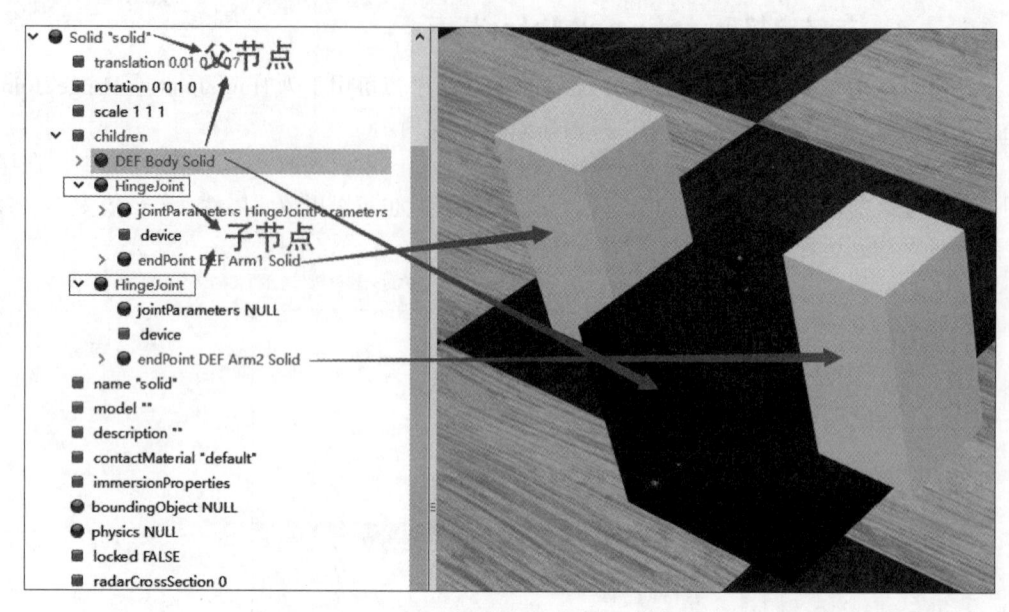

图 3-96　机器人对象中的 HingeJoint 节点

改变 HingeJoint 节点的 position 属性，可以调整关节旋转角度，从而改变相连的子节点位姿。如图 3-97 所示的机器人姿态可通过调整关节角度得到。

anchor 定义旋转轴的空间位置，这个位置可以直接从旋转对象复制过来。例如，选中车轮圆柱的 translation，按 Ctrl+C，再选中 anchor，按 Ctrl+V，可实现 anchor 的精确定位，如图 3-98 所示。

图 3-97　HingeJoint 节点位姿调整

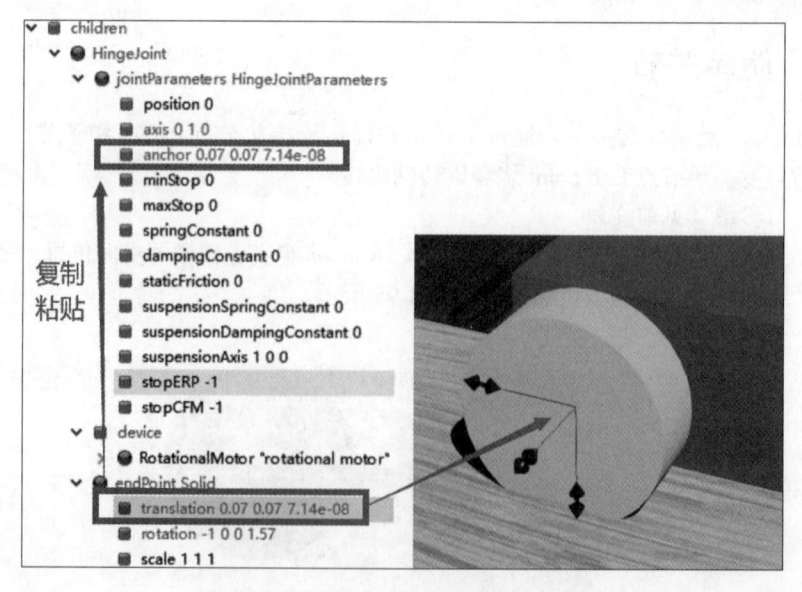

图 3-98　HingeJoint 节点旋转轴位置设置

3.12.2 编程

关节的编程主要由如下几步构成:

```c
// 第1步,包含头文件
#include <Webots/motor.h>
// 第2步,定义句柄
WbDeviceTag left_motor;
// 第3步,获取句柄
left_motor = wb_robot_get_device("left wheel motor");
// -----如果是位置控制,则直接设置位置,单位为rad
// 第4步,设置位置
wb_motor_set_position(left_motor, 3.1415);
// -----如果是速度控制
// 第5步,设置位置到无限大
wb_motor_set_position(left_motor, INFINITY);
// 第6步,设置转速rad/s
wb_motor_set_velocity(left_motor, 0.3);
```

3.12.3 示例1:简单旋转关节

项目文件: joint

如图 3-99 所示为该示例关节的设置。长方体通过 HingeJoint 关节连接到立方体。长方体不启用物理引擎。若长方体启动了物理引擎,其在惯性作用下将难以精确定位,会发生抖动的现象,需要很长时间才能停止运动。

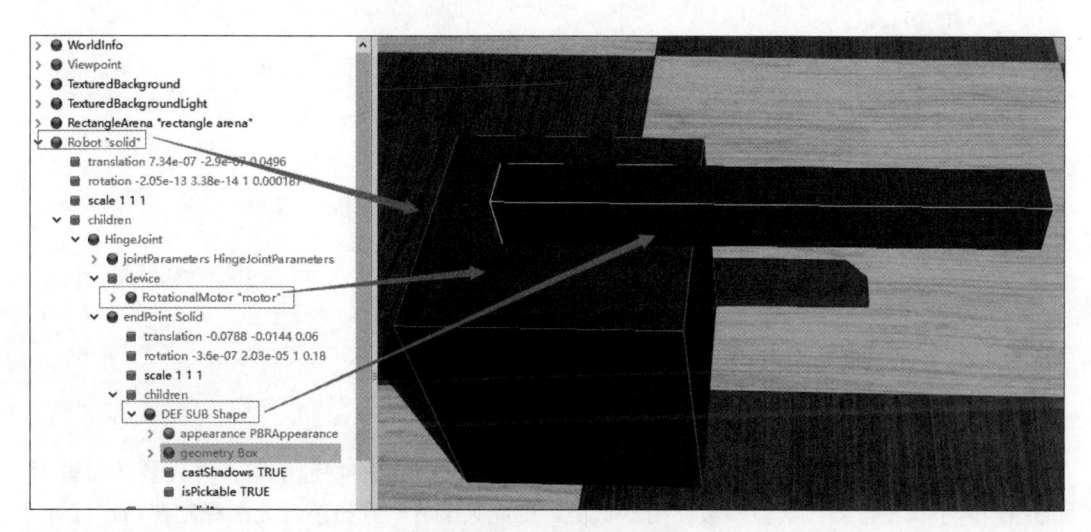

图 3-99 示例中的关节设置

脚本如下:

```c
// 包含相关的头文件
#include <Webots/robot.h>
#include <Webots/motor.h>
#include <stdio.h>
#define TIME_STEP 64
```

```c
// 延时函数定义
void step(double seconds)
{
 const double ms = seconds * 1000.0;
 int elapsed_time = 0;
 while (elapsed_time < ms)
 {
  wb_robot_step(TIME_STEP);
  elapsed_time += TIME_STEP;
 }
}
int main(int argc, char **argv)
{
 printf("The robot is initialized\n");
 wb_robot_init();
 // 定义关节电机句柄
 WbDeviceTag motor;
 // 获取关节电机句柄
 motor = wb_robot_get_device("motor");
 //设置电机位置为0
 wb_motor_set_position(motor, 0);
 while (wb_robot_step(TIME_STEP) != -1)
 {
  printf("move to 1.57\n");
  //设置电机位置为1.57
  wb_motor_set_position(motor, 1.57);
  step(5.0);
  printf("move to 0\n");
  //设置电机位置为0
  wb_motor_set_position(motor, 0);
  step(5);
 };
 wb_robot_cleanup();
 return 0;
}
```

3.12.4　示例 2：关节的参数调节

项目文件：jointPID

示例 1 中没有启用长方体的物理引擎。本例启用长方体的物理引擎，并设置其质量为 0.2kg。若不调整参数，其他参数使用默认值，则此关节将一直振荡，无法稳定在指定位置，如图 3-100 所示。

需要调整的电机参数有：
- controlPID：关节的 PID 参数。调节 PID 参数直到达到稳定状态。
- maxVelocity：关节的最大转速。若仅做测试，可以设置为极大值。
- acceleration：关节的加速度。若仅做测试，可以设置为极大值。

参数调节时，可以通过观察不断变化的关节 position 值来调节 PID 参数，如图 3-101 所示。

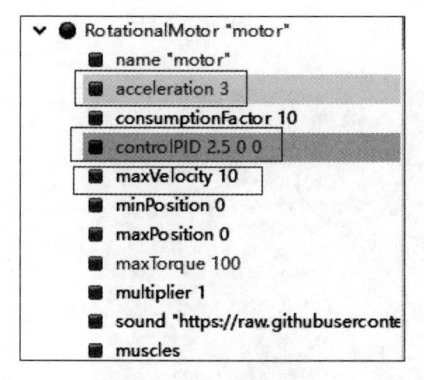

图 3-100　关节调整

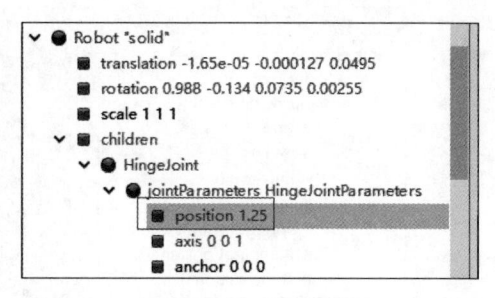

图 3-101　调节关节 PID 参数时观察 position 值

3.13　滑动关节 SliderJoint 节点

滑动关节可实现两个节点的相对运动，可以沿坐标轴或者沿斜线运动，如图 3-102 所示。

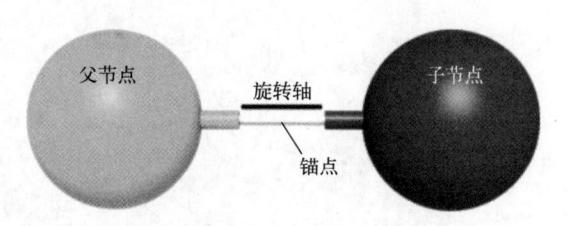

图 3-102　滑动关节

3.13.1　滑动关节参数

具体参数如图 3-103 所示，参数说明参见前文 "3.11.1 关节参数" 一节。

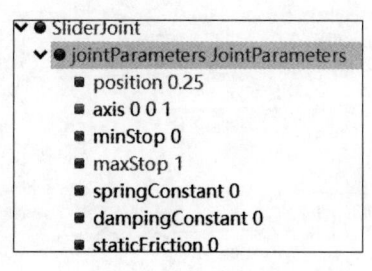

图 3-103　滑动关节参数

3.13.2　示例 1：简单滑动关节

项目文件：jointSliderSimple

若 axis 设置为 [0,0,1]，关节末端将沿 Robot 的 Z 轴上下运动，如图 3-104 所示。

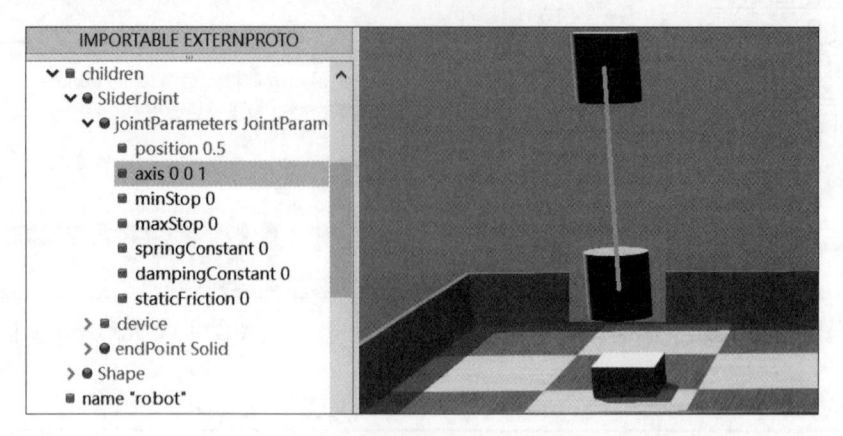

图 3-104　滑动关节参数 axis[0,0,1]

若 axis 设置为 [1,1,1]，关节末端将沿 Robot 的 [1,1,1] 方向斜上下运动，如图 3-105 所示。

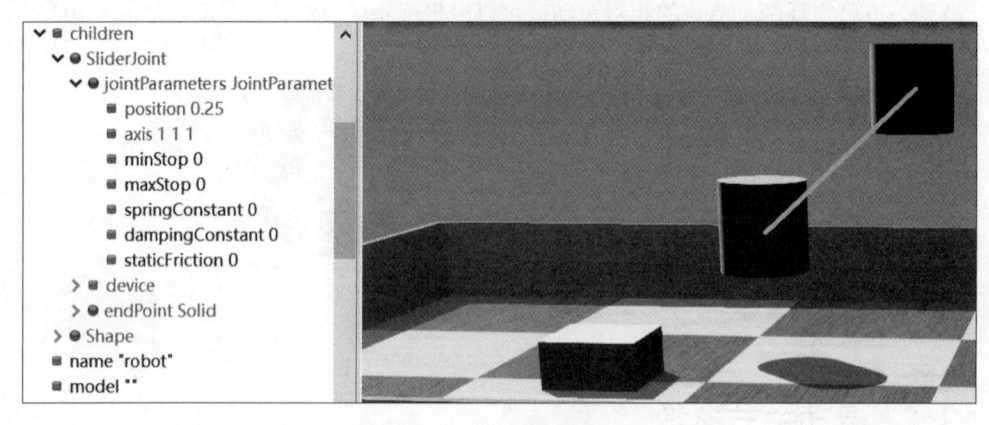

图 3-105　滑动关节参数 axis[1,1,1]

控制器程序如下：

```c
#include <Webots/motor.h>
#include <Webots/robot.h>
#include <Webots/keyboard.h>
#include <stdio.h>
#define TIME_STEP 32
//延时函数
void step(double seconds)
{
 const double ms = seconds * 1000.0;
 int elapsed_time = 0;
 while (elapsed_time < ms)
 {
 wb_robot_step(TIME_STEP);
 elapsed_time += TIME_STEP;
 }
```

```
}
int main(int argc, char **argv)
{
 WbDeviceTag motor1;
 wb_robot_init();
 motor1 = wb_robot_get_device("motor1");
 wb_motor_set_position(motor1, 0.0);
 // 周期执行
 while (wb_robot_step(TIME_STEP) != -1)
 {
   wb_motor_set_position(motor1, 0.25);
   step(5);
   wb_motor_set_position(motor1, 0.5);
   step(5);
 }
 wb_robot_cleanup();
 return 0;
}
```

3.13.3 示例2：滑动关节对比

项目文件：jointSlider

本例展示了不同参数设置条件下的仿真效果，表3-3为滑动关节对比示例，图3-106为不同滑动关节参数的仿真。

表3-3 滑动关节对比示例

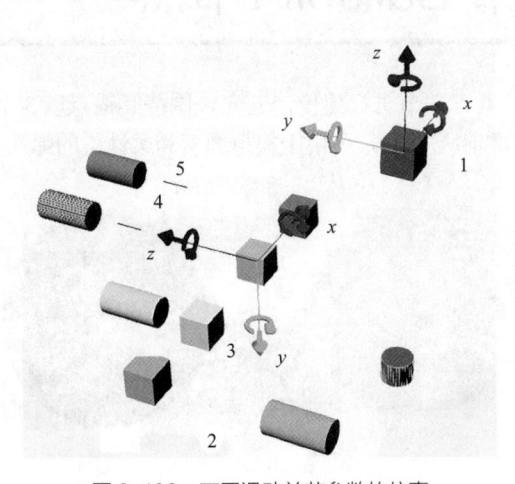

仿真组	axis	minStop	maxStop	Motor.maxForce	电机名
1	0 0 1	-1	0	10	motor1
2	0 0 1	-1	0	10	motor1
3	0 0 -1	-1	0	10	motor1
4	0 0 1	0	1	100	motorB
5	0 0 1	0	1	10	motorB

图3-106 不同滑动关节参数的仿真

注意关节参数 axis 的设置。minStop 和 maxStop 是相对于 axis 所指定的轴运动。axis 设置为 [0 0 1] 表示沿关节父对象的 Z 轴，[0 0 -1] 表示沿关节父对象的 Z 轴负方向。

控制器程序控制仿真组 1、2、3 在 -0.25 和 -0.5 之间运动，仿真组 4、5 在 0.25 和 0.5 之间运动。要特别注意仿真组 3，其滑动轴设置为 [0 0 -1]，运动方向也为负。

3.13.4 示例 3：滑动关节实现弹簧效果

如前文"3.11.1.4 关节的弹力和阻尼"所述，springConstant 可实现弹簧的效果。如图 3-107 所示，每组仿真下方的圆柱体质量为 1kg，设置不同的 springConstant，即 K 为 5、10、20、14，可得到不同的振荡效果。图 3-107 最后 4 个圆柱体分别稳定在离零点的距离 X 为 -1m、-1m、-0.5m、-0.25m 的位置。

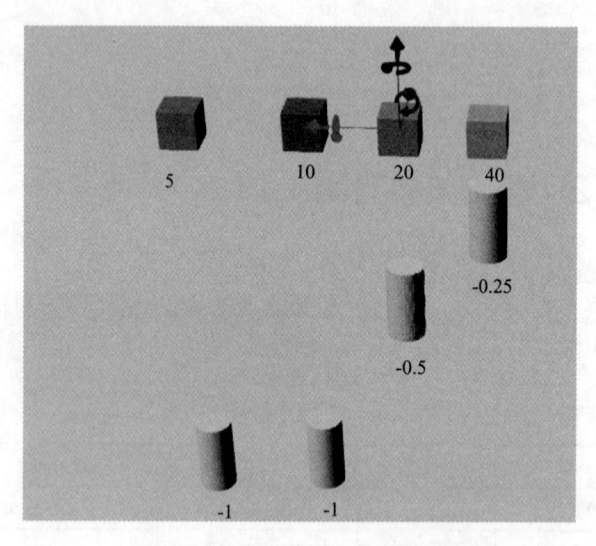

图 3-107 滑动关节实现弹簧效果

3.14 球关节 BallJoint 节点

BallJoint 节点可用于对球关节进行建模，其允许围绕其锚点以 3 个自由度旋转，但是不能平移。该关节也支持弹力和阻尼系数，可用于模拟绳索和柔性梁的弹性变形，如图 3-108 所示。

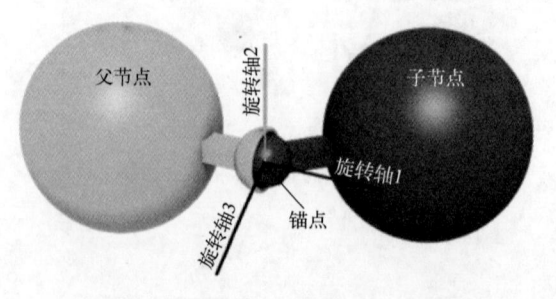

图 3-108 球关节

相互正交的旋转轴可以使用旋转电机 RotationalMotors 独立控制。每个旋转轴的参数在 JointParameters 节点中定义。

示例：添加一个底座，添加一个球关节节点，通过程序控制球关节旋转到指定角度，如图 3-109 所示。代码使用方法和控制电机旋转一样，只是球关节需要控制三个电机。

项目文件：ballJoint

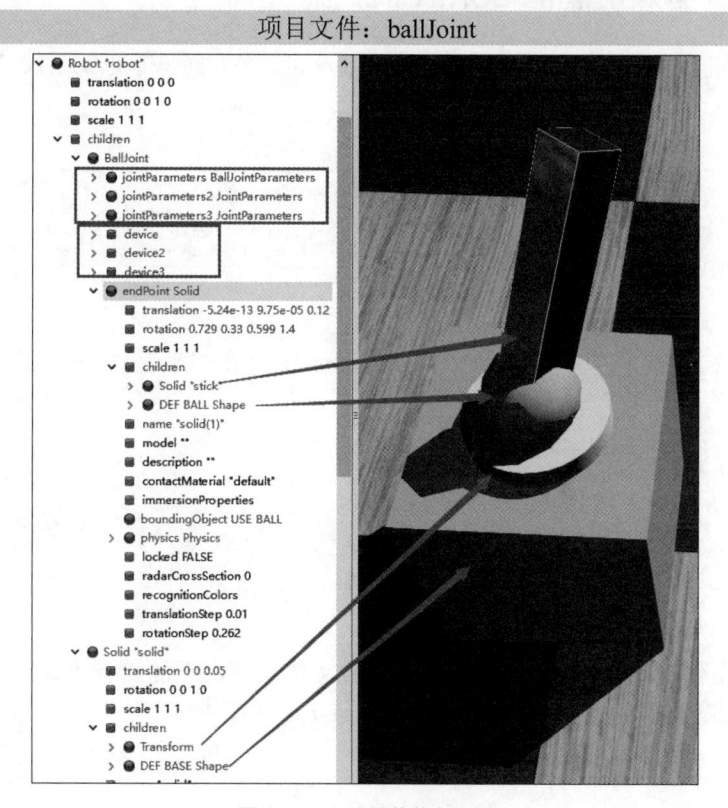

图 3-109 球关节节点示例

3.15 机器人 Robot 节点

Robot 节点是构建机器人的基础节点。关节机器人、类人机器人、轮式机器人等，甚至是简单的 1 自由度关节，都必须有 Robot 节点。通过 Robot 节点的控制器可以实现人为地对仿真过程的干预或控制。若不干预，仿真世界将按照物理引擎的规律运行。

机器人节点具有机器人相关的软件功能，如 device 电机控制、编辑控制器功能、机器人窗口功能、叠加摄像头 Overlays 等功能，如图 3-110 所示。

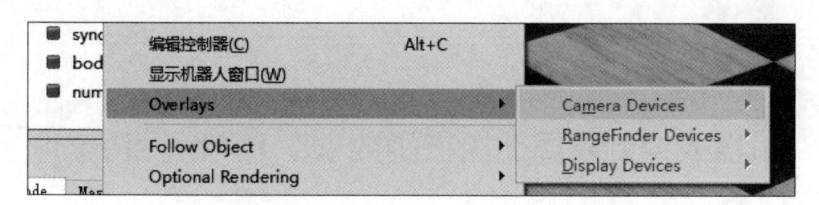

图 3-110 Robot 节点的功能示例

通常在 children 属性里定义组成机器人实体的 Solid 节点，在 Solid 节点的 children 属性里定义 Shape 节点。

使用 HingeJoint 等关节类节点构成机器人关节。

3.15.1 机器人控制器 controller

用于关联机器人控制器程序。多个机器人 Robot 可以关联同一个机器人控制器，如图 3-111 所示。

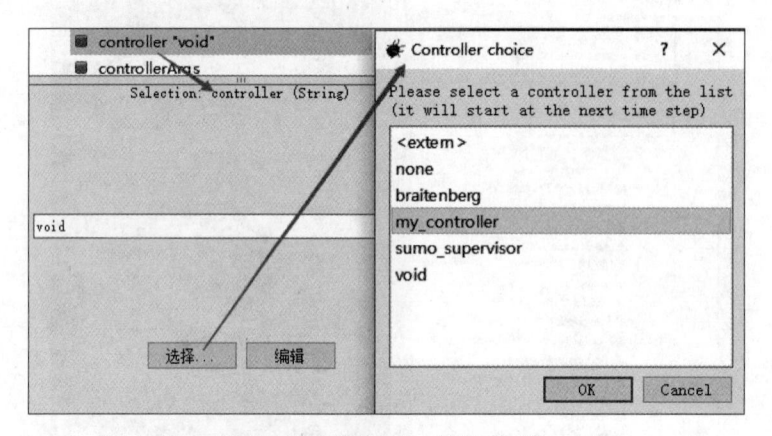

图 3-111 关联机器人控制器程序

若为 py 文件，则 py 文件位于相同名称的文件夹下，不能随意更改名字。例如 my_controller.py 控制器程序位于 my_controller 文件夹下，如图 3-112 所示。

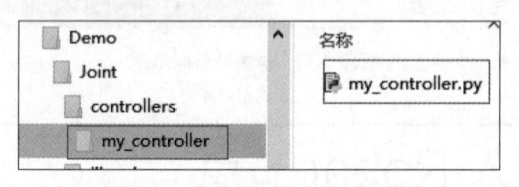

图 3-112 控制器程序路径

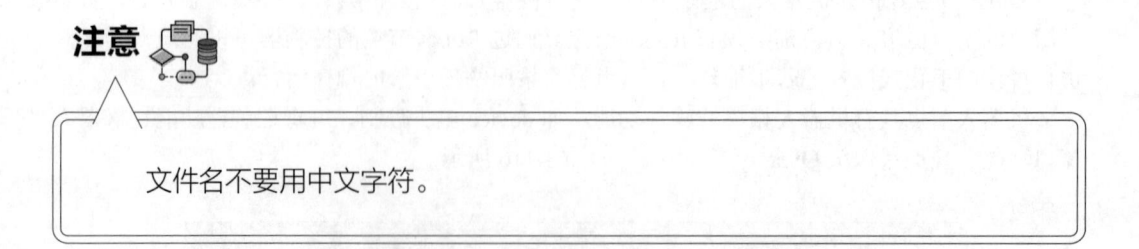

> **注意**
>
> 文件名不要用中文字符。

3.15.2 机器人控制器周期执行函数 wb_robot_step()

函数定义：

```
#include <Webots/robot.h>
int wb_robot_step(int duration);
```

机器人控制器周期执行函数 wb_robot_step() 的功能至关重要，若控制器需要与仿真场景进行数据交换，则该函数必须在每个控制器程序中使用。该函数用于在 Webots 仿真器和控制器之间同步传感器和执行器数据。也可以理解为该函数的执行时间也是 Webots 模拟器的执行时间，在此时间内，用户的控制器程序无法执行，此函数是阻塞的。如果未调用 wb_robot_step() 函数，则 Webots 仿真场景中不会有控制器驱动的动作，控制器中的传感器也不会更新。

该函数的参数 duration（即程序中常见的 TIME_STEP 常数）表示此函数返回之前必要的模拟时间（以 ms 为单位）。注意，这个参数不是实时时间而是仿真场景的模拟时间。此函数可能会快速返回。当它返回时，表示模拟的持续时间已经过去。换句话说，仿真器已经运行了该参数指定的模拟时间。

wb_robot_step() 函数返回 -1，表明 Webots 仿真器即将终止用户编写的控制器程序。当用户点击"Reload"按钮或退出 Webots 时，就会发生这种情况。所以代码需要做一些内存或接口的清理工作，例如关闭数据文件、关闭端口、关闭连接等。要注意的是，控制器的终止过程不能被取消，一旦 wb_robot_step() 函数返回了 -1，在约 1s 后控制器进程将被 Webbots 杀死。所以用户只有大约 1s 的时间来进行清理。常用程序结构如下：

```
//设置仿真周期，单位ms
#define TIME_STEP 32
while (wb_robot_step(TIME_STEP) != -1)
{
//程序周期执行的任务
}
//保存文件，清理现场等操作
```

如果该同步属性 synchronization 为 TRUE，则此函数始终返回 0（或 -1 表示终止）；如果为 FALSE，即异步，则此函数的返回值可以不为 0。设此函数的返回值为 dt=wb_robot_step(TIME_STEP)，令 controller_time 为控制器的当前时间，那么：

① 如果 dt=0，则异步行为等同于同步行为。

② 如果 0 ≤ dt ≤ duration，则控制器的指令在 controller_time+dt 时刻向仿真器发送，但是在 controller_time+duration 时刻测量传感器的值。这表示先执行再测量，指令提前执行，而测量按期执行。

③ 如果 dt > duration，则控制器的指令在 controller_time+dt 时刻向仿真器发送，传感器值也在 controller_time+dt 时刻测量。这表示指令执行和测量均有延迟。

wb_robot_step() 执行原理如图 3-113 所示。

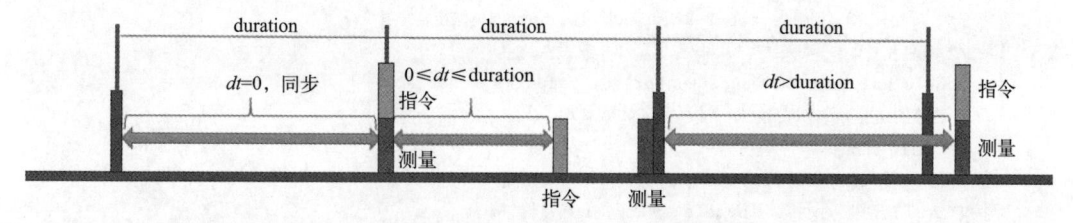

图 3-113 wb_robot_step() 执行原理

控制器与仿真器的多进程运行，导致了 wb_robot_step() 执行的复杂性和不确定性。仿真时，控制器程序与 Webots 模拟器顺序执行，而不是并行执行。控制器读取传感器信息、进行算法处理、发送指令，调用 wb_robot_step() 发送指令和读取传感器值并等待 Webots 完成模拟，这需要一些时间，具体取决于仿真的复杂性。在此期间，控制器处于空闲状态，等待 Webots 模拟器完成其模拟步骤。在开始新步骤之前，Webots 模拟器会等待所有控制器发送它们的 wb_robot_step() 消息，如果控制器发送的速度不够快或控制器的算法过于复杂，则可能会导致 Webots 模拟器出现一些空闲等待时间。

3.15.3 机器人控制器与仿真器并行执行

Webots 提供了 wb_robot_step_begin() 和 wb_robot_step_end() 函数，这两个是拆分的 wb_robot_step()，其作用是使两个函数之间的代码与 Webots 模拟器并行执行，而不等待 Webots 模拟器执行完再执行。如果模拟终止，两者都返回 -1。

某些 Webots API 函数不能在这两个函数之间调用，因为它们需要立即响应，这包括一些 Supervisor API 函数，例如 wb_supervisor_node_get_field() 和 wb_supervisor_field_get_sf_rotation()，还包括一些 Robot API 函数，例如 wb_robot_get_urdf()。

并行结构的程序示例如下。

```c
#include <Webots/robot.h>
#include <Webots/distance_sensor.h>
#include <Webots/led.h>
#define TIME_STEP 32
static WbDeviceTag my_sensor, my_led;
int main()
{
  /*初始化Webots控制器库 */
  wb_robot_init();
  // 获取设备句柄
  my_sensor = wb_robot_get_device ("my_distance_sensor") ；
  my_led = wb_robot_get_device("my_led");
  /*启用传感器，以便从它们那里读取数据 */
  wb_distance_sensor_enable(my_sensor, TIME_STEP);
  /* 对于一个并行循环，需要运行一个初始步骤来初始化传感器的值 */
  wb_robot_step(TIME_STEP);
  /* 主循环 */
  do {
    /* 开始模拟步骤的计算：向Webots发送指令值以进行更新 */
    /* 仿真结束后离开循环 */
    if (wb_robot_step_begin(TIME_STEP) == -1)
      break;
    /* 下面的代码（直到wb_robot_step_end）与Webots的模拟步骤并行执行 */
    /* 读取和处理传感器数据 */
    double val = wb_distance_sensor_get_value(my_sensor);
    /*密集的计算可以在这里进行 */
    /* 发送执行器命令 */
    wb_led_set(my_led, 1);
    /*结束仿真步骤的计算：从Webots中获取最新的传感器值 */
    /* 仿真结束时离开循环 */
  } while (wb_robot_step_end() != -1);
  /*在这里添加你自己的退出清理代码 */
```

```
    wb_robot_cleanup();
    return 0;
}
```

3.15.4　同步与异步控制器 synchronization

同步属性指定了机器人控制器是否必须与 Webots 模拟器同步。在 Webots 里，控制器与仿真器是独立运行的，因此就存在一个执行周期任务同步的问题，同步时双方交换数据。

如果同步是"true"（默认），模拟器将在必要时等待控制器的 wb_robot_step() 函数调用，以保持仿真和控制器的同步。例如，如果模拟器的设置（WorldInfo.basicTimeStep）是 16ms，而控制器的设置是 64ms，那么 Webots 在一个控制周期中总是精确地执行 4 个模拟器步骤。在第 4 个模拟器之后，Webots 将等待控制器的下一个控制周期执行［即调用 wb_robot_step(64)］。

如果同步是 FALSE，模拟器将尽可能快地运行而不等待控制器。例如，在与之前相同的模拟器步骤（16ms）和控制器步骤（64ms）下，如果模拟器已经完成了第 4 个模拟步骤，但控制器还没有执行到对 wb_robot_step(64) 的调用，那么 Webots 将不会等待；否则，它将使用最新的执行命令继续进行模拟。因此，如果同步是 FALSE，在控制步骤中执行的仿真步骤数可能会有所不同，这取决于操作系统对仿真器和控制器的执行速度以及当前的 CPU 负载。因此，仿真的结果也可能有所不同。这里要注意，如果每个控制步骤的模拟步数不同，在控制器看来，这将表现为"物理学速度"的变化，而在用户看来，这将表现为机器人反应速度的变化。因此，当需要良好的控制效果时，同步字段应该设置为"true"。

3.15.5　自碰撞检测 selfCollision

此属性设置为 TRUE 时将启用机器人内部碰撞检测功能，对于串联机器人特别有用。启动此功能可使机器人肢体不能相互交叉。这对于复杂串联关节机器人防止内部碰撞很有用。但是，启用自碰撞检测可能会降低模拟速度。这个功能只会检测到非连续实体之间的碰撞。若两个实体通过关节相连，则是连续实体，即使启用了自碰撞，也不执行碰撞检测。

例如：某个机器人腿的结构如下：

Thigh (Solid) |Knee (Joint)|Leg (Solid) |Ankle (Joint) |Foot (Solid)

在"Thigh"和"Leg"之间没有碰撞，因为它们是连续的，它们直接由"Knee"关节相连接。同样，在"Leg"和"Foot"实体之间不会发生碰撞检测，它们由"Ankle"关节连接。但是，可以检测到"Thigh"和"Foot"之间的碰撞，因为它们是不连续的。

3.15.6　显示机器人窗口

在机器人 Robot 节点点击右键，或仿真时双击机器人对象，可打开机器人窗口，如图 3-114 所示，通过该窗口调整电机角度或查看传感器数据。机器人节点若安装有传感器，则会显示到此界面，否则不会显示出来。

机器人窗口显示的内容与机器人所用的传感器和电机有关，只有机器人用到的设备才会显示出来。图 3-115 为使用了超声传感器和摄像头的机器人窗口。

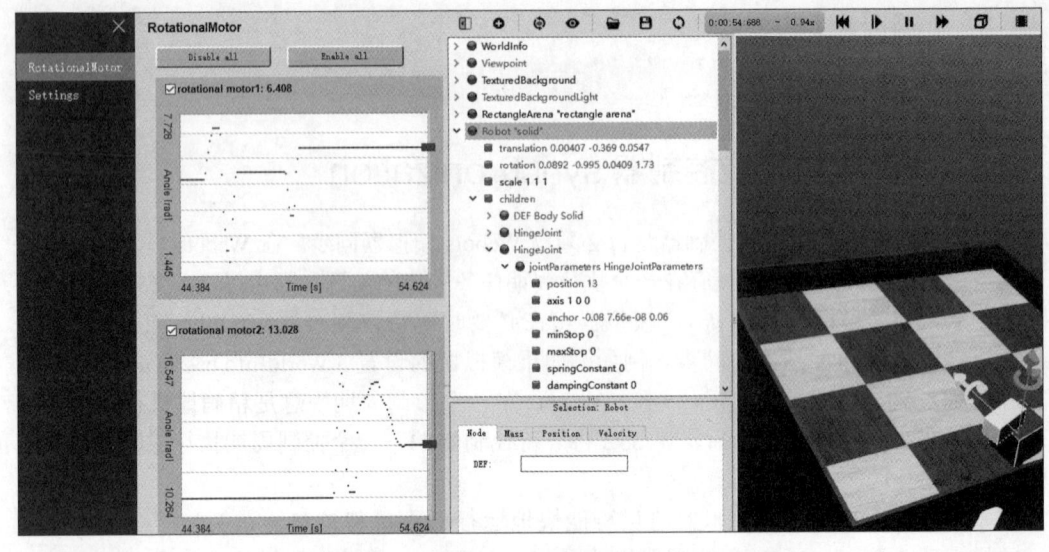

图 3-114　Robot 节点的显示机器人窗口

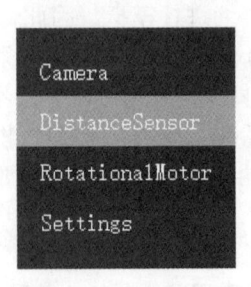

图 3-115　机器人窗口

3.15.7　Controller 属性

本属性是机器人节点特有属性，用于定义机器人的控制器程序，默认为 <generic>。控制器程序的传入参数通过 controllerArgs 设置。参见后文"第 5 章　Webots 编程"。

3.16　组 Group 节点

Group 是一个除了 children 外没有其他任何参数的节点，其用于管理和组织子节点，如图 3-116 所示。

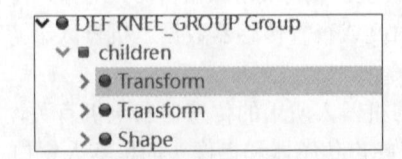

图 3-116　某个 Group 节点

Group 里没有进行旋转和位置调整的属性项，因此，有时要把 Group 放置到 Solid 或 Transform 下面。

3.17 位姿变换 Transform 节点

Transform 节点用于改变 children 子节点的位置和姿态，是一个在 Webots 里使用频率非常高的节点，如图 3-117 所示。

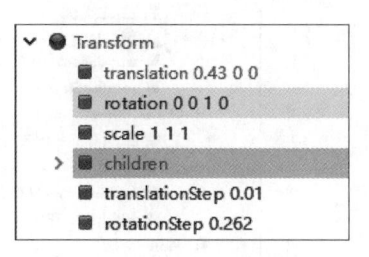

Transform 节点定义了一个局部坐标系，可以移动和旋转，将无位姿属性的 Shape 对象放置到 Transform 节点下，实现 Shape 对象位姿的调整。子节点放置到 Transform 节点的 children 属性里，子节点对象的位置和姿态通过 Transform 节点的 translation 和 rotation 属性调整。所以如果 Transform 位置和角度变了，children 里的内容也都会一起跟着改变。

图 3-117 Transform 节点

若不使用 Transform 节点，放置到 Solid 下的两个 Shape 是无法调整位置的，通过将其中一个 Shape 节点放置到 Transform 节点，更改 Transform 节点的 translation 和 rotation 属性，从而实现 Shape 节点的位姿调整，如图 3-118 所示。

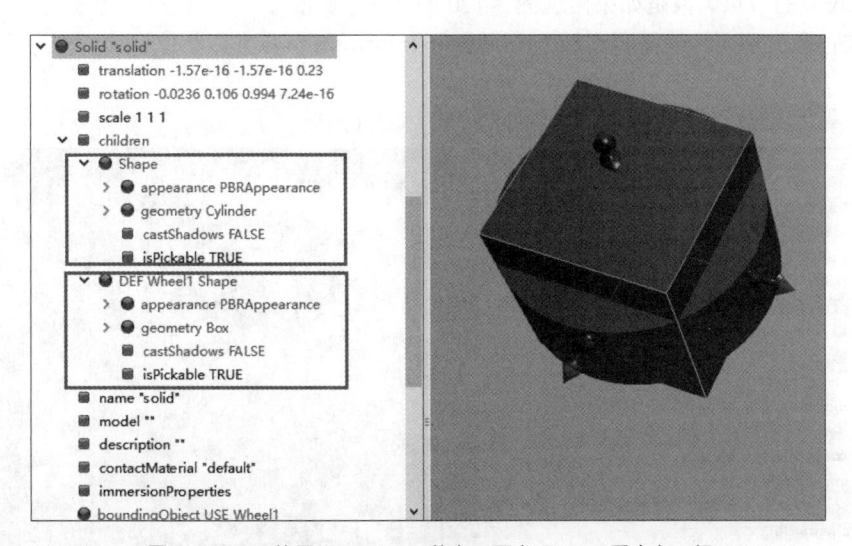

图 3-118 不使用 Transform 节点，两个 Shape 重合在一起

若某个圆柱体 Shape 是 Solid 的子对象，可以通过添加 Transform 节点以调整圆柱体的位置和姿态，如图 3-119 所示。

> **提示**　将其他对象放置到 Transform 的节点的 children 属性里，成为 Transform 的子节点。复制 Transform 时其子节点也一同复制，移动 Transform 时其子节点也一同移动。

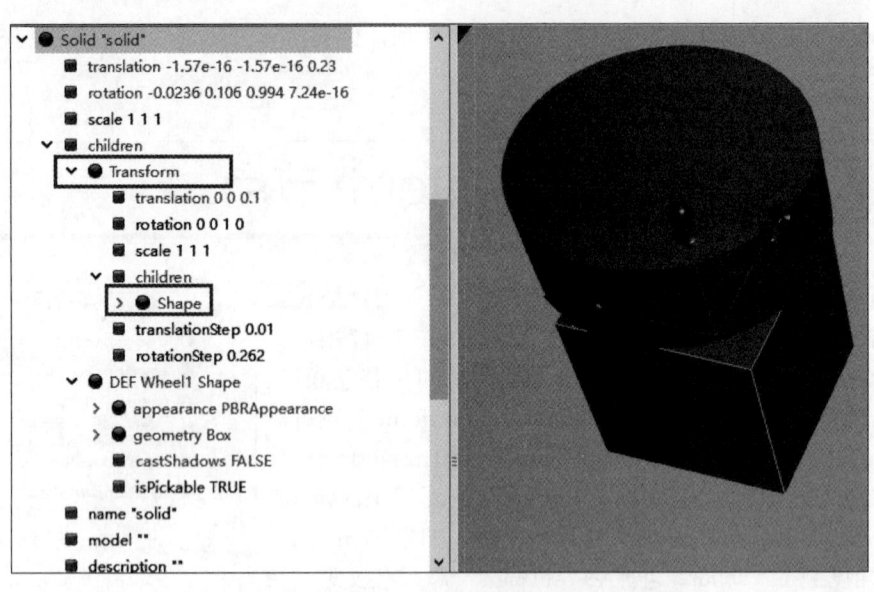

图 3-119　通过 Transform 节点调整圆柱体的位置和姿态

有的节点有 translation 和 rotation 属性，如果只有一个 children 节点，此时就不需要再添加 Transform 的节点。但是如果出现图 3-120 的情况，children 节点里有多个子对象，而这些子对象的位姿又不同，就需要添加一个或多个 Transform 节点来调整位姿。

项目文件：transform

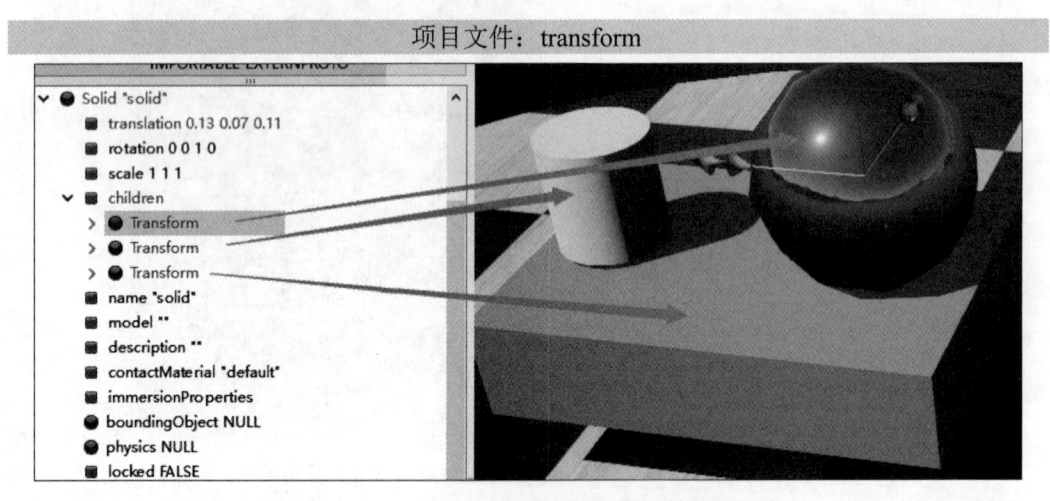

图 3-120　Transform 节点调整子对象的位置和姿态

3.18　发射器 Emitter 和接收器 Receiver 节点

发射器节点用于对 radio 无线电、serial 串行通信或 infra-red 红外发射器进行仿真。发射器节点和接收器 Receiver 节点必须添加到机器人或监控 Supervisor 节点的子节点中，如图 3-121 所示。

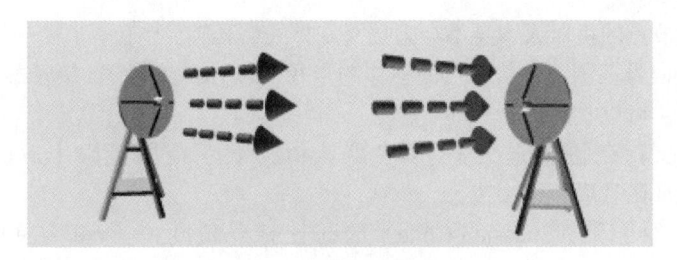

图 3-121　发射器和接收器节点

发射器可以发送数据，但不能接收数据。如果要模拟两个机器人之间的单向通信，一个机器人必须有发射器，而另一个机器人则必须有接收器；如果要模拟两个机器人之间的双向通信，每个机器人都需要有一个发射器和一个接收器。

3.18.1　发射器节点 Emitter

发射器节点 Emitter 的属性如图 3-122 所示。

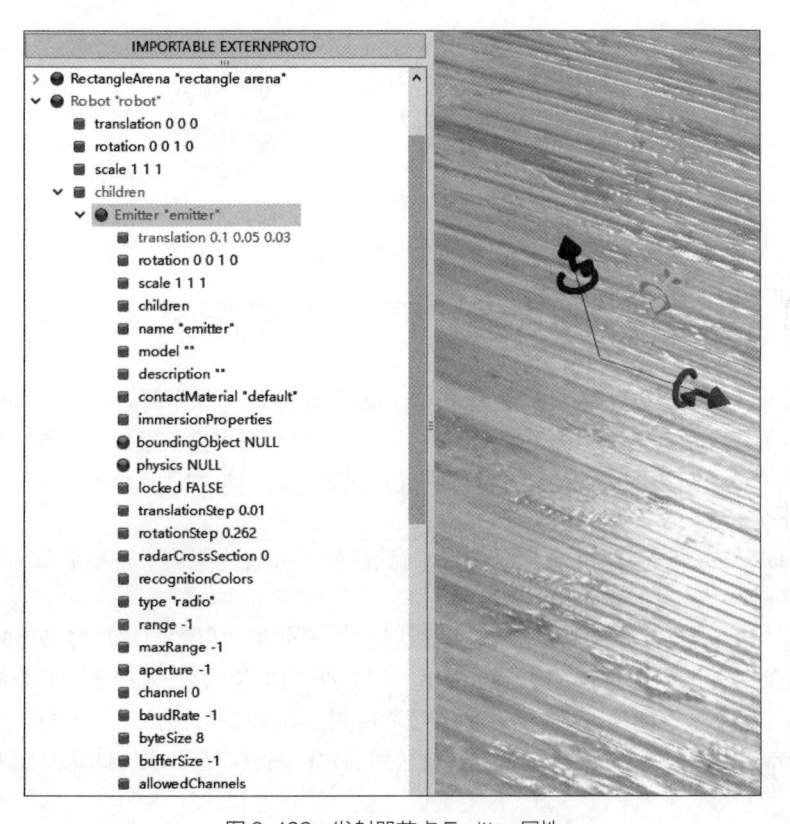

图 3-122　发射器节点 Emitter 属性

- type：信号类型，有"radio（无线电）"（默认）、"serial（串行通信）""infra-red（红外）"三种类型。"radio"和"serial"之间没有区别。当信号类型为"radio"或"serial"时，不考虑障碍物；但是当类型为"infra-red"时，要考虑障碍物对红外光的阻碍作用。定义了边界 bounding Object 的物体（固体 Solid、Robot 等）可以阻挡"infra-red"通信，但是具有发射节点或接收节点的机器人本身不会阻挡"红外线"传输。
- range：信号范围，发射节点的球体的半径（以 m 为单位）。接收器只有在发射器的发射球体半径内才可以收到消息。
- maxRange：范围的最大值，-1（默认值）表示范围无限大。也可以使用 wb_emitter_set_range() 函数设置最大值。
- aperture: 发射锥（Emission Cone）的孔径打开角度（以 rad 为单位），仅适用于"infra-red"类型的发射器，对于"radio"和"serial"发射器无效。圆锥体的顶点位于发射器坐标系的原点，圆锥体的轴与发射器坐标系统的 x 轴重合。"infra-red"发射器只能向当前位于其发射锥内的接收器发送数据。若此属性设置为 -1（默认值），表示红外的范围是全向的。有关范围和光圈的图示，可参见图 3-123。

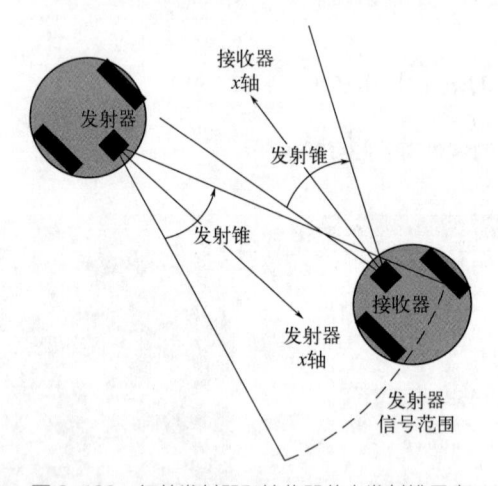

图 3-123 红外发射器和接收器节点发射锥示意

- channel：传输通道编号。这是"infra-red"发射器的识别号，或是"radio"发射器的频率。通常情况下，接收器必须使用与发射器相同的通道来接收发射的数据。特殊频道 -1 允许在所有频道上广播消息。通道 0（默认值）保留，用于与物理插件通信。若机器人之间的通道编号不一致，将无法通信。
- baudRate：波特率。baudRate 为 -1（默认值）被视为无穷大，数据将立即（在一个基本时间步长内）从发射器传输到接收器。
- byteSize：字节大小，通常是 8（默认值），但如果使用控制位，可以更多。
- bufferSize：指定传输缓冲区的大小（以 byte 为单位）。在发射器中排队的待发送的数据包中的字节总数不能超过这个数字。若缓冲区大小为 -1（默认值），则缓冲区大小无限制。
- allowedChannels：指定允许发射器发射到的允许通道。空列表（默认）提供无限访问。

3.18.2 接收器节点 Receiver

接收器节点的许多属性与发射器节点相同。
- bufferSize：接收缓冲区的大小（以 byte 为单位）。接收到的数据的大小不应超过缓冲区大小，否则数据可能会丢失。缓冲区大小设置为 -1（默认值），表示缓冲区不受限制。如果在接收到新数据时没有读取先前的数据，则先前的数据将丢失。

- signalStrengthNoise：高斯噪声加上 wb_receiver_get_signal_stngth() 返回的信号强度的标准偏差。噪声与信号强度成比例，例如，信号强度为 1 时，0.1 的 signalStrengthNoise 将添加标准偏差为 0.1 的噪声，而信号强度 2 时，将添加标准差为 0.2 的噪声。噪声的引入，使得模拟场景与真实世界更接近。
- directionNoise：添加到 wb_receiver_get_emitter_direction() 返回方向的每个分量的高斯噪声的标准偏差。噪声与发射器和接收器之间的距离无关。
- allowedChannels：指定允许接收方监听的允许频道。空列表（默认）提供无限访问权限。

3.18.3 函数及示例

发射器只是简单地发送消息，但接收器必须先检查是否有内容，然后才能将消息读取进缓冲区。

下面的程序中定义了两种机器人类型，分别为发射器和接收器，通过判断机器人的名字来区分它们的类型。程序中使用了 Webots 提供的 emitter 和 receiver 设备来实现机器人之间的通信。发射器机器人发送消息，接收器机器人接收消息并打印出来。在程序中定义了一个预定义的通道号，用于区分不同的通信。在每个循环中，程序通过判断机器人类型来确定机器人的行为。如果机器人是发射器，则发送一条消息，如果机器人是接收器，则检查接收器队列是否有消息。如果有消息，则读取缓冲区中的消息并打印出来。

示例 1：使用 radio 类型，不受障碍物的影响，如图 3-124 所示。

项目文件：EmitterReceiverRadio

图 3-124 radio 类型发射器和接收器示例

```
#include <stdio.h>
#include <string.h>
#include <Webots/emitter.h>
#include <Webots/receiver.h>
#include <Webots/robot.h>
#define TIME_STEP 64
//预定义的通道号
#define COMMUNICATION_CHANNEL 1
//定义机器人的枚举类型。同一个程序用于两台不同功能的机器人。此枚举类型用于区分这两个机器人
```

```c
typedef enum { EMITTER, RECEIVER } robot_types;
int main()
{
  WbDeviceTag communication;
  //定义枚举类型的变量
  robot_types robot_type;
  //机器人初始化
  wb_robot_init();
  //根据机器人名字判断是发射器机器人
  if (strncmp(wb_robot_get_name(), "robotEmitter", 13) == 0)
  {
    robot_type = EMITTER;
    //获取通信的对象句柄，发射器
    communication = wb_robot_get_device("emitter");
    //获取当前传输通道编号
    const int channel = wb_emitter_get_channel(communication);
    //若与预定义的通道号不同，则设置为预定义的通道号
    if (channel != COMMUNICATION_CHANNEL)
    {
      wb_emitter_set_channel(communication, COMMUNICATION_CHANNEL);
    }
  } else if (strncmp(wb_robot_get_name(), "robotReceiver", 14) == 0)
  { //根据机器人名字判断是接收器机器人
    robot_type = RECEIVER;
    //获取通信的对象句柄，接收器
    communication = wb_robot_get_device("receiver");
    //使能接收器
    wb_receiver_enable(communication, TIME_STEP);
  } else
  {
    //其他未定义的机器人
    printf("Unrecognized robot name '%s'. Exiting...\n", wb_robot_get_name());
    wb_robot_cleanup();
    return 0;
  }
  while (wb_robot_step(TIME_STEP) != -1)
  {
    //发射器只是简单地发送消息，但接收器必须先检查是否有内容，然后才能读取缓冲区
    if (robot_type == EMITTER)
    {
      const char *message = "Hello!";
      //发射器发送消息
      wb_emitter_send(communication, message, strlen(message) + 1);
      printf("EMITTER send\n");
    } else
    {
      //接收队列中是否有消息
      if (wb_receiver_get_queue_length(communication) > 0)
      {
        printf("Receive data\n");
        //读数据
        const char *buffer = wb_receiver_get_data(communication);
```

```
    /* 打印消息 */
        printf("Communicating: received \"%s\"\n", buffer);
      // 获取下一个数据
        wb_receiver_next_packet(communication);
      } else
      {
      // 通信断开
        printf("Communication broken!\n");
      }
    }
  }
  wb_robot_cleanup();
  return 0;
}
```

示例 2：使用 infra-red 类型，受障碍物影响，如图 3-125 所示。

在两个机器人对象之间添加一个左右摇摆的摆锤。摆锤位于两个机器人之间时将阻挡红外线的发射，两个机器人无法通信。代码与前例相同。

项目文件：EmitterReceiverInfraRed

图 3-125　infra-red 类型发射器和接收器示例

3.19　LED 节点

LED 节点用于模拟 LED 灯。在 LED 的子节点中添加 Shape 节点，以构造 LED 灯的结构；设置 emissiveColor 属性，以形成灯的效果。LED 节点属性设置如图 3-126 所示。

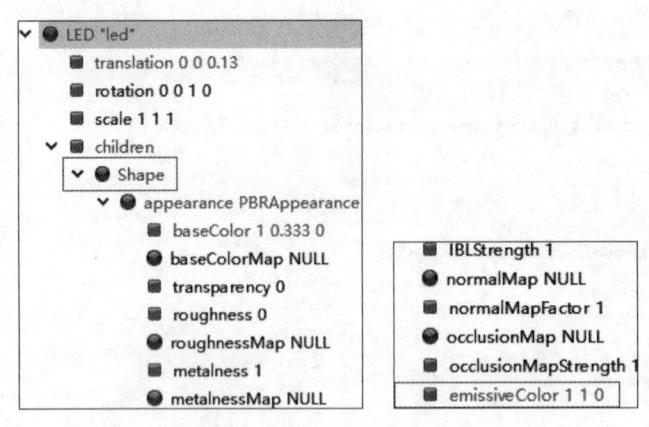

图 3-126　LED 节点属性设置

3.20　GPS 节点

3.20.1　描述及属性

GPS 节点用于模拟全球定位系统（GPS），可以得到其绝对位置的信息，如图 3-127 所示。

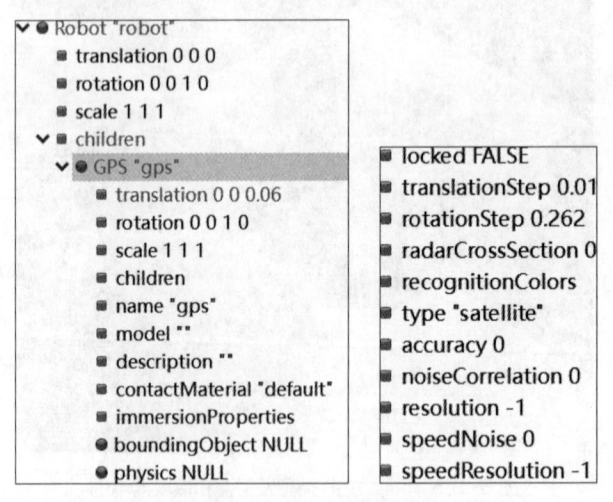

图 3-127　GPS 节点属性

- accuracy：GPS 的精度，也就是加到 GPS 返回的位置上的高斯噪声的标准偏差（单位为 m）。
- noiseCorrelation：噪声修正系数。如果需要一个比简单的高斯噪声更精确的 GPS 噪声模型，这个属性用来定义噪声的相关程度。值应该在 0 和 1 之间，0 意味着没有影响（即没有相关性）。
- speedNoise：速度噪声。添加到 GPS 速度测量中的高斯噪声的标准偏差（单位为 m）。
- speedResolution：速度分辨率。定义了速度测量的分辨率，分辨率是 GPS 能够测量的最小的速度变化。把这个属性设置为 -1（默认），意味着传感器有一个"无限"的分辨率。该属性的赋值范围为（0.0, inf）。

3.20.2 函数及示例

项目文件：GPS

本例实现了 Robot 节点 GPS 信息的获取，如图 3-128 所示。使用之前，确保 WorldInfo 中的 gpsCoordinateSystem 设置为"local"，即返回相对于仿真世界的局部坐标系值。

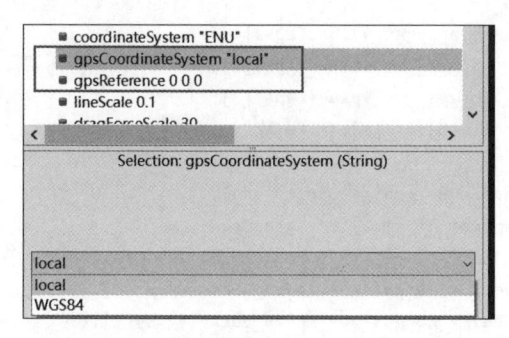

图 3-128 WorldInfo 节点 GPS 属性设置

按 Alt 拖动场景中的立方体，信息输出窗口打印出机器人当前的 GPS 信息，包括 X、Y 坐标值和 H 高度值，如图 3-129 所示。

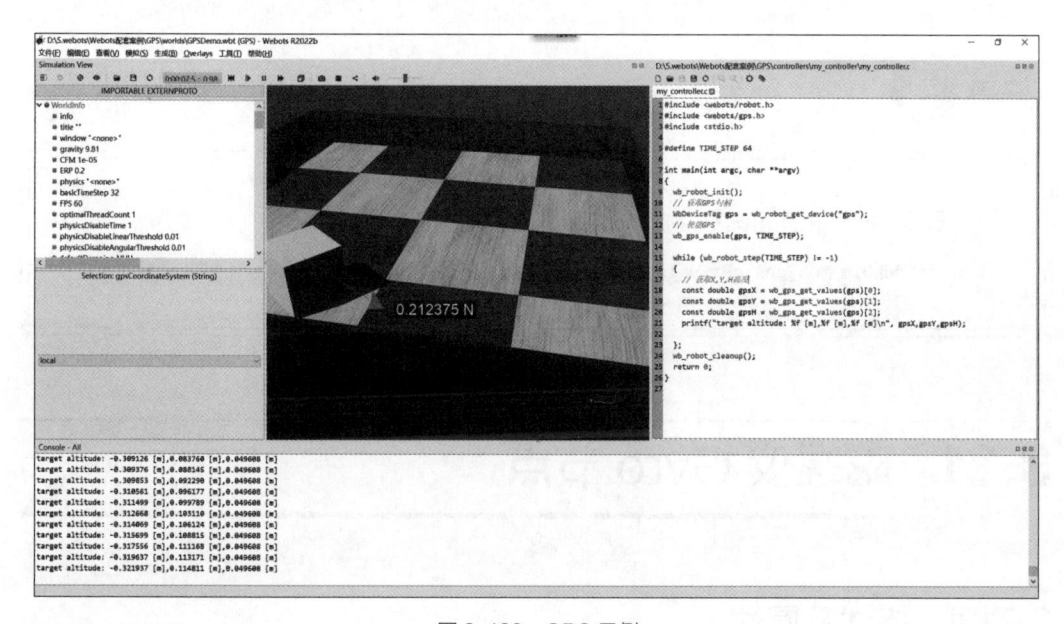

图 3-129 GPS 示例

代码如下：

```
#include <Webots/robot.h>
#include <Webots/gps.h>
#include <stdio.h>
```

```c
#define TIME_STEP 64
int main(int argc, char **argv)
{
 wb_robot_init();
 // 获取GPS句柄
 WbDeviceTag gps = wb_robot_get_device("gps");
 // 使能GPS
 wb_gps_enable(gps, TIME_STEP);
 while (wb_robot_step(TIME_STEP) != -1)
 {
  // 获取GPS的X,Y,H高度
  const double gpsX = wb_gps_get_values(gps)[0];
  const double gpsY = wb_gps_get_values(gps)[1];
  const double gpsH = wb_gps_get_values(gps)[2];
  printf("target pos: %f [m],%f [m],%f [m]\n", gpsX,gpsY,gpsH);
  // 获取GPS的速度
  const double gpsSpeed = wb_gps_get_speed(gps);
  printf("target gpsSpeed: %f [m/s]\n", gpsSpeed);
  // 获取GPS的X,Y,H方向的速度
  const double gpsSpeedX = wb_gps_get_speed_vector(gps)[0];
  const double gpsSpeedY = wb_gps_get_speed_vector(gps)[1];
  const double gpsSpeedH = wb_gps_get_speed_vector(gps)[2];
  printf("target speed: %f [m/s],%f [m/s],%f [m/s]\n", gpsSpeedX,gpsSpeedY,gpsSpeedH);
 };
 wb_robot_cleanup();
 return 0;
}
```

> **注意**
>
> 获取 GPS 数值的函数定义为：
> `const double *wb_gps_get_values(WbDeviceTag tag);`

3.21 陀螺仪 Gyro 节点

3.21.1 描述及属性

陀螺仪节点用于测量三个轴的角速度，单位是 rad/s。Gyro 节点属性如图 3-130 所示。
● lookupTable：该属性用于指定一个查找表，用于将原始角速度值映射到节点指定的输出值。默认情况下，查找表是空的，此时会返回原始值。
● xAxis、yAxis、zAxis：是否启用或禁用指定轴的计算。如果设置为 FALSE，那么相应的矢量元素将不会被计算，wb_gyro_get_values() 函数将返回 NaN。默认情况下，所有三个轴都被启用（TRUE）。

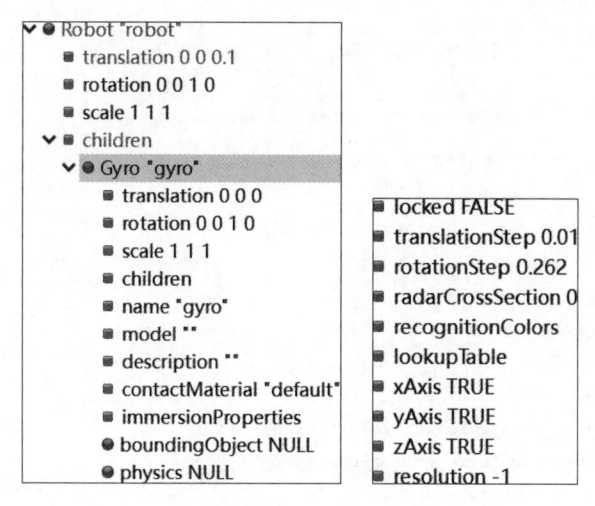

图 3-130　Gyro 节点属性

- resolution：速度测量的分辨率。若设置为 -1（默认），意味着传感器有一个"无限"的分辨率。该属性的赋值范围为（0.0, inf）。

3.21.2　函数及示例

项目文件：Gyro

按 Alt 拖动场景中的立方体，信息输出窗口就会打印出机器人当前的 Gyro 信息，即绕 X、Y、Z 坐标轴的角速度的值，如图 3-131 所示。

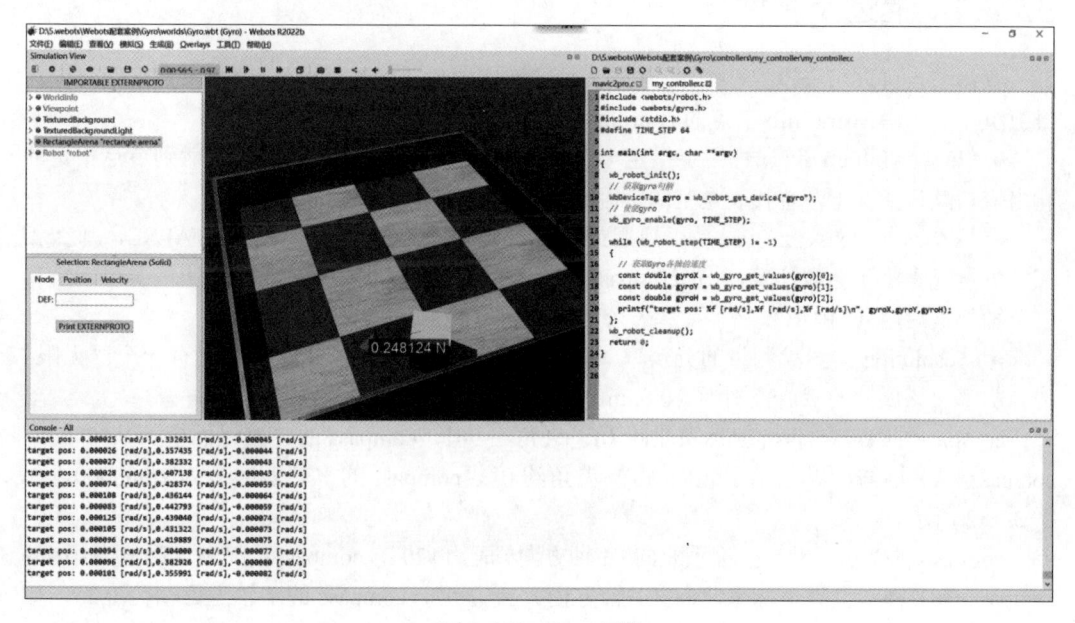

图 3-131　Gyro 示例

代码如下：

```c
#include <Webots/robot.h>
#include <Webots/gyro.h>
#include <stdio.h>
#define TIME_STEP 64
int main(int argc, char **argv)
{
  wb_robot_init();
  // 获取gyro句柄
  WbDeviceTag gyro = wb_robot_get_device("gyro");
  // 使能gyro
  wb_gyro_enable(gyro, TIME_STEP);
  while (wb_robot_step(TIME_STEP) != -1)
  {
    // 获取gyro各轴的速度
    const double gyroX = wb_gyro_get_values(gyro)[0];
    const double gyroY = wb_gyro_get_values(gyro)[1];
    const double gyroH = wb_gyro_get_values(gyro)[2];
    printf("target pos: %f [rad/s],%f [rad/s],%f [rad/s]\n", gyroX,gyroY,gyroH);
  };
  wb_robot_cleanup();
  return 0;
}
```

3.22 罗盘 Compass 节点

3.22.1 描述及属性

罗盘节点可以用来模拟一个 1、2 或 3 轴的数字罗盘（磁传感器）。罗盘节点返回一个三维数组，表示由 WorldInfo 节点的 coordinateSystem 字段指定的北方。

● lookupTable：该属性用于指定一个查找表，用于将原始角速度值映射到节点指定的输出值。默认情况下，查找表是空的，因此会返回原始值。

● xAxis、yAxis、zAxis: 是否启用或禁用指定轴的计算。如果设置为 FALSE，那么相应的矢量元素将不会被计算，wb_compass_get_values() 函数将返回 NaN。默认情况下，所有三个轴都被启用（TRUE）。

● resolution：罗盘测量的分辨率。若设置为 -1（默认）意味着传感器有一个"无限"的分辨率。该属性的赋值范围为（0.0, inf）。

compass 的 X 轴与世界坐标系北向（Y）夹角约 90°，compass 的 X 轴返回值为 0.000005；compass 的 Y 轴与世界坐标系北向（Y）夹角约 0°，compass 的 Y 轴返回值为 1.000000，如图 3-132 所示。

compass 的 X 轴与世界坐标系北向（Y 轴方向）成约 170°，compass 的 X 轴返回值为 -0.96；compass 的 Y 轴与世界坐标系北向（Y 轴方向）接近 0°，compass 的 Y 轴返回值为 0.25，如图 3-133 所示。

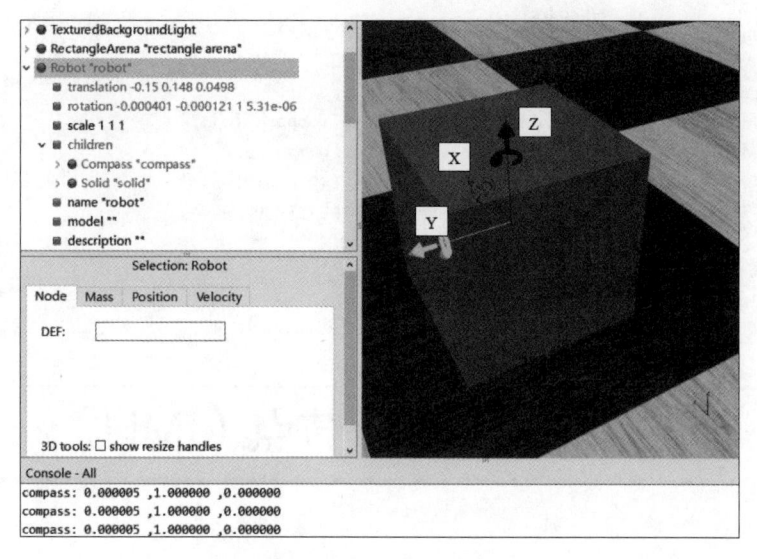

图 3-132　compass 示例 1

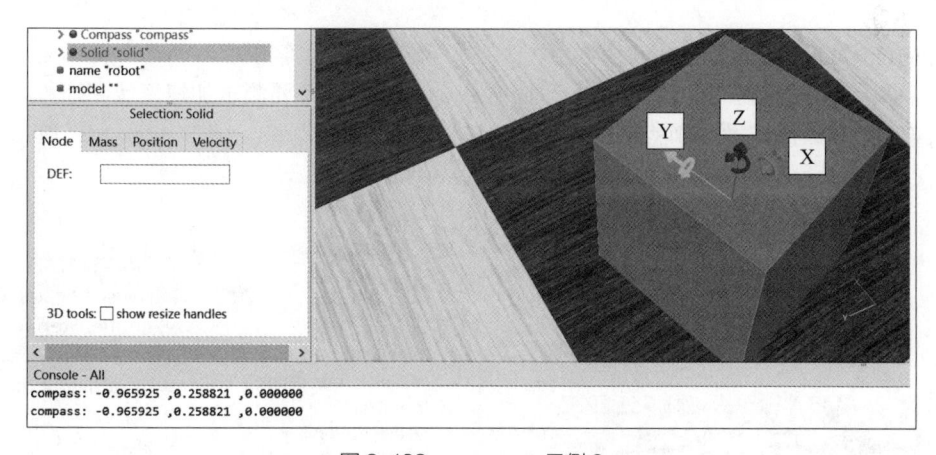

图 3-133　compass 示例 2

3.22.2　函数及示例

项目文件：compass

按 Alt 键拖动场景中的立方体，信息输出窗口就会打印出机器人当前的 compass 信息，即 compass 各轴与世界坐标系北向的方向相关系数。

```c
#include <Webots/robot.h>
#include <Webots/compass.h>
#include <stdio.h>
#define TIME_STEP 64
int main(int argc, char **argv)
{
 wb_robot_init();
 // 获取compassZ句柄
 WbDeviceTag compass = wb_robot_get_device("compass");
 // 使能compass
 wb_compass_enable(compass, TIME_STEP);
```

```
while (wb_robot_step(TIME_STEP) != -1)
{
  // 获取compass各轴与世界坐标系北向的方向相关系数
  const double compassX = wb_compass_get_values(compass)[0];
  const double compassY = wb_compass_get_values(compass)[1];
  const double compassZ = wb_compass_get_values(compass)[2];
  printf("compass: %f ,%f ,%f \n", compassX,compassY,compassZ);
};
wb_robot_cleanup();
return 0;
}
```

3.23 惯性 InertialUnit 节点（IMU）

3.23.1 描述及属性

InertialUnit 节点模拟惯性测量单元（IMU）。该节点返回其相对于 WorldInfo 节点中定义的全局坐标系的滚动 roll、俯仰 pitch 和偏航 yaw 角度。如果要测量加速度或角速度，应使用加速度计节点或陀螺仪节点。ENU 和 NUE 坐标系的滚动 roll、俯仰 pitch 和偏航 yaw 角度如图 3-134 所示。图 3-135 为 InertialUnit 节点属性。

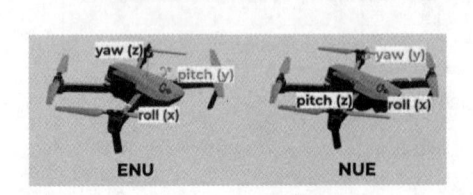

图 3-134 InertialUnit 节点的滚动 roll、俯仰 pitch 和偏航 yaw 角度

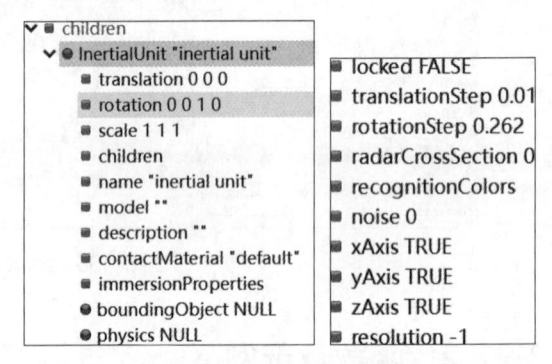

图 3-135 InertialUnit 节点属性

- xAxis、yAxis、zAxis：是否启用或禁用指定轴的计算。如果设置为 FALSE，那么相应的矢量元素将不会被计算，wb_inertial_unit_get_values() 函数将返回 NaN。默认情况下，所有三个轴都被启用（TRUE）。
- resolution：IMU 测量的分辨率。若设置为 -1（默认），意味着传感器有一个"无限"的分辨率。该属性的赋值范围为（0.0, inf）。
- noise：噪声，如果该属性值设置为大于 0.0，则每个方向分量都会增加一个高斯噪声。0.0 的值对应于没有噪声，1.0 的值对应于一个高斯噪声，数值为 π/2rad。

3.23.2 函数及示例

项目文件：InertialUnit

旋转场景中立方体，信息输出窗口打印出机器人当前的 InertialUnit 信息，包括滚动 roll、俯仰 pitch 和偏航 yaw 角度的值。注意本例使用的是 ENU 坐标系，效果如图 3-136、图 3-137 所示。代码如下。

```c
#include <Webots/robot.h>
#include <Webots/inertial_unit.h>
#include <stdio.h>
#define TIME_STEP 64
int main(int argc, char **argv)
{
wb_robot_init();
// 获取IMU句柄
WbDeviceTag inertial_unit = wb_robot_get_device("inertial_unit");
// 使能IMU
wb_inertial_unit_enable(inertial_unit, TIME_STEP);
while (wb_robot_step(TIME_STEP) != -1)
{
// 获取roll_pitch_yaw
 const double inertial_unitRoll = wb_inertial_unit_get_roll_pitch_yaw(inertial_unit)[0];
 const double inertial_unitPitch = wb_inertial_unit_get_roll_pitch_yaw(inertial_unit)[1];
 const double inertial_unitYaw = wb_inertial_unit_get_roll_pitch_yaw(inertial_unit)[2];
 printf("inertial_unit: Roll %f ,Pitch %f , Yaw %f \n",
inertial_unitRoll,inertial_unitPitch,inertial_unitYaw);
// 获取四元数表示的旋转值
 const double q1 = wb_inertial_unit_get_quaternion(inertial_unit)[0];
 const double q2 = wb_inertial_unit_get_quaternion(inertial_unit)[1];
 const double q3 = wb_inertial_unit_get_quaternion(inertial_unit)[2];
 const double q4 = wb_inertial_unit_get_quaternion(inertial_unit)[3];
 printf("inertial_unit Q: %f ,%f ,%f,%f \n", q1,q2,q3,q4);
};
wb_robot_cleanup();
return 0;
}
```

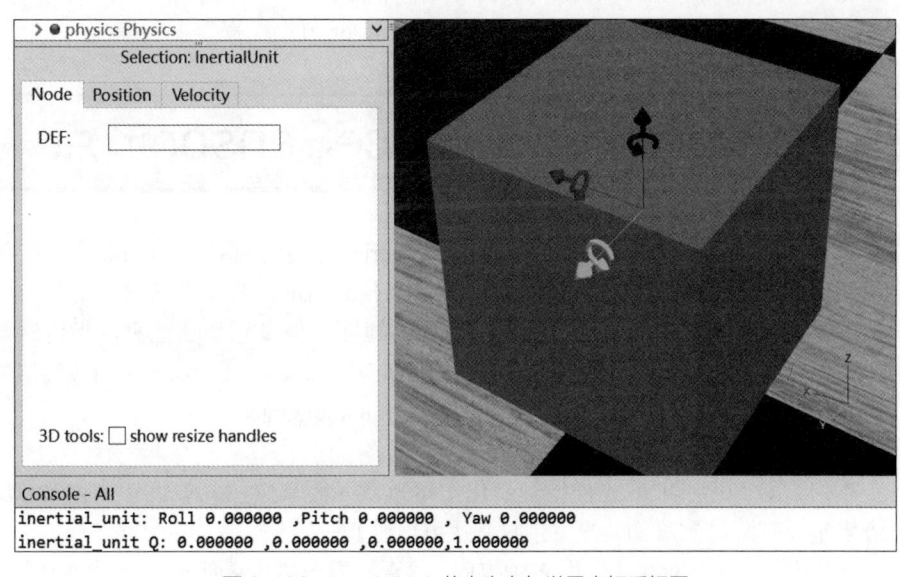

图 3-136 InertialUnit 节点方向与世界坐标系相同

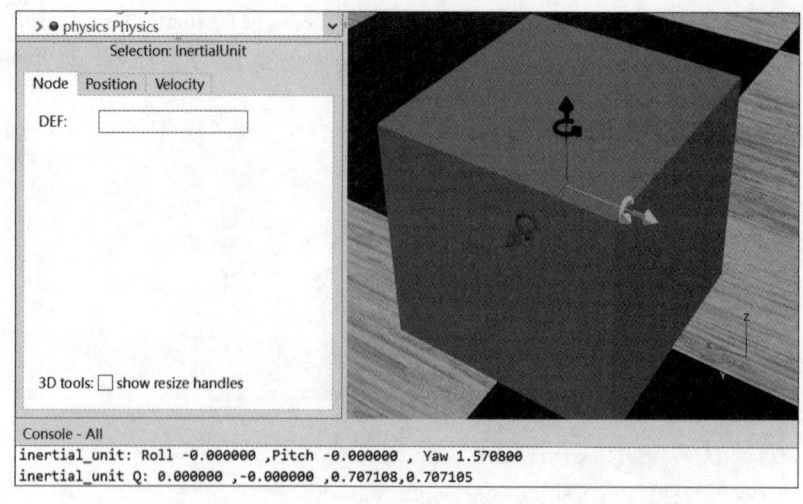

图 3-137　InertialUnit 节点方向绕世界坐标系 Z 轴转 $\pi/2$ rad

3.24　监控 Supervisor 节点

Supervisor 节点是一类特殊的机器人节点，由机器人节点及相关 Supervisor 的 API 函数构成，能够直接控制场景树中各节点的属性和行为。换一种说法就是：Supervisor 节点继承自 Robot 节点，比 Robot 节点拥有更多的属性和函数。

也可以理解为 Supervisor 节点的控制器是仿真场景的主函数，能够对场景中所有对象进行操作，拥有极高的权限。

只需要将机器人 Robot 节点的 Supervisor 属性设置为 TRUE，即可将此 Robot 节点设置为 Supervisor 节点，如图 3-138 所示。同一个项目中允许多个 Supervisor 节点存在。

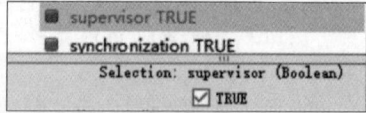

图 3-138　Robot 节点 Supervisor 属性设置

关于本节点更详细内容请参见"5.2　监控 Supervisor 节点编程"。

3.25　距离传感器 DistanceSensor 节点

DistanceSensor 节点可用于模拟通用传感器 generic、红外传感器 infra-red、声呐传感器 sonar 或激光测距仪 laser，可用于测量被测物体距离传感器的距离。若传感器射线与环境中的物体发生碰撞，则该设备可以进行距离或碰撞的检测。但是这里要注意，当传感器为通用、声呐和激光类型时，传感器检测实体节点的边界对象 boundingObject；当传感器为红外线时，传感器检测使用实体节点本身，不需要设置 boundingObject。

示例：

传感器返回值在 0 到 4096 之间线性变化，4096 表示距离障碍物最近（接收到的反射信号强），0 表示没有测量到对象（没有接收到反射信号）。

距离传感器的测量方向默认使用 X 轴方向。"查看"→"可选显示"→"显示距离传感器射线",可以打开测量方向的显示,如图 3-139 所示。

图 3-139 距离传感器的测量方向

3.25.1 属性

距离传感器定义如下(注意 lookuptable 的默认值):

```
DistanceSensor {
  MFVec3f   lookupTable          [ 0 0 0, 0.1 1000 0 ]  # lookup table
  SFString  type                 "generic"              # { "generic", "infra-red",sonar }
  SFInt32   numberOfRays         1                      # [1, inf)
  SFFloat   aperture             1.5708                 # [0,2*pi]
  SFFloat   gaussianwidtg        1                      # [0, inf)
  SFFloat   resolution           -1                     # {-1, [0, inf)}
  SFFloat   redColorSensitivity  1                      # [0 inf)
}
```

3.25.1.1 类型type

可设置为红外 infra-red、声呐 sonar、激光 laser、通用 generic。Webots 设置了高斯宽度、线数量、入射角等参数来模拟各类传感器的物理特性,如图 3-140 所示。

表 3-4 总结了四种类型的距离传感器的区别。

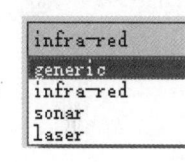

图 3-140 距离传感器的类型设置

表3-4 距离传感器的区别

类型(字段)	通用 generic	红外 infra-red	声呐 sonar	激光 laser
传感器线的数量 numberOfRays	>0	>0	>0	1
距离	平均	计算后的	最近	最近
高斯宽度(场)gaussianWidth	有效	有效	无效	无效
对红色物体敏感	否	是	否	否
显示表示最近距离的红点	否	否	否	是
忽略透明对象	否	是	否	是

3.25.1.2 传感器线的数量numberOfRays和张角aperture

(1)传感器线的数量 numberOfRays

① 对于"红外"和"声呐"传感器,传感器线的数量必须大于或等于1。通过使用多条射线,可以获得更准确的红外或超声传感器对象模型。

② 对于"激光"传感器,必须恰好为1。如果该数值大于1,则使用多条射线,并根据各个射线响应的加权平均值计算传感器测量值。传感器光线分布在3D锥体内部,其开口角度可以通

过 aperture 场进行调整。图 3-141 显示了从 1 条到 10 条射线的分布情况。光线的空间分布尽可能均匀，具有左右对称性。光线数量没有上限；然而，随着光线数量的增加，Webots 的性能会下降。

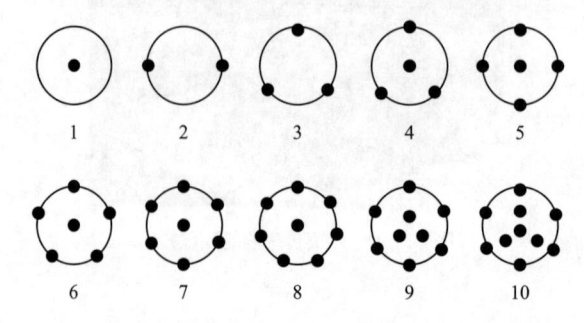

图 3-141 从 1 条到 10 条传感器光线的预定义配置

（2）张角 aperture

即传感器孔径角或激光束半径。对于"红外"和"声呐"传感器类型，当使用多条射线时，该字段控制射线锥的张角（以 rad 为单位）。

3.25.1.3 高斯宽度 gaussianWidth

该属性用于设置传感器射线权重的正态分布的宽度，仅对通用 generic 和红外 infra-red 距离传感器有效。

当对传感器的响应进行计算时，每条传感器射线的单独权重是根据正态分布计算的，如图 3-142 所示。

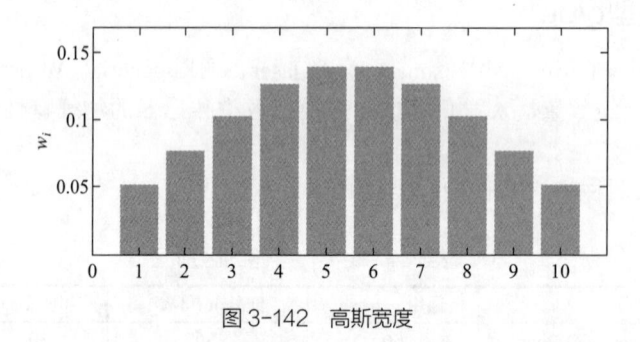

图 3-142 高斯宽度

其中，w_i 是第 i 条射线的权重。传感器锥体中心的射线比外围的射线具有更大的权重。通过调整高斯宽度（gaussianWidth）属性，可以得到更宽或更窄的分布。如果为高斯宽度选择一个足够大的数字，就可以得到一个近似的平面分布。

3.25.1.4 测量精度 resolution

表示分辨率。数值越小，粒度越细；数值越大，粒度越粗。-1 表示最大精度。

3.25.1.5 查找表 lookupTable

查找表 lookupTable 用于定义仿真环境下的实际测量值与 wb_distance_sensor_get_value() 获取的传感器响应值的对应关系。

表格的第一列指定输入距离，第二列指定相应的期望响应值，第三列表示期望的噪声标准偏差。返回值上的噪声是根据高斯随机数分布计算的。

> **注意**
>
> 查找表的输入值必须始终为正并按升序排序。查找表的默认值为 [0 0 0, 0.1 1000 0], 若距离为 0.1m, 输出值为 1000。

例如, 某个查找表设置如下:

```
lookupTable [ 0     1000   0,
              0.1   1000   0.1,
              0.2   400    0.1
              0.3   50     0.1
              0.37  30     0   ]
```

该查找表表示, 对于 0m 的距离, 传感器将返回值 1000, 没有噪声(值为 0); 对于 0.1m 的距离, 传感器将返回 1000, 噪声标准偏差为 10%(值为 100); 对于 0.2m 的距离, 传感器将返回 400, 标准偏差为 10%(值为 40), 依此类推。查找表中未直接指定的距离值将被线性插值, 如图 3-143 所示。

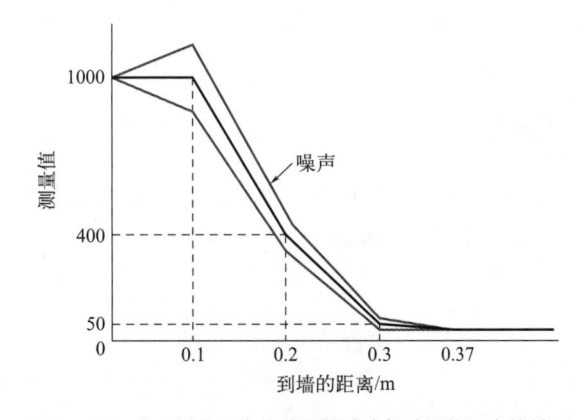

图 3-143 本示例中距离传感器的响应与障碍物距离的关系

本示例按照上述查找表设置了两个距离传感器。

项目文件: DS_lookupTable

拖动障碍物, 距离传感器的响应如图 3-144 所示。

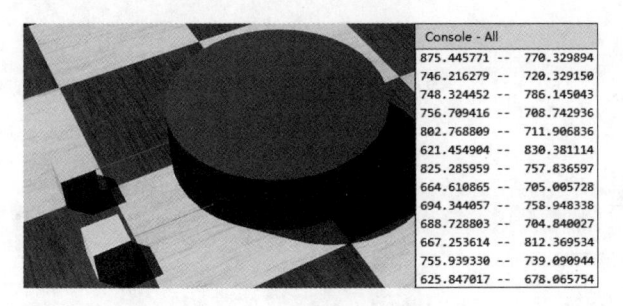

图 3-144 距离传感器的响应

3.25.2 红外距离传感器

红外距离传感器的查找表返回的值会根据被传感器光线击中的物体的颜色、粗糙度和遮挡属性通过反射因子进行计算。红外距离传感器的 redColorSensitivity 属性也可以进行微调，值为 0 将完全禁用红色敏感度。

反射因子计算如下：

$$f = 0.2 + 0.8 \times red\_level \times (1 - 0.5 \times roughness) \times (1 - 0.5 \times occlusion)$$

式中，red_level 是传感器光线扫描到的对象的红色级别。该参数综合考虑了对象的相关属性值，主要有外观为 Appearance 类型的 diffuseColor 属性值、外观为 PBRAppearance 类型的 baseColor 属性值、对象的 transparency 属性值、对象的图像纹理的 RGB 像素值等。

Webots 根据测量出的距离和反射因子 f，使用查找表计算出最终的输出值。

> **注意**
> 红外距离传感器检测使用实体节点本身，不需要设置 boundingObject。

3.25.3 声呐传感器

如果入射角过大，如大于 22.5°（π/8rad），则 Webots 认为声波没有返回，返回值将是查找表中输入的最后一个值，如图 3-145 所示。

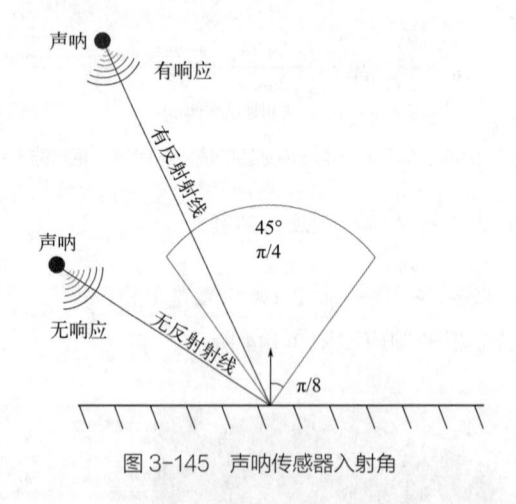

图 3-145 声呐传感器入射角

3.25.4 编程

距离传感器的编程主要由如下几步构成：

```
#include <Webots/distance_sensor.h>
//获取仿真时间步长
```

```c
    int time_step = (int)wb_robot_get_basic_time_step();
    //第1步,获取距离传感器句柄
    ultrasonic_sensor = wb_robot_get_device("ultrasonic_sensor");
    //第2步,使能该距离传感器
    wb_distance_sensor_enable(ultrasonic_sensor, time_step)
    //第3步,获取距离传感器的测量值
    wb_distance_sensor_get_value(ultrasonic_sensor);
    //第4步,使用。打印输出测量值
    printf("- ultrasonic sensor('%s') = %f [m]\n",ultrasonic_sensor,
wb_distance_sensor_get_value(ultrasonic_sensor));
```

3.25.5 距离传感器示例

场景中有 4 种类型的距离传感器。拖动有边界的对象到 4 个传感器前面,各传感器对此对象有响应。拖动无边界的对象到 4 个传感器前面,只有红外传感器对此对象有响应,如图 3-146 所示。

项目文件:DS_type

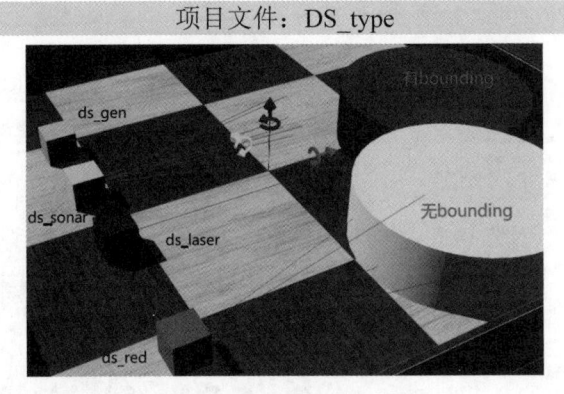

图 3-146　距离传感器示例

3.26　接触传感器 TouchSensor 节点

3.26.1　描述及属性

接触传感器节点用于实现对力的模拟。

一定要设置其边界 boundingObject 属性以检测压力,且该边界形状的设置要能够与其他对象发生碰撞。

TouchSensor 有三种不同的类型:

① bumper:保险杠类型,只简单地进行碰撞检测并返回一个布尔值。当接触传感器节点的 boundingObject 与其他 Solid 对象的 boundingObject 相交时,就会检测到一个碰撞。

② force:力传感器,仅测量在传感器本体的 X 轴方向上施加的力。力传感器检测到的力 r 可以表示为:

$$r=|f|\cos(\alpha)$$

式中，f 是当前施加在传感器对象的力，α 是力与传感器对象的 x 轴之间的夹角。所以，接触传感器节点返回的是力在其 x 轴上的投影；垂直于传感器对象 x 轴的力，力传感器无法检测到。接触传感器节点的 x 轴要尽量与要测量力的方向相同。如果 TouchSensor 被用作机器人的脚部力传感器，那么 x 轴应该朝下。wb_touch_sensor_get_value() 函数来读取接触传感器节点受到的力。

③ force-3d：三维力传感器，能够测量外部物体对传感器本体施加的三维方向的力。与 force 模式不同，要使用 wb_touch_sensor_get_values() 函数来读三个方向的力。

接触传感器的查找表 lookupTable 属性与距离传感器节点的 lookupTable 设置相同，请参见前文。

3.26.2 示例

本例使用 Webots 软件自带案例，接触传感器工作在 type=force 模式，lookupTable 设置为 [0 0 0][1000 1000 0]。当碰撞到障碍物后，打印输出检测到的碰撞力值，并且后退再拐弯再直行，以达到避障的目的，如图 3-147 所示。

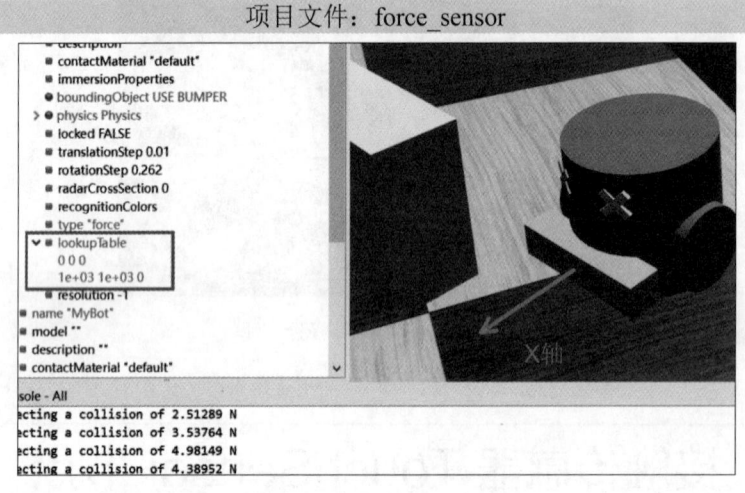

图 3-147 force 模式的接触传感器节点

程序如下：

```c
#include <stdio.h>
#include <Webots/motor.h>
#include <Webots/robot.h>
#include <Webots/touch_sensor.h>
#define SPEED 4
#define TIME_STEP 64
int main()
{
  WbDeviceTag force, left_motor, right_motor;
  int movement_counter = 0;
  int left_speed, right_speed;
  wb_robot_init();
  /* 获取接触传感器句柄并使能 */
```

```
  force = wb_robot_get_device("force");
  wb_touch_sensor_enable(force, TIME_STEP);
  /* 电机控制 */
  left_motor = wb_robot_get_device("left wheel motor");
  right_motor = wb_robot_get_device("right wheel motor");
  wb_motor_set_position(left_motor, INFINITY);
  wb_motor_set_position(right_motor, INFINITY);
  wb_motor_set_velocity(left_motor, 0.0);
  wb_motor_set_velocity(right_motor, 0.0);
  while (wb_robot_step(TIME_STEP) != -1)
  {
   /* 获取接触传感器（force模式）测量到的力的值*/
   const double force_value = wb_touch_sensor_get_value(force);
   if (force_value > 0.01)
   {
    printf("Detecting a collision of %g N\n", force_value);
    movement_counter = 15;
   }
   /*使用碰撞计数器movement_counter管理机器人行为
   当值为0，机器人直行；不为0，避障：先后退，再拐弯*/
   if (movement_counter == 0)
   {//直行
    left_speed = SPEED;
    right_speed = SPEED;
   } else if (movement_counter >= 7)
   {//后退
    left_speed = -SPEED;
    right_speed = -SPEED;
    movement_counter--;
   } else
   { //拐弯
    left_speed = -SPEED / 2;
    right_speed = SPEED;
    movement_counter--;
   }
   wb_motor_set_velocity(left_motor, left_speed);
   wb_motor_set_velocity(right_motor, right_speed);
  }
  wb_robot_cleanup();
  return 0;
}
```

3.27 螺旋桨 Propeller 节点

3.27.1 螺旋桨的推力和扭矩

螺旋桨 Propeller 节点可用于搭建无人机等飞行设备以及船舶等螺旋桨推进设备。

先区分两个概念（图3-148）：
- 推力：只是一个力，用于模拟螺旋桨推动流体产生的反作用力。如果是四旋翼无人机，则表示四旋翼无人机产生的向上的升力。在Webots里，推力沿轴线方向。
- 扭矩：使物体发生转动的一种特殊的力矩，等于力和力臂的乘积，国际单位是N·m，大小和力与旋转中心的距离有关。螺旋桨的扭矩就是指电机从轴线输出的力矩。该扭矩产生一个让螺旋桨反向旋转的力，所以直升机要加个小螺旋桨来抵消这个力矩。

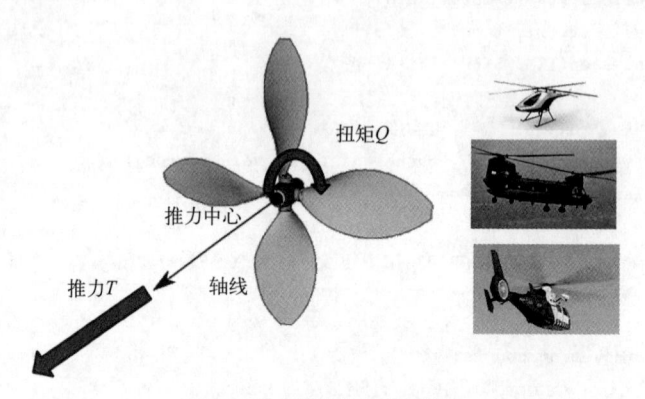

图3-148 螺旋桨推力和扭矩

螺旋桨Propeller节点存在一个推力中心和轴线，如图3-149所示。

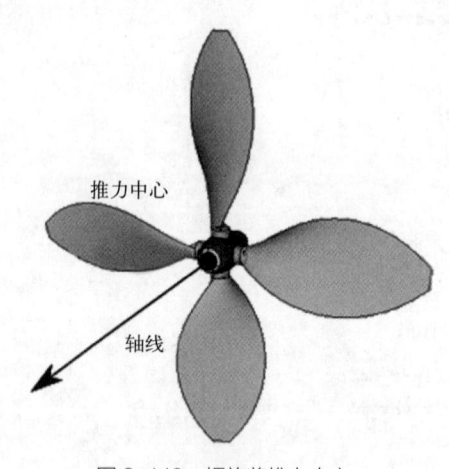

图3-149 螺旋桨推力中心

当该节点的device属性设置为旋转电机RotationalMotor时，螺旋桨将电机的角速度转化为推力和（阻力）扭矩。推力是一个实数 T 与在shaftAxis属性中定义的单位长度轴向量的乘积，其中 T 由下列公式给出：

$$T = t_1 \times |\text{omega}| \times \text{omega} - t_2 \times |\text{omega}| \times V$$

式中，t_1 和 t_2 是在thrustConstants字段中指定的常数，omega是电机的角速度，V 是推力中心沿轴线的线速度分量。
- t_1 在某种程度上代表螺旋桨移动的液体体积：大的螺旋桨将有一个大的 t_1 值。
- t_2 大致代表流体对螺旋桨运动的摩擦力：在低黏度流体（如空气）中运动将有一个低的 t_2 值，用于模拟阻力。例如水下，可以模拟水的阻力。

图 3-150 为螺旋桨节点推力与扭矩的设置。

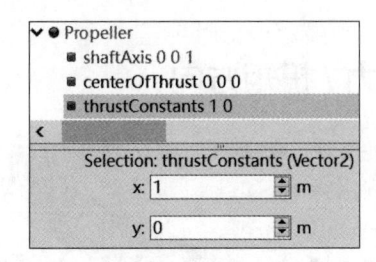

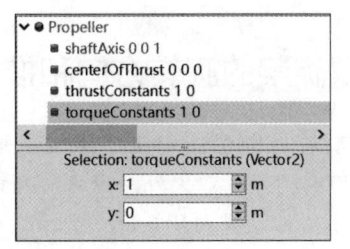

图 3-150　螺旋桨节点推力与扭矩的设置

推力是在推力中心属性内指定的点上施加的。

扭矩是实数 Q 与单位长度轴向量的乘积，其中 Q 由公式给出。

$$Q=q_1 \times |omega| \times omega - q_2 \times |omega| \times V$$

式中，q_1 和 q_2 是在 torqueConstants 属性中指定的常数。q_1 和 q_2 的含义与 t_1 和 t_2 的含义相似。

- shaftAxis：推力和扭矩沿着的轴。若设置为 [0 0 1]，表示沿 Z 轴向上；若设置为 [0 0 -1]，表示沿 Z 轴向下。
- centerOfThrust：推力中心的坐标值。这个坐标值是相对于父坐标系而言的。多数情况下，将 fastHelix 和 slowHelix 的 translation 的数据复制过来即可。
- thrustConstants 和 torqueConstants：用于定义推力和扭矩的系数，作为电机角速度和直线运动速度的函数。值得注意的是，这两个参数的正负号影响到推力的方向。
- fastHelix 和 slowHelix：快速和慢速螺旋桨显示 Solid 节点。用于设置螺旋桨在不同慢速及快速条件下用于显示的 Solid 节点，切换值由 fastHelixThreshold 属性定义，效果如图 3-151 所示。

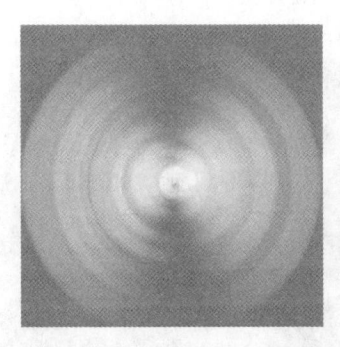

图 3-151　螺旋桨快速和慢速的纹理效果

注意

fastHelix 和 slowHelix 属性的 Solid 节点可以不添加，这不会影响螺旋桨的出力。

- device：只能添加旋转电机 RotationalMotor 节点，用于设置螺旋桨的旋转速度，根据公式计算出推力。

3.27.2 螺旋桨的旋转方向和推力/扭矩方向

螺旋桨的旋转方向也由电机的速度正负号决定，除了影响仿真的显示效果外，也会影响到出力的方向。若 shaftAxis 设置为 [0 0 1]，thrustConstants 数值为正，推力方向指向 Z 轴正方向，电机速度设置为正，根据右手定则，螺旋桨将绕 Z 轴逆时针旋转。若电机速度设置为负，其他条件不变，则螺旋桨将绕 Z 轴顺时针旋转，如图 3-152 所示。

根据公式 $T=t_1 \times |omega| \times omega - t_2 \times |omega| \times V$ 和 $Q=q_1 \times |omega| \times omega - q_2 \times |omega| \times V$，不考虑 t_2、q_2 的影响，推力、扭矩的方向与 thrustConstants、torqueConstants 数值、速度方向 omega 都有关系。在调整四旋翼旋转方向的时候，需要调整四个螺旋桨的 thrustConstants/torqueConstants 的正负号，以适应四个螺旋桨旋转方向的需要。

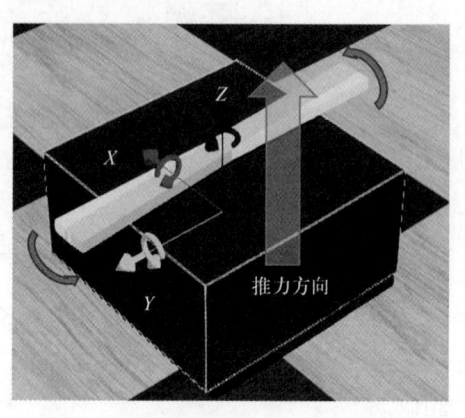

图 3-152 螺旋桨旋转方向和推力方向

3.27.3 函数及示例

项目文件：propellerSimple

本例实现了一个立方体的悬浮和旋转。

两个立方体机器人各有一个 Propeller，左侧的机器人仅实现了悬浮功能，右侧的立方体实现了基于 PID 算法的定高控制，如图 3-153 所示。

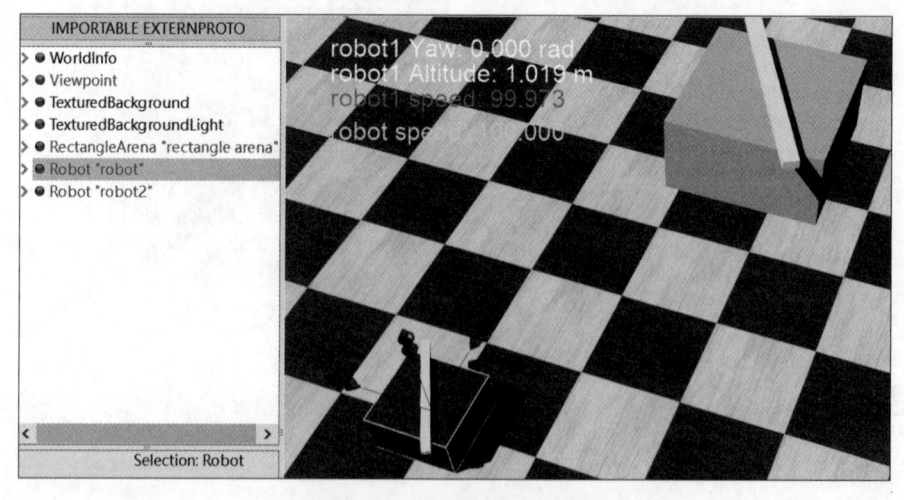

图 3-153 Propeller 节点示例

对于左侧机器人，使用右侧上下箭头按钮，可以调整 Propeller 的 thrustConstants 参数，增大该参数能使机器人实现向上移动，减少该参数可使机器人悬浮或接近悬浮。根据前文公式，螺旋桨的力与速度的平方成正比，而此时控制器程序中给定的速度为 100。因此，需要设置一个较小的 thrustConstants 参数才可以与向下的重力平衡。为便于计算，设置机器人的质量为 1kg，可得重力为 9.8N。

根据前文公式，可以反向计算出螺旋桨需要的推力 thrustConstants 参数值。

此外，按 Alt 键用鼠标选中机器人中心点，施加一个很小的力就可以移动机器人。

控制器程序如下：

```c
#include <Webots/motor.h>
#include <Webots/robot.h>
#include <Webots/supervisor.h>
#include <math.h>
#include <stdio.h>
#include <stdlib.h>
#define HELIX_VELOCITY 100.0
#define LABEL_X 0.05
#define LABEL_Z 0.02
int main()
{
 double speed;
 char buffer[50];
 wb_robot_init();
 const int time_step = wb_robot_get_basic_time_step();
  // 获取电机句柄
 const WbDeviceTag motor = wb_robot_get_device("motor");
 // 设置电机旋转最大值为无穷大
 wb_motor_set_position(motor, INFINITY);
 while (wb_robot_step(time_step) != -1)
 {
  // 设置电机转速
  wb_motor_set_velocity(motor,HELIX_VELOCITY);
  speed = HELIX_VELOCITY;
  // 打印输出
  sprintf(buffer, "robot speed: %1.3f %", speed);
  wb_supervisor_set_label(0, buffer, LABEL_X, LABEL_Z + 0.10, 0.07, 0x00FF00, 0, "Arial");
 }
 return 0;
}
```

对于右侧机器人，若调整 torqueConstants 属性的参数，可为机器人施加扭矩，实现机器人的水平旋转。机器人使用 PID 算法实现了定高悬浮，控制器程序如下：

```c
#include <Webots/gps.h>
#include <Webots/inertial_unit.h>
#include <Webots/motor.h>
#include <Webots/robot.h>
#include <Webots/supervisor.h>
#include <math.h>
#include <stdio.h>
#include <stdlib.h>
#define HELIX_VELOCITY 100.0
#define LABEL_X 0.05
#define LABEL_Z 0.02
#define BLUE 0x0000FF
```

```c
int main()
{
    double speed3;
    char buffer[50];
    double target_altitude = 1.0;
    double lastAltitude;
    double altitudeIntegral=0;
    double altitudeErr;
    // 初始化机器人节点
    wb_robot_init();
    const int time_step = wb_robot_get_basic_time_step();
    // GPS and inertial unit
    const WbDeviceTag gps = wb_robot_get_device("gps");
    const WbDeviceTag inertial_unit = wb_robot_get_device("inertial unit");
    wb_gps_enable(gps, time_step);
    wb_inertial_unit_enable(inertial_unit, time_step);
    const WbDeviceTag motor = wb_robot_get_device("motor2");
    wb_motor_set_position(motor, INFINITY);
    wb_motor_set_velocity(motor, HELIX_VELOCITY + 1.0);
    wb_robot_step(5000);
    sprintf(buffer, "robot1 prepare");
    wb_supervisor_set_label(3, buffer, LABEL_X, LABEL_Z, 0.07, 0xFFFFFF, 0, "Arial");
    wb_robot_step(5000);
    sprintf(buffer, "robot1 go");
    wb_supervisor_set_label(3, buffer, LABEL_X, LABEL_Z, 0.07, 0xFFFFFF, 0, "Arial");
    wb_robot_step(1000);
    lastAltitude = wb_gps_get_values(gps)[2];
    while (wb_robot_step(time_step) != -1)
    {
        const double altitude = wb_gps_get_values(gps)[2];
        const double yaw = wb_inertial_unit_get_roll_pitch_yaw(inertial_unit)[2];
        sprintf(buffer, "robot1 Yaw: %1.3f rad", yaw);
        wb_supervisor_set_label(3, buffer, LABEL_X, LABEL_Z, 0.07, 0xFFFFFF, 0, "Arial");
        sprintf(buffer, "robot1 Altitude: %1.3f m", altitude);
        wb_supervisor_set_label(2, buffer, LABEL_X, LABEL_Z + 0.03, 0.07, 0xFFFFFF, 0, "Arial");
        const double ratio = 1.0 - altitude / target_altitude;
        // 计算PID的e
        altitudeErr = target_altitude - altitude;
        // 积分累加
        altitudeIntegral += altitudeErr;
        // PID结果输出
        speed3 = HELIX_VELOCITY + 1.58527180*altitudeErr + 0.00431*altitudeIntegral - 30 * (altitude - lastAltitude);
        // 保存当前高度值，便于下次微分计算
        lastAltitude = altitude;
        // 设置电机转速
        wb_motor_set_velocity(motor,speed3);
        // 打印输出
        sprintf(buffer, "robot1 speed: %1.3f %", speed3);
        wb_supervisor_set_label(4, buffer, LABEL_X, LABEL_Z + 0.06, 0.07, 0xFF0000, 0, "Arial");
    }
    return 0;
}
```

该示例的难点在于参数的整定，顺序如下：

① 先整定悬停值。可以通过更改机器人质量、thrustConstants 参数实现。目的是让 PID 的输入值即电机转速有一个调节的基准值，在此基础上进行增加或者减少。增加和减少的范围要限制在一定范围之内，避免过大的冲击。使用如下函数进行整定：

#define CLAMP(value, low, high) ((value) < (low) ? (low) : ((value) > (high) ? (high) : (value)))

② 整定 PID 参数及相关算法参数。参见 PID 参数整定资料。此过程要反复多次。

3.28 履带 Track 节点及履带轮 TrackWheel 节点

在 Webots 里，履带仿真由履带、履带轮、履带链组成。履带链又由多个履带板组成。

履带（Track）节点和履带轮（TrackWheel）节点用于搭建履带机器人。履带轮节点是履带节点的子节点。

> **注意**
>
> 履带设置过程中，若仿真效果没有按照参数设置出现，就需要重启软件或者 reload 项目。

3.28.1 描述及属性

履带节点属性如图 3-154 所示。

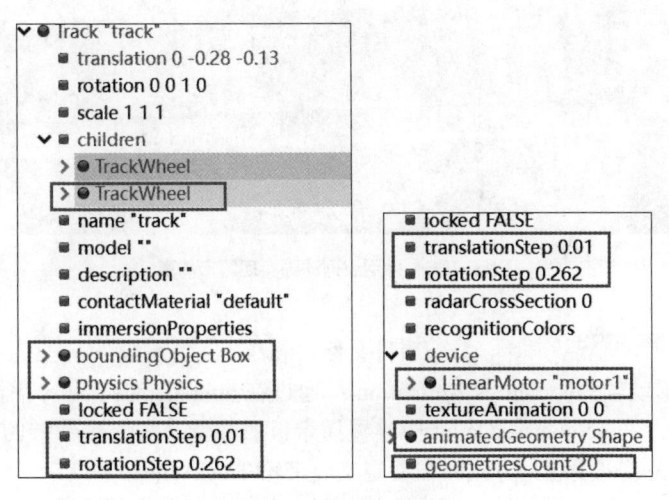

图 3-154 履带节点属性

- physics 和 boundingObject 属性：履带 Track 节点的 physics 和碰撞边界 boundingObject 属性必须要设置，这样 Track 节点才能正常工作。Webots 并不要求 boundingObject 与履带的外观形状完全匹配，若完全匹配，软件的计算量会很大，所以使用基本的几何图形也可以，如图 3-155 所示。如使用 Box 和 Cylinder 定义 boundingObject，在可能接触到地面或障碍物的部分要定义 boundingObject，若在仿真应用中不太可能发生碰撞的区域，例如上部，可以不定义。

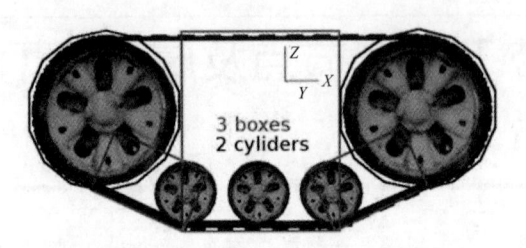

图 3-155 履带节点的 boundingObject 属性

- device：通常设置为线性电机 LinearMotor，用于履带速度的设置。
- children：添加多个用于几何图形动画的 TrackWheel 节点或用于纹理动画的 Shape 节点。
- 履带动画：履带节点需要设置履带轮节点，以实现转动，履带转动的动作以纹理动画 Texture Animation 和几何图形动画 Geometries Animation 形式显示。

　　a. 纹理动画 Texture Animation：以 Shape 的表面纹理为运动对象，实体不动，仅调整纹理的变换，实现履带运动的视觉效果，如图 3-156 所示。设置 textureAnimation 以调整纹理移动的 X、Y 方向速度，添加 textureTransform 节点。该方法存在一些显示上的问题，并不常用于履带仿真。采用这种方式就不需要定义履带轮 TrackWheel 节点。

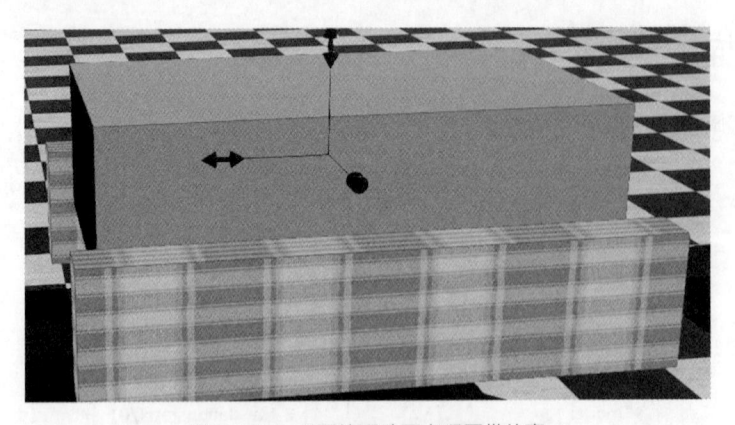

图 3-156 采用纹理动画实现履带仿真

项目文件：track

　　b. 几何图形动画 Geometries Animation：通过在 animatedGeometry 属性中定义每个履带板的几何形状，在 geometriesCount 中设置履带板的数量，实现履带链的仿真。履带的速度与电机转速相关。采用这种方式时需要定义履带轮 TrackWheel 节点。

- 履带轮 TrackWheel：是一个抽象的轮子，其形状必须由用户来定义。履带轮的位置和半径同时也定义了履带的运动边界。如图 3-157 所示为两个大小不同的履带轮。图 3-158 为履带轮属性。

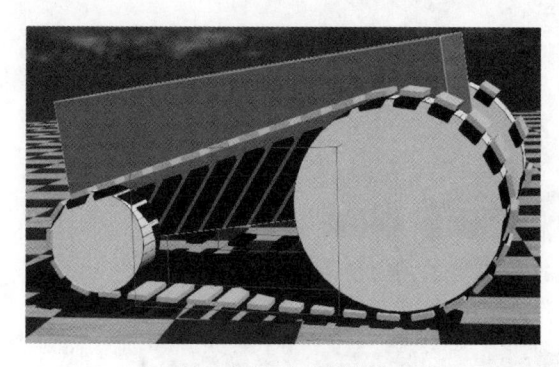

图 3-157　大小履带轮

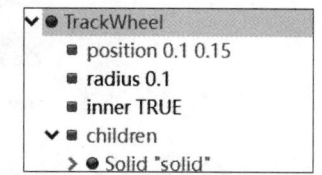

图 3-158　履带轮属性

- inner：定义了履带轮相对于履带的位置。如果该值为 TRUE，那么履带轮就在履带内，否则就在履带外，如图 3-159 所示。这个值同时也影响了履带轮形状的旋转方向。

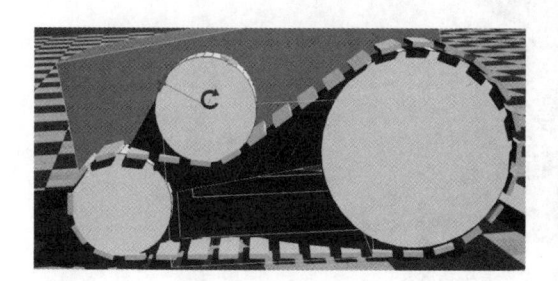

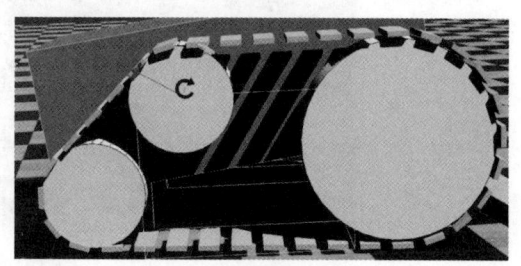

图 3-159　inner 为 True（左图）和 False（右图）的情况

履带轮默认在垂直于 Track 节点 Y 轴的平面上排列，履带平面的 X、Y 坐标轴原点及方向如图 3-160 所示，但是要注意，其与履带的坐标系方向并不相同。

图 3-160　履带平面的 X、Y 坐标轴原点及方向

履带轮的 position 属性可设置履带轮中心点位置，但是无法通过拖动箭头调整，如图 3-161 所示，没有可调整位置的箭头。

若有多个履带轮，有时会出现如图 3-162 所示的履带链顺序，这明显是错误的，此时，需要根据履带链经过履带轮的先后顺序调整履带轮的位置以实现正确的效果。

图 3-161 履带轮的位置无法通过拖动箭头调整

图 3-162 履带轮的错误仿真效果

图 3-162 中，可以把左侧两个小轮的 position 属性进行交换。

3.28.2 示例

项目文件：track

本例实现了履带机器人的制作，如图 3-163 所示。

图 3-163 履带示例

3.29 流体 Fluid 节点及浸没属性 immersionProperties 节点

3.29.1 流体 Fluid 节点描述及属性

流体 Fluid 节点具有流体的性质，例如可以模拟物体在水中漂浮等效果。流体 Fluid 节点属于最基本的节点之一。流体节点没有边界，具有密度和流速等物理属性。部分或全部浸泡在流体中的实体 Solid 节点将受到流体施加的静态力（浮力）和动态力（流体对流体中物体的推动力和黏滞力、拖曳力）的作用。浮力比较方便计算，拖曳力相对麻烦一些，设置参数也较多。

> 说明：拖曳力 = 推动力 + 黏滞力。
>
> 拖曳力（drag force）指有相对运动的流体与固体间存在的由流体施加到固体上的力，包括了压力和剪切力（黏滞力）。
>
> 压力就是对流体中物体的推动力。
>
> 黏滞力（viscous force）：由于流体与流体、固体间存在速度差，由流体黏性带来的与速度差方向相反的力。
>
> 从对象来说，拖曳力特指流体对固体，而黏滞力可以是流体对流体。

在三维窗口中，流体节点也支持鼠标拖动操作。

流体节点的属性如图 3-164 所示。

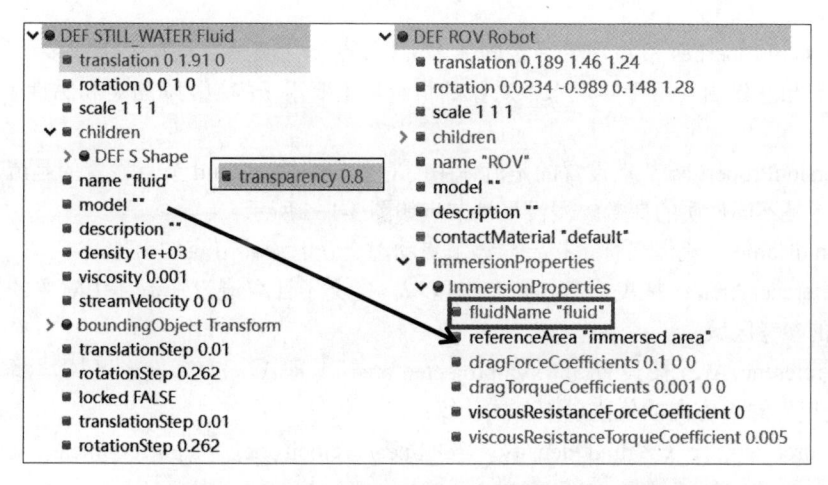

图 3-164 流体节点属性及流体在浸没属性节点中的调用

- scale：该属性的形式为"*x*、*x*、*x*"，其中 *x* 是正实数。为了使用 ODE 物理引擎的浸入检测功能，每当某个 *x* 被改变时，其他两个坐标也会自动调整为这个新值。如果设置为非正值，该值会自动改为 1。
- name：流体的名称。用于设置 immersionProperties.fluidName 属性值，建立流体和流体中的对象的关系，如图 3-164 所示。
- model：流体的通用名称，例如 "sea"。
- density：流体的密度，单位 kg/m³，默认值为水的密度。流体的密度在计算浮力、阻力和拖曳力矩时被考虑，参见 immersionProperties 节点。
- viscosity：流体的动态黏度，单位为 N·s/m²。默认 20℃时水的黏度为 0.001N·s/m²。
- streamVelocity：流速，假设流动是层状的。流速在物理引擎计算阻力和黏性阻力时被考虑在内，见 immersionProperties 节点。流速的方向是相对世界坐标系而言的。
- boundingObject：一般为必设的参数。用于判断物体有没有浸没。如果不设置，那么不会进行浸没检测，也就不会有因为浸没而产生的力，因此，流体对浸没对象没有影响。若不为空，只有当固体 Solid 的边界对象与流体的边界对象发生碰撞时，固体才会受到流体施加的静态或动态力的影响。
- children：一般设置为 Shape，并且要设置该 Shape 的外观属性中的透明度值，以表现水的效果。

> **注意**
> Webots 并未提供 Fluid 相关的 API 函数，这带来一些使用困难，比如无法用程序控制水的流速。

3.29.2 浸没属性 immersionProperties 节点

immersionProperties 节点用于指定固体 Solid 节点及其派生节点与一个或多个流体 Fluid 节点的动态相互作用，用于实现水中对象的仿真。主要用于拖曳力/扭矩和黏性阻力/扭矩的计算。

immersionProperties 节点设置的是流体中的对象的特性，Fluid 节点设置的是流体本身的特性，二者是不同性质的参数。浸没属性节点如图 3-165 所示。
- fluidName：流体名称。指定与该节点动态交互的流体节点的名称。
- referenceArea：拖曳力和扭矩参考区域。定义了计算淹没在流体中对象的拖曳力和拖曳扭矩的参考区域。

如果 referenceArea 被设置为 "xyz-projected area"，即 X、Y、Z 投影区域，那么流体对 Solid 的拖曳力的 X 方向的值由以下公式计算：

$$\text{drag\_force\_x} = -c\_x \times \text{fluid\_density} \times (\text{rel\_linear\_velocity\_x})^2 \times \text{sign}(\text{rel\_linear\_velocity\_x}) \times A\_x$$

式中　　c_x——阻力系数矢量 dragForceCoefficients 的 X 坐标值；
rel_linear_velocity_x——流体的线速度投影到 Solid 坐标系的 X 坐标值；
　　A_x——投影到平面 $X=0$ 上的固体浸没的截面积。

第3章　Webots的节点Node

```
▼● DEF ROV Robot
    ■ translation 0.189 1.69 1.24
    ■ rotation 0.0232 -0.989 0.147 1.28
    ■ scale 1 1 1
  ▶ ■ children
    ■ name "ROV"
    ■ model ""
    ■ description ""
    ■ contactMaterial "default"
  ▼ ■ immersionProperties
    ▼● ImmersionProperties
        ■ fluidName "fluid"
        ■ referenceArea "immersed area"
        ■ dragForceCoefficients 0.1 0 0
        ■ dragTorqueCoefficients 0.001 0 0
        ■ viscousResistanceForceCoefficient 0
        ■ viscousResistanceTorqueCoefficient 0.005
  ▶ ■ boundingObject Group
  ▶ ■ physics Physics
```

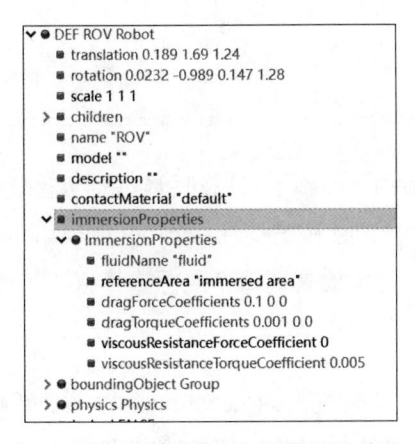

图 3-165　某个机器人中的浸没属性节点

类似的公式也适用于 Y 和 Z 方向。

由上式可知，流体对流体中物体的拖曳力与流速的平方、流体密度、与固体浸没部分的截面积成正比。

在 Solid 坐标系下，拖曳扭矩矢量 X 方向的值由以下公式给出。

$$\text{drag\_torque\_x} = -\text{t\_x} \times \text{fluid\_density} \times (\text{rel\_angular\_velocity\_x})^2 \times \text{sign}(\text{rel\_angular\_velocity\_x}) \times (\text{A\_y} + \text{A\_z})$$

式中　　　　　t_x——DragTorqueCoefficients向量的X轴坐标值；

rel_angular_velocity_x——Solid坐标系内固体Solid的角速度的X轴分量值；

　　　　　　　A_y——投影到平面$Y=0$上的固体浸没的截面积；

　　　　　　　A_z——投影到平面$Z=0$上的固体浸没的截面积。

类似的公式也适用于 Y 和 Z 坐标。

$$\text{drag\_torque\_y} = -\text{t\_y} \times \text{fluid\_density} \times (\text{rel\_angular\_velocity\_y})^2 \times \text{sign}(\text{rel\_angular\_velocity\_y}) \times (\text{A\_x} + \text{A\_z})$$

$$\text{drag\_torque\_z} = -\text{t\_z} \times \text{fluid\_density} \times (\text{rel\_angular\_velocity\_z})^2 \times \text{sign}(\text{rel\_angular\_velocity\_z}) \times (\text{A\_x} + \text{A\_y})$$

由上式可知，流体对流体中物体的拖曳扭矩与流速的平方、流体密度、固体浸没部分的截面积成正比。

如果 referenceArea 被设置为 "immersed area"，那么 Solid 的 boundingObject 的浸没区域将被用于拖曳力和拖曳扭矩的计算，但是仅在 X 轴方向计算，公式如下：

$$\text{drag\_force} = -\text{c\_x} \times \text{fluid\_density} \times (\text{linear\_velocity})^2 \times \text{immersed\_area}$$

$$\text{drag\_torque} = -\text{t\_x} \times \text{fluid\_density} \times (\text{angular\_velocity})^2 \times \text{immersed\_area}$$

所有矢量都以世界坐标表示。

> **注意**
>
> 在这种情况下，沿 Y 轴和 Z 轴的拖曳系数 drag coefficients 将被忽略。这应用于多数流体运动的情况，因为流体运动以单向流动为主。

> **注意**
>
> "xyz-projected area"计算模式只对包含完全或部分浸没的 Box 节点、完全浸没的 Cylinder、Capsule 和 Sphere 节点的 boundingObjects 实施。
>
> "immersed area"计算模式对每个几何体节点都实施。

- dragForceCoefficients、dragTorqueCoefficients：非负的系数，应用于上面的公式。
- viscousResistanceForceCoefficient、viscousResistanceTorqueCoefficient：黏滞系数，非负，单位分别为 N·s/m 和 N·m/s，用于计算流体对固体 Soild 施加的黏性阻力和黏性扭矩，计算公式如下：

viscous_resistance_force = − immersion_ratio × fluid_viscosity × v_force × rel_linear_velocity
viscous_resistance_torque = − immersion_ratio × fluid_viscosity × v_torque × angular_velocity

其中，v_force（v_torque）表示黏性阻力（扭矩）系数；immersion_ratio 由浸没面积除以全部面积得到。黏性阻力（或线性阻力）适用于在没有湍流的情况下以相对低的速度在流体中运动的物体。

3.29.3 示例 1：浮力

项目文件：fluid_float

本例演示了浮力的作用。四个体积相同的圆柱形物体密度 physics.density 分别为 250kg/m³、500kg/m³、750kg/m³、1000kg/m³，它们从斜面滑落到水池，水池为静止状态，没有流速 streamVelocity=[0,0,0]，为便于展示，水池没有加围挡。Fluid 节点及某个圆柱体的属性设置如图 3-166 所示。

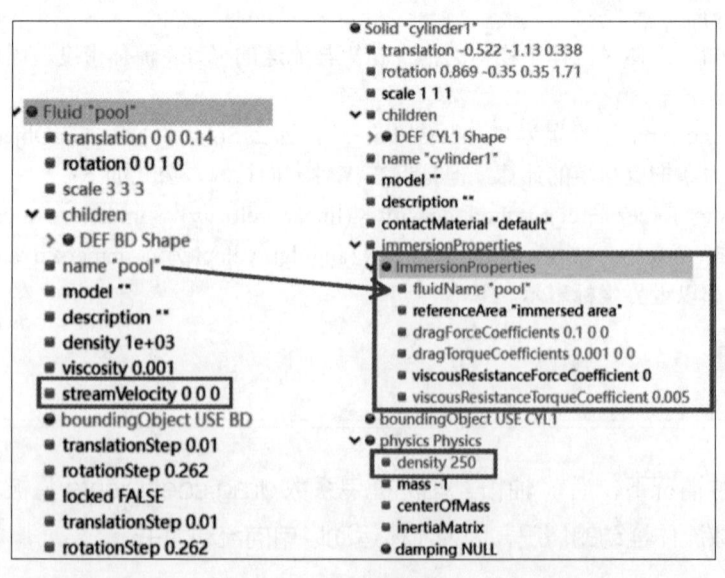

图 3-166 Fluid 节点（左）和圆柱体（右）属性设置

仿真场景的初始状态如图 3-167 所示。

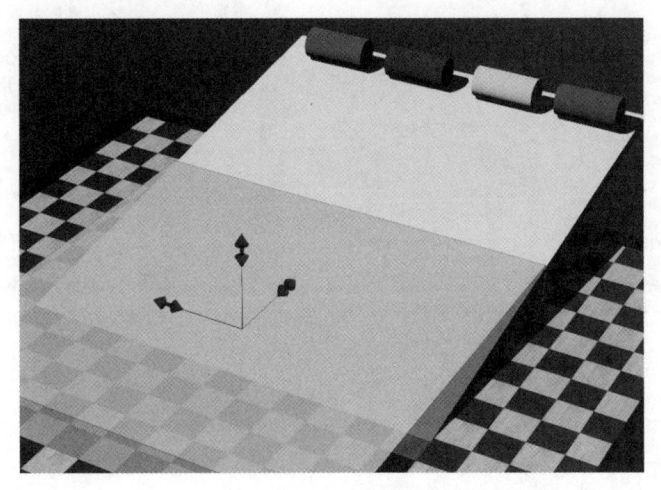

图 3-167 浮力示例，启动仿真之前

启动仿真后，四个圆柱体从斜面滑下，全部落入水中并接近静止之后，密度不同的四个圆柱体露出水面的高度也不一样，表示受到的浮力也不一样，如图 3-168 所示。

图 3-168 浮力示例，启动仿真后

读者可以调整 Fluid 的密度到 500kg/m³、2000kg/m³，查看不同密度条件下四个圆柱的仿真效果。

3.29.4 示例 2：拖曳力之推动力

项目文件：fluid_dragforce

本例中，每组对象使用一个从动关节，左边一组末端有一个密度（physics.density）为 7000kg/m³ 的挡板，右边一组末端有一个密度为 15000kg/m³ 的挡板，流体的密度使用默认值（水），流速设置为 [3 0 0]m/s，如图 3-169 所示。

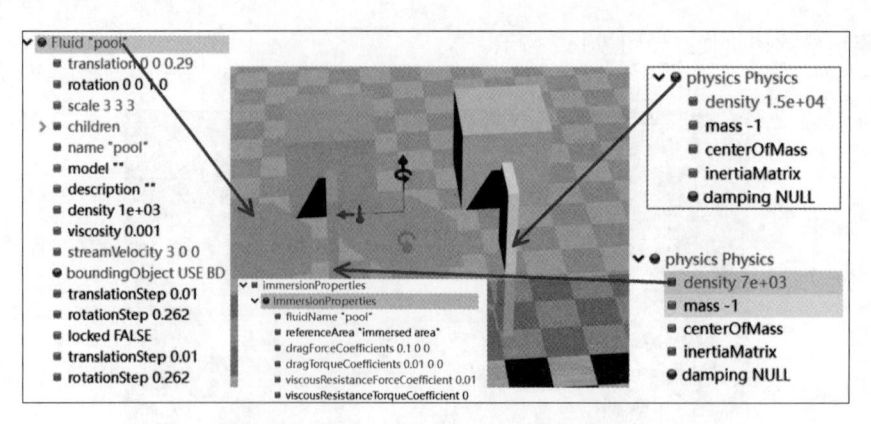

图 3-169 拖曳力之推动力示例，启动仿真之前

启动仿真之后，在 3m/s 水流的推动下，两个挡板均倾斜一定角度，右侧挡板密度大，倾斜角度略小，如图 3-170 所示。

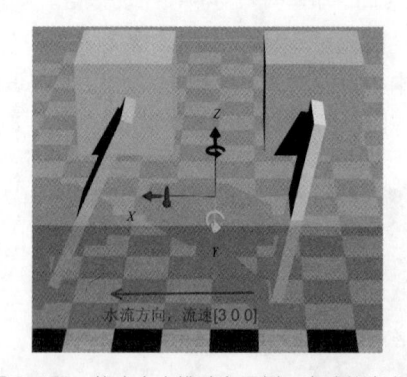

图 3-170 拖曳力之推动力示例，启动仿真之后

3.29.5 示例 3：拖曳力之黏滞力

项目文件：fluid_viscousforce

本例中两组对象，左边与右边两组的 immersionProperties.viscousResistanceForceCoefficient 分别为 0.01 和 2，其他参数均相同，如图 3-171 所示。

图 3-171 黏滞力示例，启动仿真之前

启动仿真后，受黏滞力的影响，右侧的挡板要比左侧的挡板的下落速度慢，如图 3-172 所示。

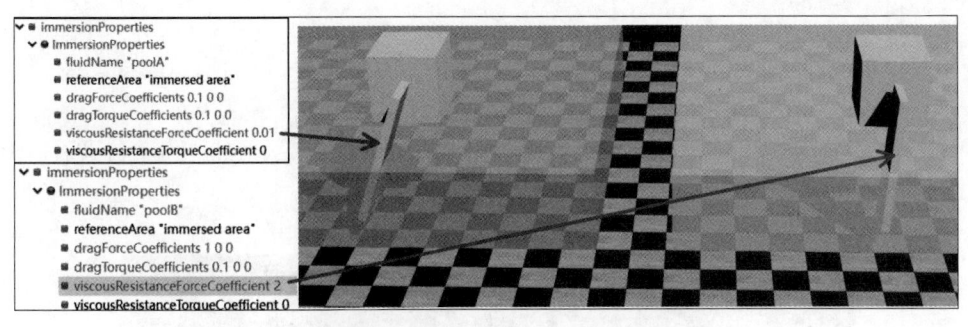

图 3-172　黏滞力示例，启动仿真之后

3.30　阻尼 Damping 节点

3.30.1　描述及属性

阻尼节点常作为 physics 节点和 WorldInfo 节点的子节点。

阻尼节点可以用来减慢一个物体（启用了 physics 的实体 Solid 节点）的速度。阻尼节点具有线性 linear 和角度 angular 属性。例如，线性 linear 属性可以模拟空气或水的摩擦，使物体减速；角度 angular 属性可以减缓球或硬币的旋转速度。

阻尼在模拟中不增加任何力，但它会直接影响物体的速度。阻尼效果是在所有的力都施加到物体上之后才应用的。阻尼可以用来减少模拟的不稳定性。

阻尼使对象的速度每秒都会减少指定的数量（在 0.0～1.0）。0.0 的值意味着"不减速"，1.0 的值意味着"完全停止"，0.1 的值意味着速度每秒减少 10%。

如果在 WorldInfo.defaultDamping 属性中定义阻尼节点，则表示当前仿真场景中的默认阻尼参数将应用于仿真中的每个物体。但是，如果在具体的 Solid 节点指定阻尼节点，则将覆盖 WorldInfo 的默认阻尼。

> **注意**
>
> 阻尼节点值对物体的影响与物体的形状无关，所以阻尼不能用来模拟复杂的流体动力学（可使用 immersionProperties 和 Fluid 节点）。

3.30.2　示例

项目文件：damping

4 个 Box 设置了不同的阻尼 Damping 系数：

Box1：damping.linear = 0，damping.angular=0.2。

Box2：damping.linear = 0，damping.angular=0.4。

Box3：damping.linear = 0，damping.angular=0.6。

Box4：damping.linear = 0，damping.angular=0.8。

如图 3-173、图 3-174 所示，从左至右，damping.angular 依次增加，启动仿真后，Box4 的速度最慢，Box1 的速度最快。

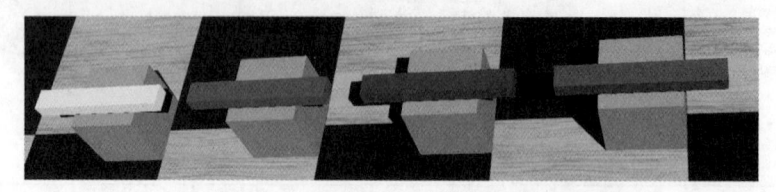

图 3-173　不同 Damping 节点设置的值（仿真之前）

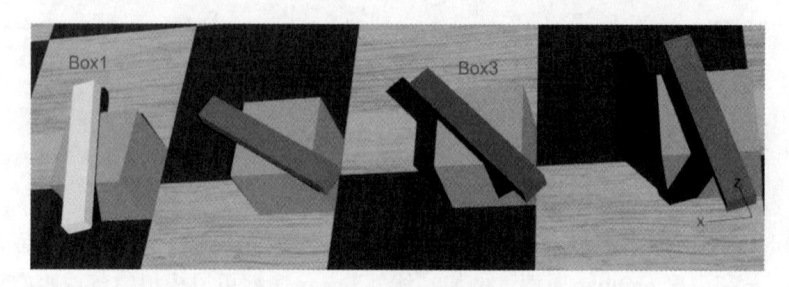

图 3-174　不同 Damping 节点设置的值（启动仿真后 4s）

3.31　摄像机 Camera 节点

3.31.1　描述及属性

相机节点用于拍摄 3D 场景中的对象，并将产生的图像显示在 3D 窗口上。相机节点可以模拟 RGB 摄像头甚至是鱼眼相机。

为便于观察相机的拍摄范围，需要在菜单中打开相机视野的显示，方法为点击"查看" -> "可选显示" -> "显示摄像头柱身"。

相机是从相机节点的 X 方向进行拍摄的。

添加完相机节点后，3D 场景中会显示相机的拍摄结果，但是需要使用相机使能函数进行相机的启用。

- fieldOfView：摄像机的水平视场角，如图 3-175、图 3-176 所示。若 spherical 被设置为 True，则该值无限制；否则该值在 0 ~ πrad 范围内。由于摄像机的像素是方形的，垂直视场可以从宽度、高度和水平视场中计算出来。
- width：图像的宽度，单位为像素。
- height：图像的高度，单位为像素。
- spherical：设成 True，则为球形投影，否则是平面投影。球面投影可以用来模拟鱼眼镜头。

图 3-175　fieldOfView=1.5708　　　　图 3-176　fieldOfView=0.78

- near：近场，定义了从摄像机到近剪裁平面的距离。这个平面与相机感光平面平行（即投影平面）。近场决定了 OpenGL 深度缓冲区的精度。太小的值会导致多边形的随机重叠。
- far：定义了从摄像机到远处剪裁平面的距离。
- exposure：曝光场，定义场景的测光曝光，单位是 J/m^2。
- antiAliasing：相机图像的抗混叠效果。用于模糊图像的边缘。
- ambientOcclusionRadius：几何闭塞搜索半径。
- bloomThreshold：相机曝光过度阈值。
- motionBlur：运动模糊系数，用于模拟被拍摄物体运动而导致的模糊。该功能使用当前返回的图像和相机之前返回的图像进行混合。这个功能的计算成本很高。
- noise：RGB 通道的高斯噪声。设为 0.0 表示没有噪声。1.0 的值对应为高斯噪声。
- noiseMaskUrl：噪声掩码，用于产生闪烁的噪声效果。

> **注意**
>
> 相机使用了 OpenGL 的很多功能，因此，本类节点更容易造成 Webots 软件的故障，需要重新加载。

3.31.2　相机的识别功能

相机可以对场景中特定颜色进行识别。添加相机的 recognition 节点，如图 3-177 所示。

recognition.frameColor 用于设置此相机要识别的颜色。与此对应，需要设置要识别的实体 Solid 的 recognitionColors 和 boundingObject。recognitionColors 用于指定识别的颜色，可以与实体的显示颜色不一样，但是一定要接近相机节点的 recognition.frameColor 的设置值。maxRange 用于控制识别的范围，增加识别成功率。boundingObject 不能省略，设置之后，才能参与图像识别的计算。

对象识别后，软件会在图像显示窗口用框标记出来，如图 3-178 所示。

项目文件：camera

```
▼ ● recognition Recognition
    ■ maxRange 100
    ■ maxObjects -1
    ■ occlusion TRUE
    ■ frameColor 1 0 0
    ■ frameThickness 1
    ■ segmentation FALSE
```

图 3-177 相机 recognition 节点的设置

图 3-178 被识别对象的设置

主要程序：

```c
#include <Webots/robot.h>
#include <Webots/camera.h>
#include <stdio.h>
#define TIME_STEP 64
int main(int argc, char **argv)
{
  wb_robot_init();
  // 定义相机句柄
  WbDeviceTag camera = wb_robot_get_device("camera");
  // 使能相机
  wb_camera_enable(camera,TIME_STEP);
  //启用识别功能
  wb_camera_recognition_enable(camera,TIME_STEP);
  while (wb_robot_step(TIME_STEP) != -1)
  {
    // 返回识别到的物体的数量
    int findObjNum = wb_camera_recognition_get_number_of_objects(camera);
    printf("camera findObjNum %d\n",findObjNum);
    // 返回识别到的物体的句柄
    const WbCameraRecognitionObject *objects = wb_camera_recognition_get_objects(camera);
    for (int i = 0; i <findObjNum; ++i)
    {
      // 打印被识别对象的id。该id可由supervisior得到。
      printf("left_fine objects1[i].id=%d \n",objects[i].id);
    }
```

```
    }
    wb_robot_cleanup();
    return 0;
}
```

3.31.3 保存相机图像到指定位置

使用 wb_camera_save_image() 函数可以将 wb_camera_get_image() 获取到的图像保存到指定位置，再由其他软件进行图像处理。因此，需要先调用 wb_camera_get_image()，再调用 wb_camera_save_image() 函数，且 wb_camera_get_image() 函数需要在 while() 循环中周期执行，不能放到 while() 循环外。

项目文件：cameraSavePic

```c
#include <Webots/robot.h>
#include <Webots/camera.h>
#include <stdio.h>
#define TIME_STEP 64
int main(int argc, char **argv)
{
  printf("camera \n");
  wb_robot_init();
  // 定义相机句柄
  WbDeviceTag camera = wb_robot_get_device("camera");
  // 使能相机
  wb_camera_enable(camera,TIME_STEP);
  while (wb_robot_step(TIME_STEP) != -1)
  {
    //获取相机拍摄到的图像
    const unsigned char *image = wb_camera_get_image(camera);
    //获取图像宽度和高度
    int image_width = wb_camera_get_width(camera);
    int image_height = wb_camera_get_height(camera);
    //获取图像像素值
    for (int x = 0; x < image_width; x++)
    {
     for (int y = 0; y < image_height; y++)
     {
      int r = wb_camera_image_get_red(image, image_width, x, y);
      int g = wb_camera_image_get_green(image, image_width, x, y);
      int b = wb_camera_image_get_blue(image, image_width, x, y);
      // printf("red=%d, green=%d, blue=%d", r, g, b);
     }
    }
    //将获取到的图像保存到指定位置，不断覆盖。保存到C盘需要有额外的权限
    int ret = wb_camera_save_image(camera,"D:\\test4.jpg",100);
    printf("camera save ret=%d\n",ret);
  }
  wb_robot_cleanup();
  return 0;
}
```

3.32 顶点 3D 形状 IndexedFaceSet 节点

从外部软件导入的形状通常为 IndexedFaceSet 节点。

IndexedFceset 节点用于表示由多个平面多边形构成的 3D 形体，这些多边形由一组顶点构成。顶点的坐标值保存在 coord Coordinate 属性中，多边形顶点集合的分割由 coordIndex 属性定义的索引值列表表示。当索引值为 -1 时，表明当前多边形结束，下一个多边形将要开始。

例如，前三个点（0，1，2）是第一个多边形，3、4、5 点是第二个多边形，5、4、6 点是第三个多边形，第二个多边形和第三个多边形共用顶点 4、5，如图 3-179 所示。

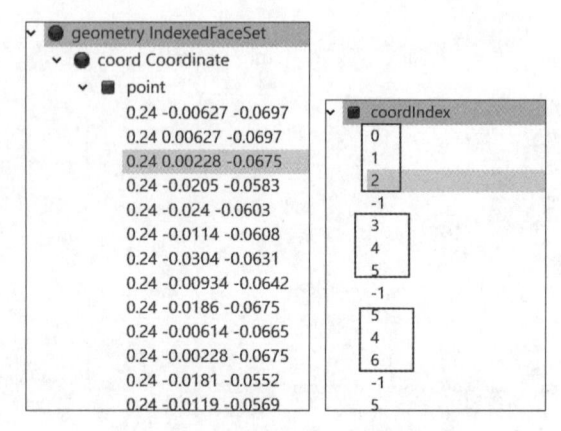

图 3-179 IndexedFaceSet 节点数据

3.33 皮肤 Skin 节点

皮肤节点可以用来模拟软网格（Soft Mesh Animation）的动画，例如人或动物。皮肤文件由 modelUrl 属性指定的文件导入。但是为了实现皮肤的动画效果，皮肤节点要与一个骨架关联，这样才可实现骨架关节旋转导致皮肤网格变形的仿真效果。

皮肤提供了两种定义骨架的替代方法。第一种方法是在网格文件（mesh file）中提供骨架。第二种方法是使用骨骼 bones 属性列出骨骼的实体节点。如果是第一种情况，产生的对象动画仅是网格文件的图形化显示。在第二种情况下，当把皮肤连接到由实体和关节节点组成的现有 Webots 骨架上时，就可以对这个 Webots 对象生成动画。

皮肤网格和骨架模型的支持格式是 FBX，模型可以用 3D 建模软件生成。例如，Webots 自带的"skin_animated_humans"项目文件中的人类角色是用 MakeHuman 软件生成的。

Webots 提供了两种皮肤动画实现方法。

（1）物理引擎驱动的皮肤动画

如果想让皮肤根据对象的运动产生动画，那么就要在 bones 属性中指定固体 Soild 节点来指定每一个骨骼。每个骨骼必须是关节的子节点。此外，皮肤文件里的骨骼结构和实体 / 关节必须匹配。这也意味着骨骼的数量必须与机器人关节的数量相匹配，实体 Solid 节点的名称必须与皮肤网格文件中指定的骨骼名称相同。在 Webots 自带的"animated_skin.wbt"模拟中提供了一个物理引擎驱动皮肤动画的例子,如图3-180所示。

图3-180 物理引擎驱动的皮肤动画animated_skin.wbt示例

(2)纯图形皮肤动画

对于一个纯粹的图形皮肤动画,骨骼字段不需要被指定。在这种情况下,皮肤动画所需的骨架会从网格FBX文件中加载。在"skin_animated_humans"模拟中提供了一个纯图形皮肤动画的例子,如图3-181所示。

图3-181 纯图形皮肤动画skin_animated_humans

3.34 键盘输入

键盘不是一个节点,也不是Webots定义的设备,没有DeviceTag,通过在代码中引入头文件和函数直接调用即可。当在仿真时,点击3D仿真窗口,程序将读取计算机键盘按下的键。

按键的返回值定义如下:

```
enum {
 WB_KEYBOARD_END,
 WB_KEYBOARD_HOME,
```

```
    WB_KEYBOARD_LEFT,
    WB_KEYBOARD_UP,
    WB_KEYBOARD_RIGHT,
    WB_KEYBOARD_DOWN,
    WB_KEYBOARD_PAGEUP,
    WB_KEYBOARD_PAGEDOWN,
    WB_KEYBOARD_NUMPAD_HOME,
    WB_KEYBOARD_NUMPAD_LEFT,
    WB_KEYBOARD_NUMPAD_UP,
    WB_KEYBOARD_NUMPAD_RIGHT,
    WB_KEYBOARD_NUMPAD_DOWN,
    WB_KEYBOARD_NUMPAD_END,
    WB_KEYBOARD_KEY,
    WB_KEYBOARD_SHIFT,
    WB_KEYBOARD_CONTROL,
    WB_KEYBOARD_ALT
};
```

3.34.1 编程

键盘的编程主要由如下几步构成：

```
//第1步，包含头文件
#include <Webots/keyboard.h>
//第2步，使能键盘，参数为读数的更新周期
void wb_keyboard_enable(int sampling_period);
//第3步，读取键值
int wb_keyboard_get_key();
```

3.34.2 键盘示例代码

本例实现了对键盘输入的打印输出。

项目文件：keyboard

```
// 包含相关的头文件
#include <stdio.h>
#include <Webots/keyboard.h>
#include <Webots/robot.h>
#define TIME_STEP 32
//延时函数
void step(double seconds)
{
    const double ms = seconds * 1000.0;
    int elapsed_time = 0;
    while (elapsed_time < ms)
    {
        wb_robot_step(TIME_STEP);
        elapsed_time += TIME_STEP;
    }
}
int main(int argc, char **argv)
{
```

```c
// 初始化
wb_robot_init();
printf("The robot is initialized\n");
// 使能键盘
wb_keyboard_enable(TIME_STEP);
// 周期处理
while(wb_robot_step(TIME_STEP) != -1)
{
  // 读键盘输入
  int keyIn = wb_keyboard_get_key();
  switch (keyIn)
  {
    case WB_KEYBOARD_UP:
      printf("UP\n");
      break;
    case WB_KEYBOARD_DOWN:
      printf("DOWN\n");
      break;
    case WB_KEYBOARD_LEFT:
      printf("LEFT\n");
      break;
    case WB_KEYBOARD_RIGHT:
      printf("RIGHT\n");
      break;
    case ' ':
      printf("blank\n");
      break;
    default:
      //打印输出
      printf("print = %d\n",keyIn);
      break;
  }
  //延时，让CPU处理其他任务，避免任务卡死
  step(1);
}
wb_robot_cleanup();
return 0;
}
```

3.35　仿真项目编辑流程

项目编辑应按照如下流程进行：
① 暂停模拟。
② 重置：恢复到上一次保存的状态，点击工具栏按钮 ◄◄。
③ 修改。
④ 保存。

第4章 Webots 控制器编程环境搭建

Webots 本身是包含 C 语言的编译器，对 C 语言的支持最好，但是出于仿真的需要，其也支持 Python、Matlab 等编程语言。但是 Webots 本身没有 Python 解释器、Matlab 编译器，只能借用外部资源，这导致 Webots 编程环境配置烦琐（经常不成功）和仿真复杂，出现问题时调试难度大。

4.1 Python 编程

4.1.1 Python 和 Webots 联合仿真原理

Webots 调用电脑中提供的 Python 解释器对脚本进行解释，脚本执行过程中调用 Webots 的库，通过库调用 Webots 的各项资源。

4.1.2 Python 环境设置

有的 Webots 自带的示例文件是用 Python 编写的控制器，要运行这些仿真程序，就需要将 Webots 的 Python 配置好。因为 Webots 安装后并不带有 Python 解释器，所以 Python 解释器需要独立安装，否则会有如图 4-1 所示的报错。

```
Console - All
WARNING: TexturedBackground (PROTO): Cannot download leftIrradianceUrl: Cannot download https://raw.githubusercontent.co
R2022a/projects/default/worlds/textures/cubic/empty_office_back.hdr发生错误
WARNING: "python.exe" was not found.
Webots requires Python version 3.9, 3.8 or 3.7 from python.org in your current PATH.
To fix the problem, you should:
1. Check the Python command set in the Webots preferences.
2. Check the COMMAND set in the [python] section of the runtime.ini file of your controller program if any.
3. Fix your PATH environment variable to use the required Python 64 bit version (if available).
4. Install the required Python 64 bit version and ensure your PATH environment variable points to it.
WARNING: "python.exe" was not found.
Webots requires Python version 3.9, 3.8 or 3.7 from python.org in your current PATH.
To fix the problem, you should:
1. Check the Python command set in the Webots preferences.
```

图 4-1 Python 未安装报错提示

根据提示，安装 Python 3.9、3.8 或 3.7，Webots 默认只支持 3.7、3.8、3.9 这三个版本的 Python，只针对这三个版本的 Python 提前编译好了文件，其他版本需要自己编译。

有多种方式运行 Python 的控制器程序。安装 Python 也有多种方法，可以直接到 Python 的官网下载 3.9 版本，也可以通过 Anacode 安装。笔者推荐直接安装 PyCharm，使用 PyCharm 会自动安装 Python。打开 PyCharm 官网，选择 Professional 版本安装。安装和注册过程在此不做介绍，可参阅网上相关文档。

> **注意**
>
> 本书使用 Python 3.9。

4.1.3　使用 PyCharm 运行 Python 控制器

本书使用 PyCharm 进行 Python 开发环境的管理。

① 执行 PyCharm 安装程序，安装的时候注意勾选添加环境变量（Add "bin" folder to the PATH），如图 4-2 所示。

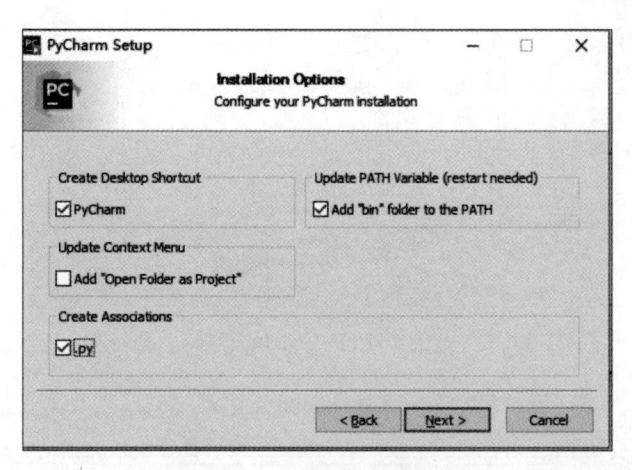

图 4-2　PyCharm 安装

② 添加 Webots 路径。点击 PyCharm 左下角 Interpreter Settings…，如图 4-3 所示。

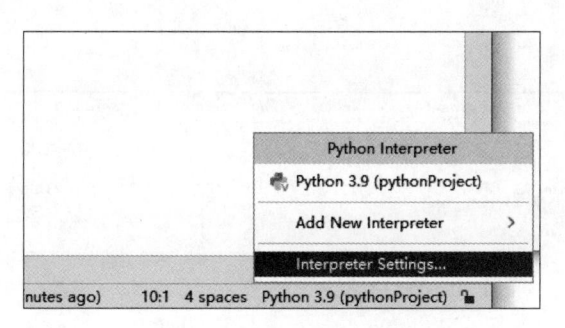

图 4-3　添加 Webots 路径

③ 在 Project Structure 中添加 C:\Program Files\Webots\lib\controller\python39。

注意

根据自己的 Webots 安装环境和 python 版本添加对应路径。

添加完成后如图 4-4 所示。

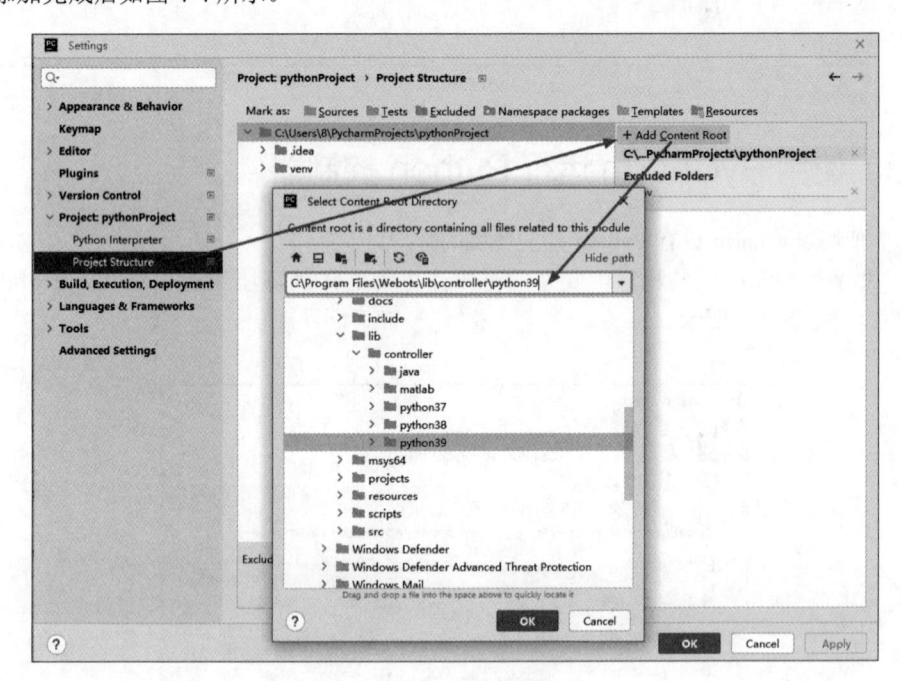

图 4-4 PyCharm 配置

注意

Webots2023a 中没有 python37、python38、python39 文件夹，Project Structure 要设置成 C:\Program Files\Webots\lib\controller\python，如图 4-5 所示。

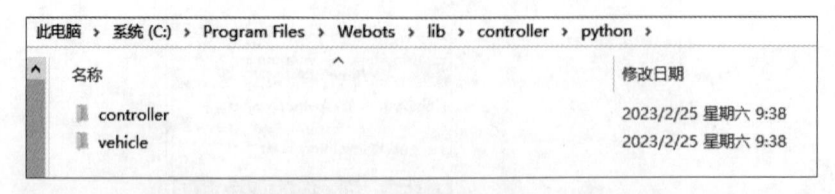

图 4-5 Webots2023a 的 Project Structure 设置

第4章　Webots控制器编程环境搭建

④ 在 Windows 系统中添加环境变量 WEBOTS_HOME。右击"我的电脑"→"属性"，打开如图 4-6 所示的窗口。

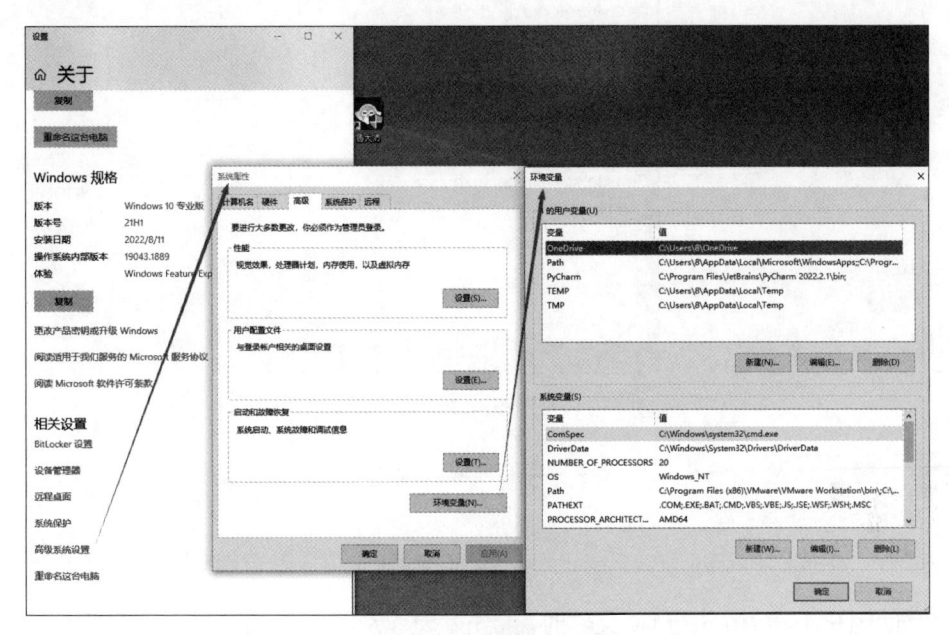

图 4-6　打开环境变量窗口

⑤ 设置环境变量 WEBOTS_HOME 的值，如图 4-7 所示。

图 4-7　新建环境变量

运行后，若系统提示缺少 Python 的各种开发包，可在 Interpreter Settings 的包管理中进行下载。此包将下载到该 Python 解释器相应的 Python 环境下，如图 4-8 所示。

图 4-8　开发包下载

若使用 PyCharm 进行 py 文件的执行，需要将 controller 属性设置为 extern，如图 4-9 所示。

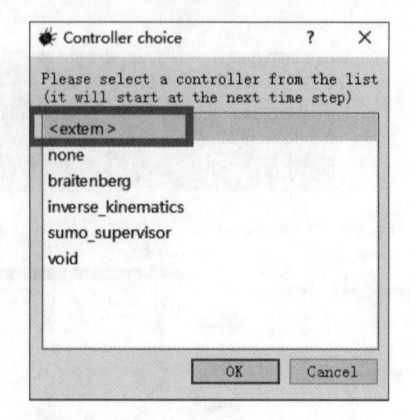

图 4-9　PyCharm 安装执行 py 文件

> **注意**
>
> 使用 PyCharm 执行 py 文件时，要先启动 Webots 仿真，再执行 PyCharm 程序。

4.1.4　使用 Python 解释器运行 Python 控制器

也可以使用 Webots 自带的编辑器进行 py 文件的编写，使用 PyCharm 配置好的 Python 解释器执行控制器 py 文件。

根据系统 Python 解释器的参数，设置 Webots 的 Python 选项，二者要保持一致，如图 4-10 所示。

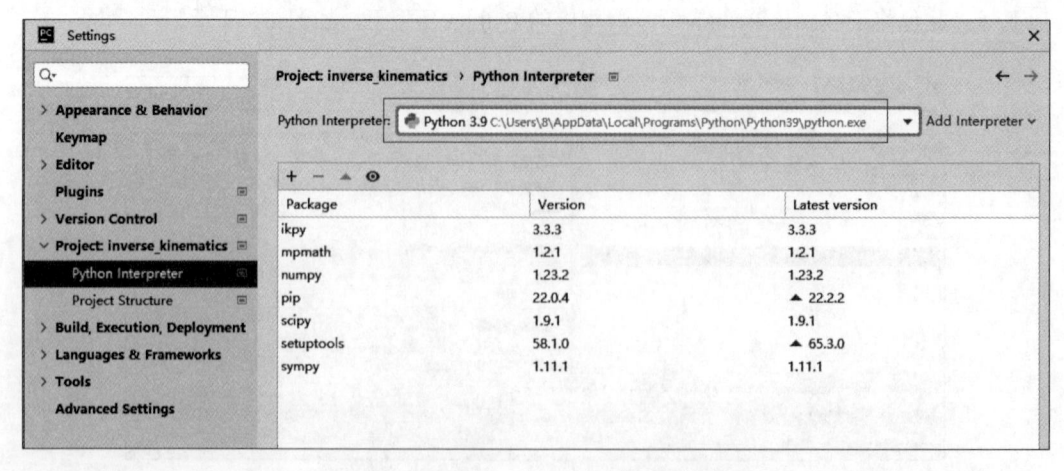

图 4-10　PyCharm 中 Python 解释器的配置

在 Webots 中点击"工具"→"首选项"设置 Python 路径，如图 4-11 所示。

图 4-11 Webots 中的 Python 设置

需要注意的是，controller 属性应设置为相应的 py 文件，如图 4-12 所示。

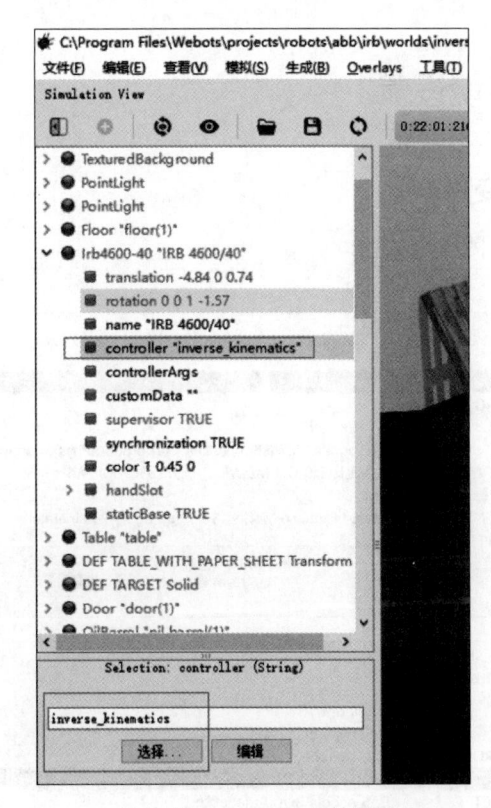

图 4-12 controller 属性设置

与使用 PyCharm 类似，Webots 运行后，若系统提示缺少 Python 的各种开发包，可在 PyCharm 的 Interpreter Settings 的包管理中进行下载。此包将下载到该 Python 解释器相应的 Python 环境下。

4.2 Matlab 编程

本例使用 Matlab2019a。

4.2.1 Matlab 和 Webots 联合仿真原理

由 Webots 启动 Matlab 并建立连接。Matlab 启动后，会执行 launcher.m 文件（图 4-13）。launcher.m 使用 C 语言的 API 接口进行 Webots 调用。

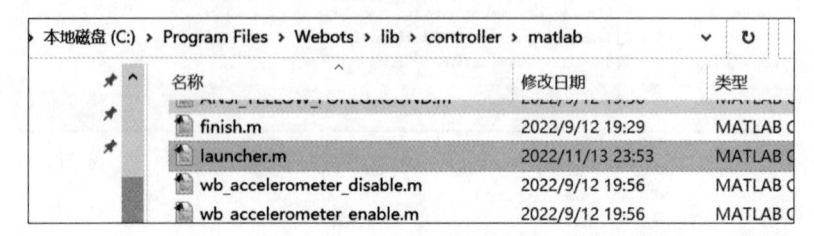

图 4-13 launcher.m 文件

4.2.2 Matlab 环境设置

4.2.2.1 系统环境变量设置

系统环境变量设置如图 4-14 所示。

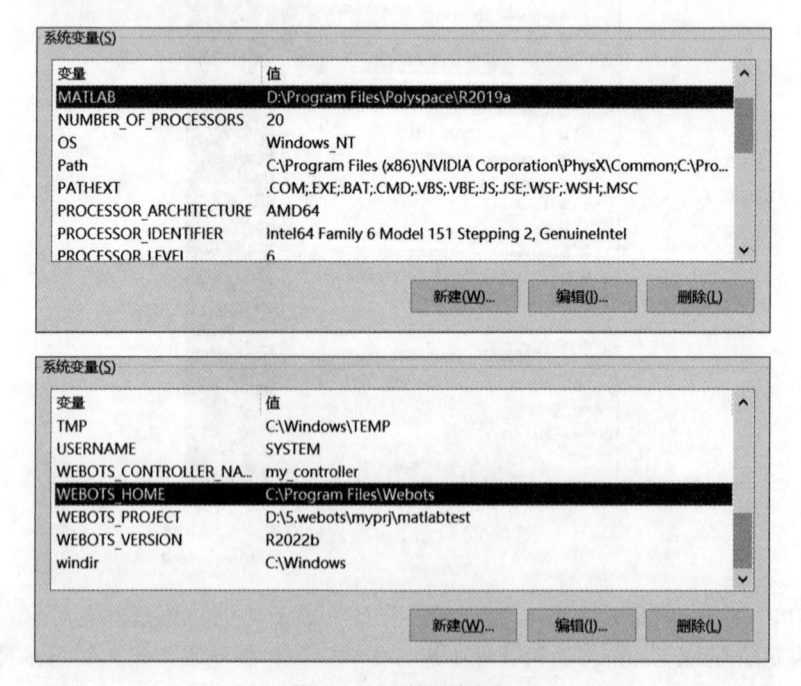

图 4-14 系统环境变量

4.2.2.2 Matlab设置

使用 Matlab 前需要给 Matlab 安装 MinGW GCC，因为 Matlab 需要与 C 进行交互。Matlab 需要安装 MinGW-w64 才可以在 .m 文件中使用 mex 编译语句。

不同版本的 Matlab 配合使用的 MinGW-w64 版本是不同的。不同版本的 MinGW-w64 的安装方法是不同的，相同版本的 MinGW-w64 也具有在线安装和离线安装等多种方法。

正确安装 MinGW-w64 后，需要配置环境变量才能在 Matlab 中使用。

直接将 mingw.mlpkginstall 包拖到命令行窗口，按照提示即可完成安装，如图 4-15 ～ 图 4-18 所示。

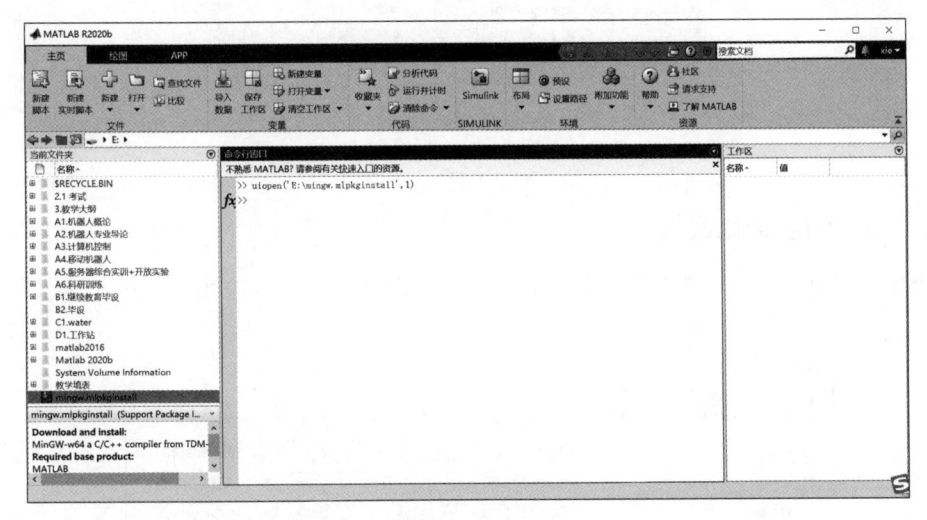

图 4-15 安装 MinGW-w64 过程（1）

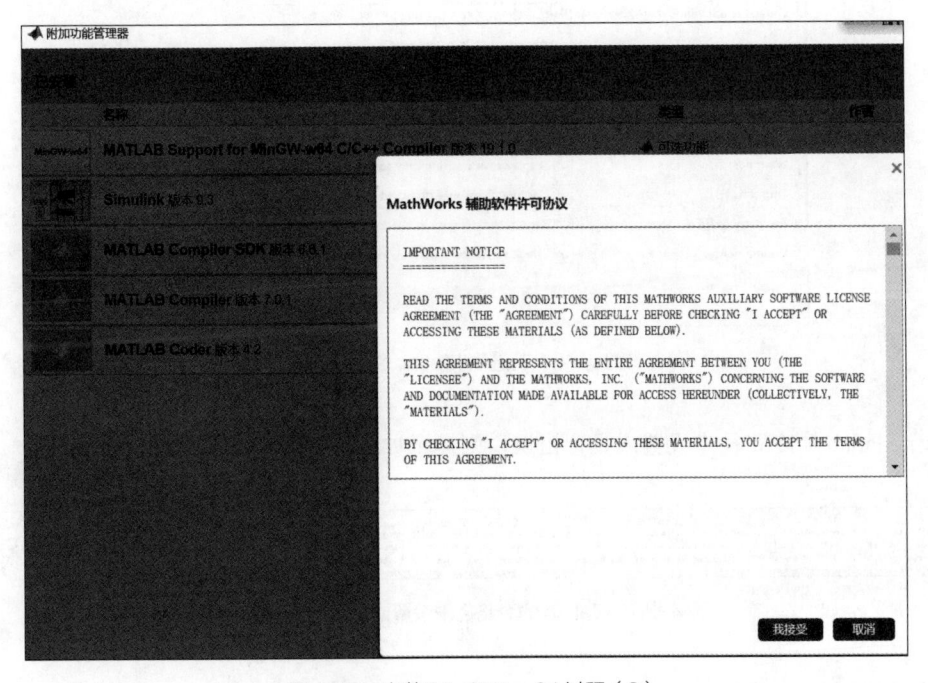

图 4-16 安装 MinGW-w64 过程（2）

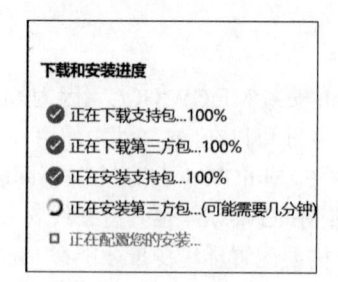

图 4-17　安装 MinGW-w64 过程（3）

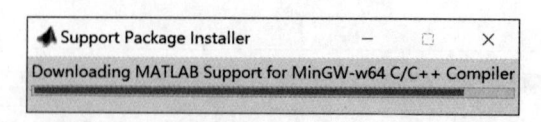

图 4-18　安装 MinGW-w64 过程（4）

4.2.2.3　Webots设置

点击"工具"→"首选项"设置 Matlab 命令的路径，如图 4-19 所示。

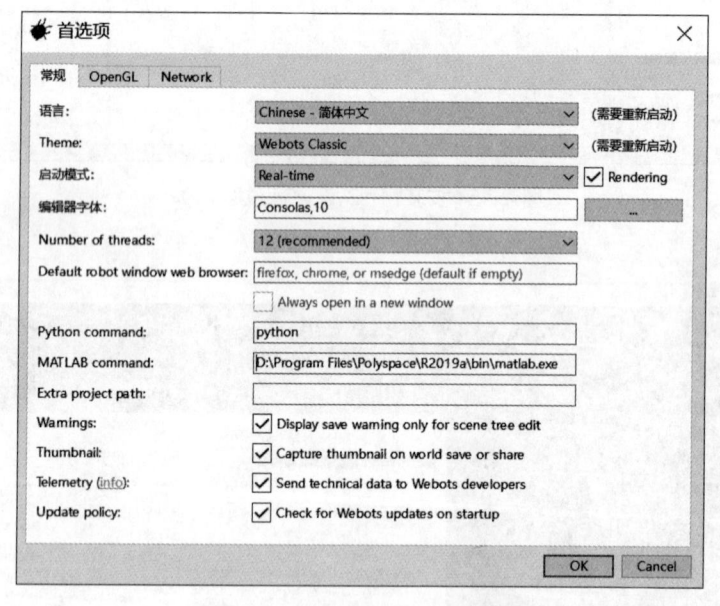

图 4-19　首选项 Matlab 路径设置

若 Matlab 命令路径未设置或设置错误，则提示如图 4-20 所示。

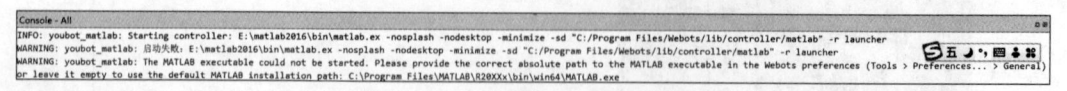

图 4-20　Matlab 命令路径未设置或设置错误的提示

若 Matlab 命令路径正确设置，则提示如图 4-21 所示。

```
Console - All
INFO: youbot_matlab: Starting controller: E:\matlab2016\bin\matlab.exe -nosplash -nodesktop -minimize -sd "C:/Program Files/Webots/lib/controller/matlab" -r launcher
INFO: 'youbot_matlab' controller exited successfully.
```

图 4-21　Matlab 命令路径正确设置的提示

4.2.3　Matlab 控制器程序使用

Webots 自带的项目示例有多个 Matlab 示例项目，如图 4-22 所示。打开这些示例项目，再点击"另存为"，在这个项目基础上进行修改，可快速建立项目。

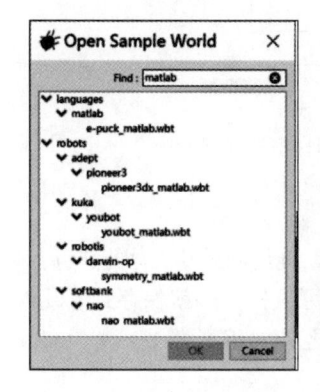

图 4-22　Webots 自带 Matlab 示例项目

使用时将控制器程序 6、7 行取消注释，然后点击开始仿真，Webots 将自动打开 Matlab。

"desktop" 的作用是启动 Matlab 的桌面界面；"keyboard" 是使程序停在此处等待键盘输入，这一句在调试阶段最好打开，否则若设置有问题时 Matlab 会闪退。

关闭所有 Matlab 窗口后重新打开 Webots，此时 Matlab 控制器程序生效。

在 Webots 中启动仿真时注意到在下方的控制台会出现以下代码：

```
Console-All
INFO: my_controller: Starting controller: "D:\Program Files\Ployspace\R2020b\bin\matlab.exe"
-nosplash -nodesktop -minimize -sd "C:/Program Files/Webots/lib/controller/matlab" -r launcher
INFO: 'my_controller' controller exited successfully.
```

4.3　Visual Studio 和 Webots 联合仿真

本例使用 Visual Studio2022。

4.3.1　Visual Studio 和 Webots 联合仿真原理

在 Visual Studio 中编译控制器程序，本质上和 C 或 C++ 在 Webots 中编译是一样的，都是生成可执行程序，只不过编译器换了而已。Visual Studio 的编译功能更丰富、更强大，但是也更复杂。

Visual Studio 和 Webots 联合仿真原理如图 4-23 所示。

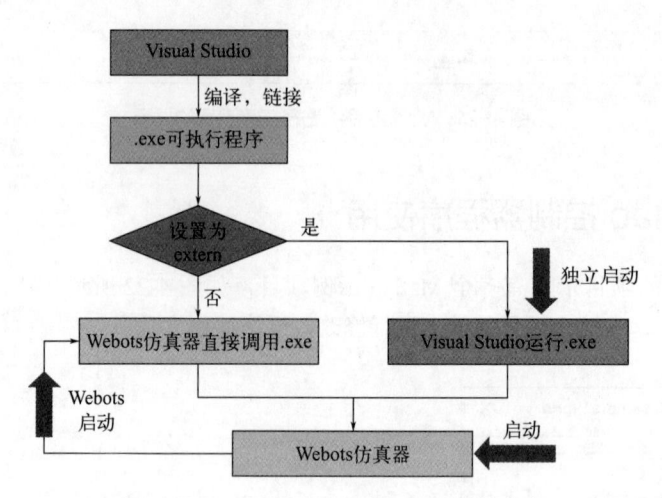

图 4-23　Visual Studio 和 Webots 联合仿真

主要有如下几点需要注意：
① 务必使用向导建立基于 Visual Studio 的控制器程序，使用向导建立才能够包含必需的库。
② .exe 程序由 Visual Studio 编译生成，生成之后，可执行程序就保存到了硬盘里。
③ 若控制器设置为 extern，则使用 Webots 仿真器之外的编译器 Visual Studio 启动。启动时，先启动 Webots 仿真器，再启动 Visual Studio。
④ 若控制器没有设置为 extern，则在控制器列表中选择相应的已经由 Visual Studio 编译完成的控制器程序。使用这种模式运行的时候，.exe 程序由 Webots 仿真器来调用。启动时，只需要启动 Webots 即可。

4.3.2　Webots 设置

使用向导创建控制器。点击"文件"→"New"→"新机器人控制器"，点击"下一步"，语言选择 C++，如图 4-24 所示。

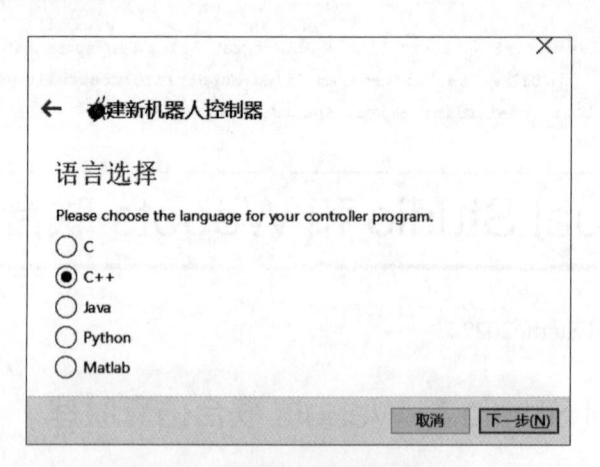

图 4-24　控制器向导语言选择 C++

点击"Microsoft Visual Studio"→"下一步"，选择 IDE 并新建机器人控制器，如图 4-25 ～图 4-27 所示。

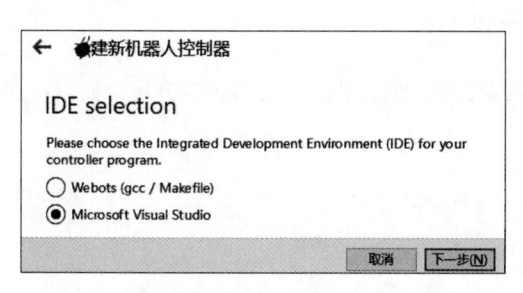

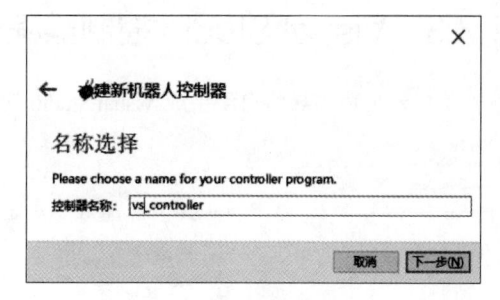

第4章 Webots控制器编程环境搭建

图 4-25 控制器向导选择 Microsoft Visual Studio

图 4-26 控制器命名

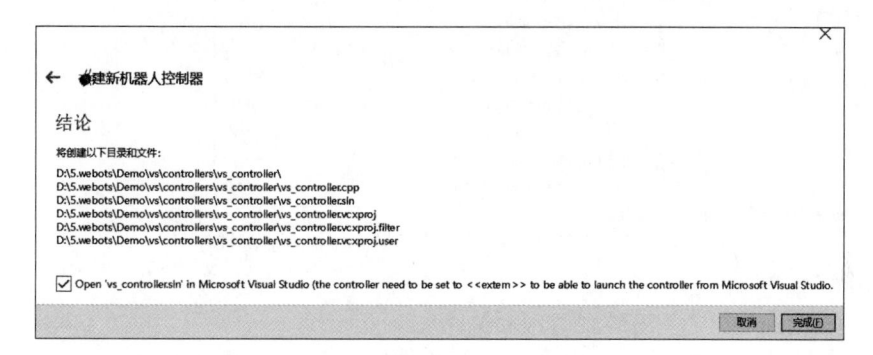

图 4-27 控制器向导文件生成结果

勾选"Open 'xxx' in Microsoft Visual Studio..."后，系统将自动打开 Visual Studio，如图 4-28 所示。打开后，可以看到向导建立的项目框架。在已有框架之上进行代码修改和编译，主要修改 vs_controller.cpp 等文件，代码修改完成后，编译生成 .exe 程序。

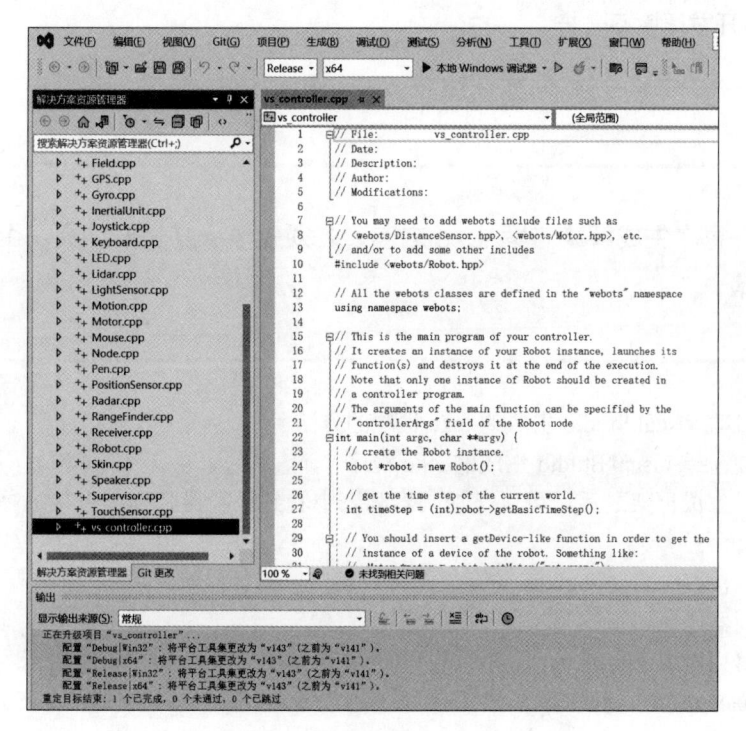

图 4-28 自动打开 Visual Studio

179

4.3.3 Visual Studio 控制器程序使用

上一步使用向导将自动生成 Visual Studio 的控制器项目程序框架，文件夹打开后，如图 4-29 所示。

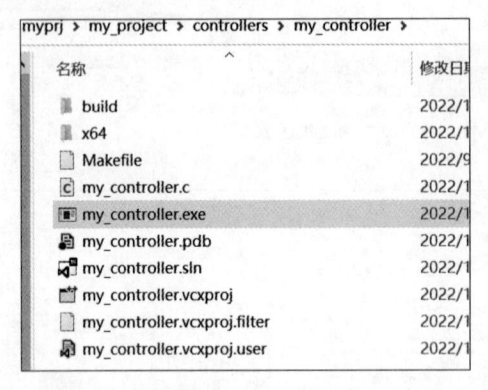

图 4-29 控制器向导生成的 Visual Studio 文件

在 Visual Studio 中进行正常的修改和编译。

注意

Visual Studio 编译通过的程序，在 Webots 自带的编译器中编译未必能通过，因为开发环境不一样。

提示

每次生成解决方案 .exe 之前，必须先停止并复位仿真，否则会报错。

有两种启动 Visual Studio 生成的 .exe 程序的方法。

（1）直接选择 Visual Studio 生成的 .exe 程序

使用向导生成框架之后，可以在控制器列表中看到控制器名称，直接选择这个控制器，如图 4-30 所示。

选择之后，直接启动 Webots 仿真，即可启动该控制器程序。

（2）控制器选择 extern

在控制器列表中选择 extern，并启动 Webots 到运行状态，如图 4-31 所示。

回到 Visual Studio，调试运行或者直接运行启动 .exe 程序，即可实现 Visual Studio 和 Webots 的联合仿真。

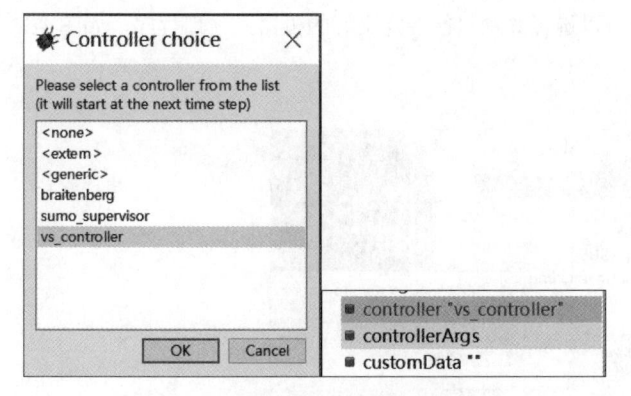

图 4-30　选择控制器向导生成的控制器程序 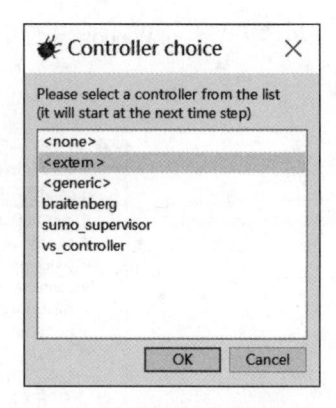　　　　图 4-31　控制器列表中选择 extern

4.4　机器人窗口插件 Robot Window Plugin

4.4.1　机器人窗口设置和使用

机器人窗口能够为机器人创建一个自定义的用户界面。机器人窗口插件是一种能够与机器人控制器通信的 HTML 应用程序，提供了丰富的图形显示界面，使用 java、HTML 等进行界面设计。

在机器人节点上点击右键，可以打开"显示机器人窗口"，如图 4-32 所示。

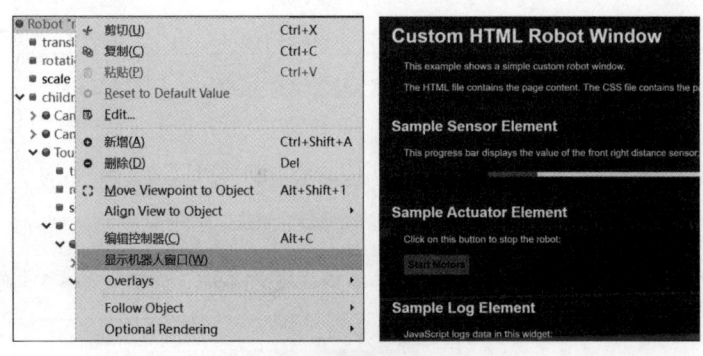

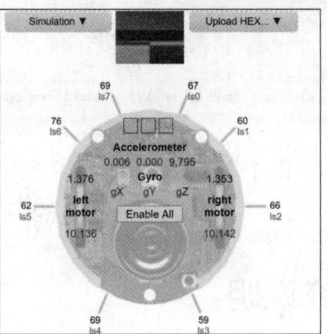

图 4-32　显示机器人窗口

在机器人节点的 Window 属性中，可以选择此项目已经定义好的机器人窗口程序，如图 4-33 所示。

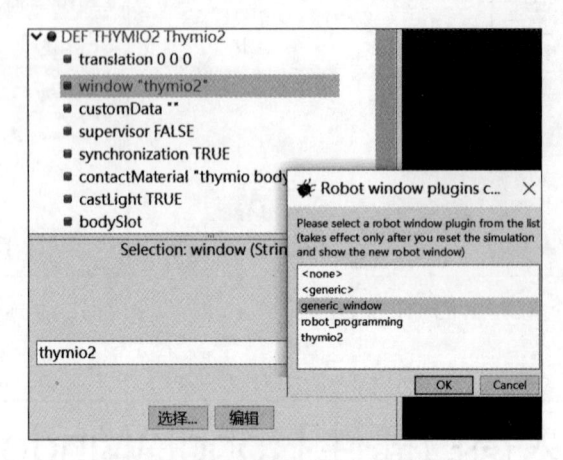

图 4-33　选择机器人窗口程序

4.4.2　机器人窗口工作原理分析

机器人窗口相关程序文件位于 plugins 文件夹下，如某个项目的 robot_windows 文件夹如图 4-34 所示。

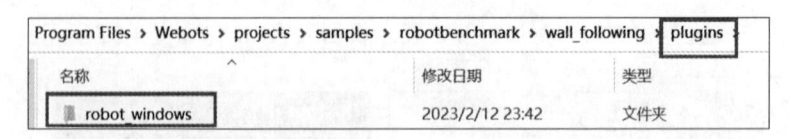

图 4-34　机器人窗口文件夹路径

在这个文件夹中有网页的源文件，其使用 JavaScript 和 HTML 编写，阅读难度较大，如图 4-35 所示。

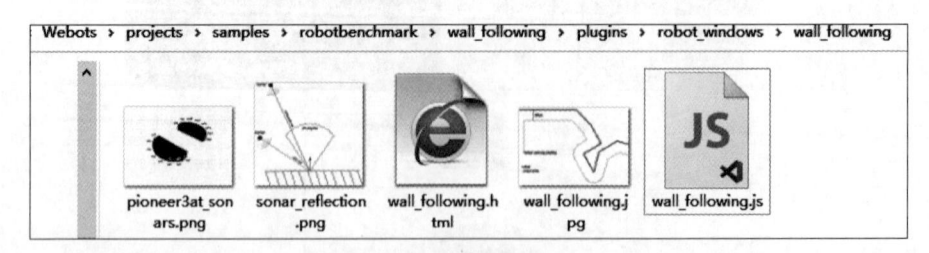

图 4-35　机器人窗口源文件

4.4.3　机器人窗口补充说明

机器人窗口功能是为了增强 Webots 在操作界面显示的功能而研发的，但其开放的接口和实现的功能比较少，使用起来难度很大，也很难调试，所以并不推荐使用。

目前机器人窗口功能有如下问题：

① GPS 数据显示的时间长度为 10s，无法满足一般的项目需求，如图 4-36 所示。

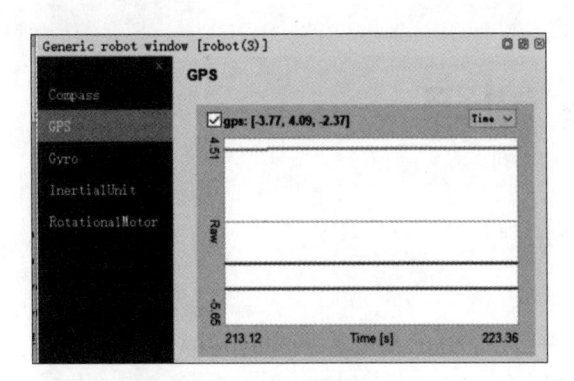

图 4-36　GPS 数据显示

解决办法：可以将数据写到某个文件中，再用其他软件打开这个文件。

② 支持的函数有限。机器人控制器使用如下函数与机器人窗口的 JavaScript 脚本进行通信。

```
#include <Webots/utils/default_robot_window.h>
const char *wb_robot_wwi_receive(int *size);//接收数据
const char *wb_robot_wwi_receive_text();
void wb_robot_wwi_send(const char *data, int size);//发送数据
void wb_robot_wwi_send_text(const char *text);
```

4.5　文件读写操作

有时需要把 Webots 生成的数据或曲线导出，使用 Excel、Matlab 等软件对这些数据进行分析。可以利用 Webots 控制器使用的编程语言中的读写文件函数对文件进行操作，参见"第 12 章　人形机器人仿真"。

第 5 章
Webots 编程

Webots 支持 C、C++、Python、Matlab 和 ROS 等多种编程语言。机器人控制器通常是嵌入式系统或工控机使用 C、C++ 编写的控制器代码，能方便地应用到仿真当中。

项目中的一个控制器可以应用于项目中的多台机器人，每个机器人控制器将作为一个独立的进程运行。

5.1 控制器程序编程

5.1.1 编码格式与习惯

用好 Webots 软件离不开编程语言的使用，常用编程语言包括 C/C++、Python、Matlab 等。在编写计算机程序时要注意代码的编写格式，避免因为格式错误而导致仿真未按预期运行。

在编写程序时，需要注意以下几点：

① 文件命名要规范，即使自己独立编程，也要注意避免因为文件名过于随意而导致麻烦。

② 变量定义要规范，避免因变量名混乱而造成程序逻辑问题。尽量少用单字母的变量名，要取有意义的变量名。

③ 语句书写要规范，使用合理的缩进，例如图 5-1 中的 while 要和后面的大括号对齐，而不应该缩进过多。没有对齐将导致程序无法阅读，进而导致程序错误。

正确的写法如图 5-2 所示。

```
26 printf("start ");
27     while (wb_robot_step(time_step) != -1)
28 {
29     // 设置电机转速
30 speed = 20;
31 wb_motor_set_velocity(motor,speed);
32     wb_robot_step(2000);
33     //控制方向
34 wb_motor_set_position(motorSteer, 0.16);
35 wb_robot_step(2000);
36     wb_motor_set_position(motorSteer, -0.16);
```

图 5-1 缩进未对齐

```
26 printf("start ");
27 while (wb_robot_step(time_step) != -1)
28 {
29     // 设置电机转速
30     speed = 20;
31     wb_motor_set_velocity(motor,speed);
32     wb_robot_step(2000);
33     //控制方向
34     wb_motor_set_position(motorSteer, 0.16);
35     wb_robot_step(2000);
36     wb_motor_set_position(motorSteer, -0.16);
```

图 5-2 修改后的缩进

④ 不要随意增加空格，如图 5-3、图 5-4 所示。

```
int i;
const double *accelerometer_value=wb_accelerometer_get_values (accelerometer);
const double *RF_TouchSensor_value=wb_touch_sensor_get_value   (RF_TouchSensor);
const double *LF_TouchSensor_value=wb_touch_sensor_get_value   (LF_TouchSensor);
const double *RB_TouchSensor_value=wb_touch_sensor_get_value   (RB_TouchSensor);
const double *LB_TouchSensor_value=wb_touch_sensor_get_value   (LB_TouchSensor);
```

图 5-3　函数名后的空格多余

```
int i;
const double *accelerometer_value=wb_accelerometer_get_values(accelerometer);
const double *RF_TouchSensor_value=wb_touch_sensor_get_value(RF_TouchSensor);
const double *LF_TouchSensor_value=wb_touch_sensor_get_value(LF_TouchSensor);
const double *RB_TouchSensor_value=wb_touch_sensor_get_value(RB_TouchSensor);
const double *LB_TouchSensor_value=wb_touch_sensor_get_value(LB_TouchSensor);
```

图 5-4　修改后的空格

⑤ 注意要检查 {} 是否对齐，未对齐会导致编译报错。推荐采用 {} 上下对齐的格式，如图 5-5、图 5-6 所示。

```
1   #include <webots/motor.h>
2   #include <webots/robot.h>
3   #include <webots/keyboard.h>
4   #include <stdio.h>
5   int main(int argc, char **argv) {
6     wb_robot_init();
7     WbDeviceTag leftMotor = wb_robot_get_device("left motor");
8     WbDeviceTag rightMotor = wb_robot_get_device("right motor");
9     wb_motor_set_position(leftMotor, INFINITY);
10    wb_motor_set_position(rightMotor, INFINITY);
11    wb_motor_set_velocity(leftMotor,0);
12    wb_motor_set_velocity(rightMotor,0);
13    double left_speed = 1.0;
14    double right_speed = 1.0;
15
16    int timeStep = wb_robot_get_basic_time_step();
17    while (wb_robot_step(timeStep) != -1){
18      int new_key = wb_keyboard_get_key();
19      while (new_key > 0) {
20        printf("%d\n",new_key);
21        switch (new_key) {
22
23        case 67://c
24          printf("RIGHT-DOWN pressed\n");
25          left_speed -= 1;
26          right_speed = -1;
27          break;
28        case 70://f
29          printf("A pressed\n");
30          wb_keyboard_disable();
31          break;
32        new_key = wb_keyboard_get_key();
33        }
34      }
35    }
36    wb_robot_cleanup();
37    return 0;
38  }
```

图 5-5　不推荐的格式

```
1   #include <webots/motor.h>
2   #include <webots/robot.h>
3   #include <webots/keyboard.h>
4   #include <stdio.h>
5   int main(int argc, char **argv)
6   {
7     wb_robot_init();
8     WbDeviceTag leftMotor = wb_robot_get_device("left motor");
9     WbDeviceTag rightMotor = wb_robot_get_device("right motor");
10    wb_motor_set_position(leftMotor, INFINITY);
11    wb_motor_set_position(rightMotor, INFINITY);
12    wb_motor_set_velocity(leftMotor,0);
13    wb_motor_set_velocity(rightMotor,0);
14    double left_speed = 1.0;
15    double right_speed = 1.0;
16
17    int timeStep = wb_robot_get_basic_time_step();
18    while (wb_robot_step(timeStep) != -1)
19    {
20      int new_key = wb_keyboard_get_key();
21      while (new_key > 0)
22      {
23        printf("%d\n",new_key);
24        switch (new_key)
25        {
26        case 67://c
27          printf("RIGHT-DOWN pressed\n");
28          left_speed -= 1;
29          right_speed = -1;
30          break;
31        case 70://f
32          printf("A pressed\n");
33          wb_keyboard_disable();
34          break;
35        new_key = wb_keyboard_get_key();
36        }
37      }
38    }
39    wb_robot_cleanup();
40    return 0;
41  }
```

图 5-6　推荐的格式

5.1.2　HelloWorld 示例

项目文件：HelloWorld

HelloWorld 示例代码如下，输出如图 5-7 所示。

```c
#include <Webots/robot.h>
#include <stdio.h>
int main()
{
 wb_robot_init();
 while(wb_robot_step(32) != -1)
  printf("Hello World!\n");
 wb_robot_cleanup();
 return 0;
}
```

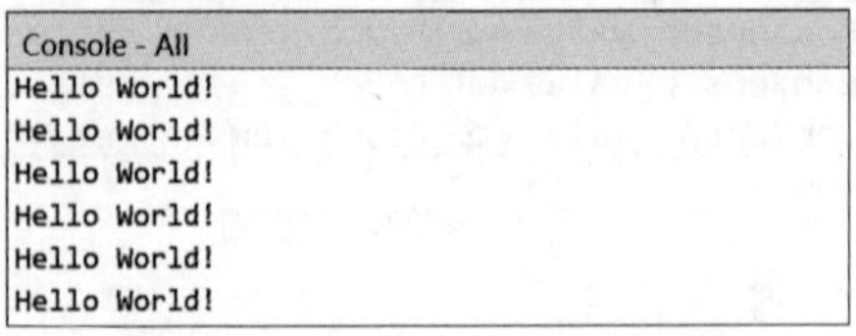

图 5-7　HelloWorld 程序输出

本示例将不断在 Webots 控制台窗口打印"Hello World！"。对于所有 Webots 支持的语言，标准输出和错误流会自动重定向到 Webots 控制台窗口。本示例中各语句说明如下：

① 头文件。与通常的 C 程序代码一样可以包含标准 C 的头文件，例如 #include <stdio.h>。若需要控制场景中的节点，需要把节点相关的头文件 include 进来。例如，场景中用到了 inertial unit，就需要引入相应的头文件 #include <Webots/inertial_unit.h>。若没有包含相应的头文件，程序编译将报错。

② wb_robot_init()。仅存在于 C API 中，其他编程语言中没有相应等效项。wb_robot_init() 要在任何其他函数之前调用，是 Webots 的控制器初始化函数。

③ wb_robot_cleanup()。仅存在于 C API 中，其他编程语言中没有相应等效项。wb_robot_cleanup() 函数关闭控制器和 Webots 之间的通信。

④ wb_robot_step()。该函数实现控制器的数据与 Webots 模拟器同步，需要出现在每个控制器中，并且必须定期调用，因此通常放在主循环中。

```
while(wb_robot_step(32)!= -1)
```

本语句中，32 表示仿真的步长，即 wb_robot_step() 计算 32ms 的模拟然后返回。注意，此时间是模拟的时间量，而不是真实时间。在实际运行的时候，可能需要 1ms 或 1min 的真实时间，这取决于仿真场景的复杂程度。

本例中，while 循环的退出条件是函数的返回值 wb_robot_step()!=-1。当 Webots 终止控制器程序时，此函数会返回。因此，按照本例中的写法，只要仿真运行，while 里的控制程序就会运行。

⑤ wb_robot_cleanup()。当 while 循环退出后，将执行 wb_robot_cleanup()，向 Webots 模拟器发送确认关闭通信。

5.1.3　读传感器示例

使用传感器，主要分为以下几步：
① 在场景中添加传感器，再添加传感器的物理外观 Solid 或 Shape 节点。

② 设置传感器的各个参数。
③ 编写控制器程序。

项目文件：readSensor

```c
#include <Webots/robot.h>
#include <Webots/distance_sensor.h>
#include <stdio.h>
#define TIME_STEP 32
int main()
{
 wb_robot_init();
 WbDeviceTag sensor = wb_robot_get_device("my_distance_sensor");
 wb_distance_sensor_enable(sensor, TIME_STEP);
 while (wb_robot_step(TIME_STEP) != -1)
 {
  double value = wb_distance_sensor_get_value(sensor);
  printf("Sensor value is %f\n", value);
 }
 wb_robot_cleanup();
 return 0;
}
```

传感器的控制器程序主要语句说明如下：

① 获取句柄 wb_robot_get_device()。句柄用于在控制器代码中识别该设备。若场景中不存在指定的对象，则该函数返回 0。

② 使用传感器 wb_*_enable()。每个传感器都必须先启用，然后才能使用。如果未启用传感器，将会返回未定义的值。启用传感器是通过使用相应的 wb_*_enable() 函数来实现的，其中星号 * 代表传感器类型。

例如，距离传感器使能函数定义如下：

```
void wb_distance_sensor_enable(WbDeviceTag tag, int sampling_period);
```

其中，参数 sampling_period 指定了传感器的采样周期，单位为 ms。但是，只有在第一个采样周期过后，才可以进行第一次测量。每个 wb_*_enable() 函数都允许以 ms 为单位指定更新周期。更新周期用于设置传感器数据两次更新之间的所需时间。在通常情况下，sampling_period 设置为 TIME_STEP，如本例中所示，传感器将在每次 wb_robot_step() 函数调用时更新。如果更新延迟选择为控制步长的 2 倍，即 TIME_STEPx2，则传感器数据将每 2 次 wb_robot_step() 函数调用更新一次，这非常适合模拟慢速设备，例如从摄像头这类非常耗资源的设备读取数据。sampling_period 设置得比控制步长 TIME_STEP 更小是没有意义的，因为控制器不可能以更高的频率处理数据。

对于某些设备，可以随时使用相应的禁用函数 wb_*_disable() 以提高仿真速度。

③ 获取传感器数据 wb_*_get_values()。本例中，获取传感器数据程序为：

```
double value = wb_distance_sensor_get_value(sensor);
```

Webots 还提供了 Gyro、Compass、GPS 等传感器，这些传感器返回值为指向三个双精度值的指针，例如，陀螺仪 Gryo 的数据读取函数定义为：

```
const double *wb_gyro_get_values(WbDeviceTag tag);
```

指针是函数内部分配的一个数组的地址。为了防止用户破坏指针，使用了 const 声明这个变量。const 表示指针指向的数据永远不应该被控制器代码显式删除，只能由系统自动删除。使用指针时，要避免访问越界，例如访问指针索引有效值以外的数据可能会使控制器程序崩溃。

例如，获取 Gyro 各轴的速度的函数写为：

```
const double gyroX = wb_gyro_get_values(gyro)[0];
const double gyroY = wb_gyro_get_values(gyro)[1];
const double gyroH = wb_gyro_get_values(gyro)[2];
```

5.1.4 使用执行器示例

使用执行器与使用传感器相同，也需要使用 wb_robot_get_device() 获取句柄，但是，与传感器不同，执行器不需要明确使能，因此，不需要使用 wb_*_enable() 函数。

项目文件：useActuator

```
#include <Webots/robot.h>
#include <Webots/motor.h>
#include <math.h>
#define TIME_STEP 32
int main()
{
 wb_robot_init();
 WbDeviceTag motor = wb_robot_get_device("my_motor");
 const double F = 2.0;   // frequency 2 Hz
 double t = 0.0;         // elapsed simulation time
 while (wb_robot_step(TIME_STEP) != -1)
 {
  const double position = sin(t * 2.0 * M_PI * F);
  wb_motor_set_position(motor, position);
  t += (double)TIME_STEP / 1000.0;
 }
 wb_robot_cleanup();
 return 0;
}
```

wb_motor_set_position() 函数只是为相应的旋转电机存储一个新的位置请求，并没有立即对电机进行驱动。有效的驱动是从下一次执行 wb_robot_step() 函数开始的。wb_robot_step() 函数向 Webots 仿真器发送了驱动命令，但是不需要等待 RotationalMotor 完成运动（即到达指定的目标位置）。

例如：让电机从 0°开始旋转，以 10°/s 的速度限速，旋转到 100°，那么 wb_motor_set_position() 函数只是把目标位置 100°发给了 Webots 仿真器，而不是在一个仿真周期内完成运动。但是当 wb_robot_step() 函数返回时，电机已经移动了一定的量，这取决于目标位置、仿真周期 [wb_robot_step() 函数的参数]、速度、加速度、力以及在电机的 ".wbt" 描述中指定的其他参数。

反之，如果让电机从 0°，以 1000°/s 的速度限速，旋转到 1°，那么当 wb_robot_step() 函数返回时，电机可能已经完全完成了运动。

注意

wb_motor_set_position() 函数只指定了期望的目标位置，电机并不一定能够旋转到指定角度。仿真就像真实的机器人一样，电机也有可能出现堵转或者扭矩不足等情况。

如果要同时控制几个 RotationalMotor 的运动，那么需要使用 wb_motor_set_position() 函数分别为每个 RotationalMotor 指定期望的位置，然后只需要调用一次 wb_robot_step() 函数就可以同时驱动所有的 RotationalMotor。

5.1.5　程序和场景对象的接口

获取句柄函数 wb_robot_get_device() 是程序和场景对象的接口。上例中，使用 C 语言进行编程，其中使用语句：

```
WbDeviceTag motor = wb_robot_get_device("my_motor");
```

如图 5-8 所示，wb_robot_get_device() 用于获取场景对象的句柄，"my_motor" 是场景对象的名称，即 name 属性的值。这个 name 属性不能直接用于编程，需要通过此函数将场景中的对象映射到程序中的变量，该变量为对象句柄。该函数的返回值是 WbDeviceTag 类型，可用于程序编程，而对象名 name 不可以用于程序。

获取到句柄后，就可以通过句柄对场景中的对象进行属性读写和成员函数调用等操作。

```
WbDeviceTag motor = wb_robot_get_device("my_motor");
```

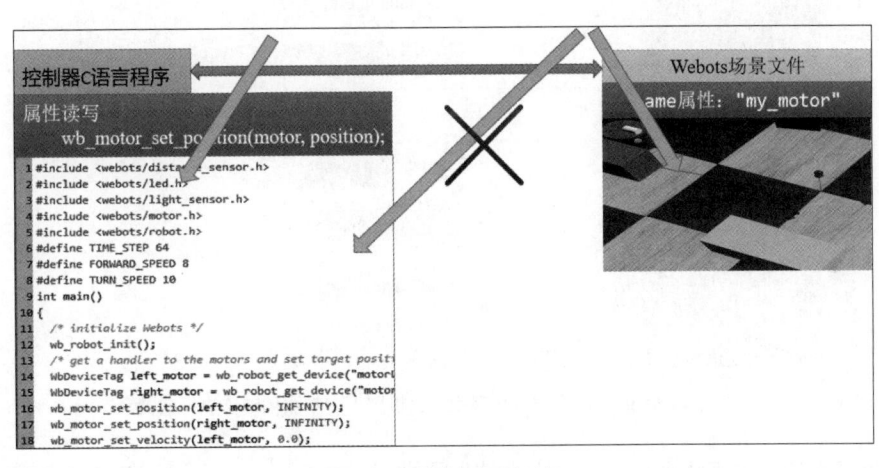

图 5-8　程序与场景对象

5.1.6　仿真周期和控制周期

Webots 中存在两个周期：

● Webots 仿真周期（simulation step）：Webots 仿真器的物理引擎的执行周期，在场景树节点属性 WorldInfo.basicTimeStep 中指定，即物理世界的仿真周期。计算机是离散的，CPU 是分时复用的，仿真就是使用离散化技术对真实连续世界的模拟。

● 机器人控制器控制周期：机器人控制器的程序执行周期，wb_robot_step(TIME_STEP)。

Webots 仿真器物理引擎的仿真步骤的执行不能中断。传感器的测量或电机的驱动只能在 Webots 仿真器物理引擎仿真步骤之间进行。因此，机器人控制器的控制周期必须是 Webots 仿真周期的整数倍。例如，如果模拟步骤是 16ms，那么机器人控制器的控制周期可以是 16ms、32ms、64ms、128ms 等。

Webots 支持单步执行，如图 5-9 所示。

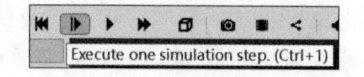

图 5-9 单步执行

图 5-10 详细描述了 Webots 仿真器的物理引擎、机器人控制器和单步执行之间的关系。

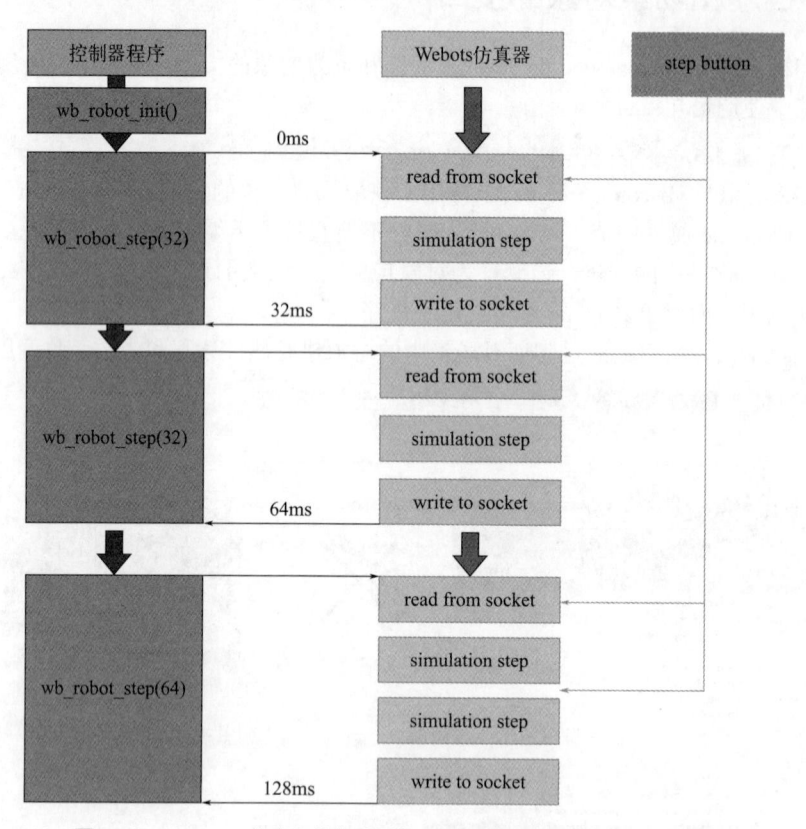

图 5-10 Webots 仿真器的物理引擎、机器人控制器和单步执行的关系

如果仿真场景中有两个机器人，那么软件至少有三个线程：一个用于 Webots 仿真器，两个分别用于两个机器人。这两个机器人线程中的 wb_robot_step() 均与 Webots 仿真器进行通信。

5.1.7　向控制器程序传递参数（C 语言）

Webots 软件调用控制器程序时，可以向控制器程序传递参数，但是 Matlab 除外。这些参数在 Robot 节点的 controllerArgs 属性中指定，如图 5-11 所示，常用于同样的控制器程序对机器人进行不同行为的控制场景。代码如下：

项目文件：controllerArg

```
#include <Webots/robot.h>
#include <stdio.h>
#include <string.h>
#define TIME_STEP 64
int main(int argc, const char *argv[])
{
```

```
wb_robot_init();
int i;
for (i = 0; i < argc; i++)
{
 if(strcmp(argv[i],"red")==-0)
 {
   printf("This is red robot\n");
   //printf("argv[%i]=%s\n", i, argv[i]);
 }
 if(strcmp(argv[i],"yellow")==-0)
 {
   printf("This is yellow robot\n");
   //printf("argv[%i]=%s\n", i, argv[i]);
 }
}
while (wb_robot_step(TIME_STEP) != -1)
{
};
wb_robot_cleanup();
return 0;
}
```

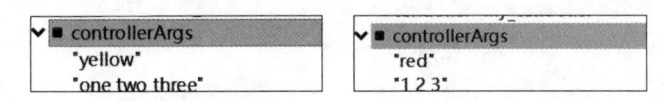

图 5-11　两个机器人控制器节点 controllerArgs 属性

程序运行后，能够看到两个机器人分别使用了相同的机器人控制器程序 my_controller.exe，但是参数不同，一个是"yellow""one two three"，另一个为"red""1 2 3"，输出如图 5-12 所示。

```
INFO: my_controller: Starting controller: D:\5.webots\Webots配套案例\controllerArg\controllers\my_controller\my_controller.exe yellow "one two three"
INFO: my_controller: Starting controller: D:\5.webots\Webots配套案例\controllerArg\controllers\my_controller\my_controller.exe red "1 2 3"
This is yellow robot
This is red robot
```

图 5-12　控制器输出

5.1.8　向控制器传递参数（Python）

本示例的项目文件如图 5-13 所示。
通过设置属性向控制器程序传递参数，如图 5-14 所示。

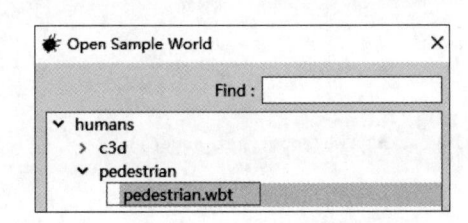

图 5-13　使用 Python 向控制器传递参数示例项目　　　　图 5-14　传递参数

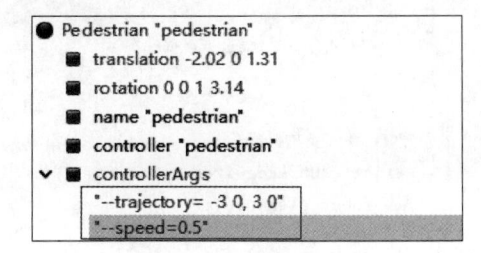

本例使用了 optparse 库进行参数的解析，脚本中的调用方法如下：

```python
# 第1步，导入optparse库
import optparse
  def run(self):
    # 第2步，初始化optparse
    opt_parser = optparse.OptionParser()
    # 第3步，添加解析属性。一定用"--"开头
    opt_parser.add_option("--trajectory", default="", help="Specify the trajectory in the format [x1 y1, x2 y2, ...]")
    opt_parser.add_option("--speed", type=float, default=0.5, help="Specify walking speed in [m/s]")
    opt_parser.add_option("--step", type=int, help="Specify time step (otherwise world time step is used)")
    # 第4步，提取用户设置的参数
    options, args = opt_parser.parse_args()
    # 第5步，逐项解析和处理，赋值到类的成员变量
    if options.speed and options.speed > 0:
      self.speed = options.speed
    if options.step and options.step > 0:
      self.time_step = options.step
    else:
      self.time_step = int(self.getBasicTimeStep())
    point_list = options.trajectory.split(',')
    # 主循环
    while not self.step(self.time_step) == -1:
# 程序框架。启动程序
controller = Pedestrian()
controller.run()
```

5.1.9　多个机器人使用相同的控制器程序

对于同型号的多台机器人，可以使用相同的控制器程序。这种方法广泛应用于 Webots 自带案例，如机器人集群控制等场合，具体实现有两种方法：

① 利用 controllerArgs 的属性进行参数的输入。
② 在程序中使用机器人的名称属性进行区分。

项目文件：EmitterReceiverRadio

主要脚本：

```c
if (strncmp(wb_robot_get_name(), "robotEmitter", 13) == 0)
{
  //根据机器人名字判断是发射器机器人
} else if (strncmp(wb_robot_get_name(), "robotReceiver", 14) == 0)
{
  //根据机器人名字判断是接收器机器人
} else
{
  //其他未定义的机器人
  printf("Unrecognized robot name '%s'. Exiting...\n", wb_robot_get_name());
  wb_robot_cleanup();
  return 0;
}
```

5.1.10 控制器程序退出

通常，控制器进程会无限循环运行，直到出现以下事件才会退出：
- Webots 退出；
- 仿真项目被重置 reset；
- 世界重新加载 reload；
- 加载新的仿真项目；
- 在机器人节点控制器 controller 属性中，切换为其他控制器程序名称或由监控 Supervisor 节点更改。

机器人控制器程序无法阻止其自身退出。当上述事件之一发生时，wb_robot_step() 函数返回 -1。从这一行代码开始，Webots 仿真器将不再与控制器程序通信。因此，控制器程序若要执行打印语句，stdout 或 stderr 将不再出现在 Webots 控制台中。真实时间的 1s 后，如果控制器程序没有自行退出，Webots 将终止控制器程序 (SIGKILL)。这样做的好处是给控制器程序留下了有限的时间来执行保存数据、关闭文件等操作。

以下程序演示了如何在即将终止之前保存数据：

```c
include <Webots/robot.h>
#include <Webots/distance_sensor.h>
#include <stdio.h>
#define TIME_STEP 32
int main()
{
 wb_robot_init();
 WbDeviceTag sensor = wb_robot_get_device("my_distance_sensor");
 wb_distance_sensor_enable(sensor, TIME_STEP);
 while (wb_robot_step(TIME_STEP) != -1) {
  const double value = wb_distance_sensor_get_value();
  printf("sensor value is %f\n", value);
 }
 // Webots triggered termination detected!
 // 这行代码之后printf()将没有信息出现在Webots控制台
 // 保存数据，这个过程不能长于1s
 saveExperimentData();
 wb_robot_cleanup();
 return 0;
}
```

5.1.11 Webots 中的包含头文件

在使用 C 语言编程时，经常需要包含头文件（include），包含的头文件可以来自系统库，也可以来自项目文件夹，如图 5-15 所示。

```
#include <webots/keyboard.h>  ──→ 从系统库中搜索
#include <webots/robot.h>

#include <arm.h>
#include <base.h>             ──→ 从项目路径中搜索
#include <gripper.h>
```

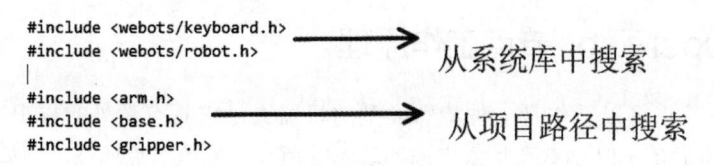

图 5-15 include 文件

系统库位于如图 5-16 所示的路径。

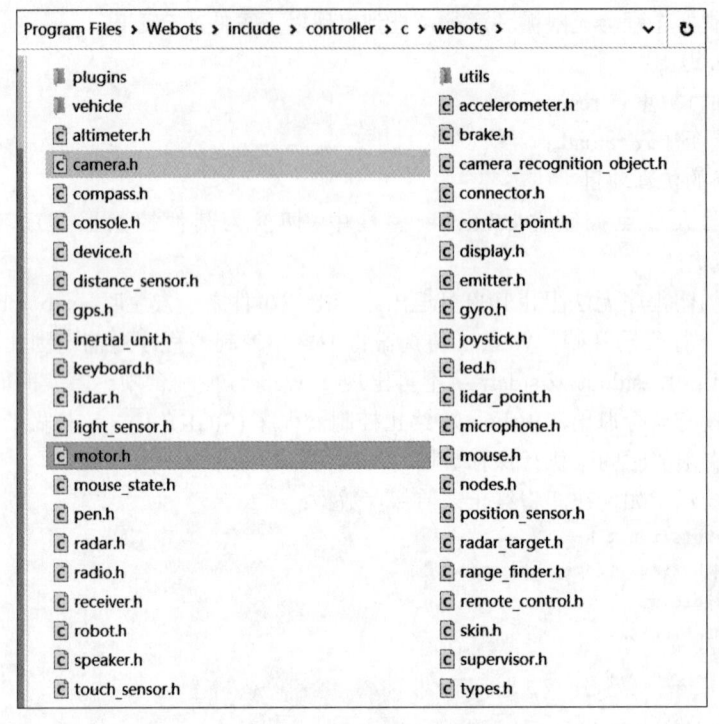

图 5-16 include 系统文件路径

项目搜索路径示例如图 5-17 所示。

图 5-17 include 项目文件路径

5.2 监控 Supervisor 节点编程

5.2.1 Supervisor 节点工作原理

Supervisor 节点可以看作是一种特殊类型的机器人，它具有额外的权限。Supervisor 节点可以通过其专有的 API 函数在场景中添加或删除节点，修改节点属性。例如，执行一些人类的操作，测量机器人的行进距离或将其移回初始位置等。

使用 Supervisor 节点，需要在场景中添加一个机器人节点，再将机器人 Robot 节点的 Supervisor 属性设置为 True，即此 Robot 节点将成为 Supervisor 节点。该机器人节点并非一般的机器人节点，具有更高的权限，可对其他机器人进行操作，如图 5-18 所示。

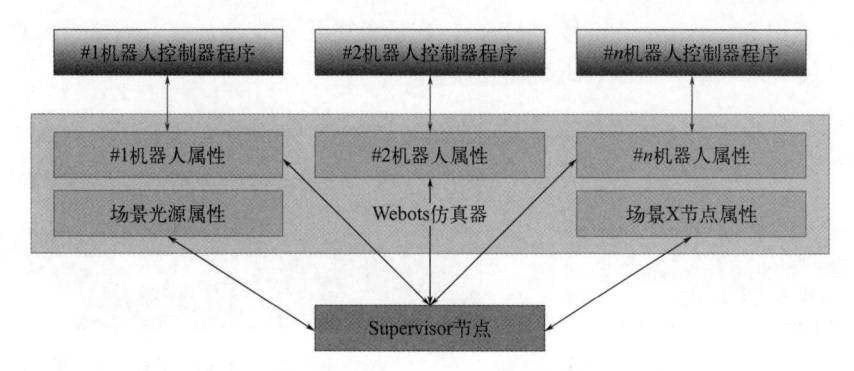

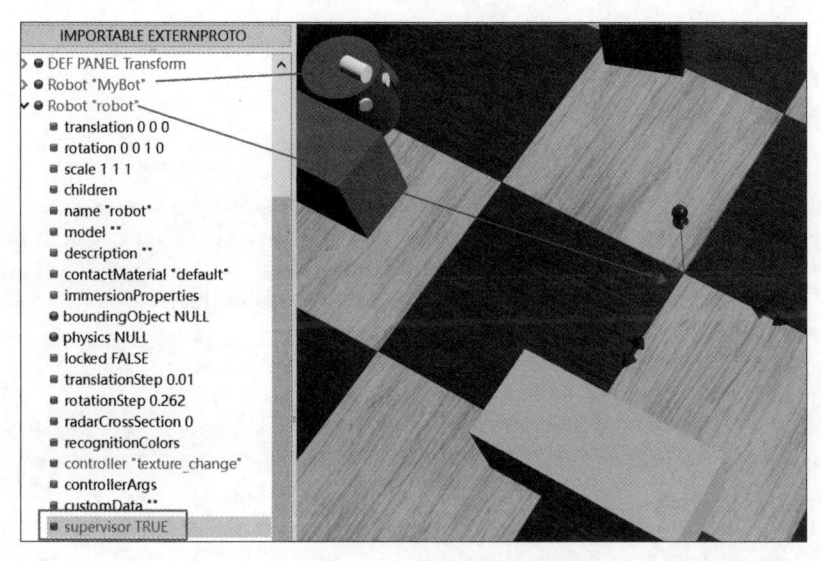

图 5-18 Supervisor 节点的权限

使用 Supervisor 节点，也需要包含相应的头文件：

```
#include <Webots/robot.h>
#include <Webots/supervisor.h>
```

5.2.2 Supervisor 节点示例 1：基本操作

使用 Supervisor 节点时，通常要在项目中添加额外的机器人节点以作为 Supervisor 节点。如图 5-19 所示，MyBot 为场景中的机器人，robot 是 Supervisor 节点，没有可见的物理实体，仅作为场景的控制使用。

图 5-19 Supervisor 节点的应用

若不将 Supervisor 设置为 True，控制器程序也能够编译通过，但是运行时会在 Supervisor 函数处报错，如图 5-20 所示。

```
Error: ignoring illegal call to wb_supervisor_field_set_mf_string() in a 'Robot' controller.
Error: this function can only be used in a 'Supervisor' controller.
```

图 5-20 Supervisor 属性未启用的报错

示例：使用 Supervisor 节点移动 Shape，在场景中显示文字，获取机器人节点的位置，调节场景光源效果，如图 5-21、图 5-22 所示。

项目文件：supervisor

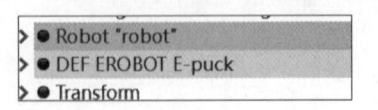

图 5-21 Robot 为 Supervisor 节点　　　　　图 5-22 Supervisor 节点编程效果

代码如下：

```c
#include <math.h>
#include <stdio.h>
#include <stdlib.h>
#include <Webots/robot.h>
#include <Webots/supervisor.h>
#define TIME_STEP 32
int main(int argc, char *argv[])
{
  // 定义节点变量和属性变量
  WbNodeRef node;
  WbFieldRef field;
  int i;
  // 初始化机器人函数
  wb_robot_init();
  //返回场景中根节点的句柄
  const WbNodeRef root_node = wb_supervisor_node_get_root();
  // 返回children节点句柄
  const WbFieldRef root_children_field = wb_supervisor_node_get_field(root_node, "children");
  // 返回children节点句柄对象的数量
  const int n = wb_supervisor_field_get_count(root_children_field);
  printf("This world contains %d nodes:\n", n);
  // 遍历根节点下所有子节点，并打印名称
  for (i = 0; i < n; i++)
  {
    // 返回多值属性的某个属性
    node = wb_supervisor_field_get_mf_node(root_children_field, i);
    printf("-> %s\n", wb_supervisor_node_get_type_name(node));
  }
  printf("\n");
  // 获取第一个节点，WorldInfo节点的'gravity'属性值
  node = wb_supervisor_field_get_mf_node(root_children_field, 0);//获取节点句柄
  field = wb_supervisor_node_get_field(node, "gravity");
```

```
    const double gravity = wb_supervisor_field_get_sf_float(field);
    printf("WorldInfo.gravity = %g\n\n", gravity);
    // 在3D场景上叠加文本
    wb_supervisor_set_label(0, "Going to move the location of the PointLight\nin 2 seconds
(simulation time)...", 0.0, 0.0, 0.1,
                0x00FF00, 0.1, "Georgia");
    // move the 'PointLight' node after waiting 2 seconds
    printf("Going to move the location of the PointLight in 2 seconds (simulation
time)...\n");
    // 暂停2s
    wb_robot_step(2000);
    // 获取光源句柄
    node = wb_supervisor_field_get_mf_node(root_children_field, 3);
    // 获取光源的location属性
    field = wb_supervisor_node_get_field(node, "location");
    const double location[3] = {0.5, 0.5, 0.3};
    // 给光源的location属性赋值
    wb_supervisor_field_set_sf_vec3f(field, location);
    // 在3D场景上叠加文本
    wb_supervisor_set_label(0, "Going to import a Sphere in 2 seconds (simulation time)...",
0.0, 0.0, 0.1, 0x00FF00, 0.1,"Georgia");
    printf("Going to import a Sphere in 2 seconds (simulation time)...\n");
    // 暂停2s
    wb_robot_step(2000);
    // 将新节点导入
    wb_supervisor_field_import_mf_node_from_string(
     root_children_field, -1, // import at the end of the root children field
     "Transform { children [ Shape { appearance PBRAppearance { } geometry Sphere { radius 0.1
subdivision 3 } } ] }");
    // 在3D场景上叠加文本
    wb_supervisor_set_label(0, "Going to move the Sphere in 2 seconds (simulation time)...",
0.0, 0.0, 0.1, 0x00FF00, 0.1,"Georgia");
    printf("Going to move the Sphere in 2 seconds (simulation time)...\n");
    // 暂停2s
    wb_robot_step(2000);
    // 在3D场景上叠加文本
    wb_supervisor_set_label(0, "", 0.0, 0.0, 0.0, 0x00FF00, 0.0, "Georgia");
    double translation[3] = {0.0, 0.0, 0.0};
    // 获取根节点的children属性的最后一个节点，因为获取的是最后一个节点，所以就是前面程序添加的shape球体
    node = wb_supervisor_field_get_mf_node(root_children_field, -1);
    // 获取translation属性
    field = wb_supervisor_node_get_field(node, "translation");
    //获取E-puck机器人节点句柄
    WbNodeRef robot_node = wb_supervisor_node_get_from_def("EROBOT");
    if (robot_node == NULL)
    {
     fprintf(stderr, "No DEF EROBOT node found in the current world file\n");
     exit(1);
    }else
    {
     fprintf(stderr, "EROBOT found in the current world file\n");
    }
```

```c
// 获取robot_node节点的translation属性
WbFieldRef trans_field = wb_supervisor_node_get_field(robot_node, "translation");
while (wb_robot_step(TIME_STEP) != -1)
{
    // 不断移动球体到新位置
    translation[0] = 0.3 * cos(wb_robot_get_time());
    translation[1] = 0.3 * sin(wb_robot_get_time());
    // 设置translation属性值
    wb_supervisor_field_set_sf_vec3f(field, translation);
    const double *values = wb_supervisor_field_get_sf_vec3f(trans_field);
    printf("MY_ROBOT is at position: %g %g %g\n", values[0], values[1], values[2]);
    wb_robot_step(5000);
}
wb_robot_cleanup();
return 0;
}
```

5.2.3　Supervisor 节点示例 2：为场景对象施加力和力矩

Supervisor 节点可以对场景各对象施加力和力矩，如图 5-23 所示。使用的函数为：
- 给节点施加力：wb_supervisor_node_add_force()。
- 给节点施加带偏置的力：wb_supervisor_node_add_force_with_offset()。
- 给节点施加力矩：wb_supervisor_node_add_torque()。

函数定义参见后节。

本例演示施加力的操作。

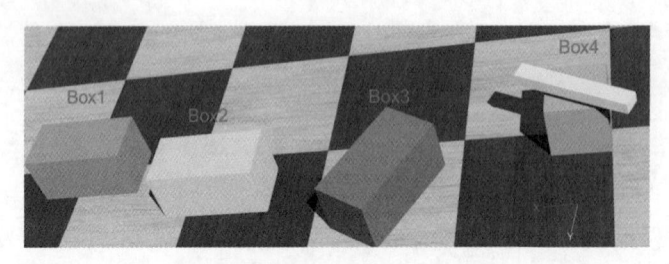

图 5-23　为场景对象施加力和力矩

① Box1：在其质心位置施加向上（Z 轴正方向）的力，实现跳跃。在大循环外施加一次，只跳跃一次，在大循环里施加两次不同数值的力，跳跃的高度不同。

② Box2：在大循环内，周期性地在其质心位置施加 Y 轴正方向的力，实现 Y 轴正方向的移动。

③ Box3：在大循环内，周期性地在其质心位置偏 X 正方向施加 Y 轴正方向的力，由于地面摩擦的作用，实现绕 Z 轴的正转。

④ Box4：Box4 作为从动旋转关节的末端 endPoint 对象，在大循环内，周期性地施加与 Box3 类似的偏心力，实现绕关节锚点的旋转。

每个 Box 的施加力间隔 2s，每次力施加完之后，Box 对象对施加的力进行反馈。Box1、Box2、Box3 的地面摩擦力较大，则在施加力之后，Box 对象会停止。但是对于 Box4 而言，则是间接地接受偏心推力，将不断加速旋转。在 Box4 下添加 Damping 节点可以实现空气阻力的调节，也可以实现停止的效果。代码如下：

项目文件：supervisorAddForce

```c
#include <Webots/robot.h>
#include <Webots/supervisor.h>
#include <stdio.h>
#define TIME_STEP 64
int main(int argc, char **argv)
{
 WbNodeRef boxNode1,boxNode2,boxNode3,boxNode4;
 const double forceInit[3]={0,0,101};
 const double forceConst1[3]={0,0,30};
 const double forceConst2[3]={0,0,60};
 const double forceConstY[3]={0,21,0};
 const double forceConstY2[3]={0,0.3,0};
 const double Xoffset[3]={0.08,0,0};
 wb_robot_init();
 // 获节点句柄
 boxNode1 = wb_supervisor_node_get_from_def("BOX1");
 boxNode2 = wb_supervisor_node_get_from_def("BOX2");
 boxNode3 = wb_supervisor_node_get_from_def("BOX3");
 boxNode4 = wb_supervisor_node_get_from_def("BOX4");
 // 若句柄不存在，则报错
 if (boxNode1 == NULL ||boxNode2 == NULL ||boxNode3 == NULL)
 {
   printf("Box was not found\n");
 }
 //Box1跳跃,只是瞬间起作用
 wb_supervisor_node_add_force(boxNode1,forceInit,false);
 // 循环
 while (wb_robot_step(TIME_STEP) != -1)
 {
  //Box1跳跃
  wb_supervisor_node_add_force(boxNode1,forceConst1,false);
  printf("box1 jump");
  wb_robot_step(2000);
  wb_supervisor_node_add_force(boxNode1,forceConst2,false);
  wb_robot_step(2000);
  //Box2沿Y轴正方向移动
  wb_supervisor_node_add_force(boxNode2,forceConstY,false);
  printf("box2 push");
  wb_robot_step(2000);
  //Box3沿Y轴正方向移动,施加的力有偏置方向。offset坐标值相对于被施加力的节点而言
  wb_supervisor_node_add_force_with_offset(boxNode3,forceConstY,Xoffset,true);
  printf("box3 rotate");
  wb_robot_step(2000);
   //Box4沿Y轴正方向移动,施加的力有偏置方向。offset坐标值相对被施加力的节点而言
  wb_supervisor_node_add_force_with_offset(boxNode4,forceConstY2,Xoffset,true);
  wb_robot_step(2000);
  printf("box4 push");
 }
 wb_robot_cleanup();
```

```
    return 0;
}
```

5.2.4　Supervisor 节点常用函数和操作

作为对上节示例的解释，本节介绍 Supervisor 节点常用函数和操作。

（1）根据 DEF 名称获取节点句柄 wb_supervisor_node_get_from_def()

函数定义：

```
WbNodeRef wb_supervisor_node_get_from_def(const char *def);
```

示例：在场景树中搜索名为"EROBOT"的节点。

```
WbNodeRef robot_node = wb_supervisor_node_get_from_def("EROBOT");
```

函数的参数是节点的 DEF 名称，而不是用于识别设备的名称，如图 5-24 所示。

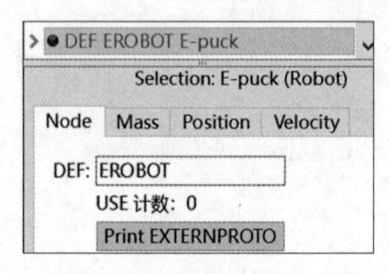

图 5-24　机器人节点的 DEF

可以在 DEF 参数中使用"."作为范围运算符。在节点层次结构中查找特定节点路径时可以使用"."。例如在名为"ROBOT"的节点内的名为"JOINT"的节点内搜索名为"SOLID"的节点：

```
WbNodeRef node = wb_supervisor_node_get_from_def("ROBOT.JOINT.SOLID");
```

（2）获取场景根节点的句柄 wb_supervisor_node_get_root()

此函数返回场景根节点的句柄，该节点实际上是一个组节点，包含 Webots 场景树窗口中根节点下的所有可见节点。与任何 Group 节点一样，根节点有"children"属性，可以读取场景树中的每个节点。

（3）获取节点本身的句柄 wb_supervisor_node_get_self()

获取节点本身的句柄，无须为其定义 DEF 名称。

函数定义：

```
WbNodeRef wb_supervisor_node_get_self();
```

（4）遍历场景中所有节点操作

遍历场景中所有节点，主要步骤有：

① 使用 const WbNodeRef root_node = wb_supervisor_node_get_root() 获取场景根节点的句柄。

② 使用 const WbFieldRef root_children_field = wb_supervisor_node_get_field(root_node, "children") 获取场景根节点的 children 节点句柄。

③ 使用 for 循环遍历根节点下所有子节点，使用 wb_supervisor_field_get_mf_node() 函数获取属性的值。

```
   for (i = 0; i < n; i++)
   {
     // 返回多值属性的某个属性
     node = wb_supervisor_field_get_mf_node(root_children_field, i);
     printf("-> %s\n", wb_supervisor_node_get_type_name(node));
   }
```

（5）获取节点的位姿 wb_supervisor_node_get_pose()

获取节点相对于某个节点的位姿。返回一个表示节点位姿的 4×4 齐次变换矩阵。矩阵如下所示：

```
[ M[0]  = R[0,0]    M[1]  = R[0,1]    M[2]  = R[0,2]    M[3]  = T[0]    ]
[ M[4]  = R[1,0]    M[5]  = R[1,1]    M[6]  = R[1,2]    M[7]  = T[1]    ]
[ M[8]  = R[2,0]    M[9]  = R[2,1]    M[10] = R[2,2]    M[11] = T[2]    ]
[ M[12] = 0         M[13] = 0         M[14] = 0         M[15] = 1       ]
```

函数定义：

const double *wb_supervisor_node_get_pose(WbNodeRef node, WbNodeRef from_node);

参数说明：

node：要获取位姿的节点。该节点必须是 Transform 节点（或派生节点，例如 Solid），即属性中有 translation 的节点。Shape 类型没有 translation 属性，不可以作为获取位姿的节点。

from_node: 相对的节点。如果为 NULL，表示相对于世界坐标系。

项目文件：supervisor_pose

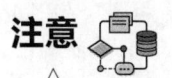

```
WbNodeRef cylinder = wb_supervisor_node_get_from_def("CYLINDER");
const double *cylinder_pose = wb_supervisor_node_get_pose(cylinder, NULL);
// 提取位置和姿态
double cylinder_rotation[9] = {cylinder_pose[0], cylinder_pose[1], cylinder_pose[2],
                               cylinder_pose[4], cylinder_pose[5], cylinder_pose[6],
                               cylinder_pose[8], cylinder_pose[9], cylinder_pose[10]};
double cylinder_translation[3] = {cylinder_pose[3], cylinder_pose[7], cylinder_pose[11]};
// 在3D场景中显示数值
char str[128];
int textID = 0;
sprintf(str, "%s %7.3f %7.3f %7.3f", "cylinder", cylinder_translation[0], cylinder_translation[1], cylinder_translation[2]);
wb_supervisor_set_label(textID, str, 0.01, 0.01 + 0.05 * textID, 0.1, 0x0000ff, 0.0, "Arial");
```

> **注意**：wb_supervisor_node_get_pose() 没有相应的 set 函数。

项目文件：supervisor_pose

（6）获取节点的姿态 wb_supervisor_node_get_orientation()

该方法用于获取节点相对于某个节点的姿态，返回一个表示节点位姿的 3×3 正交矩阵。

该矩阵如下所示：

```
[ R[0]    R[1]    R[2]]
[ R[3]    R[4]    R[5]]
[ R[6]    R[7]    R[8]]
```

正交矩阵的每一列表示三个主轴（X、Y 和 Z）中的每一个在节点坐标系中的指向位置。矩阵的列（和行）是成对的正交单位向量（即，它们形成标准正交基）。因为矩阵是正交的，所以它的转置也是它的逆矩阵。

> **注意**
>
> wb_supervisor_node_get_orientation() 没有相应的 set 函数。

（7）设置节点属性值 wb_supervisor_field_set_sf/mf_*()

节点属性值可分为两类：

① 单个属性 field（SF，single filed）赋值：使用 wb_supervisor_field_set_sf_*() 为前缀的函数。要设置的属性类型必须与使用的函数名称相匹配。例如，某个节点某个属性值是 bool 类型，就应使用 wb_supervisor_field_set_sf_bool() 进行赋值。该类函数有：

```
void wb_supervisor_field_set_sf_bool(WbFieldRef field, bool value);
void wb_supervisor_field_set_sf_int32(WbFieldRef field, int value);
void wb_supervisor_field_set_sf_float(WbFieldRef field, double value);
void wb_supervisor_field_set_sf_vec2f(WbFieldRef sf_field, const double values[2]);
void wb_supervisor_field_set_sf_vec3f(WbFieldRef field, const double values[3]);
void wb_supervisor_field_set_sf_rotation(WbFieldRef field, const double values[4]);
void wb_supervisor_field_set_sf_color(WbFieldRef field, const double values[3]);
void wb_supervisor_field_set_sf_string(WbFieldRef field, const char *value);
//删除单属性函数
void wb_supervisor_field_remove_sf(WbFieldRef field);
```

项目文件：supervisor

② 多个属性 field（MF，multiple filed）赋值：使用 wb_supervisor_field_set_mf_*() 前缀的函数，工作方式与 wb_supervisor_field_set_sf_*() 函数相同，但具有多个参数。index 参数表示索引值。index=0 表示第一个项目，index= −1 表示最后一个项目。如图 5-25 中的几个属性就是多属性的属性，在节点单击右键，如果"新增"可用的，表示此属性是多属性。

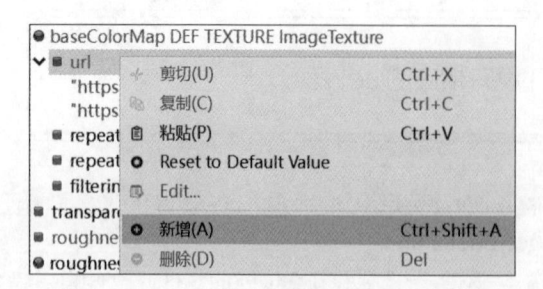

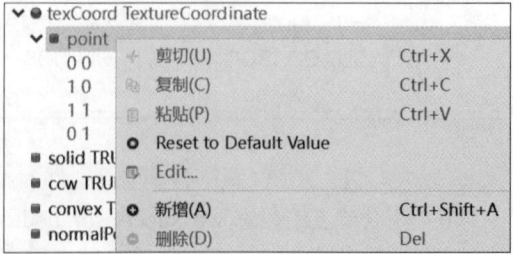

图 5-25　属性值为多个 field(MF) 参数的情况

赋值函数有：

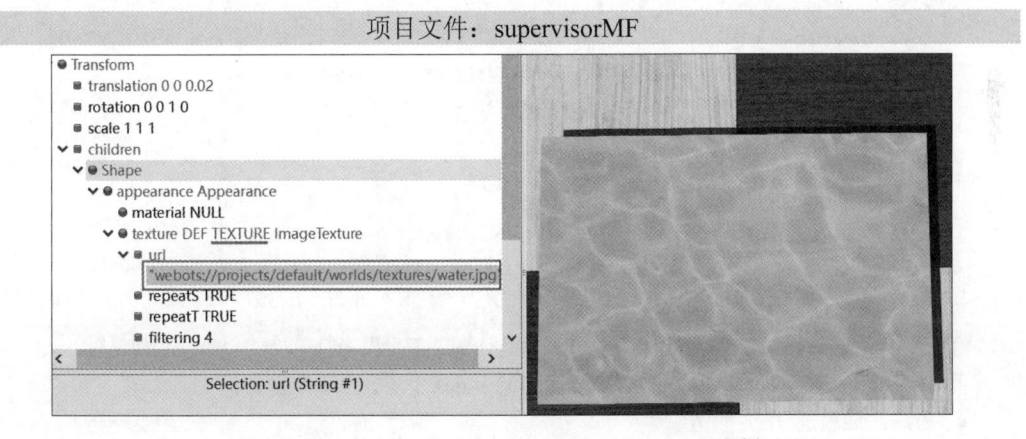

```
void wb_supervisor_field_set_mf_bool(WbFieldRef field, int index, bool value);
void wb_supervisor_field_set_mf_int32(WbFieldRef field, int index, int value);
void wb_supervisor_field_set_mf_float(WbFieldRef field, int index, double value);
void wb_supervisor_field_set_mf_vec2f(WbFieldRef field, int index, const double values[2]);
void wb_supervisor_field_set_mf_vec3f(WbFieldRef field, int index, const double values[3]);
void wb_supervisor_field_set_mf_rotation(WbFieldRef field, int index, const double values[4]);
void wb_supervisor_field_set_mf_color(WbFieldRef field, int index, const double values[3]);
void wb_supervisor_field_set_mf_string(WbFieldRef field, int index, const char *value);
//删除多属性函数
void wb_supervisor_field_remove_mf(WbFieldRef field, int index);
```

本例实现了一个使用 wb_supervisor_field_set_mf_string() 函数对纹理节点的 url 属性进行设置的例子，实现了纹理切换的功能，如图 5-26 所示。

项目文件：supervisorMF

图 5-26　wb_supervisor_field_set_mf_string() 示例

使用 wb_supervisor_field_set_mf_*() 前缀的函数要注意，若场景中节点属性为空，则无法设置，需要保证 mf 类型的节点属性中有值，且数量足够才可以。之后的 wb_supervisor_field_set_mf_string(url, 0, text1) 函数指定的索引 index 为 0，这个值的索引存在才可以设置，如图 5-27 所示。

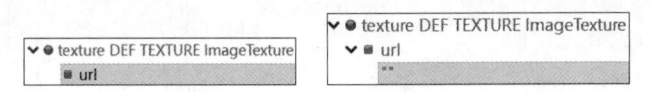

图 5-27　左图数组中无数据（无法设置，index0 不存在），右图数组中有数据（可以设置，index0 存在）

```c
#include <Webots/robot.h>
#include <Webots/supervisor.h>
#include <stdio.h>
#define TIME_STEP 64
int main(int argc, char **argv)
{
  WbNodeRef image_texture;
  WbFieldRef url;
  const char *text1;
  const char *text2;
  wb_robot_init();
  // 获取纹理节点句柄
  image_texture = wb_supervisor_node_get_from_def("TEXTURE");
  // 若句柄不存在，则报错
  if (image_texture == NULL)
  {
      printf("TEXTURE was not found\n");
  }
  // 获取属性句柄
  url = wb_supervisor_node_get_field(image_texture, "url");
  // 大循环
  while (wb_robot_step(TIME_STEP) != -1)
  {
      // 设置纹理1
      text1 = "Webots://projects/default/worlds/textures/grass.jpg";
      wb_supervisor_field_set_mf_string(url, 0, text1);
      wb_robot_step(1000);
       // 设置纹理2
      text2 = "Webots://projects/default/worlds/textures/water.jpg";
      wb_supervisor_field_set_mf_string(url, 0, text2);
      wb_robot_step(1000);
  }
  wb_robot_cleanup();
  return 0;
}
```

由于 MF 的特殊性，Webots 也提供了在指定位置插入属性的函数，例如：

```c
void wb_supervisor_field_insert_mf_bool(WbFieldRef field, int index, bool value);
```

其中，index 表示插入位置的索引。不同的 index 代表不同的意义：
- 0：在属性最开头插入。
- 1：在第二个位置插入。
- 2：在第三个位置处插入。
- -1：在最后一个位置插入。
- -2：在倒数第二个位置插入。
- -3：在倒数第三个位置插入。

（8）设置节点某个属性值的操作

主要步骤有：

① 获取场景对象节点句柄；

② 获取属性句柄；

③ 向指定属性赋值。

代码如下：

```
WbNodeRef node = wb_supervisor_node_get_from_def("EROBOT");
 // 获取translation属性
 field = wb_supervisor_node_get_field(node, "translation");
 translation[0] = 0.3 * cos(wb_robot_get_time());
 translation[1] = 0.3 * sin(wb_robot_get_time());
 // 获取translation属性值
 wb_supervisor_field_set_sf_vec3f(field, translation);
```

（9）设置节点的位姿

项目文件：supervisor_pose

设置节点的 translation 属性的值可以改变节点对象的位姿，如图 5-28 所示。

图 5-28　机器人节点位姿

```
#include <math.h>
#include <stdio.h>
#include <Webots/robot.h>
#include <Webots/supervisor.h>
#define TIME_STEP 100
int main()
{
  // initialize Webots
  wb_robot_init();
  // 节点句柄
  WbNodeRef target = wb_supervisor_node_get_from_def("CUBIC");
  WbNodeRef cylinder = wb_supervisor_node_get_from_def("CYLINDER");
  // 具体对象的某个属性的句柄
  WbFieldRef trans_field = wb_supervisor_node_get_field(target, "translation");
  double translation[3] = {0.0, 0.0, 0.0};
  while (wb_robot_step(TIME_STEP) != -1)
  {
    // --------------1--------------
    // 获取cylinder相对于世界坐标系的位姿
    const double *cylinder_pose = wb_supervisor_node_get_pose(cylinder, NULL);
    // 提取位置和姿态
    double cylinder_rotation[9] = {cylinder_pose[0], cylinder_pose[1], cylinder_pose[2],
cylinder_pose[4], cylinder_pose[5],
                                   cylinder_pose[6], cylinder_pose[8], cylinder_pose[9],
cylinder_pose[10]};
```

```c
        double cylinder_translation[3] = {cylinder_pose[3], cylinder_pose[7], cylinder_pose[11]};
        // 在3D场景中显示数值
        char str[128];
        int textID = 0;
        sprintf(str, "%s %7.3f %7.3f %7.3f", "cylinder", cylinder_translation[0], cylinder_translation[1], cylinder_translation[2]);
        wb_supervisor_set_label(textID, str, 0.01, 0.01 + 0.05 * textID, 0.1, 0x0000ff, 0.0, "Arial");
        // --------------2---------------
        // 获取cylinder相对于立方体的位姿
        const double *cylinder2_pose = wb_supervisor_node_get_pose(cylinder, target);
        // 提取位置和姿态
        double cylinder2_rotation[9] = {cylinder2_pose[0], cylinder2_pose[1], cylinder2_pose[2], cylinder2_pose[4], cylinder2_pose[5],
                                        cylinder2_pose[6], cylinder2_pose[8], cylinder2_pose[9], cylinder2_pose[10]};
        double cylinder2_translation[3] = {cylinder2_pose[3], cylinder2_pose[7], cylinder2_pose[11]};
        // 在3D场景显示数值
        textID = 1;
        sprintf(str, "%s %7.3f %7.3f %7.3f", "cylinder", cylinder2_translation[0], cylinder2_translation[1], cylinder2_translation[2]);
        wb_supervisor_set_label(textID, str, 0.01, 0.01 + 0.05 * textID, 0.1, 0xff0000, 0.0, "Arial");
        // --------------3---------------
        // 不断移动立方体到新位置
        translation[0] = 0.3 * cos(wb_robot_get_time());
        translation[1] = 0.3 * sin(wb_robot_get_time());
        translation[2] = abs(0.5 * sin(wb_robot_get_time()));
        // 设置translation属性值
        wb_supervisor_field_set_sf_vec3f(trans_field, translation);
        wb_robot_step(1000);
    }
    wb_robot_cleanup();
    return 0;
}
```

（10）在 3D 场景叠加文本 wb_supervisor_set_label()

在 3D 场景上指定位置叠加某种字体的文本，能够覆盖 3D 场景中的对象。函数定义：

```c
void wb_supervisor_set_label(int id, const char *text, double x, double y, double size, int color, double transparency, const char *font);
```

参数说明：
- id：文本的唯一标识符，范围 0～65534。如果要更改该文本对象，后面的代码可以使用相同的值。id 值 65535 保留，用于自动视频字幕。
- text：要显示的文本字符串。
- x 和 y：double 类型，取值范围 0～1，表示文本占 3D 窗口宽度和高度的百分比。
- size：double 类型，表示字体的大小。单位与 y 单位相同。
- color：文本颜色。使用 3byte 的 RGB 整数，
- transparency：double 类型，表示文本的透明度。0 表示不透明，1 表示完全透明（文

本将不可见)。
- font：文本字体，常用的标准字体如表 5-1 所示，显示如图 5-29 所示。

表5-1　Webots常用标准字体

字体名称	字体名称
Arial	Lucida Sans Unicode
Arial Black	Palatino Linotype
Comic Sans MS	Tahoma
Courier New	Times New Roman
Georgia	Trebuchet MS
Impact	Verdana
Lucida Console	

项目文件：supervisor

图 5-29　文本字体显示

```
//在3D窗口的左上角以红色显示文本"hello world"。
wb_supervisor_set_label(0,"hello world",0,0,0.1,0xff0000,0,"Arial");
//在下方以半透明绿色显示文本"hello Webots"。
wb_supervisor_set_label(1,"hello Webots",0,0.1,0.1,0x00ff00,0.5,"Impact");
//将之前定义的文本"hello world"更改为"hello universe"，新文本使用黄色。
wb_supervisor_set_label(0,"hello universe",0,0,0.1,0xffff00,0,"Times New Roman");
wb_supervisor_set_label(0, "Going to move the location of the PointLight\nin 2 seconds (simulation time)...", 0.0, 0.0, 0.1,0x00FF00, 0.1, "Georgia");
```

(11) 增加节点 wb_supervisor_field_import_mf_node_from_string()

```
wb_supervisor_field_import_mf_node_from_string(
    root_children_field, -1, // -1表示在场景最末尾添加节点
    "Transform { children [ Shape { appearance PBRAppearance { } geometry Sphere { radius 0.1 subdivision 3 } } ] }"
);
```

(12) 获取节点速度 wb_supervisor_node_get_velocity()

返回在全局（世界）坐标系中表示的节点的绝对速度（包括线速度和角速度）。节点参数必须是一个实体节点或其派生节点，否则该函数将报错并返回 6 个 NaN。此函数返回包含 6 个值的向量。前 3 个分别是沿 X、Y 和 Z 方向上的线速度，后 3 个分别是绕 X、Y 和 Z 轴的角速度。

函数定义：

```
const double *wb_supervisor_node_get_velocity(WbNodeRef node);
```

示例参考"设置节点速度"函数。

(13) 设置节点速度 wb_supervisor_node_set_velocity()

该函数设置某个节点在全局（世界）坐标系中表示的绝对速度（包括线速度和角速度）。

节点必须是 Solid 节点或其派生节点，否则将报错，并且没有任何仿真效果。

函数定义：

```
void wb_supervisor_node_set_velocity(WbNodeRef node, const double velocity[6]);
```

其中：

● velocity：速度，是一个包含 6 个值的向量。前 3 个分别是 X、Y 和 Z 方向上的线速度，后 3 个分别是围绕 X、Y 和 Z 轴的角速度。

示例：本例在初始化时，给立方体、圆柱体、球体不同的速度值，实现了三个物体在初速度下的仿真，如图 5-30 所示。立方体在地板滑动，圆柱体沿地板滚动，球体在原地旋转。

项目文件：supervisior_setVel

图 5-30 三个物体在不同的初速度下的仿真

```c
#include <stdio.h>
#include <Webots/robot.h>
#include <Webots/supervisor.h>
#define TIME_STEP 32
int main(int argc, char **argv)
{
  wb_robot_init();
  const double box_velocity[6] = {0, 3, 0, 0, 0, 20};
  const double cyl_velocity[6] = {0, 0.8, 0, 20, 0, 0};
  const double ball_velocity[6] = {0, 0, 0, 0, 0, 20};
  double cyl_velocity_rd;
  double ball_velocity_rd;
  char buffer[50];
  const WbNodeRef box_node = wb_supervisor_node_get_from_def("box");
  const WbNodeRef cylinder_node = wb_supervisor_node_get_from_def("cylinder");
  const WbNodeRef sphere_node = wb_supervisor_node_get_from_def("sphere");
  //设置初速度
  wb_supervisor_node_set_velocity(box_node, box_velocity);
  wb_supervisor_node_set_velocity(cylinder_node, cyl_velocity);
  wb_supervisor_node_set_velocity(sphere_node, ball_velocity);
   while (wb_robot_step(TIME_STEP)                       != -1)
  {
    //获取速度
    cyl_velocity_rd = wb_supervisor_node_get_velocity(cylinder_node)[1];
    ball_velocity_rd = wb_supervisor_node_get_velocity(sphere_node)[5];
    //在场景窗口显示
```

```
    sprintf(buffer, "robot speed: %1.6f ", cyl_velocity_rd);
    wb_supervisor_set_label(0,buffer,0,0,0.1,0xff0000,0,"Arial");
    sprintf(buffer, "robot speed: %1.3f ", ball_velocity_rd);
    wb_supervisor_set_label(1,buffer,0,0.1,0.1,0x0000ff,0,"Arial");
  };
  wb_robot_cleanup();
  return 0;
}
```

(14) 给节点施加力 wb_supervisor_node_add_force()

该函数在实体节点的质心处施加一个力。

函数定义：

```
void wb_supervisor_node_add_force(WbNodeRef node, const double force[3], bool relative);
```

其中：
- node：施加力的对象节点；
- force：3 个值的向量，施加的力；
- relative：若为 false，该力在世界坐标系中表示；若为 true，该力相对于被施加力的节点表示。

(15) 给节点施加带偏置的力 wb_supervisor_node_add_force_with_offset()

wb_supervisor_node_add_force_with_offset() 函数在参数定义的位置（在节点坐标系中表示）向 Solid 节点添加一个力。

函数定义：

```
void wb_supervisor_node_add_force_with_offset(WbNodeRef node, const double force[3], const double offset[3], bool relative);
```

其中：
- offset：三维向量，定义施加力的偏置值的位置。

其他参数与上一个函数相同。

(16) 给节点施加力矩 wb_supervisor_node_add_torque()

向实体节点施加一个扭矩。

函数定义：

```
void wb_supervisor_node_add_torque(WbNodeRef node, const double torque[3], bool relative);
```

参数说明：
- torque：3 个值的向量。

其他参数与上一个函数相同。

5.3 C 语言程序框架

框架代码如下：

```
//第1步，包含用到的头文件
#include <Webots/robot.h>
#include <Webots/motor.h>
//第2步，程序框架自带：定义仿真步长
#define TIME_STEP 64
```

```c
//第3步，定义代码中要用的场景对象的句柄（小车左右车轮）
WbDeviceTag left_motor, right_motor;
//第4步，main()函数
int main(int argc, char **argv)
{
  //第5步，程序框架自带：初始化机器人程序
  wb_robot_init();
  //第6步，初始化阶段，获取场景对象的句柄（小车左右车轮）
  left_motor = wb_robot_get_device("Motor1");
  right_motor = wb_robot_get_device("Motor2");
  //第7步，初始化阶段，使用场景对象的函数进行初始化操作
  // 设置位置到无穷远
  wb_motor_set_position(left_motor, INFINITY);
  wb_motor_set_position(right_motor, INFINITY);
  // 设置小车左右车轮的速度
  wb_motor_set_velocity(left_motor, 2.0);
  wb_motor_set_velocity(right_motor, -2.0);
  //第8步，程序框架自带，周期任务写在循环内
  while (wb_robot_step(TIME_STEP) != -1)
  {
  //第9步，周期执行的函数写在这里
  //功能实现的代码主要在这里编写
  wb_motor_set_velocity(left_motor, 2.8);
  wb_motor_set_velocity(right_motor, 2.4);
  };
  //第10步，任务结束，程序框架自带：清理内存
  wb_robot_cleanup();
  return 0;
}
```

5.4　Python 语言程序框架

Webots 的 Python 语言程序框架分为两类：一类为无监督的程序框架，即 Webots 仿真器不精确控制仿真读写操作；另一类为有监督的程序框架。虽然可以将 Webots 的使用方式划分为"有监督"和"无监督"两类，但实际上它们都是有监督的，因为 Webots 始终在背后管理着仿真环境并确保其正确运行。

5.4.1　无监督的程序框架

本程序来源于 Webots2022b 自带项目文件，如图 5-31 所示。在此添加注释，进行解读。

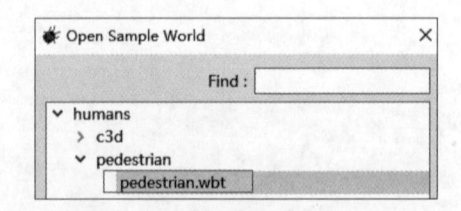

图 5-31　项目文件 pedestrian.wbt

```python
# 第1步，导入用到的库
from controller import Supervisor
import math
# 第2步，定义类，派生自Supervisor类，便于控制场景中全部对象
class Pedestrian(Supervisor):
    #第3步，初始化函数，构造函数
    def __init__(self):
        # 第4步，初始化变量
        self.BODY_PARTS_NUMBER = 13
        # 第5步，省略框架无关代码
        Supervisor.__init__(self)
    # 第6步，定义run函数
    def run(self):
        # 第7步，主循环
        while not self.step(self.time_step) == -1:
            time = self.getTime()
            # 程序的处理主要在这里实现
# 第8步，程序框架，启动程序
# 控制器赋值
controller = Pedestrian()
# 控制器运行
controller.run()
```

5.4.2　有监督的程序框架

本程序来源于 Webots2022b 自带项目文件，如图 5-32 所示。在此添加注释，进行解读。

此示例项目由三个机器人对象（Robot）和一个监督对象（Driver）组成，如图 5-33 所示。Driver 向 Robot 发送消息，Robot 收到消息后，进行相应的动作。

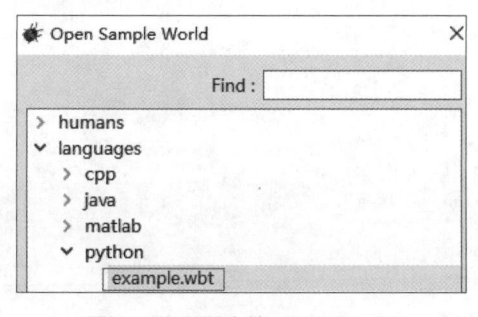

图 5-32　项目文件 example.wbt

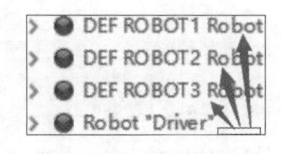

图 5-33　项目场景树

5.4.2.1　监督的程序框架

框架代码如下：

```python
# 第1步，导入所需的库
from controller import Supervisor
from common import common_print
# 第2步，定义机器人驱动类，是一个supervisor类
class Driver (Supervisor):
    #第3步， 定义仿真步长
```

```python
        timeStep = 128
    #第4步，初始化变量
    x = -0.3
    y = -0.1
    translation = [x, y, 0]
    # 第5步，定义初始化函数，进行初始化操作
    def __init__(self):
        super(Driver, self).__init__()
        # 获取场景对象句柄
        # 定义一个发射器，用于向其他对象发射信号
        self.emitter = self.getDevice('emitter')
        # 获取机器人对象句柄
        robot = self.getFromDef('ROBOT1')
        self.translationField = robot.getField('translation')
        # 对象初始化操作、使能等
        self.keyboard.enable(Driver.timeStep)
        self.keyboard = self.getKeyboard()
    # 第6步，定义run函数
    def run(self):
        # 第7步，主循环
        # Main loop.
        while True:
            # 第8步，程序的处理主要在这里实现
            # 获取键盘信息
            k = self.keyboard.getKey()
            message = ''
            if k == ord('F'):
                message = 'move forward'
            elif k == ord('G'):
                translationValues = self.translationField.getSFVec3f()
                print('ROBOT1 is located at (' + str(translationValues[0]) + ',' + str(translationValues[1]) + ')')
            elif k == ord('R'):
                print('Teleport ROBOT1 at (' + str(self.x) + ',' + str(self.y) + ')')
                self.translationField.setSFVec3f(self.translation)
            # 发送消息。Send a new message through the emitter device.
            if message != '' and message != previous_message:
                previous_message = message
                print('Please, ' + message)
                # 发送
                self.emitter.send(message.encode('utf-8'))
            # 第9步，退出循环
            if self.step(self.timeStep) == -1:
                break
    # 定义提示信息
    def displayHelp(self):
        print(
            'Commands:\n'
            ' I for displaying the commands\n'
            ' G for knowing the (x,y) position of ROBOT1'
        )
# 第10步，程序框架，启动程序
```

```python
# 控制器赋值
controller = Driver()
common_print('driver')
# 控制器运行
controller.run()
```

5.4.2.2 被监督的程序框架

框架代码如下：

```python
# 第1步，导入所需的库
from controller import AnsiCodes
from controller import Robot
from common import common_print
# 定义其他类，这里是枚举类
class Enumerate(object):
    def __init__(self, names):
        for number, name in enumerate(names.split()):
            setattr(self, name, number)
# 第2步，定义类，派生自Robot类
class Slave (Robot):
    #第3步，初始化变量，枚举类型，用于消息类型判断
    Mode = Enumerate('STOP MOVE_FORWARD AVOIDOBSTACLES TURN')
    timeStep = 32
    maxSpeed = 10.0
    mode = Mode.AVOIDOBSTACLES
    motors = []
    distanceSensors = []
    #第4步，定义成员函数
    def boundSpeed(self, speed):
        return max(-self.maxSpeed, min(self.maxSpeed, speed))
    #第5步，定义初始化函数，构造函数
    def __init__(self):
        super(Slave, self).__init__()
        self.mode = self.Mode.AVOIDOBSTACLES
        # 获取场景对象句柄
        self.camera = self.getDevice('camera')
        self.camera.enable(4 * self.timeStep)
        self.receiver = self.getDevice('receiver')
        self.receiver.enable(self.timeStep)
        self.motors.append(self.getDevice("left wheel motor"))
        self.motors.append(self.getDevice("right wheel motor"))
        # 对象初始化操作、使能等
        self.motors[0].setPosition(float("inf"))
        self.motors[1].setPosition(float("inf"))
        self.motors[0].setVelocity(0.0)
        self.motors[1].setVelocity(0.0)
        for dsnumber in range(0, 2):
            self.distanceSensors.append(self.getDevice('ds' + str(dsnumber)))
            self.distanceSensors[-1].enable(self.timeStep)
    # 第6步，定义run函数
    def run(self):
```

```python
    # 第7步，主循环
    while True:
        # 读取监督顺序
        if self.receiver.getQueueLength() > 0:
            message = self.receiver.getData().decode('utf-8')
            self.receiver.nextPacket()
            print('I should ' + AnsiCodes.RED_FOREGROUND + message + AnsiCodes.RESET + '!')
            if message == 'avoid obstacles':
                self.mode = self.Mode.AVOIDOBSTACLES
            elif message == 'move forward':
                self.mode = self.Mode.MOVE_FORWARD
            elif message == 'stop':
                self.mode = self.Mode.STOP
            elif message == 'turn':
                self.mode = self.Mode.TURN
        delta = self.distanceSensors[0].getValue() - self.distanceSensors[1].getValue()
        speeds = [0.0, 0.0]
        # 根据模式发送执行器运动指令
        if self.mode == self.Mode.AVOIDOBSTACLES:
            speeds[0] = self.boundSpeed(self.maxSpeed / 2 + 0.1 * delta)
            speeds[1] = self.boundSpeed(self.maxSpeed / 2 - 0.1 * delta)
        elif self.mode == self.Mode.MOVE_FORWARD:
            speeds[0] = self.maxSpeed
            speeds[1] = self.maxSpeed
        elif self.mode == self.Mode.TURN:
            speeds[0] = self.maxSpeed / 2
            speeds[1] = -self.maxSpeed / 2
        self.motors[0].setVelocity(speeds[0])
        self.motors[1].setVelocity(speeds[1])
        # 当Webots退出时，执行一个仿真周期
        if self.step(self.timeStep) == -1:
            break
# 第8步，程序框架，启动程序
# 控制器赋值
controller = Slave()
common_print('slave')
# 控制器运行
controller.run()
```

5.5 C 语言与 Python 语言编程的运行差异

C 和 C++ 属于编译型语言，编译器将源码编译成二进制程序 exe。Webots 仿真执行 exe 时，这些 exe 是独立的进程，在任务管理器里能够看到这些 exe 程序。若有多个机器人使用同一个控制器，则可以在任务管理器里看到多个同名的 exe，如图 5-34 所示。

但是 Python 和 Matlab 属于解释型语言，源码需要依赖 Python 解释器解释，没有编译好的 exe 程序。因此，当 Python 程序运行时，将在任务管理器中看到多个 Python 程序，而看不到控制器名称，如图 5-35 所示。

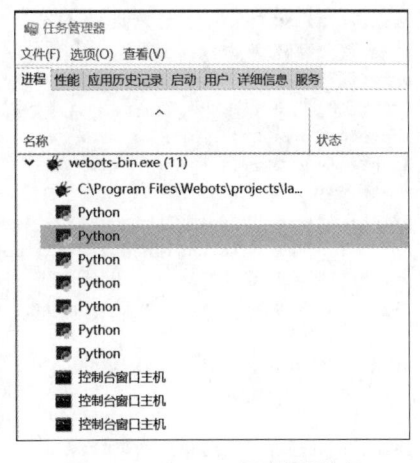

图 5-34　C 语言编译执行　　　　图 5-35　Python 语言解释执行

5.6　常用的库

根据使用到的节点类型添加相应的库。如果不清楚需要引入的头文件，可以查看软件的帮助手册。常用库如下：

```
//机器人库
#include <Webots/robot.h>
//电机库
#include <Webots/motor.h>
```

5.7　常用函数

5.7.1　打印输出 printf()

使用 C 语言进行编程时，Webots 不支持断点、查看变量值等软件调试手段，因此，打印输出变量就是一种重要的调试方法。

程序内容如下：

项目文件：print

```c
// 包含相关的头文件
#include <stdio.h>
#define PAGES 931
int main(int argc, char **argv)
{
 printf("The robot is initialized\n");
 printf("print out\n");
 const double RENT = 3852.99; // const-style constant
 printf("*%-10d*\n", PAGES);        //左对齐，右边补空格
 printf("*%+4.2f*\n", RENT);        //输出正负号
```

```
    printf("%x %X %#x\n", 31, 31, 31);               //输出0x
    printf("**%d**% d**% d**\n", 42, 42, -42);        //正号用空格替代, 负号输出
    printf("**%5d**%5.3d**%05d**%05.3d**\n", 6, 6, 6, 6); //前面补0
     char ch = 'h';
    int count = -9234;
    double fp = 251.7366;
    // 显示整数
    printf( "Integer formats:\n"
        " Decimal: %d Unsigned: %u\n", count, count);
    printf( "Decimal %d as:\n Hex: %Xh "
        "C hex: 0x%x Octal: %o\n", count, count, count, count );
    // 显示字符
    printf("Characters in field:\n"
        "%10c\n", ch);
    // 显示实数
    printf("Real numbers:\n %f %.2f %e %E\n", fp, fp, fp, fp );
    return 0;
}
```

输出为：

```
INFO: my_controllerc: Starting controller: D:\5.webots\Demo\printf\controllers\my_controllerC\my_controllerc.exe
The robot is initialized
print out
*931        *
*+3852.99*
1f 1F 0x1f
**42** 42**-42**
**    6**  006**00006**  006**
Integer formats:
    Decimal: -9234  Unsigned: 4294958062
Decimal: -9234 as:
    Hex: FFFFDBEEh C hex: 0xffffdbee Octal: 37777755756
Characters in field:
         h
Real numbers:
    251.736600 251.74 2.517366e+02 2.517366E+02
INFO: 'my_controllerC' controller exited succesfully.
```

5.7.2 格式化输出 ANSI_PRINTF_IN_BLACK()

Webots 提供了具有背景颜色、字体颜色、粗体、下划线功能的格式化打印输出函数，如图 5-36 所示。

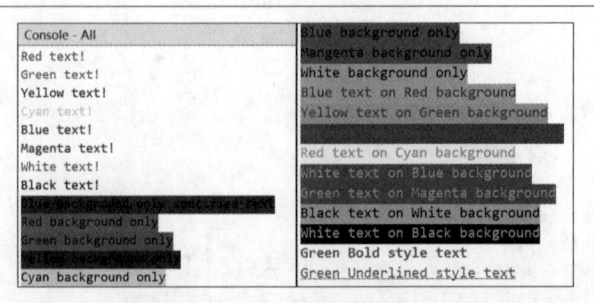

图 5-36 格式化输出

使用方法如下:

项目文件:console

```c
#include <Webots/robot.h>
#include <Webots/utils/ansi_codes.h>
#define TIME_STEP 64
int main(int argc, char **argv)
{
wb_robot_init();
ANSI_PRINTF_IN_GREEN("This text will disappear in about 4 seconds because we are going to clear the console...\n");
wb_robot_step(4096);
ANSI_CLEAR_CONSOLE();
ANSI_PRINTF_IN_RED("Red text!\n");//红色字体
ANSI_PRINTF_IN_GREEN("Green text!\n");//绿色字体
ANSI_PRINTF_IN_YELLOW("Yellow text!\n");//黄色字体
ANSI_PRINTF_IN_CYAN("Cyan text!\n");//青色字体
ANSI_PRINTF_IN_BLUE("Blue text!\n");//蓝色字体
ANSI_PRINTF_IN_MAGENTA("Magenta text!\n");//洋红色字体
ANSI_PRINTF_IN_WHITE("White text!\n");//灰白色字体
ANSI_PRINTF_IN_BLACK("Black text!\n");//黑色字体
//蓝色背景,黑色字体
printf("%sBlue background only specified text%s\n\n", ANSI_BLUE_BACKGROUND, ANSI_RESET);
//红色背景,黑色字体
ANSI_PRINTF_IN_BLACK("%sRed background only\n", ANSI_RED_BACKGROUND);
//绿色背景,黑色字体
ANSI_PRINTF_IN_BLACK("%sGreen background only\n", ANSI_GREEN_BACKGROUND);
//黄色背景,黑色字体
ANSI_PRINTF_IN_BLACK("%sYellow background only\n", ANSI_YELLOW_BACKGROUND);
//青色背景,黑色字体
ANSI_PRINTF_IN_BLACK("%sCyan background only\n", ANSI_CYAN_BACKGROUND);
//蓝色背景,黑色字体
ANSI_PRINTF_IN_BLACK("%sBlue background only\n", ANSI_BLUE_BACKGROUND);
//洋红色背景,黑色字体
ANSI_PRINTF_IN_BLACK("%sMangenta background only\n", ANSI_MAGENTA_BACKGROUND);
//灰白色背景,黑色字体
ANSI_PRINTF_IN_BLACK("%sWhite background only\n\n", ANSI_WHITE_BACKGROUND);
//红色背景,蓝色字体
ANSI_PRINTF_IN_BLUE("%sBlue text on Red background\n", ANSI_RED_BACKGROUND);
//绿色背景,黄色字体
ANSI_PRINTF_IN_YELLOW("%sYellow text on Green background\n", ANSI_GREEN_BACKGROUND);
//黄色背景,青色字体
ANSI_PRINTF_IN_MAGENTA("%sMagenta text on Yellow background\n", ANSI_YELLOW_BACKGROUND);
//青色背景,红色字体
ANSI_PRINTF_IN_RED("%sRed text on Cyan background\n", ANSI_CYAN_BACKGROUND);
//蓝色背景,白色字体
ANSI_PRINTF_IN_WHITE("%sWhite text on Blue background\n", ANSI_BLUE_BACKGROUND);
//洋红色背景,绿色字体
ANSI_PRINTF_IN_GREEN("%sGreen text on Magenta background\n", ANSI_MAGENTA_BACKGROUND);
//灰白色背景,黑色字体
ANSI_PRINTF_IN_BLACK("%sBlack text on White background\n", ANSI_WHITE_BACKGROUND);
//黑色背景,白色字体
```

```c
ANSI_PRINTF_IN_WHITE("%sWhite text on Black background\n\n", ANSI_BLACK_BACKGROUND);
//绿色加粗字体
ANSI_PRINTF_IN_GREEN("%sGreen Bold style text\n", ANSI_BOLD);
//绿色加下划线字体
ANSI_PRINTF_IN_GREEN("%sGreen Underlined style text\n", ANSI_UNDERLINE);
wb_robot_cleanup();
return 0;
}
```

5.7.3 返回仿真步长 wb_robot_get_basic_time_step()

该函数返回 WorldInfo 节点的 basicTimeStep 属性的值。摄像头、IMU、Gyro、compass 等节点都需要此变量信息。

```c
#include <Webots/robot.h>
double wb_robot_get_basic_time_step();
```

示例 1：

```c
int timestep = (int)wb_robot_get_basic_time_step();
// 获取并使能设备
WbDeviceTag camera = wb_robot_get_device("camera");
wb_camera_enable(camera, timestep);
```

示例 2：

项目文件：returnInfo

```c
// 包含相关的头文件
#include <Webots/robot.h>
#include <stdio.h>
int main(int argc, char **argv)
{
    // 初始化
    wb_robot_init();
    //返回仿真步长
    double stepTime = wb_robot_get_basic_time_step();
    printf("stepTime is %f*\n", stepTime);
    //返回项目路径
    printf("Project path is %s\n",wb_robot_get_project_path());
    //返回当前模拟时间
    double simuTime = wb_robot_get_time();
    printf("simuTime is %f*\n", simuTime);
    //清理
    wb_robot_cleanup();
    return 0;
}
```

5.7.4 返回以秒为单位的系统仿真模拟时间 wb_robot_get_time()

示例代码如下：

```c
#include <Webots/led.h>
const double time = wb_robot_get_time();
const bool led_state = ((int)time) % 2;
```

```
//LED每一秒闪耀一次
wb_led_set(front_left_led, led_state);
```

5.7.5 返回项目路径 wb_robot_get_project_path()

示例代码如下：

```
#include <Webots/robot.h>
const char *wb_robot_get_project_path();
```

5.7.6 C 语言机器人初始化 wb_robot_init() 与清理环境 wb_robot_cleanup()

C 语言 API 有两个额外的函数：wb_robot_init() 和 wb_robot_cleanup()。但是在 Java、Python、C++ 和 Matlab 的 API 中不需要用这两个函数，因为这些语言的控制器库的初始化和清理是自动的。

wb_robot_init() 函数用于初始化 Webots 的 C 语言控制器库，并启用与 Webots 模拟器的通信。

> **注意**
>
> wb_robot_init() 函数必须在其他 Webots API 函数之前调用。

wb_robot_cleanup() 函数向模拟器发送控制器停止的信号，同时释放了软件占用的各种资源。如果控制器退出时没有调用 wb_robot_cleanup() 函数，那么 Webots 将继续维护与控制器相关的资源。

> **注意**
>
> wb_robot_cleanup() 函数是 C 语言控制器中的最后一次 API 函数调用。任何后续的 Webots API 函数调用都会产生不可预知的结果。

5.7.7 获取对象句柄 wb_robot_get_device()

通过该函数建立场景对象名称与控制器代码之间的联系。

5.7.8 设置电机位置 wb_motor_set_position()

函数定义：

```
void wb_motor_set_position(WbDeviceTag tag, double position);
```
- position：若为角度，单位为 rad；若为距离，单位为 m。

5.7.9 设置电机速度 wb_motor_set_velocity()

设置电机的速度，电机将使用指定的加速度达到目标速度。
函数定义：
```
void wb_motor_set_velocity(WbDeviceTag tag, double velocity);
```
旋转电机的 velocity 的单位为 rad/s，直线电机的速度的单位为 m/s。velocity 不能超过电机 maxVelocity 属性中指定的值。

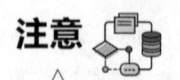

注意

使用 wb_motor_get_velocity() 函数得到的是这个函数的指定速度。但是若没有使用 wb_motor_set_velocity() 设置速度，则 wb_motor_get_velocity() 函数返回的是最大速度 maxVelocity。

在使用该函数之前，需要使用 wb_motor_set_position() 将电机位置设置为无穷大 (INFINITY)。
示例：
```
WbDeviceTag left_motor, right_motor;
left_motor = wb_robot_get_device("left wheel motor");
right_motor = wb_robot_get_device("right wheel motor");
wb_motor_set_position(left_motor, INFINITY);
wb_motor_set_position(right_motor, INFINITY);
wb_motor_set_velocity(left_motor, 0.0);
wb_motor_set_velocity(right_motor, 0.0);
```

5.7.10 获取电机速度 wb_motor_get_velocity()

返回电机当前速度值或最大值，参见上一小节。
函数定义：
```
double wb_motor_get_velocity(WbDeviceTag tag);
```
示例：
```
WbDeviceTag motor;
motor = wb_robot_get_device("motor");
wb_motor_set_force(motor, 0.01);
while (wb_robot_step(TIME_STEP) != -1)
{
//返回电机maxVelocity属性值
  printf("joint speed %f\n",wb_motor_get_velocity(motor));
};
```

5.7.11 延时 wb_robot_step() 和自定义函数

延时与操作系统相关，有两种方法：

方法 1：利用 wb_robot_step() 的阻塞控制器程序的特点，直接延时。在阻塞期间，Webots 执行仿真场景而不执行控制器程序。例如，延时 2s 可写为：

```
wb_robot_step(2000);
```

方法 2：使用 C 语言自定义函数实现的延时函数如下：

```
// 延时函数定义
void mystep(double seconds)
{
 const double ms = seconds * 1000.0;
 int elapsed_time = 0;
 while (elapsed_time < ms)
 {
  wb_robot_step(TIME_STEP);
  elapsed_time += TIME_STEP;
 }
}
```

调用时：

```
mystep(1);//延时1s
```

第 6 章
两轮差速机器人仿真

本章搭建了两轮差速机器人小车模型,由两个差速车轮和一个球轮组成,其中球轮为随动轮,如图 6-1 所示。

项目文件:diffCar

图 6-1　两轮差速机器人(1)

6.1　搭建两轮差速机器人模型

机器人主要由两个差速轮、一个球轮、一个车体组成。如果想做得更好看、有更多功能,可以增加其他实体和传感器。

通过一个球关节连接球轮,通过两个旋转关节连接差速轮,如图 6-2 所示。

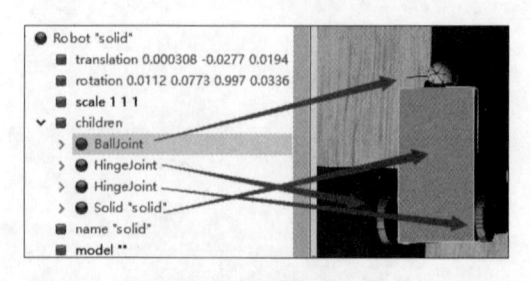

图 6-2　两轮差速机器人(2)

利用向导添加新项目目录。

6.1.1 添加机器人节点和车体

在场景中添加机器人节点,再添加车体,要设置 boundingObject、尺寸、外观等,车体的设置如图 6-3 所示。

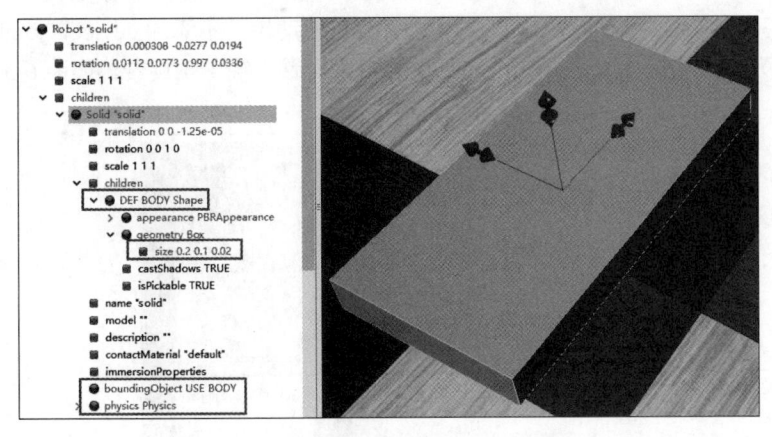

图 6-3 车体属性设置

6.1.2 添加差速车轮

先添加左车轮的旋转关节 HingeJoint,并添加关节参数 jointParameters、device、endPoint。设置车轮边界、关节旋转轴锚点 anchor(与车轮的 translation 相同)、电机 device 名称 motorLeft,如图 6-4 所示。

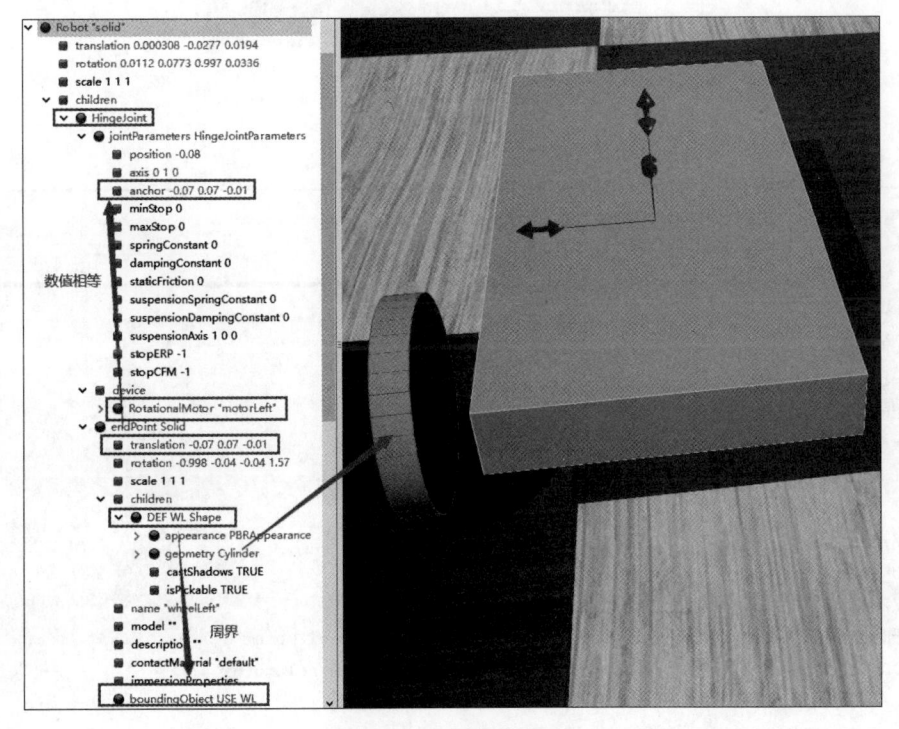

图 6-4 左车轮属性设置

将左车轮复制、粘贴，改名为右车轮，电机改名为 motorRight。调整右车轮位置，并重新设置关节旋转轴锚点 anchor 与右车轮的 translation 相同。

6.1.3 添加球轮

添加球关节，添加三个球关节参数。球关节是随动轮，不添加 device，jointParameters2 的 axis 设置为绕 X 轴旋转，jointParameters3 的 axis 设置为绕 Y 轴旋转，如图 6-5 所示。

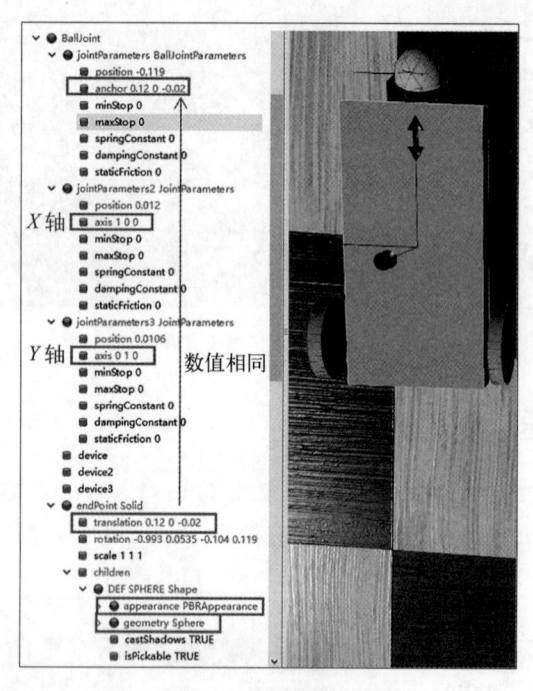

图 6-5 球轮属性设置

6.2 编写控制器程序

代码如下：

```
#include <Webots/motor.h>
#include <Webots/robot.h>
#define TIME_STEP 64
int main()
{
  // 初始化
  wb_robot_init();
  // 获取句柄
  WbDeviceTag left_motor = wb_robot_get_device("left wheel motor");
  WbDeviceTag right_motor = wb_robot_get_device("right wheel motor");
  // 设置位置到无穷
  wb_motor_set_position(left_motor, INFINITY);
```

```
  wb_motor_set_position(right_motor, INFINITY);
   //  设置速度
  wb_motor_set_velocity(left_motor, 0.0);
  wb_motor_set_velocity(right_motor, 0.0);
   //  周期执行
  while (wb_robot_step(TIME_STEP) != -1)
  {
   double left_speed, right_speed;
   left_speed = 0.1;
   right_speed = 0.1;
   //  设置电机转速
   wb_motor_set_velocity(left_motor, left_speed);
   wb_motor_set_velocity(right_motor, right_speed);
  }
   //  清理现场
  wb_robot_cleanup();
  return 0;
}
```

设置该程序为机器人控制器,编译、运行,查看仿真效果。

6.3 练习题:搭建两轮差速巡线机器人

思路:基于本章搭建的两轮差速机器人,对其添加摄像机 Camera 节点、具有黑线的地面,通过 Camera 节点获取图像信息,利用 OpenCV 等图像处理软件对图片中的黑线进行分析,控制小车方向从而使黑线保持居中。

第7章
四轮差速机器人仿真

本章以一个四轮差速机器人为例，综合运用前文所述知识，介绍 Webots 软件的使用。本示例来自帮助文档 Webots User Guide "Tutorial 6: 4-Wheeled Robot"。该机器人由一个身体、四个轮子和两个距离传感器组成，如图 7-1 所示。

图 7-1 四轮差速机器人

7.1 搭建基本的四轮差速机器人

根据 Webots 教程，四轮差速机器人的尺寸图如图 7-2 所示。四个轮子的名称分别为 wheel1、wheel2、wheel3、wheel4，传感器名称分别为 ds_left、ds_right。搭建的基本步骤如下。

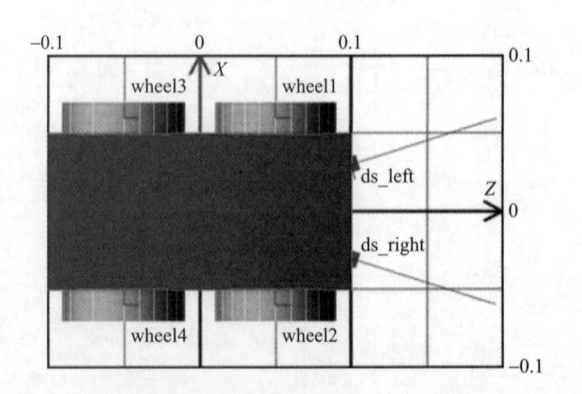

图 7-2 四轮差速机器人的尺寸图

① 使用新建项目目录向导建立 FourWheelCar 仿真项目。记得勾选"Add a rectangle arena"（在向导里添加地板），如图 7-3 所示。

修改地板 RectangleArena 的"rectangle arena"属性（图 7-4）。

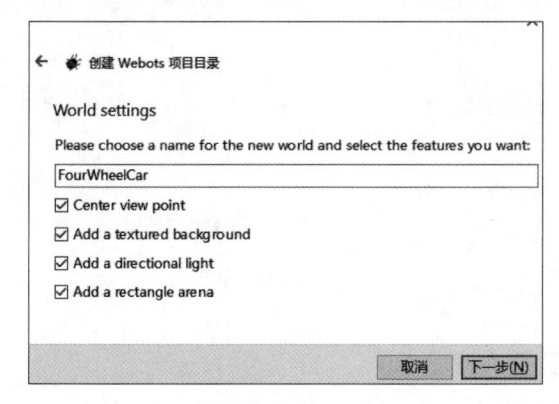

图 7-3　创建仿真项目FourWheelCar

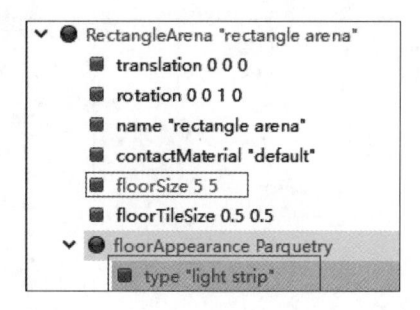

图 7-4　修改地板属性

② 添加车体。添加 Solid，添加 Solid 的子对象 Shape，设置为 Box，尺寸设置如图 7-5 所示。调整位置，Solid 的 translation 设置为 0 0 0.05。

图 7-5　设置车体大小和位置

设置车体颜色，保持与官方教程一致，设置为红色，金属度 metalness 设置为 0，如图 7-6 所示。

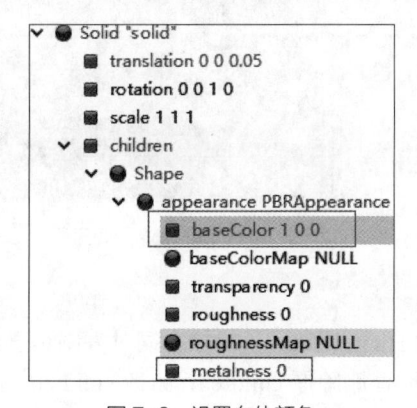

图 7-6　设置车体颜色

将 Solid 的 Shape 定义为 BODY，设置车体 Solid 的物理属性和边界属性，如图 7-7 所示。

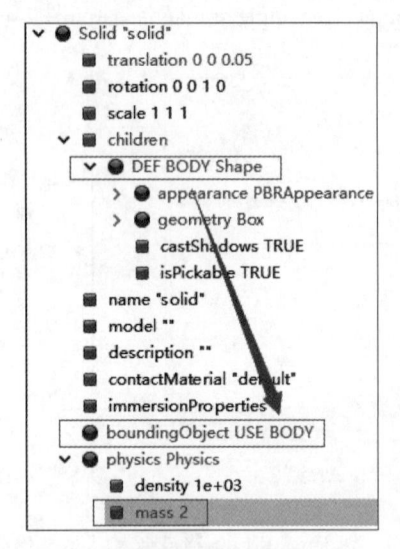

图 7-7　设置车体物理和边界属性

③ 添加旋转关节和四个轮子。可以先添加一个车轮，再复制三份，调整这些轮子的 translation 到合适位置。但是本例采用另外一种方法。

先将第一个轮子定义好，并设置轮子 Shape，定义为 WHEEL，如图 7-8 所示。

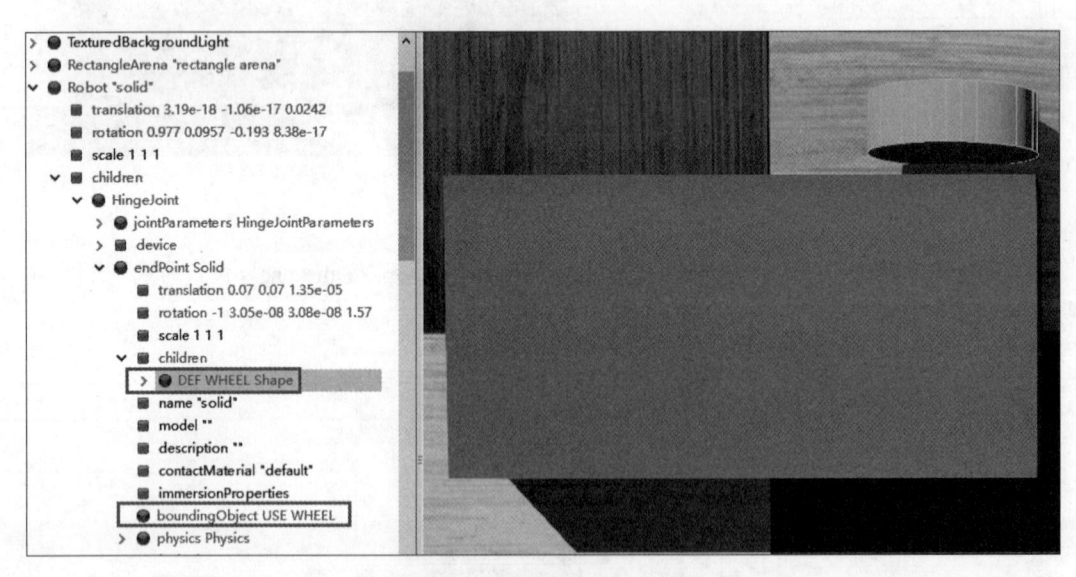

图 7-8　设置车轮 Shape DEF

复制出另外三个轮子的 HingeJoint，子对象也同时复制。复制完成后，分别更改电机名称为 wheel2、wheel3、wheel4，删除原 children，修改 children 为 USE WHEEL，并调整这三个轮子的位置，如图 7-9 所示。修改完成后保存。

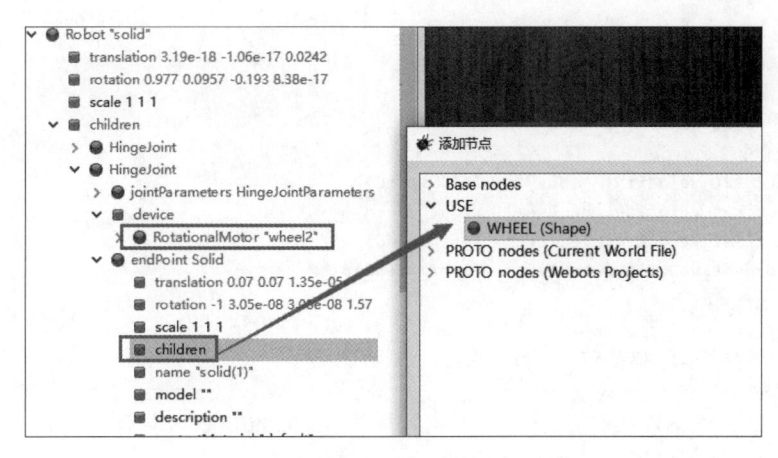

图 7-9　添加新轮子的 children 为 USE WHEEL

复制每一个轮子的 translation 到关节参数的 anchor，如图 7-10 所示，即完成车轮的设置。

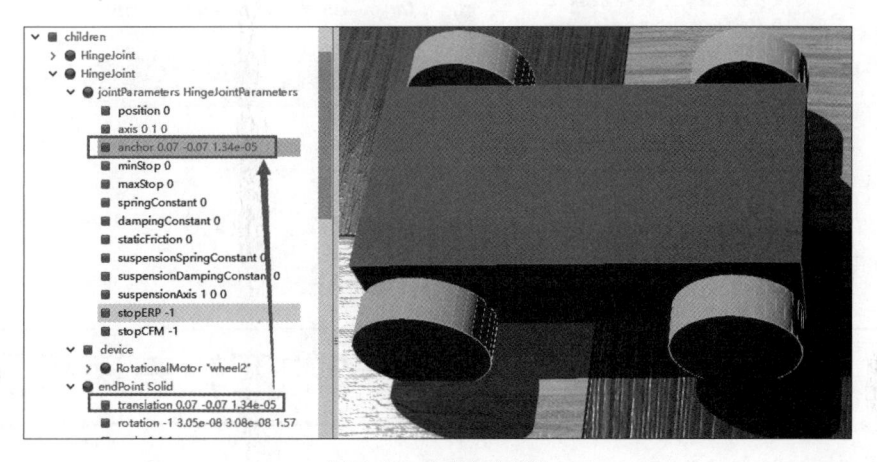

图 7-10　完成车轮设置

④ 利用向导添加控制器。使用 C 语言编写，文件名为 my_controller.c，程序代码如下：

```c
// 包含头文件
#include <Webots/motor.h>
#include <Webots/robot.h>
#define TIME_STEP 64
int main(int argc, char **argv) {
int i;
 // 机器人对象初始化
 wb_robot_init();
 // 句柄变量声明
 WbDeviceTag wheels[4];
 // 定义四个轮子的名称，与场景一致
 char wheels_names[4][8] = {"wheel1", "wheel2", "wheel3", "wheel4"};
 for (i = 0; i < 4; i++) {
  // 获取句柄
  wheels[i] = wb_robot_get_device(wheels_names[i]);
  // 设置位置为最大值
  wb_motor_set_position(wheels[i], INFINITY);
 }
```

```
    // 周期执行
    while (wb_robot_step(TIME_STEP) != -1) {
     double left_speed = 1.0;
     double right_speed = 1.0;
     // 设置四个轮子的速度
     wb_motor_set_velocity(wheels[0], left_speed);
     wb_motor_set_velocity(wheels[1], right_speed);
     wb_motor_set_velocity(wheels[2], left_speed);
     wb_motor_set_velocity(wheels[3], right_speed);
    }
    wb_robot_cleanup();
    return 0; // EXIT_SUCCESS
}
```

⑤ 点击工具栏编译按钮，编译成可执行程序 my_controller。若有错误则查错，直到出现可执行程序编译完成提示，如图 7-11 所示。

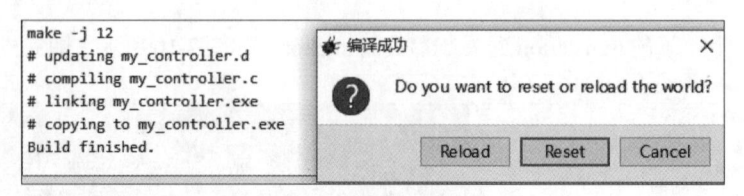

图 7-11 编译完成

⑥ 先点击 "Cancel"，因为还需要在 Robot 的 controller 属性中设置控制器为新添加的控制器。
⑦ 设置完成后点击工具栏运行按钮 ▶。

7.2 搭建具有基本避障功能的四轮差速机器人

官方教程中的机器人还具有两个距离传感器，能够实现基本的避障功能。添加方法如下：
① 添加距离传感器。并将场景中的距离传感器指示线显示出来（Ctrl+F10）。在距离传感器的 children 里添加 Shape，用于指示距离传感器的位置。距离传感器命名为 ds_left 和 ds_right。让距离传感器的 X 轴指向车的前进方向。添加完成的距离传感器如图 7-12 所示。

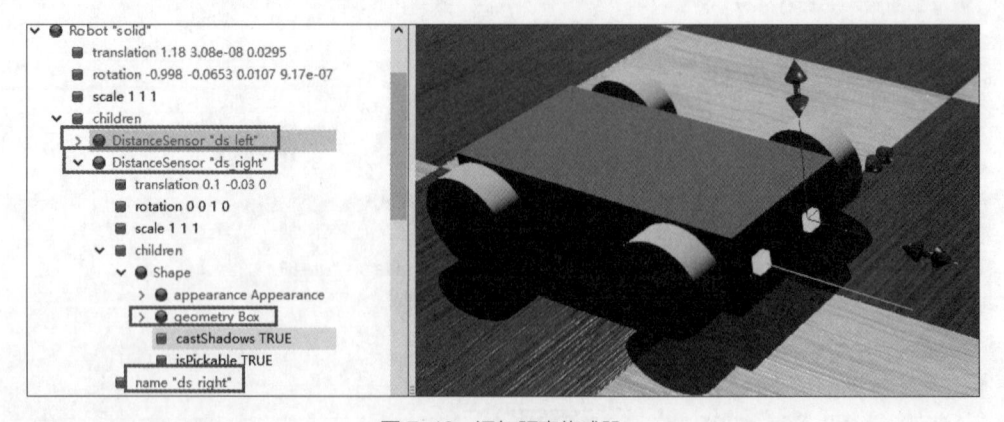

图 7-12 添加距离传感器

② 此处使用官方教程的控制器程序。使用向导添加一个新的机器人控制器my_controllerT，程序内容如下：

```c
// 包含头文件
#include <Webots/distance_sensor.h>
#include <Webots/motor.h>
#include <Webots/robot.h>
#include <stdio.h>
// 执行步长
#define TIME_STEP 64
int main(int argc, char **argv)
{
  // 机器人初始化
  wb_robot_init();
  int i;
  // 碰撞计数器
  bool avoid_obstacle_counter = 0;
  // 距离传感器对象句柄
  WbDeviceTag ds[2];
  char ds_names[2][10] = {"ds_left", "ds_right"};
  for (i = 0; i < 2; i++)
  {
    // 获取距离传感器对象
    ds[i] = wb_robot_get_device(ds_names[i]);
    // 使能距离传感器
    wb_distance_sensor_enable(ds[i], TIME_STEP);
  }
  // 车轮对象句柄
  WbDeviceTag wheels[4];
  char wheels_names[4][8] = {"wheel1", "wheel2", "wheel3", "wheel4"};
  for (i = 0; i < 4; i++)
  {
    // 获取车轮对象
    wheels[i] = wb_robot_get_device(wheels_names[i]);
    //设置位置为无限远
    wb_motor_set_position(wheels[i], INFINITY);
  }
  // 周期执行
  while (wb_robot_step(TIME_STEP) != -1)
  {
    // 左右轮初始速度, rad/s
    double left_speed = 5.0;
    double right_speed = 5.0;
    if (avoid_obstacle_counter > 0)
    {
      //若发生碰撞, 在100个执行周期内, 右轮反转.
      avoid_obstacle_counter--;
      left_speed = 1.0;
      right_speed = -9.0;
    } else
    { // 读距离传感器数值
      double ds_values[2];
```

```c
        for (i = 0; i < 2; i++)
        {
          ds_values[i] = wb_distance_sensor_get_value(ds[i]);
        }
        printf("%f -- %f\n", ds_values[0], ds_values[1]);
        //若距离小于950,将碰撞计数器设置为100
        if (ds_values[0] < 950.0 || ds_values[1] < 950.0)
        {
            // 初始化碰撞计数器数值.该数值代表灵敏度
            avoid_obstacle_counter = 5;
        }
    }
    // 设置车轮转速
    wb_motor_set_velocity(wheels[0], left_speed);
    wb_motor_set_velocity(wheels[1], right_speed);
    wb_motor_set_velocity(wheels[2], left_speed);
    wb_motor_set_velocity(wheels[3], right_speed);
 }
 // 清除内存
 wb_robot_cleanup();
 return 0;  // EXIT_SUCCESS
}
```

③ 编译成可执行程序 my_controllerT，并设置机器人使用此控制器。

④ 保存并运行，查看仿真效果。

7.3 练习题 1：搭建四轮差速巡线机器人

场景：黑色或其他颜色轨迹的地面。

思路：在本章搭建的四轮差速机器人上添加摄像机 Camera 节点，通过 Camera 节点获取图像信息，利用 OpenCV 等图像处理软件对图片中的黑线进行分析，控制小车方向，使黑线保持居中。

7.4 练习题 2：利用四轮差速机器人实现 Bug2 算法

场景：有多个障碍物。

前提条件：机器人能够实时获取自己的位姿，起始点和目标点的坐标已知，如图 7-13 所示。

思路：利用本章搭建的四轮差速机器人，在机器人车体周围添加 4 个 DistanceSensor 节点，编写 Bug2 算法程序，使机器人沿障碍物从起始点运动到目标点。

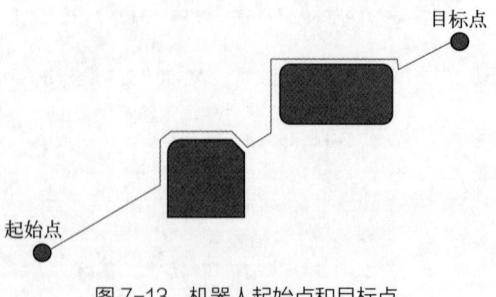

图 7-13　机器人起始点和目标点

第 8 章 机器人底盘仿真

轮式移动机器人有多种车轮，主要有如图 8-1 所示的几类。

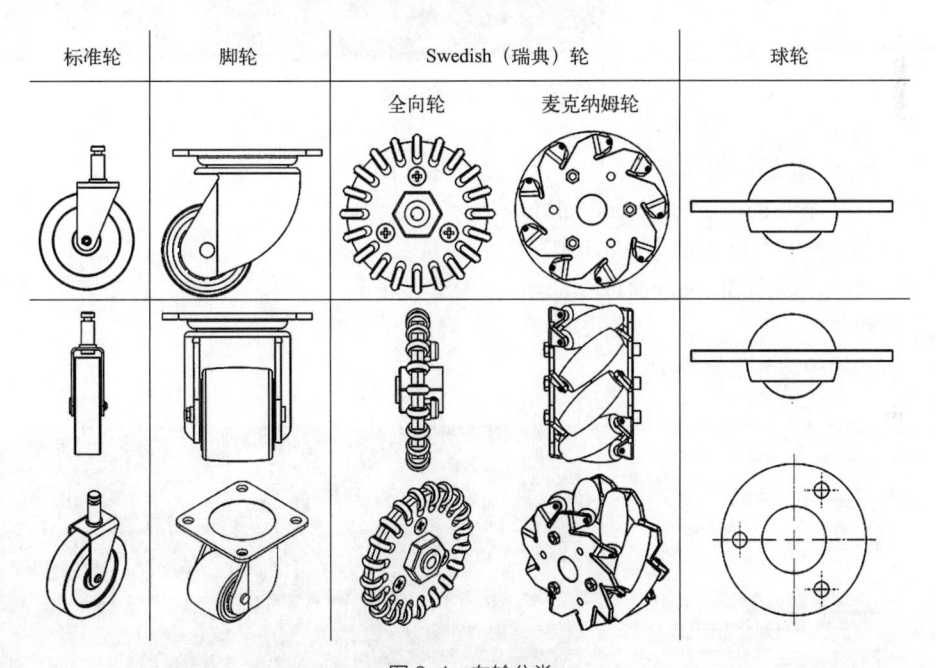

图 8-1 车轮分类

8.1 全向轮的仿真

8.1.1 全向轮仿真结构

全向轮包括 1 个轮毂和多个从动轮，轮毂的外圆周处均匀开设有 3 个或 3 个以上的轮毂齿，每两个轮毂齿之间装设有一从动轮，从动轮的径向方向与轮毂外圆周的切线方向垂直。

全向轮仿真时，轮毂有旋转关节，由旋转电机驱动；每个从动轮都建立了旋转关节，但是没有电机，设置了边界，如图 8-2 所示。

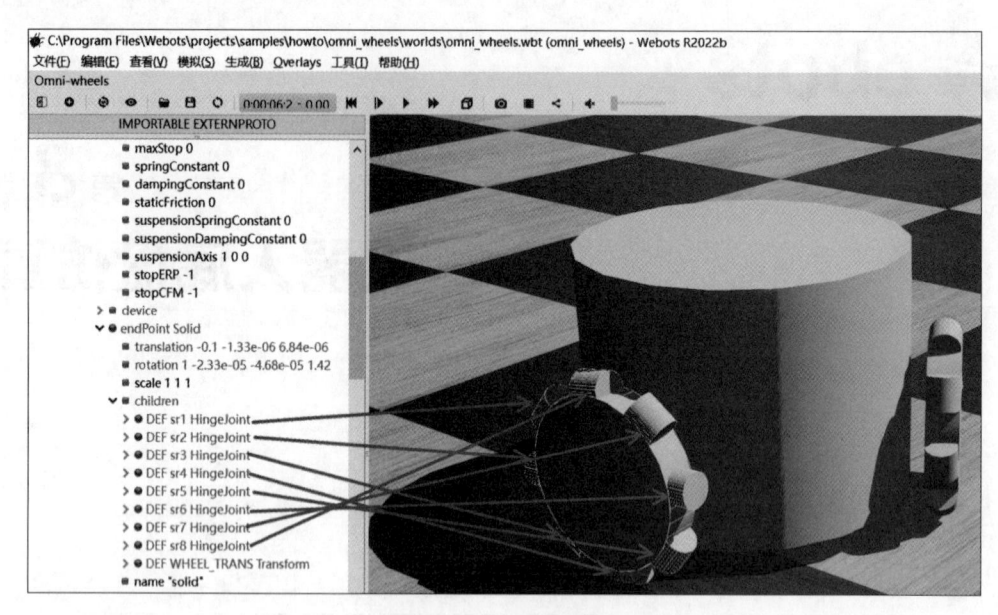

图 8-2 全向轮仿真

第 1 个全向轮的结构如图 8-3 所示,但是要注意:

① 轮毂有电机 device 为 RotationalMotor。

② 从动轮没有电机,sr1 的 device 为空。

③ 每个从动轮为 Shape,通过 Transform 偏移,并定义为 r1,该 DEF 将在第 2、第 3 个全向轮引用。

④ 从动轮的边界设置为 r1。

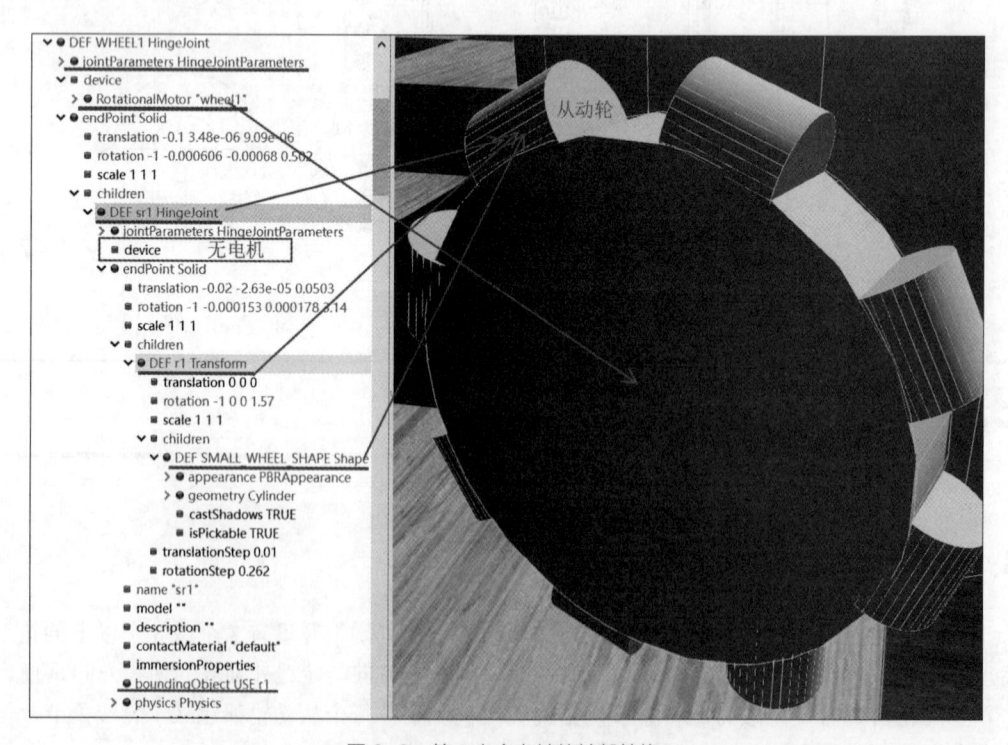

图 8-3 第 1 个全向轮的轮毂结构

第 2 个全向轮的结构如图 8-4 所示。从动轮引用的是第 1 个全向轮中定义的从动轮。因为第 2 个全向轮是复制来的。第 3 个全向轮的结构类似。

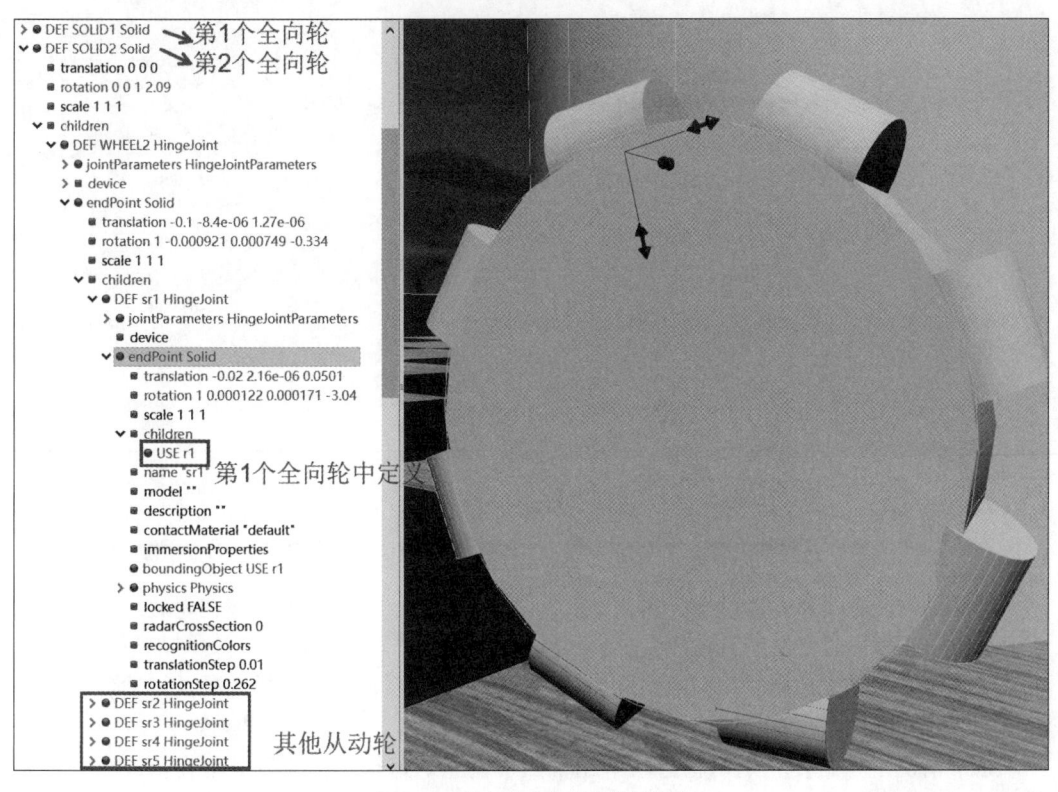

图 8-4　第 2 个全向轮的轮毂结构

8.1.2　全向轮的控制

将电机转速指令发送给轮毂电机，从动轮在物理引擎的作用下被动旋转。代码如下：

```c
#include <stdio.h>
#include <Webots/motor.h>
#include <Webots/robot.h>
static WbDeviceTag wheels[3];
static double cmd[5][3] = {{-2, 1, 1}, {0, 1, -1}, {2, -1, -1}, {0, -1, 1}, {2, 2, 2}};
static double SPEED_FACTOR = 4.0;
int main()
{
  int i, j, k;
  wb_robot_init();
  for (i = 0; i < 3; i++)
  {
    char name[64];
    sprintf(name, "wheel%d", i + 1);
    wheels[i] = wb_robot_get_device(name);
    wb_motor_set_position(wheels[i], INFINITY);
  }
```

```c
while (1)
{
 for (i = 0; i < 5; i++)
 {
  for (j = 0; j < 3; j++)
  {
     wb_motor_set_velocity(wheels[j], cmd[i][j] * SPEED_FACTOR);
  }
  for (k = 0; k < 100; k++)
  {
     wb_robot_step(8);
  }
 }
}
return 0;
}
```

8.2 麦克纳姆轮的仿真

麦克纳姆轮是瑞典麦克纳姆公司的专利。由主体轮毂和一组均匀排布在轮毂周围的回转辊子组成，且辊子轴线与轮毂轴线呈一定角度（一般为45°，理论上在0～90°都是可以的），小辊子的母线是等速螺旋线或椭圆弧近似而成，当轮子绕着轮毂轴线转动时，周边各小辊子的外包络线为圆柱面，因此该轮可以连续地向前滚动。

通常情况下一台麦克纳姆轮全向车配备四个麦克纳姆轮，包括两个左旋轮、两个右旋轮，也称为 A 轮、B 轮。这两个轮呈手性对称，如图 8-5 所示。

图 8-5 麦克纳姆轮的 A 轮（左）和 B 轮（右），自底向上看

A 轮会产生轴向向左、垂直轴向向前的速度分量，B 轮会产生轴向向右、垂直轴向向后的速度分量。

Webots 自带案例里的 KUKA 公司 youbot 复合机器人模型为典型的麦克纳姆轮结构，可以阅读这些项目文件了解麦克纳姆轮及小车的控制。

8.2.1 麦克纳姆轮仿真结构

除像一般的车轮也设置边界属性外，麦克纳姆轮的仿真核心在于接触属性的设置。接触属性包含两部分：WorldInfo.contactProperties 属性，A、B 类型麦克纳姆轮 contractMaterial 属性。

8.2.1.1　WorldInfo.contactProperties接触属性的设置

为了使麦克纳姆轮的行为正确，要在 WorldInfo 节点的 contactProperties 字段中添加以下 contactProperties。参数详细说明参见前文 contactProperties 的介绍。

```
contactProperties [
  ContactProperties {
    material1 "InteriorWheelMat"
    coulombFriction [
     0, 2, 0
    ]
    frictionRotation -0.785398 0
    bounce 0
    forceDependentSlip [
     10, 0
    ]
  }
  ContactProperties {
    material1 "ExteriorWheelMat"
    coulombFriction [
     0, 2, 0
    ]
    frictionRotation 0.785398 0
    bounce 0
    forceDependentSlip [
     10, 0
    ]
  }
]
```

> **注意**
>
> coulombFriction 设为"0, 2"也可以。

地板的 contactMaterial 为"default"，如图 8-6 所示。

```
▼ ● Floor "floor"
    ■ translation 0 0 0
    ■ rotation 0 0 1 0
    ■ name "floor"
    ■ contactMaterial "default"
    ■ size 10 10
    ■ tileSize 0.5 0.5
```

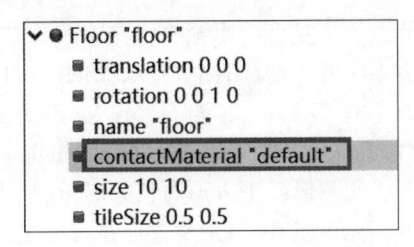

图 8-6　地板的 contactMaterial 属性

8.2.1.2 麦克纳姆轮的外观

本例中的麦克纳姆轮（youbot 的车轮）由主体轮毂和 6 个小辊子组成。这些组件没有相对运动，因此只是起展示作用。若不使用这样外观的车轮，仅通过接触属性的设置也可以实现麦克纳姆轮的运动效果。

车轮的外观，特别是小辊子的外观是由外部导入的数据实现的，节点类型为 IndexedFaceSet 节点。Solid 的 children 包含 1 个主体轮毂 Shape 和 6 个小辊子 Transform/Shape，如图 8-7 所示。

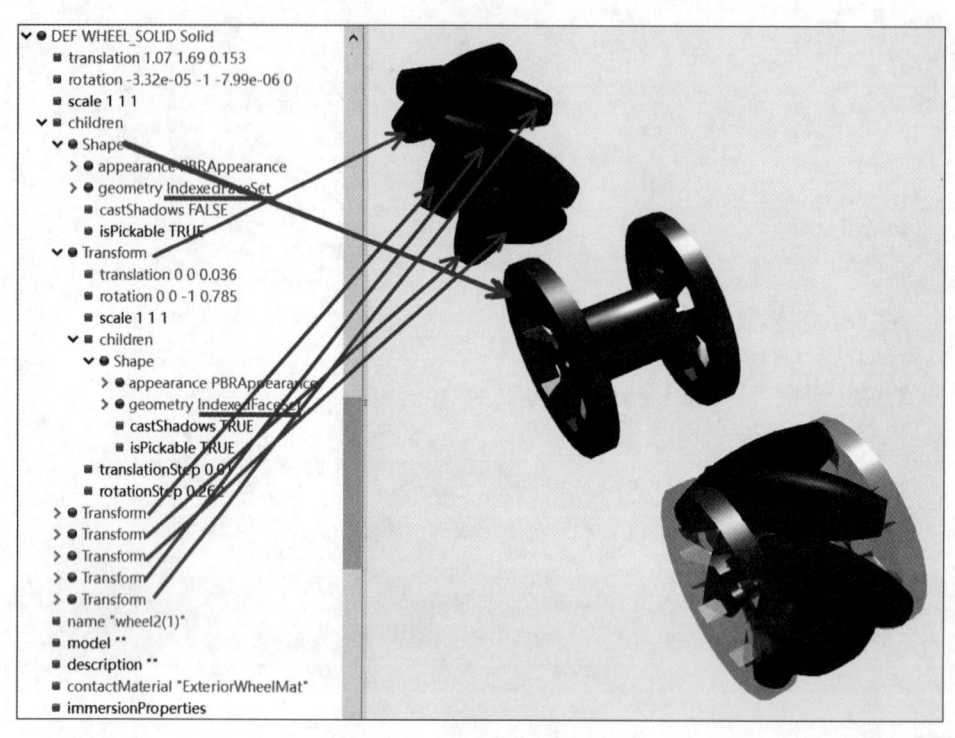

图 8-7 麦克纳姆轮组成

8.2.1.3 麦克纳姆轮的材料属性

A 轮 contactMaterial 属性要设置为 InteriorWheelMat，B 轮要设置为 ExteriorWheelMat。这样才可以使前文的 WorldInfo.contactProperties 接触属性生效。

8.2.1.4 麦克纳姆轮的仿真结构

包括关节、电机、末端节点等。麦克纳姆轮的边界属性仅需要使用一个圆柱体即可，不需要将每一个小辊子都设置边界。需要设置的主要参数如图 8-8 所示。

麦克纳姆轮的安装方式有多种，主要分为：X-正方形（X-square）、X-长方形（X-rectangle）、O-正方形（O-square）、O-长方形（O-rectangle）。其中 X 和 O 表示的是四个轮子与地面接触的辊子所形成的图形；正方形与长方形指的是四个轮子与地面接触点所围成的形状，如图 8-9、图 8-10 所示。其中，O-长方形是最常见的安装方式，这种安装方式的轮子转动可以产生垂直方向的转动力矩，而且转动力矩的力臂也比较长。

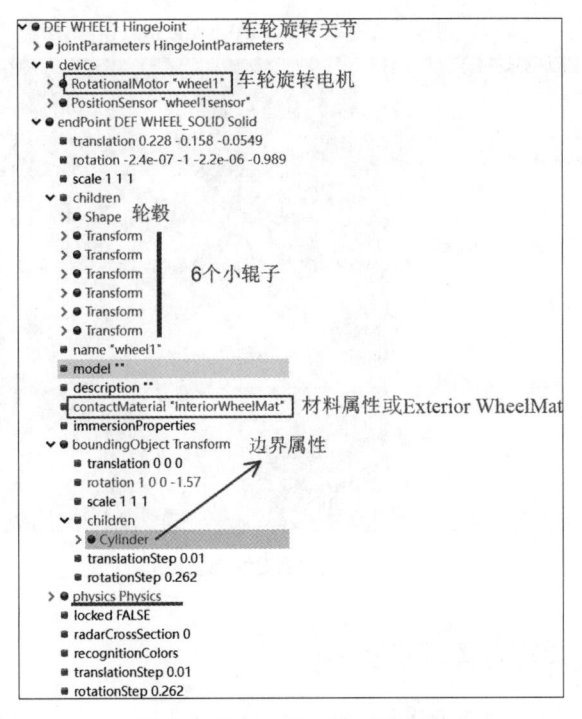

图 8-8 麦克纳姆轮结构主要参数

图 8-9 麦克纳姆轮 X 形安装

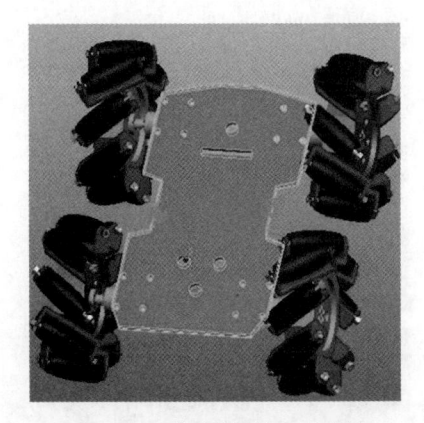

图 8-10 麦克纳姆轮 O 形安装

在 Webots 仿真时，要注意每个麦克纳姆轮的材料属性，要根据所建立的安装方式进行设置。

8.2.2 设计自己的麦克纳姆轮小车

有了前面的介绍，结合"第 7 章 四轮差速机器人仿真"的知识，可以搭建一个简易的麦克纳姆轮小车，车体及车轮采用一般的外观，并不采用麦克纳姆轮的外观，但是需要按照前文所述进行 WorldInfo.contactProperties、车轮 contactMaterial 属性等参数设置。仿真模型如图 8-11 所示。

项目文件：McNameeWheelCar.wbt

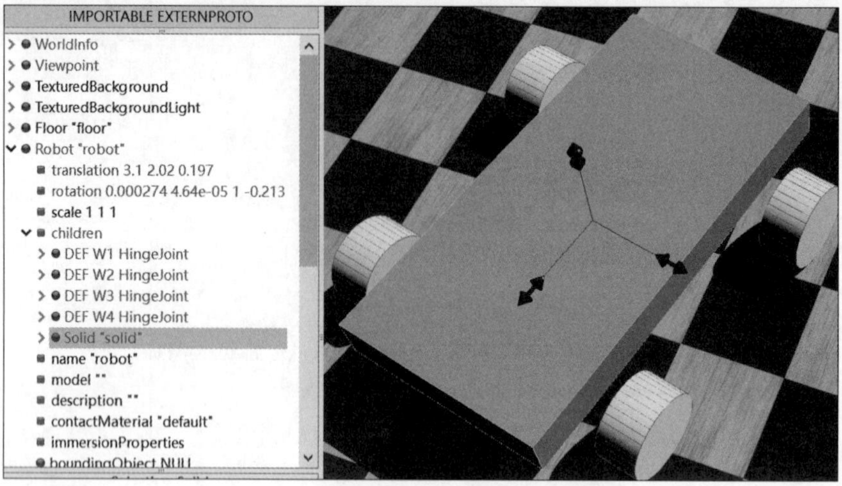

图 8-11　简易的麦克纳姆小车

8.2.3　麦克纳姆轮小车的控制

每个麦克纳姆轮都有一个旋转关节，因此只需要控制该关节转速即可进行不同的运动控制，代码如下：

```c
#include <Webots/motor.h>
#include <Webots/robot.h>
#include <Webots/keyboard.h>
#include <stdio.h>
#define TIME_STEP 32
//延时函数
void step(double seconds)
{
const double ms = seconds * 1000.0;
int elapsed_time = 0;
while (elapsed_time < ms)
{
 wb_robot_step(TIME_STEP);
 elapsed_time += TIME_STEP;
}
}
int main(int argc, char **argv)
{
  int i;
    // 机器人对象初始化
    wb_robot_init();
      // 使能键盘
    wb_keyboard_enable(TIME_STEP);
    // 句柄变量声明
    WbDeviceTag wheels[4];
    // 定义四个轮子的名称，与场景一致
    char wheels_names[4][8] = {"wheel1", "wheel2", "wheel3", "wheel4"};
    for (i = 0; i < 4; i++)
```

```c
{
    // 获取句柄
    wheels[i] = wb_robot_get_device(wheels_names[i]);
    // 设置位置为最大值
    wb_motor_set_position(wheels[i], INFINITY);
}
// 周期执行
while (wb_robot_step(TIME_STEP) != -1)
{
    double left_speed = 1.0;
    double right_speed = 1.0;
    wb_motor_set_velocity(wheels[0], 0);
    wb_motor_set_velocity(wheels[1], 0);
    wb_motor_set_velocity(wheels[2], 0);
    wb_motor_set_velocity(wheels[3], 0);
    // 读键盘输入
    int keyIn = wb_keyboard_get_key();
    switch (keyIn)
    {
      case WB_KEYBOARD_UP:
          printf("UP\n");
          wb_motor_set_velocity(wheels[0], left_speed);
          wb_motor_set_velocity(wheels[1], right_speed);
          wb_motor_set_velocity(wheels[2], left_speed);
          wb_motor_set_velocity(wheels[3], right_speed);
          break;
      case WB_KEYBOARD_DOWN:
          printf("DOWN\n");
          wb_motor_set_velocity(wheels[0], -left_speed);
          wb_motor_set_velocity(wheels[1], -right_speed);
          wb_motor_set_velocity(wheels[2], -left_speed);
          wb_motor_set_velocity(wheels[3], -right_speed);
        break;
      case WB_KEYBOARD_LEFT:
          wb_motor_set_velocity(wheels[0], left_speed);
          wb_motor_set_velocity(wheels[1], -right_speed);
          wb_motor_set_velocity(wheels[2], -left_speed);
          wb_motor_set_velocity(wheels[3], right_speed);
          break;
      case WB_KEYBOARD_RIGHT:
          wb_motor_set_velocity(wheels[0], -left_speed);
          wb_motor_set_velocity(wheels[1], right_speed);
          wb_motor_set_velocity(wheels[2], left_speed);
          wb_motor_set_velocity(wheels[3], -right_speed);
          break;
      case WB_KEYBOARD_PAGEUP:
          printf("PAGEUP\n");
          wb_motor_set_velocity(wheels[0], -left_speed);
          wb_motor_set_velocity(wheels[1], -right_speed);
          wb_motor_set_velocity(wheels[2], left_speed);
          wb_motor_set_velocity(wheels[3], right_speed);
          break;
```

```
        case WB_KEYBOARD_PAGEDOWN:
            printf("PAGEDOWN\n");
            wb_motor_set_velocity(wheels[0], left_speed);
            wb_motor_set_velocity(wheels[1], right_speed);
            wb_motor_set_velocity(wheels[2], -left_speed);
            wb_motor_set_velocity(wheels[3], -right_speed);
            break;
        case ' ':
            printf("blank\n");
            wb_motor_set_velocity(wheels[0], 0);
            wb_motor_set_velocity(wheels[1], 0);
            wb_motor_set_velocity(wheels[2], 0);
            wb_motor_set_velocity(wheels[3], 0);
            break;
        default:
            //打印输出
            printf("print = %d\n",keyIn);
            break;
    }
    //延时，让CPU处理其他任务，避免导致此任务卡死
    step(1);
}
wb_robot_cleanup();
return 0;
}
```

8.3　练习题：RoboCup 机器人大赛中型组仿真系统

场景： 绿色地面的足球场，双方各 3 台或 5 台足球机器人，2 个球门，如图 8-12、图 8-13 所示。

前提条件：

① 足球是 Solid 对象，可弹起。
② 机器人采用 3 个合向轮或者 4 个合向轮的结构。
③ 机器人可得到自己的位姿。
④ 机器人只能在场地上运动，不能出界。
⑤ 任何一台机器人可获得场上所有机器人的位姿。
⑥ 机器人可获得足球的位姿。
⑦ 足球靠近机器人到一定距离，则认为机器人获取了足球，可带球运动。
⑧ 没有总控，机器人自己决策如何进攻和防守，进球数量决定胜负。

思路：

① 根据本章的内容搭建具有全向轮的足球机器人，先实现手动控制足球机器人运动。
② 编写算法，实现单台机器人带球、进攻和防守等。
③ 编写控制策略，实现双方的对战。

图 8-12　比赛场景

图 8-13　中型组足球机器人

第9章 四足机器人仿真

Webots 的示例项目中有大量四足机器人仿真案例值得参考和学习，如图 9-1～图 9-3 所示。

图 9-1　ghostdog.wbt

图 9-2　top_dog.wbt

图 9-3　bioloid_dog.wbt

9.1　四足机器人模型的搭建

可以先使用 SolidWorks 等软件进行机器人模型的设计，再将模型导入到 Webots；也可以直接用 Webots 软件绘制机器人模型。本例使用后者方法，如图 9-4 所示为本例的四足机器人。

项目文件：dog

图 9-4　本例的四足机器人

9.1.1　使用向导建立项目

打开向导，添加 Webots 项目，注意要勾选"Add a rectangle arena"以添加地面 floor，如图 9-5 所示。

图 9-5　使用向导建立项目 myDog

将世界坐标系显示出来，便于调整大小和方向，如图 9-6 所示。

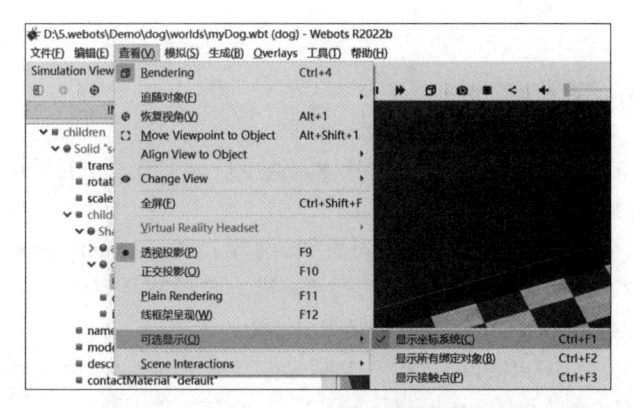

图 9-6　显示世界坐标系

调整地面属性 floorSize 到合适的大小，如图 9-7 所示。

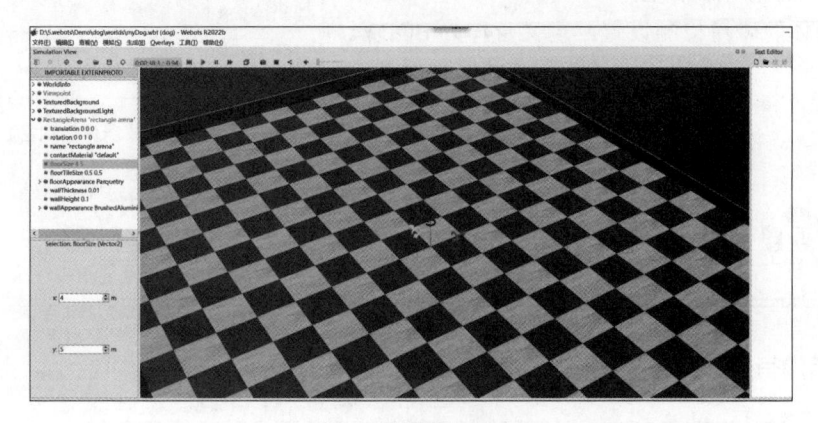

图 9-7　调整地面大小

9.1.2　添加机器人 Robot 节点

选中刚刚创建的地面节点 ● RectangleArena "rectangle arena"，点击添加节点按钮 ●，并在弹出的界面中选择"Base nodes"→"Robot"，点击"添加"按钮为世界添加机器人节点，如图 9-8 所示。

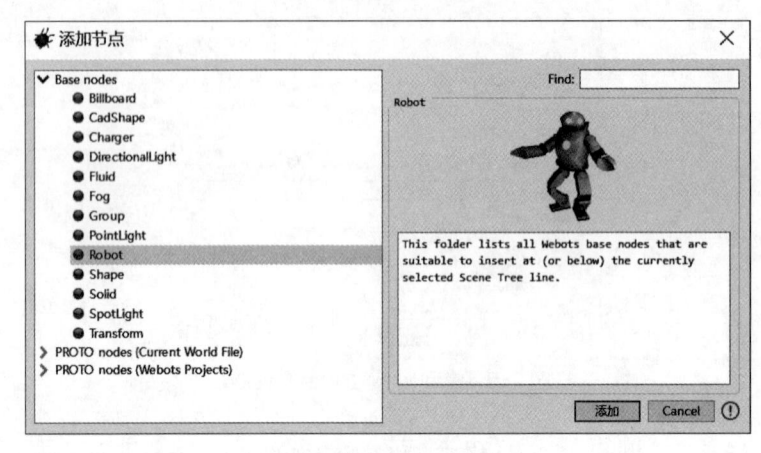

图 9-8　添加 Robot 节点

9.1.3　添加机器人身体

① 添加 Solid 节点作为四足机器人的身体。选中机器人节点子目录的 children 项，点击添加节点按钮，添加 Solid 节点。

② 在 Solid 节点下添加 Shape 节点。设置 Shape 节点的 geometry Box 项下的 size 项，然后改变 X、Y、Z 参数，从而改变躯干几何尺寸。因为与控制器算法有关，所以本例的尺寸设置为 X1、Y0.5、Z0.2，该尺寸要与控制器算法匹配。

③ 为四足机器人添加身体外观。选中 Solid 节点下 children 项下的 Shape 节点的 appearance NULL 项，然后点击添加节点按钮。在弹出的界面中选择 Base nodes 中的 PBRAppearance 节点，然后点击 Add 为四足机器人的躯干添加外观。

④ 身体的碰撞检测设置。定义身体为 BODY。定义方法：选中 Shape 节点，在下方的属性设置窗口的 DEF 后填写定义的名称"BODY"，如图 9-9 所示。

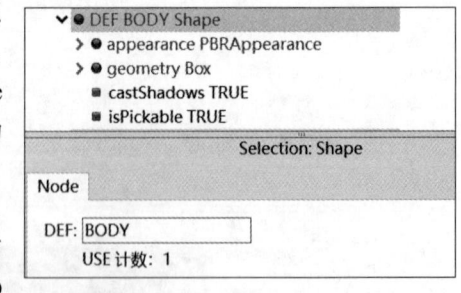

图 9-9　定义身体的别名 DEF

> **注意**
> 若没有属性窗口显示出来，则点击"工具"→"恢复布局"可显示。

⑤ 设置身体的 Solid 节点的 boundingObject 属性。目的是实现碰撞和接触功能。

方法：右键 boundingObject，从右键菜单中选择"新增"，如图 9-10 所示，在弹出的窗口中选择"USE"分支下的已经定义好的"BODY"，如图 9-11 所示。

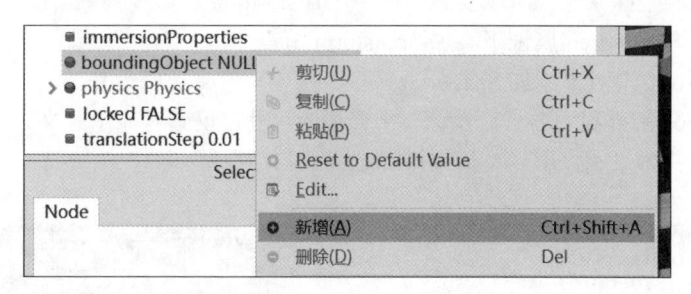

图 9-10 添加身体节点边界属性

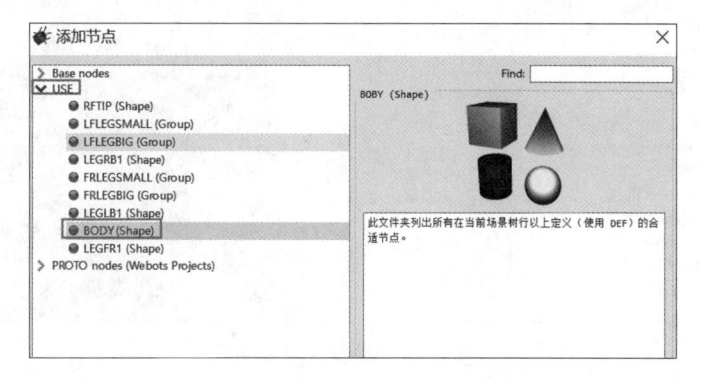

图 9-11 选择定义好的 BODY 别名

⑥ 设置身体 Solid 节点的物理引擎为 Physics。设置完成的身体的各部分属性如图 9-12 所示。

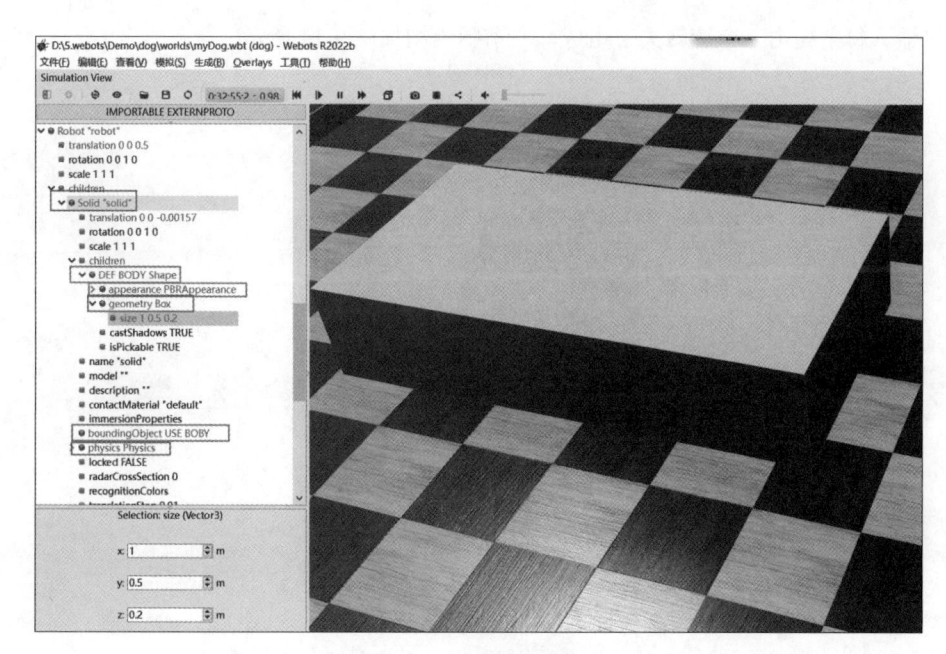

图 9-12 添加完成的身体

9.1.4 添加机器人头部

为了辨别机器人的运动方向，需要添加机器人的头，如图 9-13 所示。因为机器人的头并不位于 Robot 的坐标原点，所以要添加一个 Transform 节点。步骤如下：

① 在 Robot 的 children 属性下添加 Transform 节点。
② 在 Transform 节点下添加 Shape。
③ 设置 Shape 的外观为 Box，设置一个合适的尺寸，仅具有显示意义。

因为头部只作为显示，所以不需要添加边界和物理引擎。

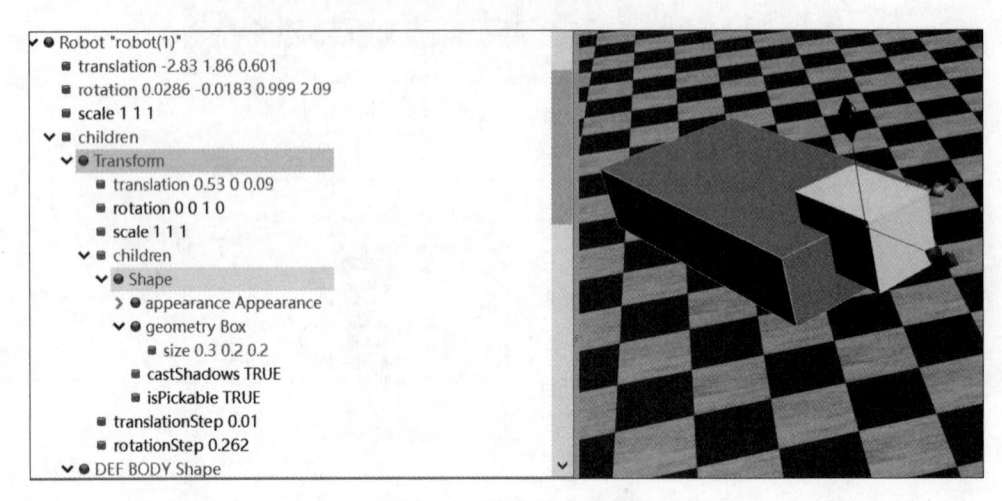

图 9-13 添加机器人头部

9.1.5 添加机器人右前腿

机器人每条腿由 3 个旋转关节组成，右前腿结构如图 9-14 所示。

图 9-14 四足机器人右前腿

9.1.5.1 添加机器人右前腿髋关节（Right Front）

① 添加旋转关节 HingeJoint 节点。选中 Robot 节点下的 children 项，点击添加节点按钮，选择 Base nodes 中的 HingeJoint 节点，然后点击"Add"按钮。
② 添加关节参数 jointParameters。
③ 添加 device 为旋转电机。命名为 RFJ1Motor。
④ 添加 Shape 尺寸如图 9-15 所示，定义此 Shape 为 LEGFR1。

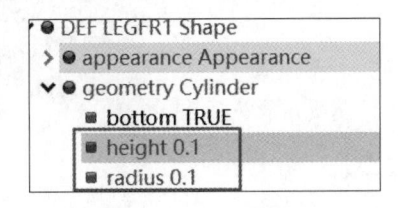

图 9-15　髋关节尺寸

⑤ 设置关节 1 的旋转中心点。因为圆柱体的旋转中心即为关节 1 的旋转中心，所以要指定旋转点为圆柱的中心。复制 Shape 父对象 Solid 的 translation 属性（选中，按 Ctrl+C），粘贴到 jointParameters 的 anchor 属性（选中，按 Ctrl+V）。
⑥ 设置关节 1 的旋转轴。jointParameters 属性中 axis 是相对于关节 1 的父坐标系而言的。例如，图 9-16 中为关节 1 的父坐标系，图 9-17 为关节 1 节点关联的 Solid 节点的坐标系，二者是不同的，因此 axis 设置为 1 0 0。

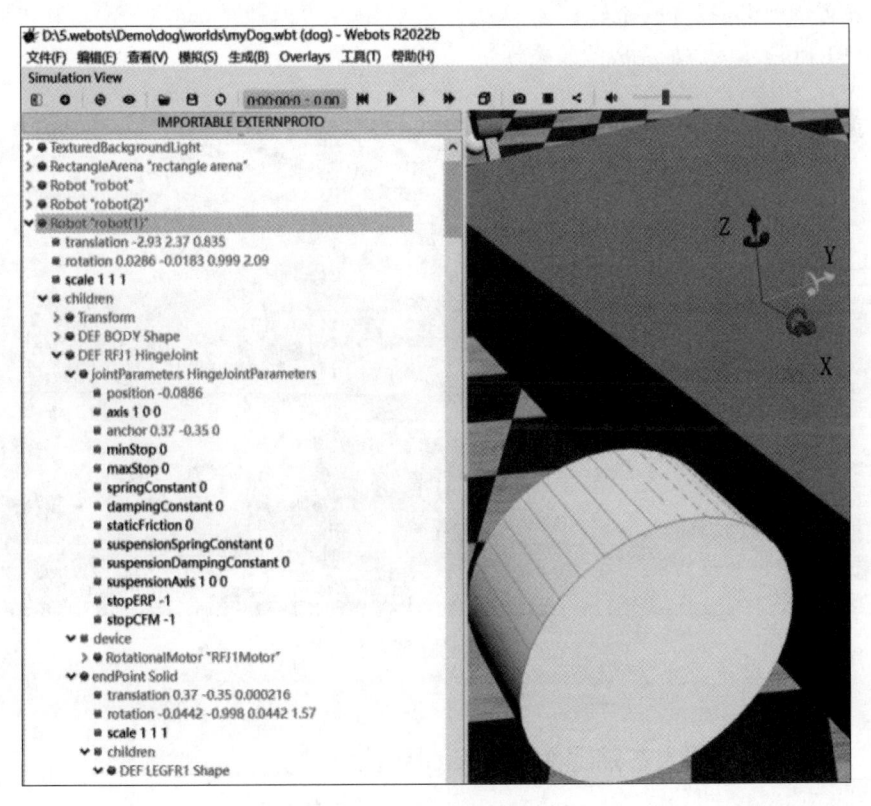

图 9-16　关节 1 的父坐标系

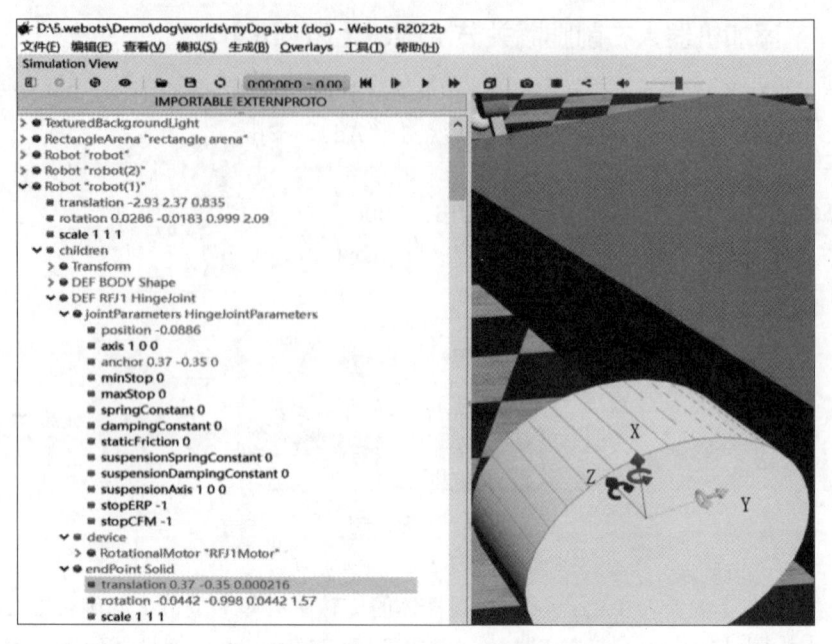

图 9-17 关节 1 节点关联的 Solid 节点的坐标系

⑦ 调整 jointParameters 属性中的 position 的值，测试关节旋转轴是否正确。测试完成记得重新设置为 0。

⑧ 设置 boundingObject 属性为 LEGFR1。

⑨ 设置物理引擎为 Physics。

如图 9-18 所示为添加完成的髋关节。

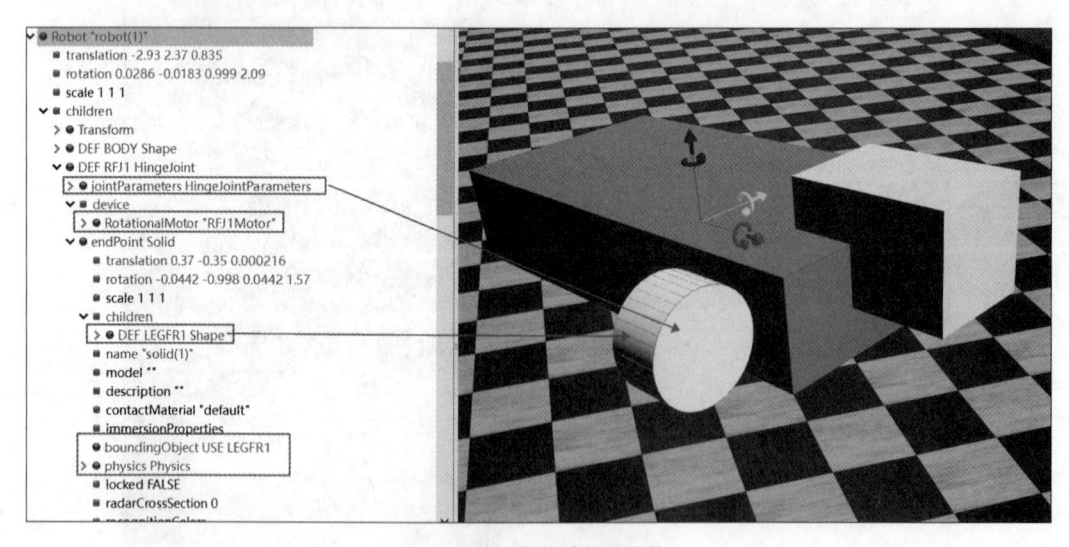

图 9-18 添加完成的髋关节

9.1.5.2 添加机器人右前腿大腿（Right Front）

大腿分两部分：关节和连杆。添加步骤如下：

① 添加旋转关节 HingeJoint 节点。选中前节添加的髋关节节点下的 Solid 节点的 children 项，点击添加节点按钮，选择 Base nodes 中的 HingeJoint 节点，然后点击"Add"按钮。

② 添加关节参数 jointParameters。

③ 添加 device 为旋转电机。命名为 RFJ2Motor。

④ 添加 Group。因为大腿由关节和连杆组成，所以使用 Group 进行节点组织，并使用 Group 作为边界，定义该组名为 FRLEGBIG。

⑤ 在 Group 的 children 项下添加 Shape。

⑥ 添加 Shape 尺寸如图 9-19 所示。

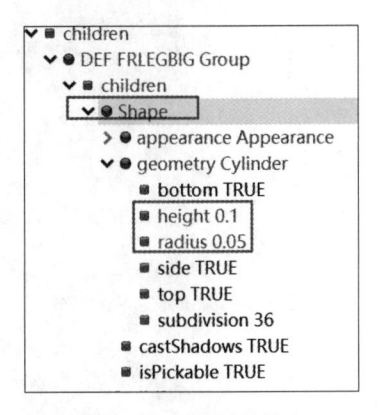

图 9-19 大腿关节尺寸

⑦ 设置关节 2 的旋转中心点。圆柱体的旋转中心即为关节 2 的旋转中心，所以要指定旋转点为圆柱的中心。复制 Shape 父对象 Solid 的 translation 属性（选中，按 Ctrl+C），粘贴到 jointParameters 的 anchor 属性（选中，按 Ctrl+V）。

⑧ 设置关节 2 的旋转轴。jointParameters 属性中 axis 是相对于关节 2 的父坐标系而言的。图 9-20 中为关节 2 的父坐标系 Solid 节点的坐标系。关节 2 绕 Y 轴旋转，因此，axis 设置为 0 1 0。

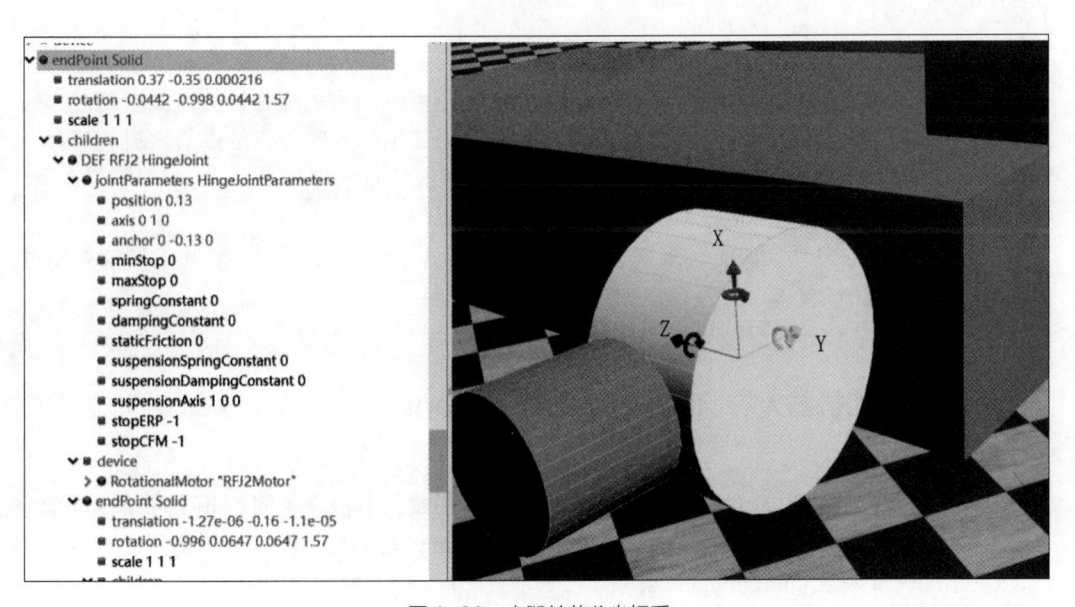

图 9-20 大腿关节父坐标系

⑨ 调整 jointParameters 属性中的 position 的值，测试关节旋转轴是否正确。测试完成记得重新设置为 0。

⑩ 设置 boundingObject 属性为 FRLEGBIG。

⑪ 设置物理引擎为 Physics。

添加完成后的状态如图 9-21 所示。

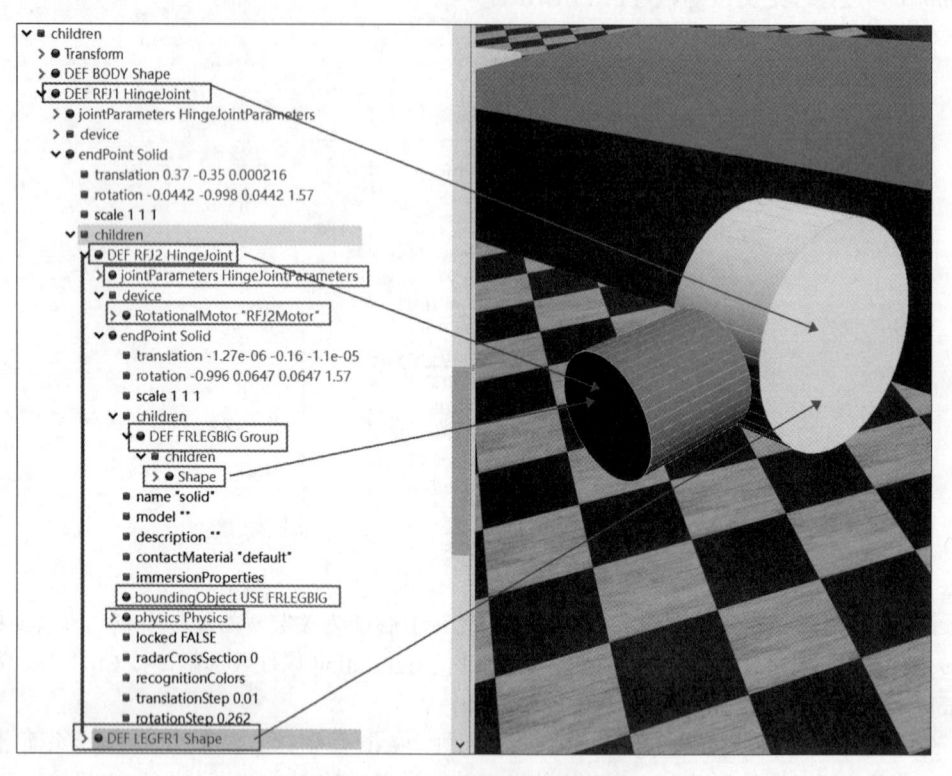

图 9-21 添加完成后的大腿关节

继续添加大腿连杆，步骤如下：

① 在前文添加过的 Group 节点下添加 Transform 节点。因为大腿连杆与前文添加的大腿关节不同，与大腿关节虽然同属一个连接件，但是其局部坐标系的零点位置与大腿关节有一定偏移，其位置更靠下。Webots 使用 Transform 节点进行位置的控制。

② 在 Transform 的 children 项下添加 Shape。

③ 添加 Shape 尺寸。因为涉及机器人腿的运动学计算，所以尺寸不要与本例的差别过大，以免运动学计算有误。

添加大腿关节和连杆后效果如图 9-22 所示。

9.1.5.3 添加机器人右前腿小腿（Right Front）

与添加大腿类似：

① 添加旋转关节 HingeJoint 节点。选中前节添加的髋关节节点下的 Solid 节点的 children 项，点击添加节点按钮，选择 Base nodes 中的 HingeJoint 节点，然后点击"Add"按钮。

② 添加关节参数 jointParameters。

③ 添加 device 为旋转电机，命名为 RFJ3Motor。

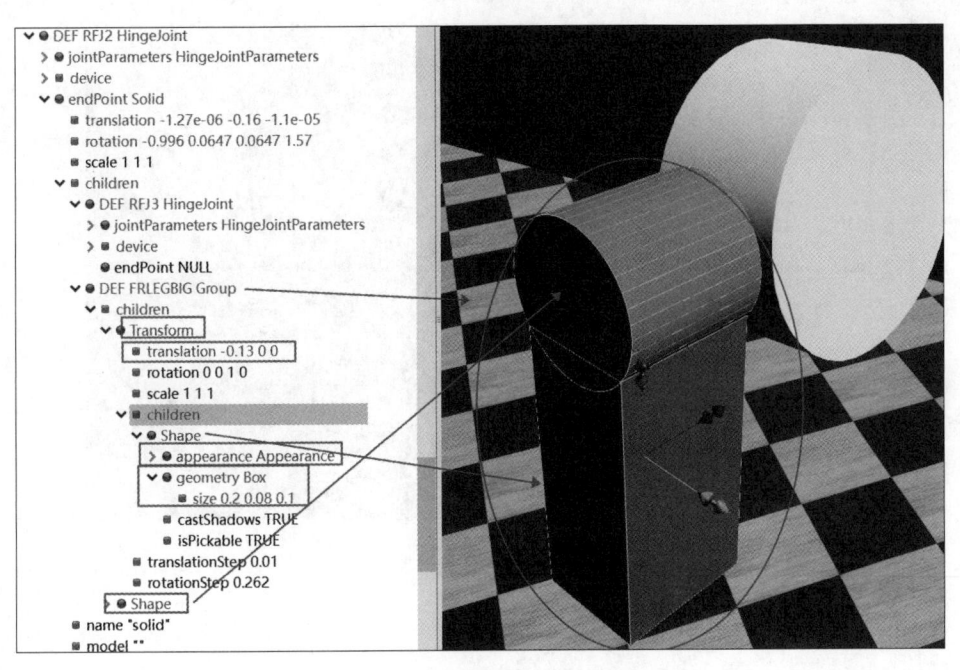

图 9-22 添加完成后的大腿关节及连杆

④ 添加 Group。因为小腿由关节和连杆组成，所以使用 Group 进行节点组织，并使用 Group 作为边界，定义该组名为 FRLEGSMALL。

⑤ 在 Group 的 children 项下添加 Shape 为圆柱体。

⑥ 添加 Shape 尺寸如图 9-23 所示。

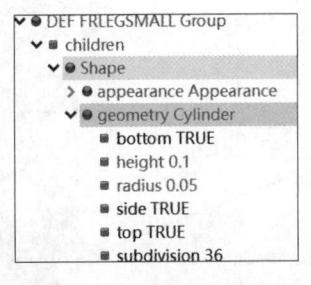

图 9-23 小腿关节尺寸

⑦ 设置关节 3 的旋转中心点。因为圆柱体的旋转中心即为关节 3 的旋转中心，所以要指定旋转点为圆柱的中心。复制 Shape 父对象 Solid 的 translation 属性（选中，按 Ctrl+C），粘贴到 jointParameters 的 anchor 属性（选中，按 Ctrl+V）。

⑧ 设置关节 3 的旋转轴。jointParameters 属性中 axis 是相对于关节 3 的父坐标系而言的。图 9-24 中为关节 3 的父坐标系 Solid 节点的坐标系。关节 3 绕 Z 轴旋转，因此，axis 设置为 0 0 1。

⑨ 调整 jointParameters 属性中的 position 的值，测试关节旋转轴是否正确。测试完成记得重新设置为 0。

⑩ 设置 boundingObject 属性为 FRLEGSMALL。

⑪ 设置物理引擎为 Physics。

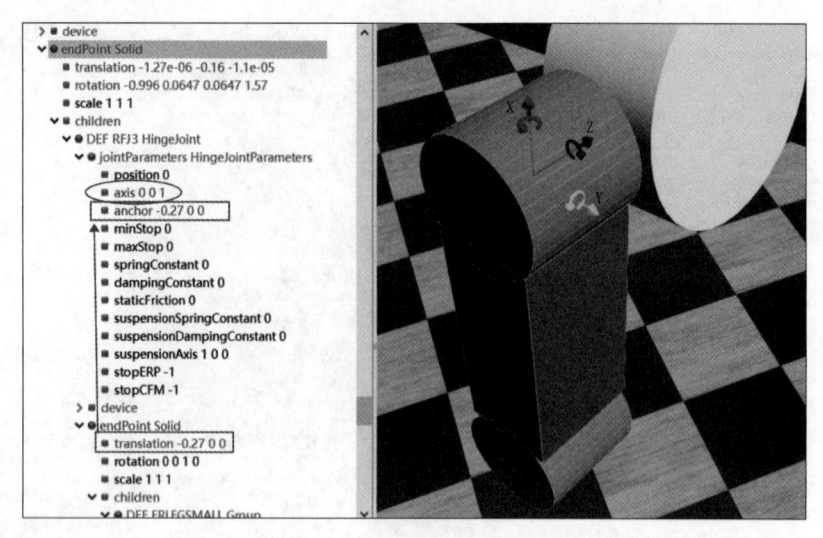

图 9-24　小腿关节旋转轴

添加完成后的状态如图 9-25 所示。

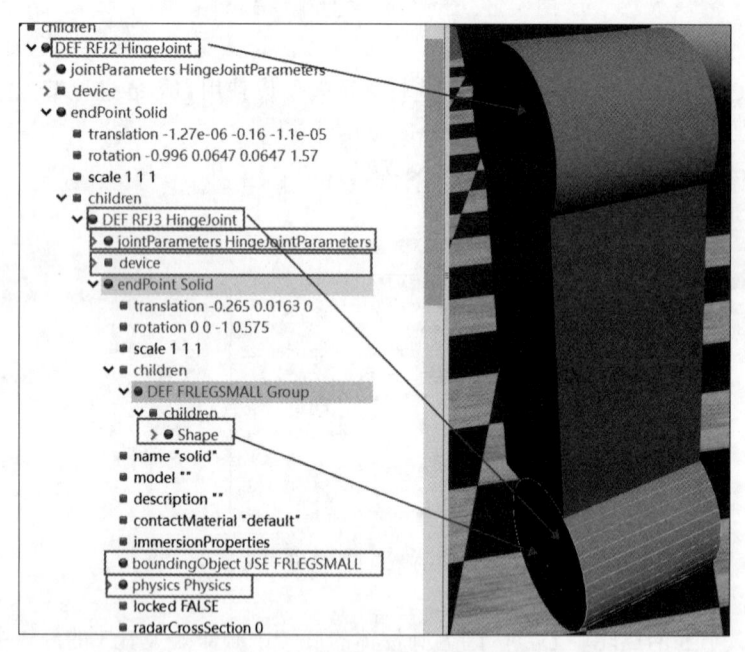

图 9-25　添加完成后的小腿关节

继续添加小腿连杆，步骤如下：

① 在前文添加过的 Group 节点下添加 Transform 节点。因为小腿连杆、小腿尖端与前文添加的小腿关节不同，与小腿关节虽然同属一个连接件，但是其局部坐标系的零点位置与小腿关节有一定偏移，位置更靠下。Webots 使用 Transform 节点进行位置的控制。

② 在 Transform 的 children 项下添加两个 Shape：一个为小腿连杆，另一个为小腿尖端。

③ 添加 Shape 尺寸如图 9-26 所示。因为涉及机器人腿的运动学计算，所以尺寸不要与本例的差别过大，以免运动学计算有误。

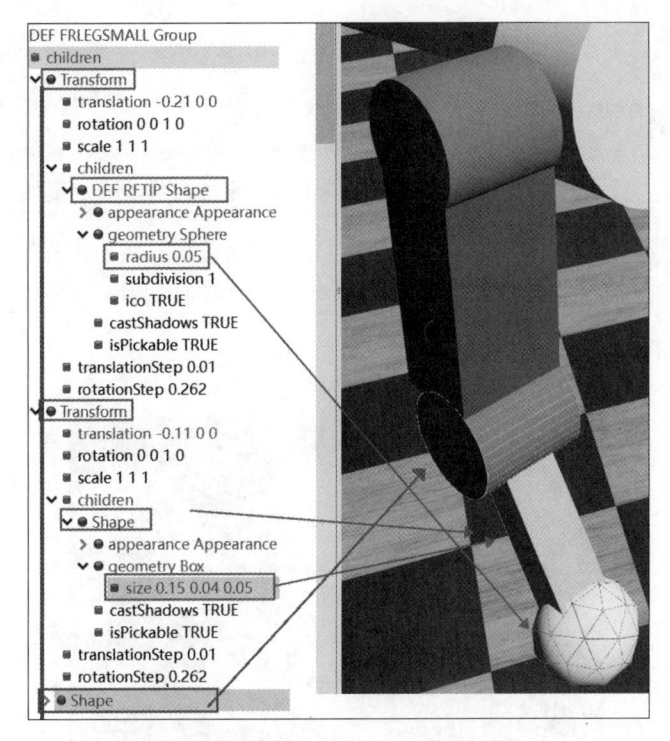

图 9-26 添加小腿连杆及小腿尖端属性

小腿连杆添加完成后的状态如图 9-27 所示。

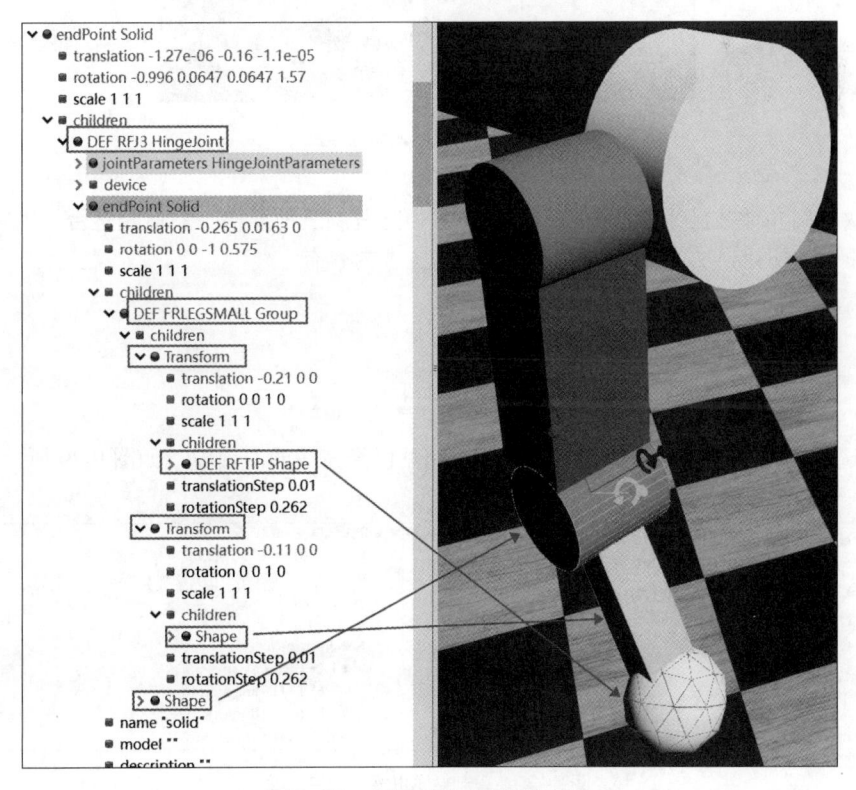

图 9-27 小腿关节和连杆添加完成

到此，一条腿设计完成。

9.1.6　添加机器人另外三条腿

机器人头部定义为前方，如图 9-28 所示。据此，机器人四条腿定义如下：
- 右前腿 RF。
- 右后腿 RB。
- 左前腿 LF。
- 左后腿 LB。

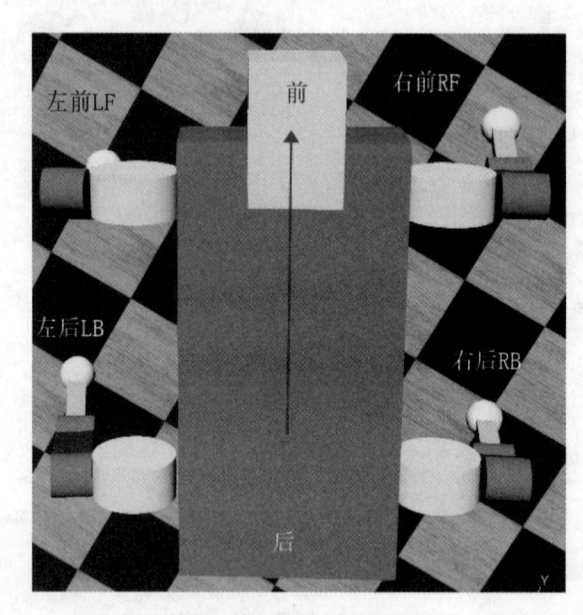

图 9-28　机器人腿的命名

依次复制并粘贴已经完成的右前腿即可，但是复制之前要检查右前腿是否正确完成，否则去改正四条腿错误的工作量将很大。检查的主要内容有：
- 三个关节的旋转角度是否在 0 点。
- 边界是否设置。
- 物理引擎是否设置。

添加机器人另外三条腿，步骤如下：

① 选中已经完成的右前腿，依次复制并粘贴已经完成的右前腿，如图 9-29 所示。

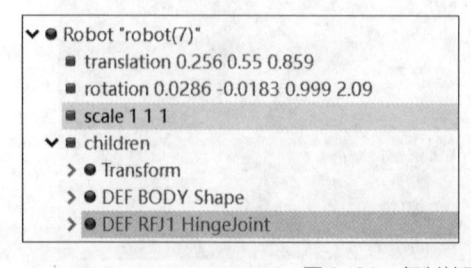

图 9-29　复制粘贴机器人的其他腿

② 调整每条腿到合适的位置，如图 9-30 所示。

> **注意**
>
> 因为关节没有实体，所以选中关节是无法调整位置的，所以选择关节的 endPoint 节点进行位置调整。

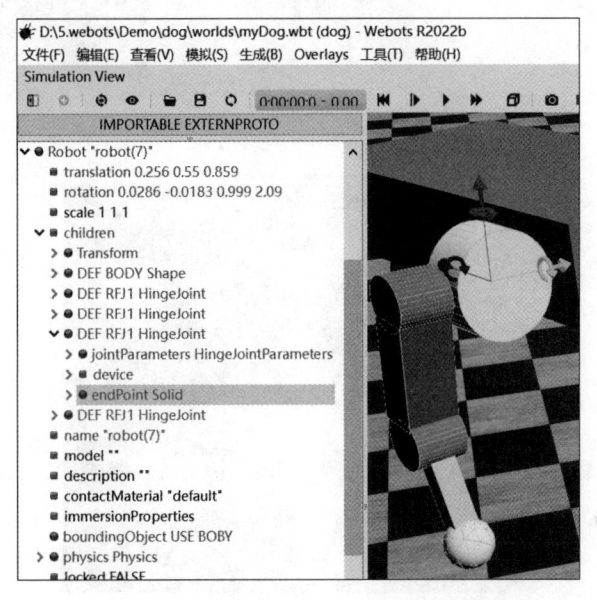

图 9-30　选择关节的 endPoint 节点进行位置调整

③ 根据每条腿的位置，更改各节点的名称，每条腿的各层次名称都需要更改，特别是电机名称，如图 9-31 所示。

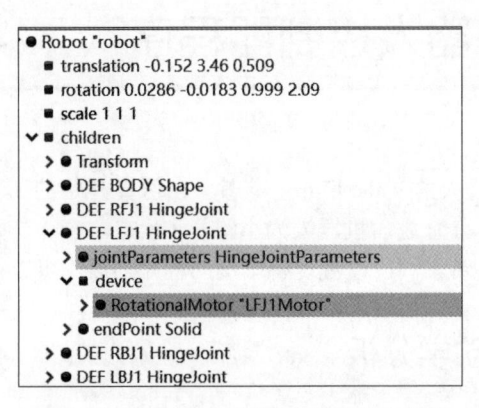

图 9-31　更改机器人的其他腿的各节点名称

④ 调整每条腿的关节 1 的位置，使左右腿对称，如图 9-32、图 9-33 所示。

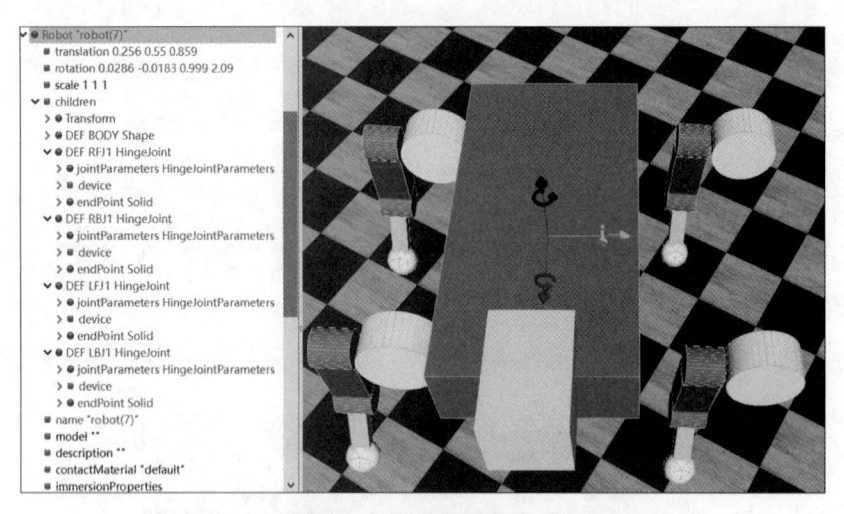

图 9-32 调节前左右腿

图 9-33 调节后左右腿

⑤ 重新调整复制出来的每条腿的关节 1 的旋转轴，务必使每条腿关节 1 的旋转方向正确。

9.2 添加机器人控制器程序

使用向导建立控制器。

本例实现了四足机器人的 walk 和 trot 步态。在仿真开始的 5s 内机器人下蹲，5～10s 机器人为行走 walk 状态，10s 之后机器人为小跑 trot 状态。

详细代码参见本节自带案例，读者理解本例的程序之后，可以在此基础上进行修改。

9.2.1 单腿逆运动学分析

四足机器人每条腿由 3 个连杆和 3 个关节组成，连杆长度分别记为 h、h_u（up，表示上肢）、h_l（low，表示下肢），第 1 关节角度为 gamma 角，第 2 关节角度为 alpha 角，第 3 关节角度为 beta 角，如图 9-34 所示。

四足机器人的正面视角　　　　四足机器人的侧面视角

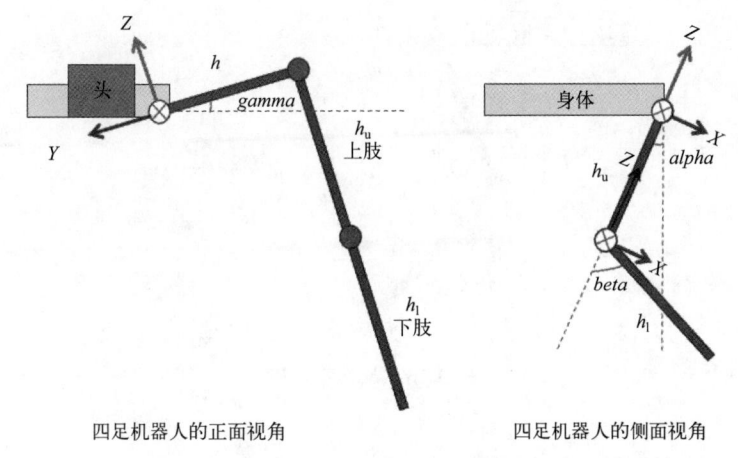

图 9-34　四足机器人符号说明

四足机器人 3 个关节角的零点位置如图 9-35 所示。

四足机器人的正面视角　　　　四足机器人的侧面视角

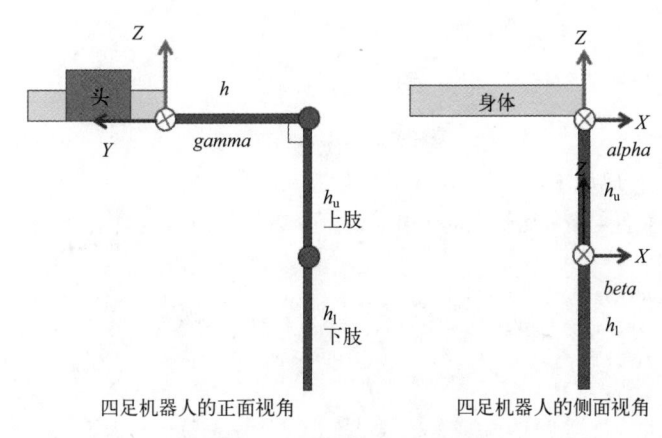

图 9-35　四足机器人关节角零点

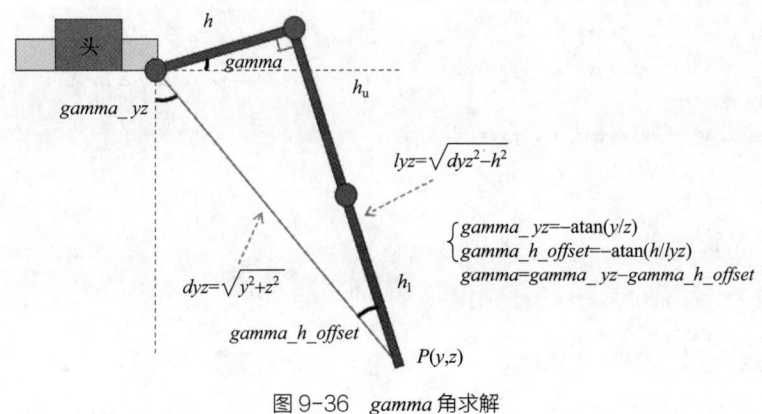

$gamma$ 角求解、$beta$ 角求解、$alpha$ 角求解如图 9-36～图 9-38 所示。

$$lyz=\sqrt{dyz^2-h^2}$$

$$\begin{cases} gamma\_yz=-\mathrm{atan}(y/z) \\ gamma\_h\_offset=-\mathrm{atan}(h/lyz) \\ gamma=gamma\_yz-gamma\_h\_offset \end{cases}$$

$$dyz=\sqrt{y^2+z^2}$$

图 9-36　$gamma$ 角求解

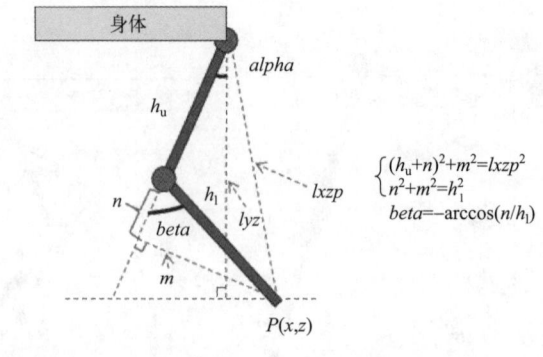

$$\begin{cases} (h_u+n)^2+m^2=lxzp^2 \\ n^2+m^2=h_l^2 \end{cases}$$
$$beta=-\arccos(n/h_l)$$

图 9-37 $beta$ 角求解

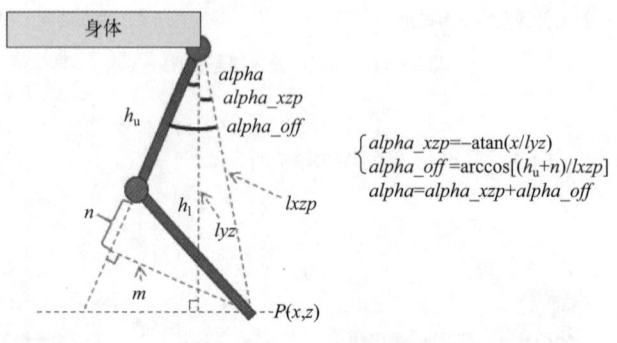

$$\begin{cases} alpha\_xzp=-\mathrm{atan}(x/lyz) \\ alpha\_off=\arccos[(h_u+n)/lxzp] \end{cases}$$
$$alpha=alpha\_xzp+alpha\_off$$

图 9-38 $alpha$ 角求解

逆运动学算法代码如下:

```
struct structAngle xyz(double x,double y,double z)
{
    struct structAngle xyzAngle;
    double h=0.19;
    double hu=0.27;
    double hl=0.21;
    double dyz;
//gamma求解
    dyz = sqrt(y*y+z*z);
    double lyz;
    lyz = sqrt(dyz*dyz-h*h);
    double gamma_yz;
    gamma_yz=-atan(y/z);
    double gamma_h_offset;
    gamma_h_offset=-atan(h/lyz);
    double gamma;
    gamma = gamma_yz-gamma_h_offset;
//beta求解
    double lxzp;
    lxzp=sqrt(lyz*lyz+x*x);
    double n;
    n=(lxzp*lxzp-hl*hl-hu*hu)/(2*hu);
    double beta;
    beta=-acos(n/hl);
    double alpha_xzp;
```

```
//alpha求解
    alpha_xzp=-atan(x/lyz);
    double alpha_off;
    alpha_off=acos((hu+n)/lxzp);
    double alpha;
    alpha=alpha_xzp+alpha_off;
    //输出角度为弧度
    xyzAngle.gamma = gamma;
    xyzAngle.alpha =alpha;
    xyzAngle.beta =beta;
    return xyzAngle;
}
```

9.2.2 walk 步态的说明

步行（walk）是四足动物普遍采用的一种行走模式。四足动物在行走过程中至少有三条腿与地面保持接触，而另一条腿则在空中摆动。这种步态的特点是四肢按照一定的顺序轮流抬起和放下，形成稳定的三角形支撑，为动物提供了出色的稳定性。不过，由于其动作的周期性交替，步行步态的运动周期较长，这限制了动物的移动速度和效率。步行步态的标准顺序通常是：先抬起第一条腿，接着是第三条腿，然后是第四条腿，之后是第二条腿，最后又回到第一条腿，如此循环，如图 9-39 所示。尽管步行步态的速度不是最快的，但其卓越的稳定性使其成为平稳行走的理想选择。

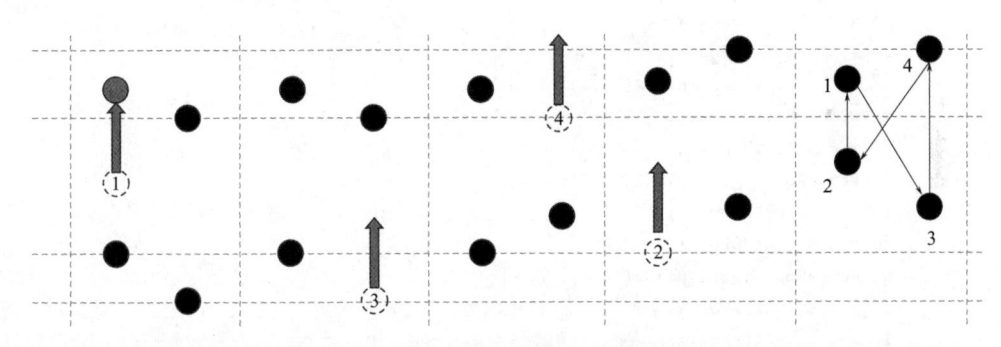

图 9-39 四足机器人 walk 步态

通过分析步行步态的相位图，可以地观察到四足动物在步行时遵循一种特定的腿部运动顺序。通常，这个顺序是先抬起左前腿，然后是右后腿，接着是右前腿，最后是左后腿，各个摆动阶段之间没有重叠。在步行过程中，始终至少有三条腿与地面保持接触，以确保支撑。为了提高步行步态的效率并增加腿部的摆动速度，在一个完整的腿部轮换周期内，应该尽可能地提高运动速度。这可以通过采用步行步态的一个临界状态来实现，这个状态可确保在任何时候都只有三条腿提供支持，避免四腿同时触地的情况。这种临界步态通常与参数设置 $p=0.75$ 和 $\phi=0.25$ 相对应。通过这种步态调整，步行步态不仅能维持静态平衡，还能提高速度，帮助四足机器人更高效地制定行走策略，如图 9-40 所示。

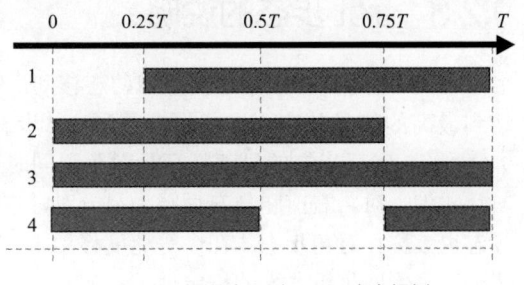

图 9-40 四足机器人 walk 步态规划

程序中，循环结构负责控制时间的获取和更新。程序开始腿部运动循环前，会首先记录当前时间。然后在每次循环中，更新当前时间，并计算从循环开始到现在的时间差。基于此，可以将 1s 作为一个标准周期 T，并将其平均分成四个阶段，每个阶段持续 0.25s 或 $0.25T$。这四个时间点被定义为不同的相位，对应于步态周期中每条腿的不同位置。之后，将这四个时间点与 1s 周期进行取模运算，得到实际小于 1s 的时间值，这些时间值将用于确定每条腿的摆动路径。具体代码如下。

```
Webots_realtime = wb_robot_get_time();
    printf("walk mode:Webots_realtime %f \n",Webots_realtime);
    //walk步态初始位置，x方向，z方向的值
    lb_x= -0.1;     rb_x= -0.1;    lf_x=0.1;       rf_x=0.1;
    lb_z=-0.482;    rf_z=-0.482;   lf_z=-0.482;    rb_z=-0.482;
    T=1;
    printf("Webots_time %f \n",Webots_time);
    time1 = Webots_realtime - Webots_time;
    time2 = Webots_realtime - Webots_time + 0.25;
    time3 = Webots_realtime - Webots_time + 0.5;
    time4 =Webots_realtime - Webots_time + 0.75;
    printf("time1 %f \n",time1);
    T1 = fmod(time1,T);
    T2 = fmod(time2,T);      //mod 函数为取模运算
    T3 = fmod(time3,T);
    T4 = fmod(time4,T);
    structLBPos = gait_plan2(T1,T); //左后
    lb_x = structLBPos.x;
    lb_z = structLBPos.z;
    structRFPos = gait_plan2(T2,T); //右前
    rf_x = structRFPos.x;
    rf_z = structRFPos.z;
    structRBPos = gait_plan2(T3,T); //右后
    rb_x = structRBPos.x;
    rb_z = structRBPos.z;
    structLFPos = gait_plan2(T4,T); //左前
    lf_x = structLFPos.x;
    lf_z = structLFPos.z;
```

在步行步态中，每条腿的运动轨迹由特定的函数决定，该函数的参数 Ts 设定为 0.25s。在每个步态周期内，会将步行步态函数定义的四个时间节点 T1～T4 与 Ts 进行比较，以判断每条腿在某个时间点是处于摆动阶段还是支撑阶段。基于这一判断，每条腿将根据相应的轨迹函数进行移动：处于摆动阶段的腿将遵循设定的摆线路径，完成腿部的摆动动作。

9.2.3 trot 步态的说明

trot 步态适合于中等速度下的动态移动，它拥有较广的速度适应性，并且在速度适中时达到最高的能量效率。这些特性使得 trot 步态成为四足机器人步行的普遍选择之一，如图 9-41 所示。trot 步态的显著特征是对角腿同时进行摆动，即将四肢分为两对，比如左前腿与右后腿为一对，右前腿与左后腿为另一对，这两对腿交替执行摆动和支撑动作。因此，这种步态也被称作对角步态。在中等速度移动时，摆动腿和支撑腿的交替频率增加，对角腿的支撑能够确保四足机器人的稳定性。

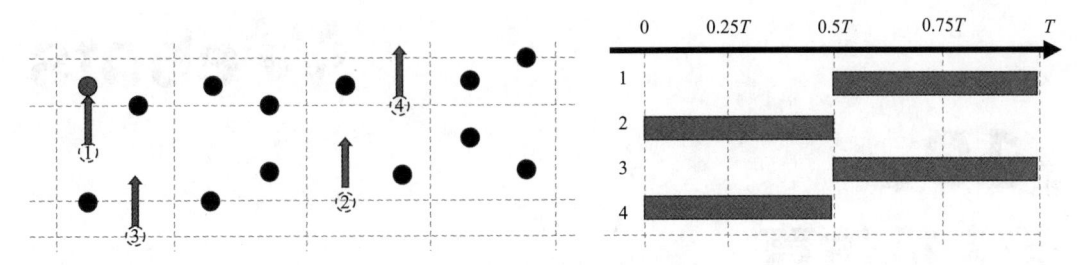

图 9-41　四足机器人 trot 步态

在 trot 步态中，总有至少两腿同时触地，以维持步态的稳定性和流畅性。trot 步态的程序与 walk 步态相似，需要捕获当前时间并在步态循环中持续更新。trot 步态的周期设定为 0.4s，这个周期被平均划分为两个阶段，每个阶段的持续时间为 0.2s。通过计算，可以得到两个时间值，并将它们对 0.4s 的周期取余，从而得到两个小于 0.4s 的时间片段 T1 和 T2。这两个时间段分别分配给两组对角腿，左后腿和右前腿按照 T1 时间段运动，而右后腿和左前腿则按照 T2 时间段运动。之后，这些时间值被用于摆线轨迹函数，以确定每条腿的移动路径，部分代码如下。

```
Webots_realtime = wb_robot_get_time();
printf("trot mode: Webots_realtime %f \n",Webots_realtime);
lb_x= -0.1;      rb_x= 0.1;      lf_x=0.1;       rf_x=-0.1;
lb_z=-0.482;    rf_z=-0.482;    lf_z=-0.482;    rb_z=-0.482;
T = 0.4;        //步态周期s
time1 = Webots_realtime - Webots_time;
T1 = fmod(time1,T);
time2 = Webots_realtime - Webots_time + 0.2;
T2 = fmod(time2,T);
structLBPos = gait_plan1(T1,T); //左后
lb_x = structLBPos.x;         lb_z = structLBPos.z;
structRFPos = gait_plan1(T1,T); //右前
rf_x = structRFPos.x;         rf_z = structRFPos.z;
structRBPos = gait_plan1(T2,T); //右后
rb_x = structRBPos.x;         rb_z = structRBPos.z;
structLFPos = gait_plan1(T2,T); //左前
lf_x = structLFPos.x;         lf_z = structLFPos.z;
```

trot 步态的足端轨迹规划函数的 Ts 值设置为 0.2s。在一个完整的步态周期内，分别将 T1 和 T2 值代入这个函数中与 Ts 进行比较，以确定哪组腿目前处于摆动阶段，哪组腿处于支撑阶段。对于处于摆动阶段的腿，运用摆线轨迹函数来计算其运动路径。

9.3　练习题：机器狗越障

场景： 机器狗通过低于它身高的桥洞。
思路： 控制机器狗足部的落点，实现匍匐前进。

第10章
无人机仿真

无人机通常分为三类，分别为固定翼飞机、单旋翼直升机和多旋翼直升机。三种无人机的物理实现方式各不相同，但都具有各自特有的优缺点。

无人机的飞行姿态主要有三种：横滚 roll、俯仰 pitch、偏航 yaw，如图 10-1 所示。

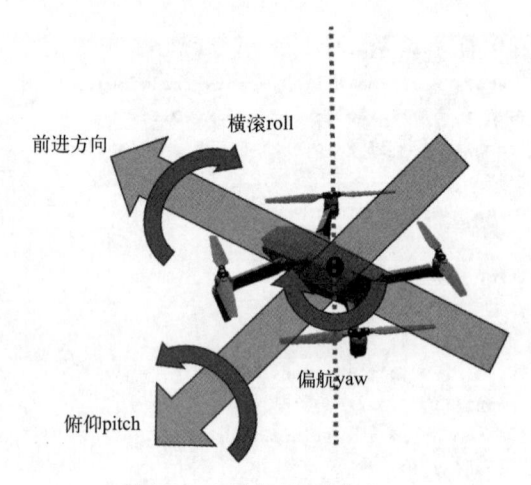

图 10-1　无人机的飞行姿态

无人机的搭建主要使用 Propeller 节点，阅读本章之前应先阅读本书的"3.27 螺旋桨 Propeller 节点"部分。

10.1　直升机仿真

根据牛顿第三定律，旋翼在旋转的同时也会向电机施加一个反作用力（反扭矩），促使电机向反方向旋转。所以现在的直升机都带有尾部旋翼，用于抵消这个反作用力。

项目文件：helicopterB

本例使用了两个旋翼进行直升机的控制，如图 10-2 所示。

主旋翼用于提供升力。为了便于模拟反作用力，Propeller 参数设置了 torqueConstants，该参数将产生让直升机旋转的作用力，如图 10-3 所示。

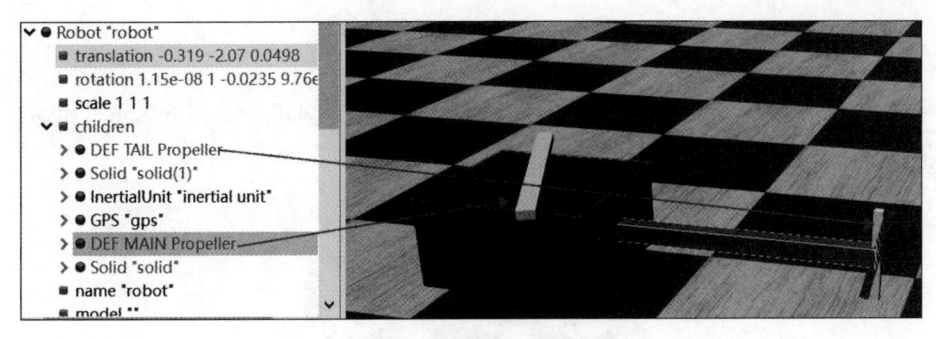

图 10-2　直升机示例

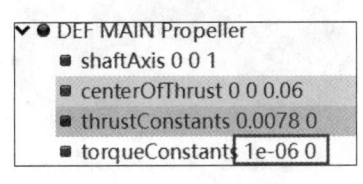

图 10-3　直升机主旋翼参数

为了平衡这个作用力并实现转弯,设置了尾翼,可提供与主旋翼相反的作用力。

本例可实现直升机的起飞,但是无法稳定高度。主要原因是直升机悬浮起来之后,任意方向上一个微小的力都可以使直升机偏移,需要有比较好的控制手段才可以稳定控制直升机。因此,本例有可改进之处。读者自行学习 Webots 软件自带的示例 Propeller,其提供了三种直升机的模型。

10.2　四旋翼仿真

四旋翼的组成结构有两种形态,一种是四旋翼呈十字对称的结构(图 10-4),另一种是两个梁呈 X 形交叉的结构(图 10-5)。因为 X 形四旋翼无人机较多,所以本章以此类无人机为例。

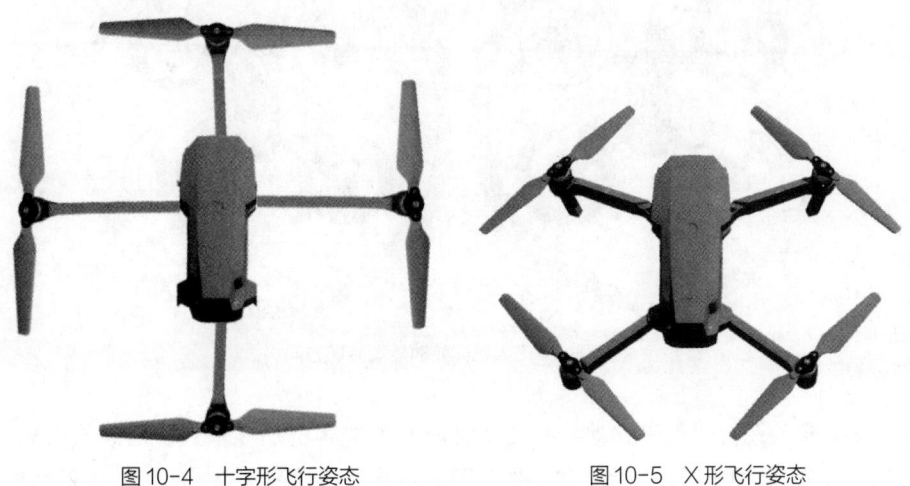

图 10-4　十字形飞行姿态　　　　　图 10-5　X 形飞行姿态

10.2.1　飞行原理

四旋翼无人机的旋翼会产生反作用力，所以为了避免飞机自旋，四旋翼飞机相邻的两个旋翼旋转方向是相反的，如图 10-6 所示。

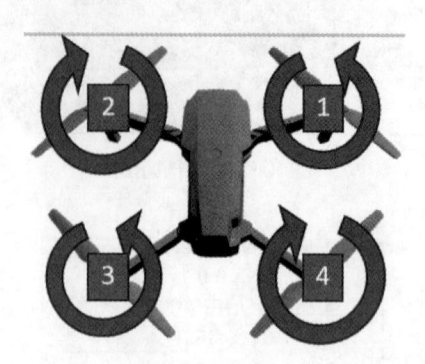

图 10-6　旋翼旋转方向

四旋翼无人机的前后左右飞行或是旋转飞行是靠多个旋翼的转速控制来实现的。

● 四旋翼无人机的悬停：当四旋翼无人机的四个旋翼的升力之和等于飞机总重量时，飞机的升力与重力相平衡，飞机就可以悬停在空中了。

● 四旋翼无人机的升降：当需要升高高度时，四个旋翼同时加速旋转，升力加大，四旋翼无人机就会上升。当需要降低高度时，四个旋翼会同时降低转速，四旋翼无人机也就下降了。之所以强调同时，是因为保持多个旋翼转速的相对稳定，这对保持飞行器机身姿态来说非常重要。

● 四旋翼无人机的原地旋转：当无人机各个电机转速相同时，无人机的反扭矩被抵消，不会发生转动。当无人机需要原地旋转时，就可以利用这种反扭矩，M2、M4 两个顺时针旋转的电机转速增加，M1、M3 两个逆时针旋转的电机转速降低，由于反扭矩影响，无人机就会产生逆时针方向的旋转，如图 10-7 所示。

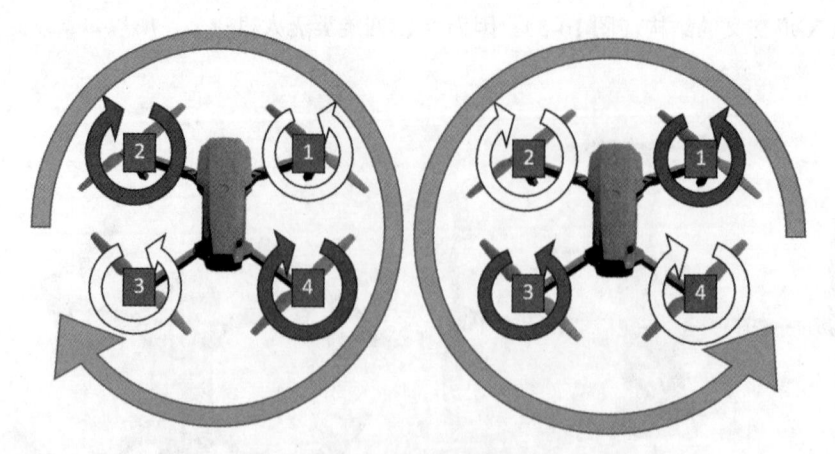

图 10-7　无人机偏航时旋翼旋转方向

● 四旋翼无人机的水平移动：多轴飞机没有类似客机那样垂直于地面的旋翼，所以无法直接产生水平方向上的力来进行水平方向上的移动。当需要按照三角箭头方向前进时，

M3、M4 电机旋翼会提高转速，同时 M1、M2 电机旋翼降低转速，由于飞机后部的升力大于飞机前部，飞机的姿态会向前倾斜。倾斜时的侧面平视如图 10-8 所示，这时旋翼产生的升力除了在竖直方向上抵消飞机重力外，还在水平方向上有一个分力，这个分力就让飞机有了水平方向上的加速度，飞机也因此能向前飞行。

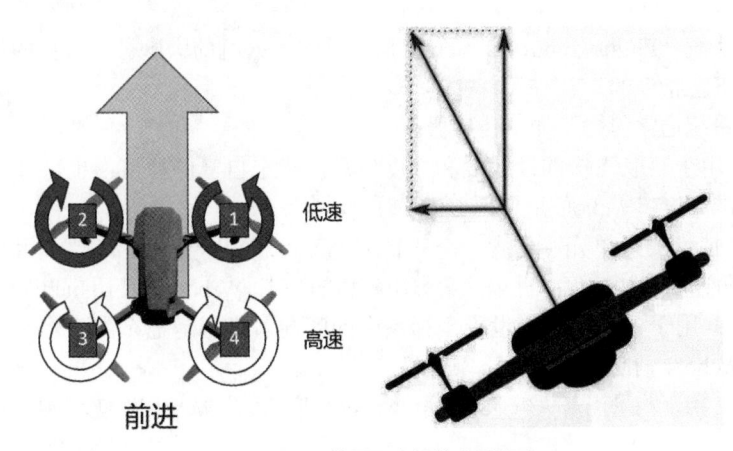

图 10-8　四旋翼无人机的水平移动

当 M1、M2 电机加速、M3、M4 电机减速时，飞机就会向后倾斜，从而向后飞行；当 M1、M4 电机加速，M2、M3 电机减速时，飞机向左倾斜，从而向左飞行；当 M2、M3 电机加速，M1、M4 电机减速时，飞机向右倾斜，从而向右飞行。

- 四旋翼无人机的横滚：保持前进方向上的两个旋翼的两个升力相同（转速相同），改变水平方向上的两个旋翼的大小。例如，当左旋翼的升力大小小于右旋翼的升力大小时，无人机向左横滚，如图 10-9 所示。

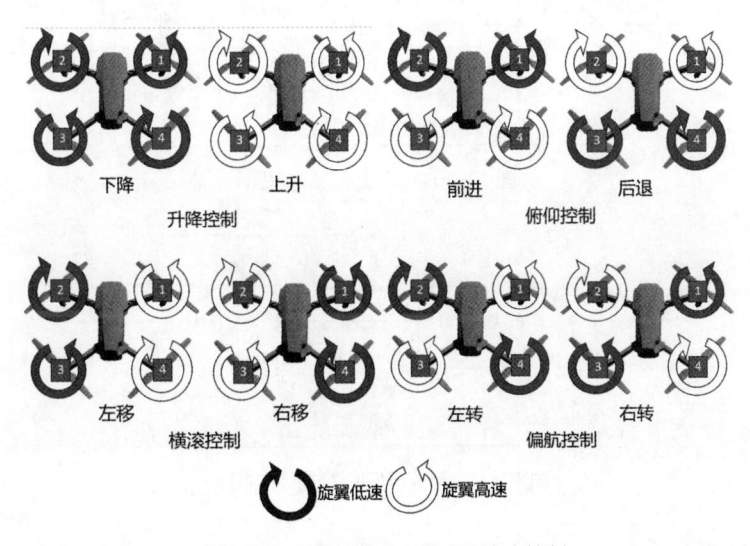

图 10-9　四旋翼无人机的飞行姿态控制

- 四旋翼无人机的俯仰：与横滚的原理类似，但是改变的是前进方向上的两个旋翼所获得的升力的大小，进而控制无人机的俯仰，如图 10-9 所示。
- 四旋翼无人机的偏航：利用反扭矩来实现偏航，反扭矩就是旋翼在进行旋转时与空气所产生的反作用力的力矩，方向始终垂直旋翼，所以在一定的情况下需要进行消除，而在另一些情况之下则需要通过运用反扭矩实现偏航，如图 10-9 所示。

10.2.2 飞行控制系统

飞行控制系统（Flight Control System）可以看作无人机的大脑。无人机的悬停、飞行都是由飞控系统下达指令的。

飞行控制系统通常包含了如下传感器：

① GPS：用于获取飞机的经纬度和高度信息，确定自己的位置；也可以使用超声波在近地面测量精准高度。Webots 里使用 GPS 节点模拟。

② IMU：惯性测量单元，包含一个三轴加速度计和一个三轴陀螺仪，用来测量飞机在三维空间中的角速度和加速度，并以此解算出物体的姿态。Webots 里使用 InertialUnit 节点模拟。

③ 指南针：用于分辨飞机在世界坐标系中的朝向，也就是把东南西北和飞机的前后左右联系起来；Webots 里使用 Compass 节点模拟。

④ 气压计：用于测量当前大气压，获取飞机的高度信息。Webots 里使用 Altimeter 节点模拟。

10.2.3 PID 控制算法

PID 控制器是一个结构简单并且成熟稳定的控制器，在工业上应用广泛。其包括比例（Proportion）、积分（Integral）、微分（Differential）三个控制元素。PID 控制结构框图如图 10-10 所示，无人机 PID 控制结构框图如图 10-11 所示。更详细的内容可查阅相关资料。

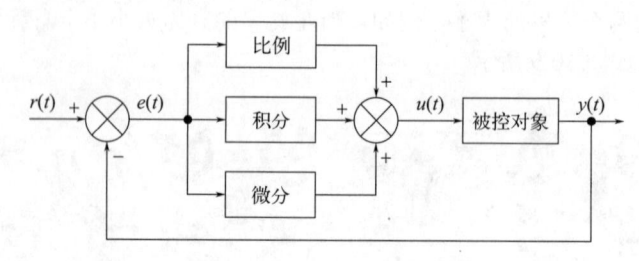

图 10-10 PID 控制结构框图

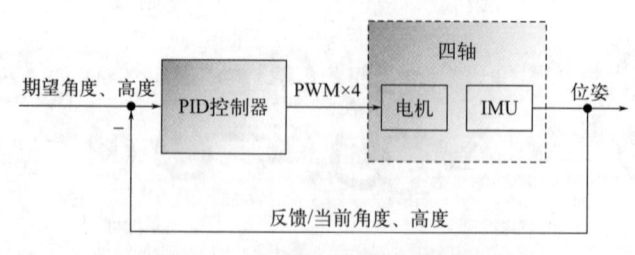

图 10-11 无人机 PID 控制结构框图

10.2.4 仿真

步骤如下：

① 利用向导建立项目。向导要选择地板。

② 添加机器人 Robot 节点。设置 Robot 节点的 Supervisor 属性为 True。

③ 添加机器人本体节点，如图 10-12 所示。设置边界、物理引擎等参数。

图 10-12　添加机器人本体节点

④ 添加 1 个旋翼节点。添加相应的旋转电机并命名。添加旋翼慢速实体节点。设置推力方向指向 Z 轴 shaftAxis[0 0 1]，推力位置 centerOfThrust 设为螺旋桨中心。

⑤ 复制出另外 3 个旋翼节点。调整慢速实体节点的位置，推力位置 centerOfThrust。

> **注意**
>
> 4 个螺旋桨逆时针依次编号为 1、2、3、4，参见图 10-13。

⑥ 设置螺旋桨推力系数符号。为了实现无人机的逼真仿真，需要将相邻两个旋翼的旋转方向设置为相反。即发送速度的时候，1 号和 3 号旋翼的速度值为负，例如：

```
wb_motor_set_velocity(front_left_motor, myk_vertical_thrustSet);
wb_motor_set_velocity(front_right_motor, -myk_vertical_thrustSet);
wb_motor_set_velocity(rear_left_motor, -myk_vertical_thrustSet);
wb_motor_set_velocity(rear_right_motor, myk_vertical_thrustSet);
```

为了让 1 号和 3 号实现与 2 号和 4 号相同的出力方向，根据上文的推力计算公式，设置 1 号和 3 号的推力系数为负，这样四个旋翼的出力方向均向上，如图 10-13 所示。

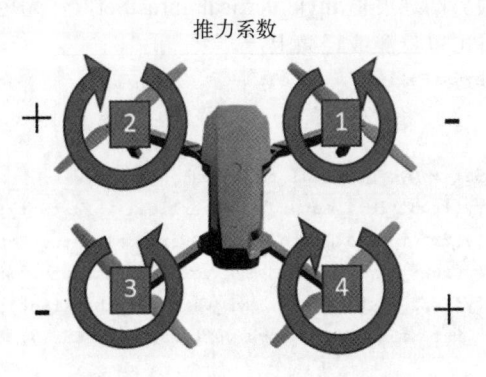

图 10-13　无人机的推力系数符号

推力系数的数值其实可以根据前方公式计算得出。计算出来之后仅作为初值，还需要后续调整。

⑦ 设置旋翼扭矩系数。为了实现偏航，需要设置四旋翼 torqueConstants 参数。此数值非常小，但不能为 0，如图 10-14 所示。

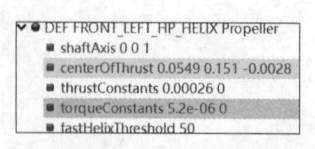

图 10-14　无人机的扭矩系数

⑧ 调整 4 个旋翼的推力位置。添加慢速实体后，将该实体的位置 translation 的坐标值复制到 Propeller 的 centerOfThrust，以确定旋转中心的位置，如图 10-15 所示。

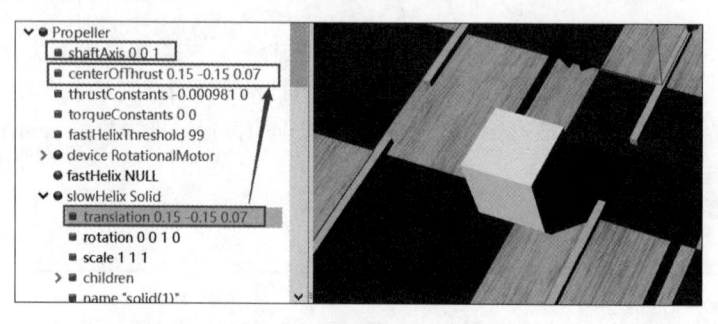

图 10-15　旋翼的推力位置

> **注意**
>
> 这一步经常会出现未按设置去实现期望仿真的情况，只要重启软件即可解决。

⑨ 添加控制器程序。

⑩ 调整无人机到悬浮位置。启用调试代码，通过反复调整旋翼转速，将无人机调整到悬浮状态。记录下此时旋翼的速度值 myk_vertical_thrustSet，作为控制参数写入控制器程序。编译并运行，直到无人机可以悬浮或轻微上浮。

```
double myk_vertical_thrustBalance = 50.01;
if(false)
{
  myk_vertical_thrustSet = myk_vertical_thrustBalance + mydis;
  wb_motor_set_velocity(front_left_motor, myk_vertical_thrustSet);
  wb_motor_set_velocity(front_right_motor, -myk_vertical_thrustSet);
  wb_motor_set_velocity(rear_left_motor, -myk_vertical_thrustSet);
  wb_motor_set_velocity(rear_right_motor, myk_vertical_thrustSet);
  printf("myk_vertical_thrustSet=%f \n",myk_vertical_thrustSet);
  printf("height:%f
speed:%f,%f,%f,%f\n",altitude,front_left_motor_input,-front_right_motor_input,-rear_left_motor_input,rear_right_motor_input);
}
```

悬浮状态下的旋翼速度值将作为控制器 PID 调试的基准值，PID 控制算法的调整将在这个基准值的基础上进行。

⑪ 调整控制器其他参数。去掉调试代码，将控制器各 PID 参数调整到合适值，直到无人机可以正常控制。

10.3　练习题：四旋翼无人机群控

场景：不少于 5 架四旋翼无人机编队飞行，无人机之间可通信，如图 10-16 所示。

思路：有 1 架无人机作为总控，同时作为基准坐标原点，广播多种编队信息，实现编队飞行。

图 10-16　无人机群控场景

第 11 章
水下机器人仿真

水下机器人种类较多，有机器鱼、水母、潜水艇、潜水器等。
水下机器人仿真需要用到的基本节点主要有：
① 流体 Fluid 节点：设置流体的性质，如流速、黏度等。
② 浸没属性 immersionProperties 节点：设置物体在水中受到的浮力、拖曳力等相关参数。

11.1 水下螺旋桨推进机器人

参考螺旋桨等节点的使用可实现此功能，只不过使用环境到了水下。利用螺旋桨实现机器人的上下、前后、左右的移动。注意单个螺旋桨的反作用力，一般要成对使用或想其他办法平衡螺旋桨的受力。

11.2 水下仿生机器人

Webots 自带案例中提供了四足两栖机器人的仿真案例"animated_skin"和"salamander"。

11.2.1 salamander 仿真案例

该示例实现了水陆两栖机器人的陆地行走和水面游动，如图 11-1 所示。

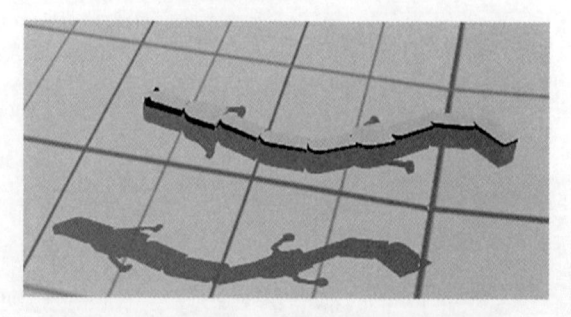

图 11-1 软件自带 salamander 机器人仿真案例

11.2.1.1 场景制作

机器人组成如下：

① 头部的距离传感器。机器人头部有两个距离传感器 DistanceSensor，测量左右两边障碍物的距离，在代码中用于自动模式下的避障。按 Ctrl+F10 可将距离传感器的射线显示出来。

② 机器人身体躯干。主要由两种基本模块构成，即 SMALL_SEGMENT 和 BIG_SEGMENT。这两个模块在搭建的机器人模型上分别进行了 7 次和 2 次引用，从而构成了机器人躯干。为便于更好地观察机器人的躯干组成，调整这两个模块的大小，调整后的机器人组成如图 11-2 所示。

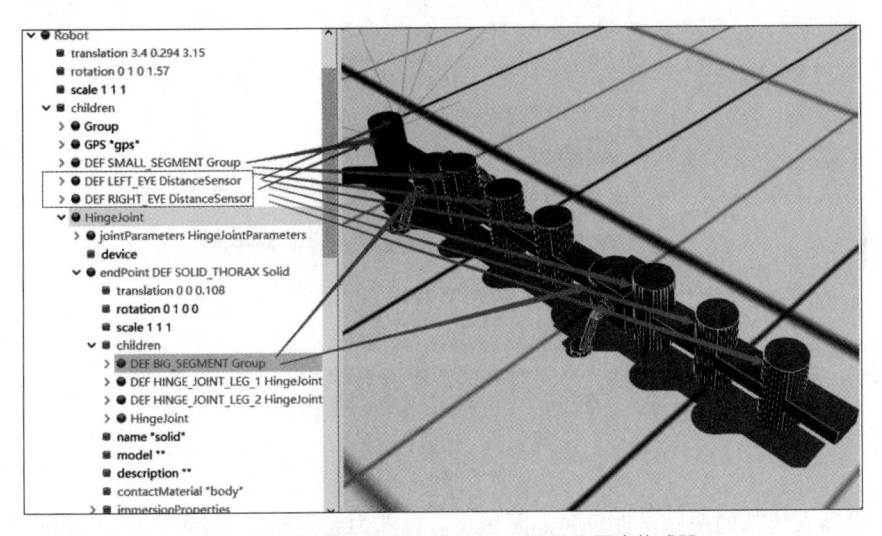

图 11-2 组成躯干的大小节 SEGMENT 和距离传感器

③ 机器人的连杆和关节结构。与机械臂类似，是一个串联结构。HingeJoint 关节下连接 Solid，Solid 的 children 里连接 HingeJoint 关节，HingeJoint 关节下再连接 Solid，不断串联下去，从头部直到机器人末端。带有双腿的连杆使用 BIG_SEGMENT，其他躯干使用 SMALL_SEGMENT，如图 11-3 所示。

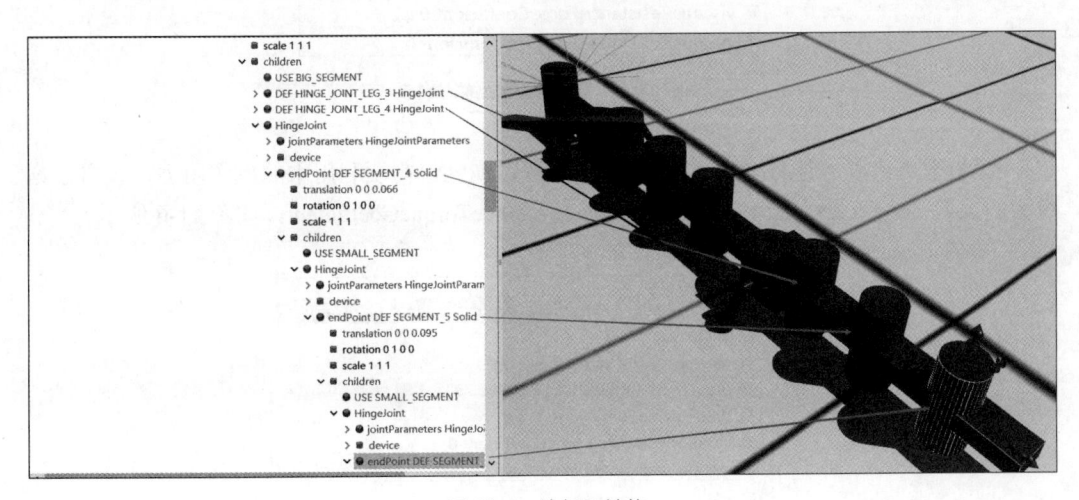

图 11-3 连杆和关节

④ 机器人关节。共由 10 个关节组成。其中 6 个为躯干关节，连接了 SMALL_SEGMENT 和 BIG_SEGMENT，另外 4 个关节用于机器人腿部的运动。

⑤ 浸没属性设置。浸没属性的拖曳力是躯干式水下机器人能运动的动力来源。机器人的躯干设置了 dragForceCoefficients 和 viscousResistanceTorqueCoefficient 参数。本例根据对象的运动特点，采用了以下的浸没属性。

a. 机器人整体的浸没属性。需要利用水的反作用力，设置了拖曳力的系数 dragForceCoefficients 和 viscousResistanceTorqueCoefficient，如图 11-4 所示。

```
∨ ● Robot
    ■ translation 3.4 0.294 3.15
    ■ rotation 0 1 0 1.57
    ■ scale 1 1 1
  > ■ children
    ■ name "Salamander"
    ■ model ""
    ■ description ""
    ■ contactMaterial "body"
  ∨ ■ immersionProperties
    ∨ ● DEF IMMERSION_PROP_HEAD ImmersionProperties
        ■ fluidName "fluid"
        ■ referenceArea "xyz-projection"
        ■ dragForceCoefficients 2 1 1
        ■ dragTorqueCoefficients 0 0 0
        ■ viscousResistanceForceCoefficient 0
        ■ viscousResistanceTorqueCoefficient 5
```

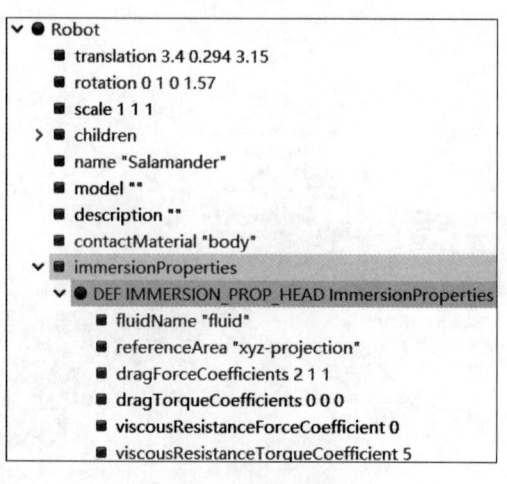

图 11-4　整体浸没属性

b. 机器人腿部的浸没属性。腿部面积小，黏滞力系数 viscousResistanceTorqueCoefficient 设置为 0，如图 11-5 所示。

```
● DEF IMMERSION_PROP_FEMUR ImmersionProperties
  ■ fluidName "fluid"
  ■ referenceArea "immersed area"
  ■ dragForceCoefficients 0 0.15 0.15
  ■ dragTorqueCoefficients 0 0 0
  ■ viscousResistanceForceCoefficient 0
  ■ viscousResistanceTorqueCoefficient 0
```

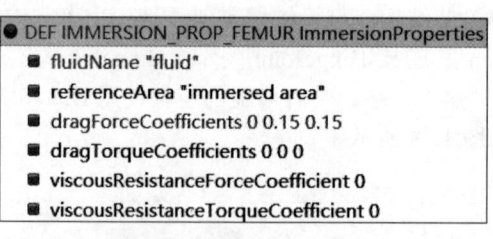

图 11-5　机器人腿部浸没属性

c. 机器人带腿的连杆 BIG_SEGMENT 的浸没属性。需要利用水的反作用力，设置了拖曳力的系数 dragForceCoefficients 和 viscousResistanceTorqueCoefficient，如图 11-6 所示。

```
∨ ■ immersionProperties
  ∨ ● DEF IMMERSION_PROP_BIG_SEGMENT ImmersionProperties
      ■ fluidName "fluid"
      ■ referenceArea "xyz-projection"
      ■ dragForceCoefficients 1.8 0.95 0.75
      ■ dragTorqueCoefficients 0 0 0
      ■ viscousResistanceForceCoefficient 0
      ■ viscousResistanceTorqueCoefficient 5
```

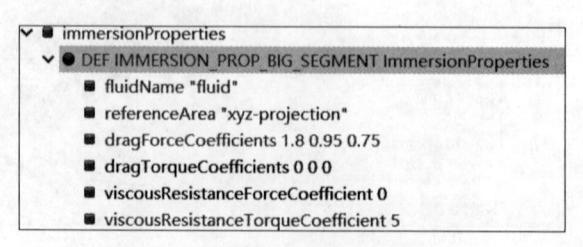

图 11-6　机器人带腿的连杆浸没属性

d. 机器人不带腿的连杆 SMALL_SEGMENT 的浸没属性。需要利用水的反作用力，设置了拖曳力的系数 dragForceCoefficients 和 viscousResistanceTorqueCoefficient，如图 11-7 所示。

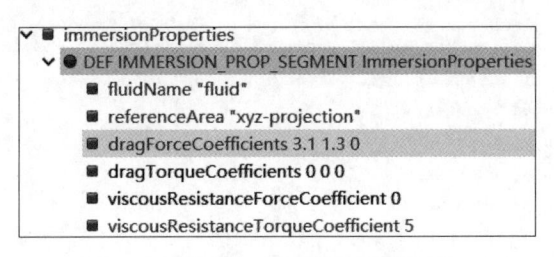

图 11-7 机器人不带腿的连杆浸没属性

11.2.1.2 代码解释

① 本示例支持使用键盘控制机器人的行进方向，调节的变量是 spine_offset，核心代码为：

```
case WB_KEYBOARD_LEFT:
    if (spine_offset > -0.4)
     spine_offset -= 0.1;
    break;
case WB_KEYBOARD_RIGHT:
    if (spine_offset < 0.4)
     spine_offset += 0.1;
    break;
```

② 调整方向与避障控制的变量相同，都是修改 spine_offset 的值，避障的代码如下：

```
if (control == AUTO)
{
/* 读距离传感器的值 */
double left_val = wb_distance_sensor_get_value(ds_left);
double right_val = wb_distance_sensor_get_value(ds_right);
/* 计算左右两侧的偏差 */
spine_offset = (right_val - left_val);
}
```

spine_offset 参与躯干各关节的角度值计算。

③ 机器人有陆地和水面两种模式，具体使用哪种模式需根据 GPS 的高度数据进行判断，代码如下：

```
//计算机器人所在的高度值切换机器人的模式
double elevation = wb_gps_get_values(gps)[Y];
if (locomotion == SWIM && elevation > WATER_LEVEL - 0.003)
{
 locomotion = WALK; //陆地模式
 phase = target_position[6];
} else if (locomotion == WALK && elevation < WATER_LEVEL - 0.015)
{
 locomotion = SWIM; //水面模式
//若在陆地，则为行走状态，根据躯干式机器人平面波动函数生成各关节的角度值
 if (locomotion == WALK)
 {
```

```
    /* 设置各关节角度计算公式的陆地模式的A值(s-shape of robot body) */
    const double A[6] = {-0.7, 1, 1, 0, -1, -1};
    //计算躯干6个关节角度值
    for (i = 0; i < 6; i++)
      target_position[i] = WALK_AMPL * ampl * A[i] * sin(phase) + spine_offset;
    /*控制腿的周期运动,根据运动模式的不同,各腿存在相位差也不同,这里是陆地模式 */
    target_position[6] = phase;
    target_position[7] = phase + M_PI;
    target_position[8] = phase + M_PI;
    target_position[9] = phase;
  } else { /* 若在水面,根据躯干式机器人平面波动函数生成各关节的角度值,与陆地模式的值不同,摆动幅度更
大, SWIM_AMPL的值大于WALK_AMPL */
    /* below water level: swim (travelling wave of robot body) */
    for (i = 0; i < 6; i++)
      target_position[i] = SWIM_AMPL * ampl * sin(phase + i * (2 * M_PI / 6)) * ((i + 5) / 10.0) + spine_offset;
  }
```

11.2.2 animated_skin 仿真案例

该示例使用 skin 节点制作了非常漂亮的皮肤,如图 11-8 所示,其他设置与前例类似。

图 11-8 软件自带 animated_skin 机器人仿真案例

删除 skin 节点,可看到机器人的 8 个用于游泳的串联关节,如图 11-9 所示。这 8 个关节利用流体拖曳力的反作用力前进。

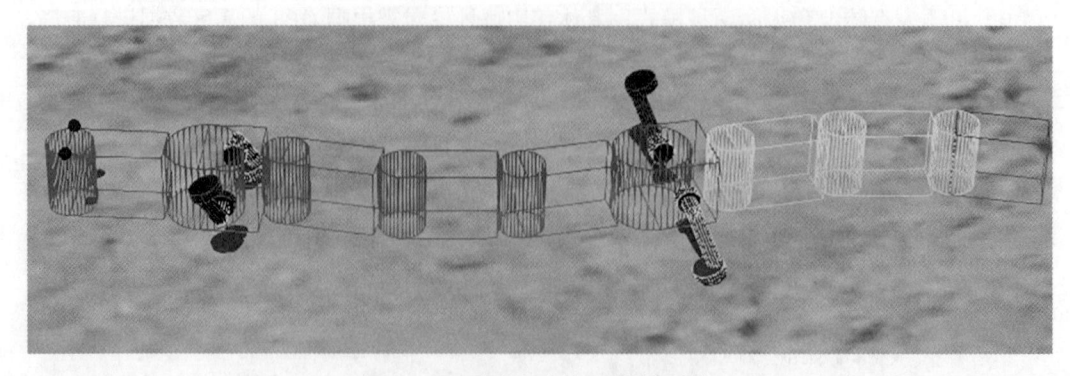

图 11-9 两栖机器人的 8 个游泳关节

这些串联关节的角度值的表达式中使用了三角函数,通过下面的程序实现游动的动作:

```
    for (i = 0; i < 6; i++)
    {
      target_position[i] = SWIM_AMPL * ampl * sin(phase + i * (2 * M_PI / 6)) * ((i + 5) / 10.0)
+ spine_offset;
    }
```

11.3 练习题：螺旋桨水下机器人仿真

场景：水下实现遥控控制，完成对物体的手动夹取。

思路：参考 RoboCup 水下机器人的结构，如图 11-10 所示，利用螺旋桨节点、摄像头节点等搭建一台具有机械臂的水下机器人。

图 11-10　RoboCup 水下机器人

第 12 章
人形机器人仿真

本章以 Webots 官方自带的 HOAP-2 项目为例，介绍该人形机器人的建模与仿真要点。通过解读该项目的实现，帮助读者学习 Webots 的使用。

HOAP-2（Humanoid Open Architecture Platform2）是一种人形机器人，由日本理化学研究所（RIKEN）和日本机械制造商富士通（Fujitsu）共同开发。它是一个高度可配置的平台，可以用于研究和开发各种人形机器人技术。HOAP-2 的开发旨在促进人形机器人技术的发展，并为研究人员和工程师提供一个可靠的平台，用于测试和验证他们的想法和算法。在过去的几年中，HOAP-2 已经被广泛应用于各种研究领域，例如机器人控制、人机交互、机器视觉等。

HOAP-2 身高 48cm，有 25 个自由度，可以模拟人类的基本运动，例如行走、跑步、跳跃、踢球等。HOAP-2 还配备了多种传感器，包括摄像头、麦克风、加速度计和陀螺仪等，以帮助机器人感知周围环境。机器人的脚底装有触摸传感器，用于测量和记录身体对地面施加的压力。

Webots 示例中有两个 HOAP-2 项目，分别为 hoap2_sumo.wbt 和 hoap2_walk.wbt。

hoap2_sumo.wbt 中，HOAP-2 机器人表演舞蹈，如图 12-1 所示。

hoap2_walk.wbt 中，HOAP-2 机器人笔直向前走，如图 12-2 所示。

图 12-1 hoap2_sumo.wbt

图 12-2 hoap2_walk.wbt

12.1 场景分析

12.1.1 机器人类型转换

打开 HOAP-2 后，是无法直接看到人形机器人的内部结构的，需要将机器人转化为基础节点 Base Node，如图 12-3 所示。在人形机器人节点点击右键，选择 Convert to Base Node(s)。转换之后，节点类型由 HOAP-2 变为 Robot，如图 12-4 所示。

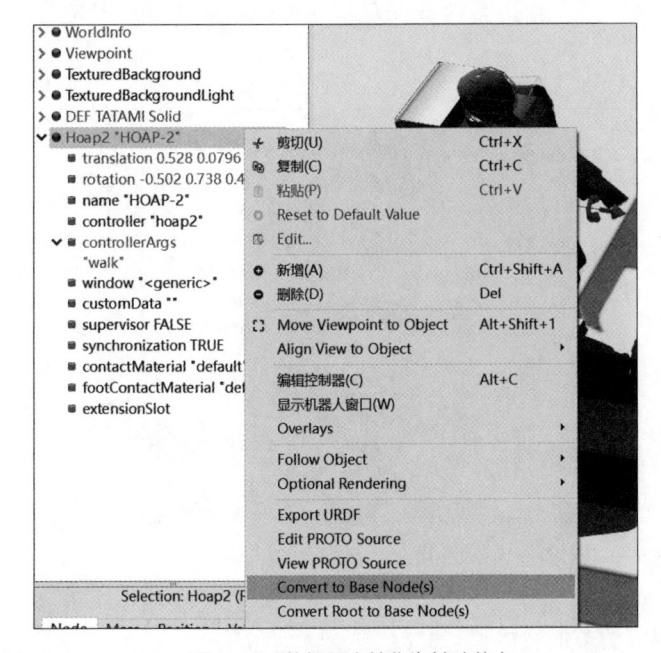

图 12-3　将机器人转化为基础节点 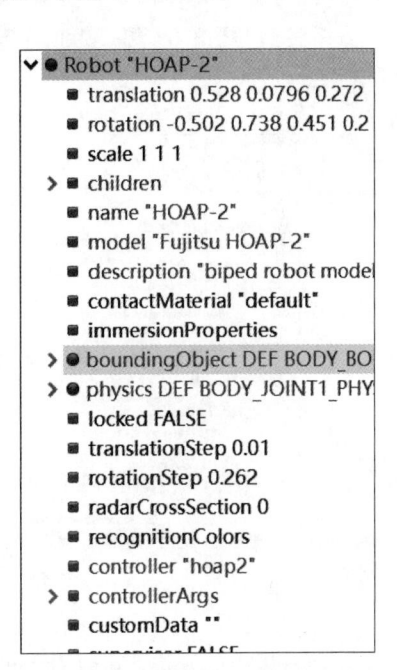　　图 12-4　转换后的人形机器人节点

12.1.2 机器人关节及连杆

机器人从数学和仿真建模上来看，就是由关节及连杆组成的。关节相对关系可以建立机器人的运动学模型，连杆的质量将影响机器人的力分析（静力、动力）。

为了便于观察机器人的结构，需要进行如下的处理：

① 打开场景中的关节旋转轴显示，点击"查看"→"可选显示"→"Show Joint axes"，或直接按 Ctrl+F5。

② 将大部分阻碍视线的无用的电池包、logo 等不具有质量的或只有 Shape 子节点的节点删除，仅留下机器人关节及连杆等节点，如图 12-5 所示。

③ 将机器人设成半透明。找到节点树中的第一个 Shape 节点，该位置定义了外观属性 BODY_APPEARANCE，且有 25 个节点使用，如图 12-6 所示。

将此外观节点的 transparency 属性由 0 更改为 0.6，如图 12-7 所示。

图 12-5 删除无用的节点

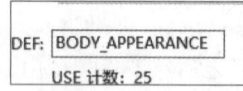

图 12-6 BODY_APPEARANCE 引用计数

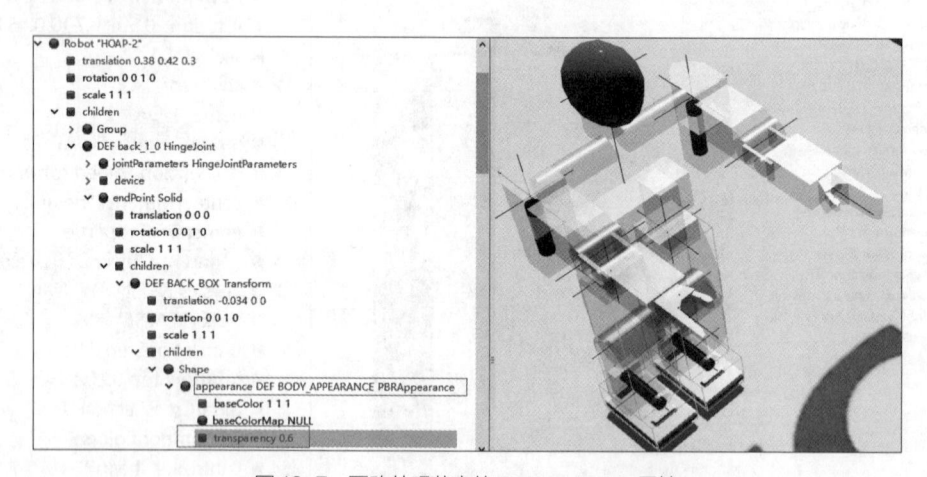

图 12-7 更改外观节点的 transparency 属性

经过以上的操作，可以看到机器人关节的组成。
① 机器人头部：2 个相互垂直的关节（图 12-8）。
② 机器人下身：1 个关节（图 12-9）。

图 12-8 头部 2 个关节

图 12-9 下身关节

③ 机器人手臂：5 个关节。肩部分有 3 个相互垂直的关节，上臂和下臂由 1 个关节连接，手腕有 1 个关节，如图 12-10 所示。

④ 机器人腿部：6 个关节。髋部有 3 个相互垂直的关节，膝部由 1 个关节连接，踝部有 2 个关节。

⑤ 机器人腿部最末端各有 1 个足底压力传感器，如图 12-11 所示。

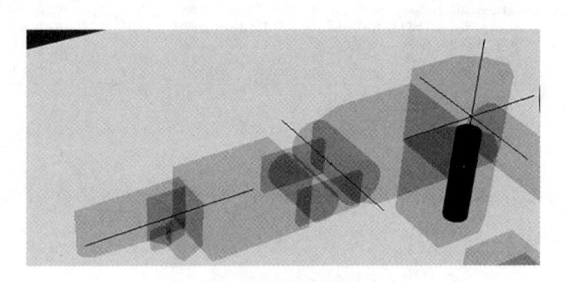

图 12-10　手臂

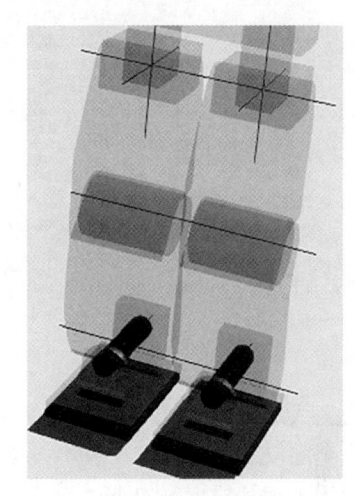

图 12-11　腿部关节及足底压力传感器

由上可知，机器人共有 2+1+5×2+6×2=25 个关节。

12.2　程序分析

该程序是一个基础的人形机器人仿真程序，用于实现预定义关节角的再现。但是要注意该程序是一个基础的程序，非常方便扩展，里面有较多的没有使用的代码，例如传感器、机器人关节等相关代码。

人形机器人的关节角在 csv 文件中预定义，按照顺序依次发送给机器人关节。关节角由其他程序生成，并保存在 csv 文件中。hoap2_sumo.wbt 和 hoap2_walk.wbt 使用了两个不同的 csv 文件，分别为 sumo.csv、walk.csv。此外，controllers 文件夹还有其他 csv 文件，更改部分代码即可运行这些文件定义的动作，如图 12-12 所示。也可以自己编写程序，生成 csv 文件，实现自己的想要的动作，如图 12-13 所示。

图 12-12　controllers 文件夹的机器人动作定义 csv 文件

	A	B	C	D	E	F	G	H	I	J	K	L	M	N	O	P	Q	R	S	T	U	V	W	X	Y	Z	AA
1	1	2	-2	-3	4178	8357	-4598	-3	18807	-2091	-2090	5222	-2	-3	-4180	-6360	4595	0	-18811	2087	2087	-5228	3	60	R	R	R
2	1	2	-2	-3	4178	8357	-4598	-3	18807	-2091	-2090	5222	-2	-3	-4180	-6360	4594	0	-18811	2087	2087	-5228	3	60	R	R	R
3	1	2	-2	-3	4178	8357	-4598	-3	18807	-2091	-2090	5222	-2	-3	-4180	-6360	4595	0	-18811	2087	2087	-5228	3	60	R	R	R
4	1	2	-2	-3	4178	8357	-4598	-3	18807	-2091	-2090	5222	-2	-3	-4180	-6360	4595	0	-18811	2087	2087	-5228	3	60	R	R	R
5	1	2	-2	-3	4178	8357	-4598	-3	18805	-2091	-2090	5222	-2	-3	-4180	-6360	4596	0	-18813	2087	2087	-5228	3	60	R	R	R
6	1	2	-2	-3	4178	8357	-4598	-3	18800	-2091	-2090	5222	-2	-3	-4180	-6360	4596	0	-18818	2087	2087	-5228	3	60	R	R	R
7	1	2	-2	-3	4178	8357	-4598	-3	18792	-2091	-2090	5222	-2	-3	-4180	-6360	4595	0	-18826	2087	2087	-5228	3	60	R	R	R
8	1	2	-2	-2	4178	8357	-4598	-2	18782	-2091	-2090	5222	-2	-2	-4180	-6360	4595	0	-18836	2087	2087	-5228	3	60	R	R	R
9	1	2	-2	-1	4178	8357	-4598	-1	18772	-2091	-2090	5222	-2	-1	-4180	-6360	4595	0	-18847	2087	2087	-5228	3	60	R	R	R
10	1	2	-2	0	4178	8357	-4598	-1	18761	-2091	-2090	5222	-2	-1	-4180	-6360	4595	0	-18858	2087	2087	-5228	3	60	R	R	R
11	1	2	-2	0	4178	8357	-4598	0	18750	-2091	-2090	5222	-2	0	-4180	-6360	4595	1	-18869	2087	2087	-5228	3	60	R	R	R
12	1	2	-2	0	4178	8357	-4598	1	18738	-2091	-2090	5222	-2	1	-4180	-6360	4595	2	-18879	2087	2087	-5228	3	60	R	R	R
13	1	2	-2	1	4178	8357	-4598	2	18727	-2091	-2090	5222	-2	1	-4180	-6360	4595	3	-18891	2087	2087	-5228	3	60	R	R	R
14	1	2	-2	1	4178	8357	-4598	3	18716	-2091	-2090	5222	-2	2	-4180	-6360	4595	3	-18902	2087	2087	-5228	3	60	R	R	R
15	1	2	-2	2	4178	8357	-4598	4	18704	-2091	-2090	5222	-2	4	-4180	-6360	4595	4	-18912	2087	2087	-5228	3	60	R	R	R
16	1	2	-2	3	4178	8357	-4598	5	18694	-2091	-2090	5222	-2	5	-4180	-6360	4594	6	-18923	2087	2087	-5228	3	60	R	R	R
17	1	2	-2	4	4178	8357	-4598	6	18683	-2091	-2090	5222	-2	7	-4180	-6360	4594	7	-18934	2087	2087	-5228	3	60	R	R	R
18	1	2	-2	4	4178	8357	-4598	8	18673	-2091	-2090	5222	-2	8	-4180	-6360	4595	8	-18944	2087	2087	-5228	3	60	R	R	R
19	1	2	-2	5	4178	8357	-4598	9	18663	-2091	-2090	5222	-2	10	-4180	-6360	4595	11	-18955	2087	2087	-5228	3	60	R	R	R
20	1	2	-2	5	4178	8357	-4598	11	18652	-2091	-2090	5222	-2	12	-4180	-6360	4596	12	-18966	2087	2087	-5228	3	60	R	R	R
21	1	2	-2	7	4178	8357	-4598	13	18641	-2091	-2090	5222	-2	14	-4180	-6360	4596	14	-18976	2087	2087	-5228	3	60	R	R	R
22	1	2	-2	8	4178	8357	-4598	15	18631	-2091	-2090	5222	-2	17	-4180	-6360	4595	16	-18985	2087	2087	-5228	3	60	R	R	R
23	1	2	-2	9	4178	8357	-4598	17	18621	-2091	-2090	5222	-2	19	-4180	-6360	4595	19	-18996	2087	2087	-5228	3	60	R	R	R
24	1	2	-2	11	4178	8357	-4598	20	18613	-2091	-2090	5222	-2	22	-4180	-6360	4595	21	-19005	2087	2087	-5228	3	60	R	R	R
25	1	2	-2	13	4178	8357	-4598	22	18603	-2091	-2090	5222	-2	25	-4180	-6360	4595	23	-19016	2087	2087	-5228	3	60	R	R	R

图 12-13　机器人动作定义 csv 文件内容

机器人动作定义 csv 文件中有 27 列，包含了机器人关节角的角度值及额外的附加信息（本程序未全部使用）。此 csv 文件中机器人关节角的角度值需要除以 209 以得到真正的角度值。

机器人控制器程序如下：

```c
#include <math.h>
#include <stdio.h>
#include <string.h>
#include <Webots/emitter.h>
#include <Webots/motor.h>
#include <Webots/position_sensor.h>
#include <Webots/robot.h>
#include <Webots/touch_sensor.h>
//共有关节：1+6+6+5+5+2=25
//定义枚举类型，便于定位关节
typedef enum
{
  body_joint_1,
  lleg_joint_1, lleg_joint_3, lleg_joint_2, lleg_joint_4, lleg_joint_5, lleg_joint_6,
  rleg_joint_1, rleg_joint_3, rleg_joint_2, rleg_joint_4, rleg_joint_5, rleg_joint_6,
  larm_joint_1, larm_joint_2, larm_joint_3, larm_joint_4, larm_joint_5,
  rarm_joint_1, rarm_joint_2, rarm_joint_3, rarm_joint_4, rarm_joint_5,
  head_joint_2, head_joint_1
} joints;
static WbDeviceTag emitter, left_touch, right_touch, gps;
// 初始化25个电机角度，弧度
static double motor_position[] =
{
  0.0,       /* body */
  0.0, 0.0, 0.0, 0.0, 0.0, 0.0, /* lleg */
  0.0, 0.0, 0.0, 0.0, 0.0, 0.0, /* rleg */
  0.0, 0.0, 0.0, 0.0, 0.0,      /* larm */
  0.0, 0.0, 0.0, 0.0, 0.0,      /* rarm */
  0.0, 0.0        /* head */
};
static double next_position[] =
```

```c
{
  0.0,          /* body */
  0.0, 0.0, 0.0, 0.0, 0.0, 0.0, /* lleg */
  0.0, 0.0, 0.0, 0.0, 0.0, 0.0, /* rleg */
  0.0, 0.0, 0.0, 0.0, 0.0, /* larm */
  0.0, 0.0, 0.0, 0.0, 0.0, /* rarm */
  0.0, 0.0      /* head */
};
static WbDeviceTag joint[25];   /* 关节的电机 */
static WbDeviceTag joint_sensors[25]; /* 关节的位置传感器 */
/* 返回25个关节名称,用于将关节编号转换为关节名称。
函数使用了switch语句,将关节编号num与关节名称进行匹配,并返回相应的关节名称。
如果关节编号不匹配任何关节名称,则返回字符串"none"。 */
static const char *joint_number_to_name(int num)
{
  switch (num) {
    case body_joint_1:    return "body_joint_1";
    case lleg_joint_1:    return "lleg_joint_1";
    case lleg_joint_3:    return "lleg_joint_3";
    case lleg_joint_2:    return "lleg_joint_2";
    case lleg_joint_4:    return "lleg_joint_4";
    case lleg_joint_5:    return "lleg_joint_5";
    case lleg_joint_6:    return "lleg_joint_6";
    case rleg_joint_1:    return "rleg_joint_1";
    case rleg_joint_3:    return "rleg_joint_3";
    case rleg_joint_2:    return "rleg_joint_2";
    case rleg_joint_4:    return "rleg_joint_4";
    case rleg_joint_5:    return "rleg_joint_5";
    case rleg_joint_6:    return "rleg_joint_6";
    case larm_joint_1:    return "larm_joint_1";
    case larm_joint_2:    return "larm_joint_2";
    case larm_joint_3:    return "larm_joint_3";
    case larm_joint_4:    return "larm_joint_4";
    case larm_joint_5:    return "larm_joint_5";
    case rarm_joint_1:    return "rarm_joint_1";
    case rarm_joint_2:    return "rarm_joint_2";
    case rarm_joint_3:    return "rarm_joint_3";
    case rarm_joint_4:    return "rarm_joint_4";
    case rarm_joint_5:    return "rarm_joint_5";
    case head_joint_2:    return "head_joint_2";
    case head_joint_1:    return "head_joint_1";
    default:    return "none";
  }
}
int main(int argc, char *argv[])
{
  int i, sampling;//csv中sampling为1,采样时间
  int com_interval;
  //从csv文件读取到的数值
  int pos_from_cvs[22];
  //保存每一行的数据
  char l[500];
```

```c
//用于判断文件是否结束, 结束为1
int file_ended = 0;
// 25个数值。用cvs文件中的数值除以209, 得到目标角度值。正负号表示电机旋转方向, 与安装方式有关
const int pulse[] = {209, 209, 209, 209, -209, -209, -209, 209, -209, 209, 209, 209, -209,
        -209, 209, -209, 209, 0, 209, 209, -209, -209, 0, 0, 0};
int tempMotor[] = {0,       /* body */
        0, 0, 0, 0, 0, 0, /* lleg */
        0, 0, 0, 0, 0, 0, /* rleg */
        0, 0, 0, 0, 0,    /* larm */
        0, 0, 0, 0, 0,    /* rarm */
        0, 0};   /* head */
/* 初始化机器人 */
wb_robot_init();
// 控制指令的发送周期长度
int control_step;
//保存关节角度的文件名
const char *filename;
// 根据控制器参数, 读取文件
if (strcmp(argv[1], "sumo") == 0)
{
 filename = "sumo.csv";
 control_step = 64;
} else
{
 filename = "walk.csv"; /* name should be "Hoap-2 walk" */
 control_step = 50;
}
// 给25个关节使用位置传感器
for (i = 0; i < 25; i++)
{
 joint[i] = wb_robot_get_device(joint_number_to_name(i));
 joint_sensors[i] = wb_motor_get_position_sensor(joint[i]);
 wb_position_sensor_enable(joint_sensors[i], control_step);
}
/* 接触传感器、GPS、发射器, 本例未用 */
left_touch = wb_robot_get_device("left touch");
right_touch = wb_robot_get_device("right touch");
wb_touch_sensor_enable(left_touch, control_step);
wb_touch_sensor_enable(right_touch, control_step);
gps = wb_robot_get_device("gps");
emitter = wb_robot_get_device("emitter");
// 打开关节角度csv文件
FILE *file = fopen(filename, "r");
if (file == NULL)
{
 printf("unable to locate the %s file\n", filename);
 return 1;
}
//未用
tempMotor[larm_joint_5] = 0; /* currently not needed, */
tempMotor[rarm_joint_5] = 0; /* because we don't use the fingers */
next_position[larm_joint_5] = 0.0;
```

```c
    next_position[rarm_joint_5] = 0.0;
// fgets函数功能是从指定的流中读取数据，每次读取一行。
// 其原型为： char *fgets(char *str, int n, FILE *stream);
// 从指定的流 stream 读取一行，并把它存储在 str 所指向的字符串内。
// 当读取 (n-1) 个字符时，或者读取到换行符时，或者到达文件末尾时，它会停止，具体视情况而定。
    char *ptr = fgets(l, 500, file);
    if (ptr == NULL)
    {
     fprintf(stderr, "Error while reading the %s file\n", filename);
     fclose(file);
     return 1;
    }
// 读入第一组数据，并将其放置到变量中。csv每一行有27列数据
    sscanf(l,
       "%d, %*d, %d, %d, %d, %d ,%d, %d, %d, %d, %d, %d, %d, %d, "  //15个
       "%d, %d, %d, %d, %d, %d, %d, %d, %*c ,%*c ,%*c,%*c ",        //8+4=12个
       &sampling, &tempMotor[rleg_joint_1], &tempMotor[rleg_joint_2], &tempMotor[rleg_joint_3], &tempMotor[rleg_joint_4],
       &tempMotor[rleg_joint_5], &tempMotor[rleg_joint_6], &tempMotor[rarm_joint_1], &tempMotor[rarm_joint_2],
       &tempMotor[rarm_joint_3], &tempMotor[rarm_joint_4], &tempMotor[lleg_joint_1], &tempMotor[lleg_joint_2],
       &tempMotor[lleg_joint_3], &tempMotor[lleg_joint_4], &tempMotor[lleg_joint_5], &tempMotor[lleg_joint_6],
       &tempMotor[larm_joint_1], &tempMotor[larm_joint_2], &tempMotor[larm_joint_3], &tempMotor[larm_joint_4],
       &tempMotor[body_joint_1]);
    for (i = 0; i < 23; i++)
    {
     motor_position[i] = tempMotor[i] * (M_PI / 180.0) / pulse[i];
    }
    motor_position[larm_joint_5] = 0.0;
    motor_position[rarm_joint_5] = 0.0;
// 通信周期，获取一次数据的周期
    com_interval = control_step / sampling;
    /* We wait a little bit before starting. */
    wb_robot_step(50 * control_step);
    for (i = 0; i < 25; i++)
     next_position[i] = wb_position_sensor_get_value(joint_sensors[i]);
    for (;;)
    {
     if (!file_ended)
     { /* else don't need to run, just a step */
      for (i = 0; i < com_interval; i++)
      {
       if (!file_ended)
       {
    /* l中读取一行，这句话总是能执行；若到了文件末尾，关闭文件 */
        if (fgets(l, 500, file) == NULL)
        {
         fclose(file);
         file_ended = 1;
```

```c
        }
      printf("i=%d %s",i,l);
     }
    }
    if (file_ended == 0)
    {
      // 逐行读入数据，并将其放置到变量中。csv每一行有27列数据
      // %d将字符串转化为整型数据; %*d表示跳过整型
      sscanf(l,
        "%*d, %*d, %d, %d, %d, %d ,%d, %d, %d, %d, %d," //11个
        " %d, %d, %d, %d, %d, %d, %d, %d, %d, %d," //10个
        " %d, %d, %*c ,%*c ,%*c,%*c ",   //6个
          &pos_from_cvs[rleg_joint_1], &pos_from_cvs[rleg_joint_2], &pos_from_cvs[rleg_joint_3],
          &pos_from_cvs[rleg_joint_4], &pos_from_cvs[rleg_joint_5], &pos_from_cvs[rleg_joint_6],
          &pos_from_cvs[rarm_joint_1], &pos_from_cvs[rarm_joint_2], &pos_from_cvs[rarm_joint_3],
          &pos_from_cvs[rarm_joint_4], &pos_from_cvs[lleg_joint_1], &pos_from_cvs[lleg_joint_2],
          &pos_from_cvs[lleg_joint_3], &pos_from_cvs[lleg_joint_4], &pos_from_cvs[lleg_joint_5],
          &pos_from_cvs[lleg_joint_6], &pos_from_cvs[larm_joint_1], &pos_from_cvs[larm_joint_2],
          &pos_from_cvs[larm_joint_3], &pos_from_cvs[larm_joint_4], &pos_from_cvs[body_joint_1]);
      printf("pos_from_cvs[lleg_joint_4]=%d \n",pos_from_cvs[lleg_joint_4]);
      printf("l= %s",l);
      for (i = 0; i < 22; i++) /* 角度转换为弧度 */
      {
        next_position[i] = pos_from_cvs[i] * (M_PI / 180.0) / pulse[i];
      }
    }
    /* 设置新值 */
    wb_motor_set_position(joint[body_joint_1], next_position[body_joint_1]);
    wb_motor_set_position(joint[lleg_joint_1], next_position[lleg_joint_1]);
    wb_motor_set_position(joint[lleg_joint_2], next_position[lleg_joint_2]);
    wb_motor_set_position(joint[lleg_joint_3], next_position[lleg_joint_3]);
    wb_motor_set_position(joint[lleg_joint_4], next_position[lleg_joint_4]);
    wb_motor_set_position(joint[lleg_joint_5], next_position[lleg_joint_5]);
    wb_motor_set_position(joint[lleg_joint_6], next_position[lleg_joint_6]);
    wb_motor_set_position(joint[rleg_joint_1], next_position[rleg_joint_1]);
    wb_motor_set_position(joint[rleg_joint_2], next_position[rleg_joint_2]);
    wb_motor_set_position(joint[rleg_joint_3], next_position[rleg_joint_3]);
    wb_motor_set_position(joint[rleg_joint_4], next_position[rleg_joint_4]);
    wb_motor_set_position(joint[rleg_joint_5], next_position[rleg_joint_5]);
    wb_motor_set_position(joint[rleg_joint_6], next_position[rleg_joint_6]);
    wb_motor_set_position(joint[larm_joint_1], next_position[larm_joint_1]);
    wb_motor_set_position(joint[larm_joint_2], next_position[larm_joint_2]);
    wb_motor_set_position(joint[larm_joint_3], next_position[larm_joint_3]);
    wb_motor_set_position(joint[larm_joint_4], next_position[larm_joint_4]);
    wb_motor_set_position(joint[rarm_joint_1], next_position[rarm_joint_1]);
```

```
    wb_motor_set_position(joint[rarm_joint_2], next_position[rarm_joint_2]);
    wb_motor_set_position(joint[rarm_joint_3], next_position[rarm_joint_3]);
    wb_motor_set_position(joint[rarm_joint_4], next_position[rarm_joint_4]);
  } else
  {
    for (i = 0; i < 25; i++)
      next_position[i] = wb_position_sensor_get_value(joint_sensors[i]);
  }
  wb_robot_step(control_step); /* 运行1个step */
  //足底的力
  double left_force = wb_touch_sensor_get_value(left_touch) / 10.0;
  double right_force = wb_touch_sensor_get_value(right_touch) / 10.0;
  double sum_force = left_force + right_force;
  printf("Touch sensors: left force: %4.1f N right force: %4.1f N -> sum: %4.1f N\n", left_force, right_force, sum_force);
  }
  return 0;
}
```

以上程序需要关注以下几点：

① joint_number_to_name() 函数定义枚举类型得到关节的句柄，直接使用 wb_robot_get_device() 函数也是可以的。

② 程序中的角度均为弧度值，需要将读入的角度值转化为弧度。用 cvs 文件中的角度数值除以 209 得到目标角度值，209 前面的正负号表示电机旋转方向，与安装有关。

③ 程序中存在较多未使用代码，特别是 scanf() 的部分，读入的数据并未全部赋给变量，注意一一核对。

第13章 串联机器人仿真

Webots 是一款优秀的移动机器人仿真软件，但是依然可以实现串联机器人的仿真。
根据 Webots 提供的示例，可知有以下四种串联机器人的实现方式：
① 直接控制机器人关节电机的角度。
② 利用 Webots 的 utils\motion.h 进行 6 自由度机器人（Puma560）关节角的固定动作播放。
③ 使用 Python 的 ikpy 库（推荐）。
④ 用其他库（orocos）或自己编写逆解算法。

13.1 使用 Python 的 ikpy 库

Python 的 ikpy 库能够用于计算机器人的正逆运动学。可以使用 DH 参数和 URDF 等形式来构造机器人模型。

Webots 提供了基于 ikpy 库的逆解示例，如图 13-1 所示。

但是上例可读性差，笔者对上例进行了修改，形成如图 13-2 所示的示例，机器人依次通过三个示教点。

项目文件：ABBIRB

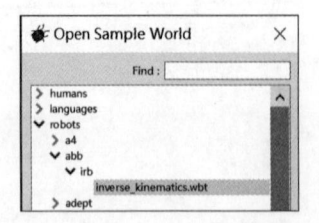

图 13-1 ABB 机器人逆解示例　　　　图 13-2 串联机器人仿真

主要操作步骤有：
① 在电脑的 Python 环境中添加 ikpy 软件包，如图 13-3 所示。

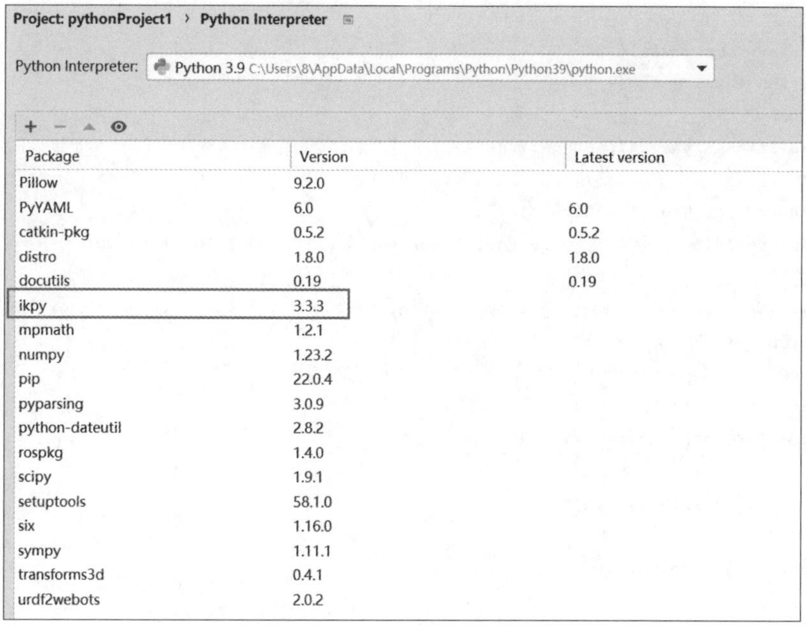
Project: pythonProject1 › Python Interpreter

Python Interpreter: Python 3.9 C:\Users\8\AppData\Local\Programs\Python\Python39\python.exe

Package	Version	Latest version
Pillow	9.2.0	
PyYAML	6.0	6.0
catkin-pkg	0.5.2	0.5.2
distro	1.8.0	1.8.0
docutils	0.19	0.19
ikpy	3.3.3	
mpmath	1.2.1	
numpy	1.23.2	
pip	22.0.4	
pyparsing	3.0.9	
python-dateutil	2.8.2	
rospkg	1.4.0	
scipy	1.9.1	
setuptools	58.1.0	
six	1.16.0	
sympy	1.11.1	
transforms3d	0.4.1	
urdf2webots	2.0.2	

图13-3　Python 环境中添加 ikpy

② 将机器人设置为 supervisor。

③ 从 Webots 场景中的机器人生成 URDF 文件，并保存到硬盘，使用代码为：

```
file.write (supervisor.getUrdf().encode(‘utf-8’))
```

④ 使用 ikpy 库的函数 Chain.from_urdf_file()，从该 URDF 文件建立机器人模型。

⑤ 调用正逆解函数 armChain.forward_kinematics()\armChain.inverse_kinematics() 进行计算。

主要程序如下：

```
# 生成临时文件
filename = None
with tempfile.NamedTemporaryFile(suffix='.urdf', delete=False) as file:
  filename = file.name
  # 从Webots场景中的机器人生成URDF文件
  file.write(supervisor.getUrdf().encode('utf-8'))
# 从URDF文件建立机器人模型
armChain = Chain.from_urdf_file(filename, active_links_mask=[False, True, True, True, True,
True, True, False])
# 初始化电机及电机编码器
motors = []
for link in armChain.links:
  if 'motor' in link.name:
    motor = supervisor.getDevice(link.name)
    motor.setVelocity(1.0)
    position_sensor = motor.getPositionSensor()
    position_sensor.enable(timeStep)
    motors.append(motor)
# 获取目标点句柄
target1 = supervisor.getFromDef('TARGET1')
target2 = supervisor.getFromDef('TARGET2')
target3 = supervisor.getFromDef('TARGET3')
```

```python
# 获取机器人句柄及位置
arm = supervisor.getSelf()
armPosition = arm.getPosition()
# 设置初值
targetPosition = target1.getPosition()
t = 0.1
while supervisor.step(timeStep) != -1:
    initial_position = [0] + [m.getPositionSensor().getValue() for m in motors] + [0]
    # 计算逆解
    ikResults = armChain.inverse_kinematics([x, y, z], max_iter=IKPY_MAX_ITERATIONS, initial_position=initial_position)
    # 输出电机角度
    for i in range(5):
        motors[i].setPosition(ikResults[i + 1])
        # 零点标定用
        # motors[i].setPosition(0.0)
    # 计算正解
    position = armChain.forward_kinematics(ikResults)
    # 运动到第1个目标点
    if (t > 0 and t < 5):
        t = supervisor.getTime()
        targetPosition = target1.getPosition()
        x = targetPosition[0] - armPosition[0]
        y = targetPosition[1] - armPosition[1]
        z = targetPosition[2] - armPosition[2]
    elif (t > 5 and t < 10):
        # 运动到第2个目标点
        t = supervisor.getTime()
        targetPosition = target2.getPosition()
        x = targetPosition[0] - armPosition[0]
        y = targetPosition[1] - armPosition[1]
        z = targetPosition[2] - armPosition[2]
    elif (t > 10 and t < 15):
        # 运动到第3个目标点
        t = supervisor.getTime()
        targetPosition = target3.getPosition()
        x = targetPosition[0] - armPosition[0]
        y = targetPosition[1] - armPosition[1]
        z = targetPosition[2] - armPosition[2]
    elif (t > 15):
        t = 0.1
```

13.2 利用 utils\motion.h 播放关节角的动作序列

利用 Webots 的 utils\motion.h 进行 6 自由度机器人（puma560）关节角的固定动作播放，此方法可用于固定动作的机器人，灵活性不足，但是使用方便，可用于演示场景，动作文件和示例场景如图 13-4、图 13-5 所示。

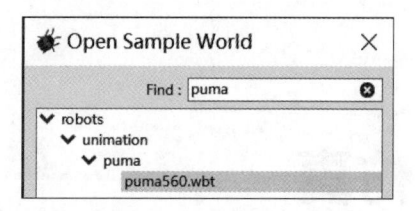

图 13-4　动作序列示例文件

图 13-5　puma560 示例场景

位于控制器文件夹的 .motion 文件定义了各关节角度，调用后，程序将按这个文件指定的时间和关节角度运行，如图 13-6 所示。

```
1  #WEBOTS_MOTION,V1.0,joint1,joint2,joint3,joint4,joint5,joint6
2  00:00:000,Zero,0,0,0,0,0,0
3  00:01:000,Pose2,2.5,0,0,0,0,0
4  00:02:000,Pose3,2.5,0,1,0,0,0
5  00:03:000,Pose4,2.5,-3.7,2.2,0,0,0
6  00:04:000,Pose5,2.5,-3.7,2.2,1.5708,0,0
7  00:05:000,Pose6,2.5,-3.7,2.2,1.5708,1.5708,0
8  00:06:000,Pose7,2.5,-3.7,2.2,1.5708,1.5708,4.6425
```

图 13-6　动作序列定义文件

设定关节的角度值，将机器人当成普通串联机构处理，再使用 Matlab 等软件编写运动学算法。

13.3　练习题：协作机器人抓取物体

内容：导入 UR 机器人模型的 STL 文件，实现机器人的建模。添加夹爪，夹取固定位置的立方体物块放置到其他位置。

第14章
轮椅机器人仿真

项目文件：fourWheelAssist

本例实现了一个轮椅机器人，如图 14-1 所示。

图 14-1 轮椅机器人

该机器人可以升降、移动，靠背可以折叠，脚踏板可以折叠，共有 4 个自由度，升降使用移动关节，其他三个自由度使用旋转关节。

该示例存在多个嵌套关系，这是本示例设计的难点，主要部件如图 14-2 所示。

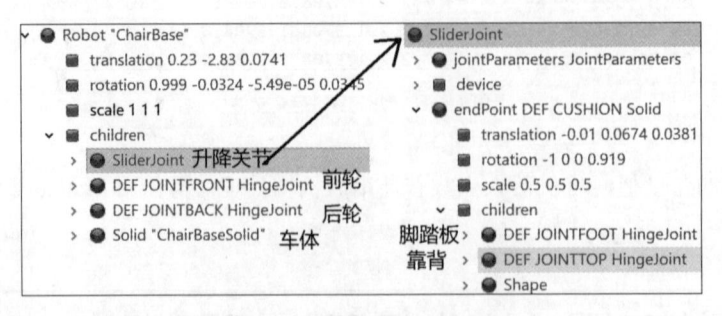

图 14-2 轮椅机器人主要部件

程序脚本如下：

```
#include <Webots/robot.h>
#include <Webots/motor.h>
```

```c
#define TIME_STEP 64
//定义句柄
WbDeviceTag motorTop, motorFoot, motorLift, motorBack;
//延时函数
void step(double seconds)
{
 const double ms = seconds * 1000.0;
 int elapsed_time = 0;
 while (elapsed_time < ms)
 {
 wb_robot_step(TIME_STEP);
 elapsed_time += TIME_STEP;
 }
}
int main(int argc, char **argv)
{
 wb_robot_init();
 //获取句柄
 motorTop = wb_robot_get_device("motorTop");
 motorBack = wb_robot_get_device("motorBack");
 motorLift = wb_robot_get_device("motorLift");
 motorFoot = wb_robot_get_device("motorFoot");
 //设置位置
 wb_motor_set_position(motorTop, 0);
 wb_motor_set_position(motorBack, INFINITY);
 wb_motor_set_velocity(motorBack, -1.0);
 while (wb_robot_step(TIME_STEP) != -1)
 {
  //设置位置
  wb_motor_set_velocity(motorTop, 2.8);
  step(1);
  wb_motor_set_position(motorTop, 1.50);
  wb_motor_set_position(motorLift, 0.0350);
  wb_motor_set_position(motorFoot, 0.60);
  step(1);
  wb_motor_set_position(motorTop, 0);
  wb_motor_set_position(motorLift, 0);
  wb_motor_set_position(motorFoot, 0);
 };
 wb_robot_cleanup();
 return 0;
}
```

第 15 章
软件使用技巧

15.1 仿真软件中的对象大小

通常使用三维制图软件绘制机器人或设备，再将这些对象导入到仿真软件。这样操作之后，导入到仿真软件中的对象的尺寸有时会很大或很小，显得场景的比例很不合适，此时一般不需要调整场景的大小，而是通过更改属性来调整导入对象的大小。尺寸调整合适之后，可以更改这些对象的物理属性，使其符合实际要仿真的对象。

15.2 场景编辑的撤销功能

代码编写的撤销功能还是比较好用的，但是场景节点编辑的撤销功能并不太好用。例如，删除和清除功能，删除后就无法恢复了。

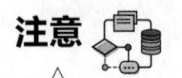

> **注意**
>
> 撤销功能并不好用，要及时手动保存。

15.3 保存功能

情况 1：添加而不保存，点击重置仿真，丢失节点。

在场景中新增加一台机器人，但是不点击保存，如图 15-1 所示。

此时，点击 Reset Simulation ⏮，新增的机器人将被删除，并回到上一次保存时的状态，即未增加机器人的状态。

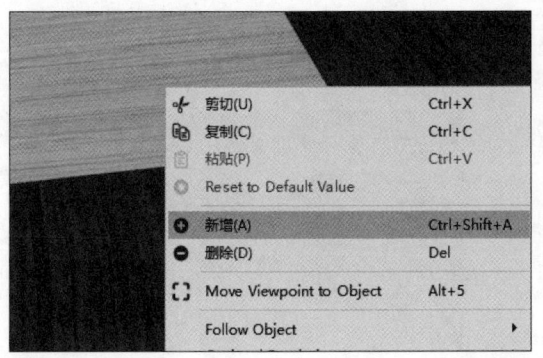

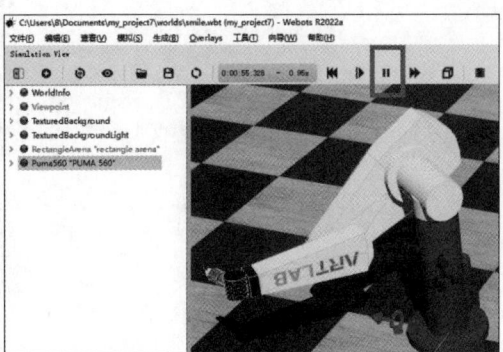

图 15-1　新增机器人，重置仿真

> **注意**
>
> 添加完新对象之后，在启动仿真之前，一定要及时保存。

情况 2：开始仿真后再点保存，出现混乱。

即使开启仿真，机器人的状态也是可以保存的。所以要等机器人到了比较合适的位置再保存。如果不保存就运行，机器人有可能解体，并有可能掉到地面上。若是掉在地面上，可以设置 position 的 z 值从而将机器人位置调整到地面上。

> **注意**
>
> 添加节点，仿真布局调整完毕后要及时保存。

15.4　软件的易用性操作

打开"可选显示"功能（图 15-2），主要有：

① 打开场景的坐标系显示功能，Webots 默认是不打开的，这样不利于参数设置，也不利于辨别场景方位。

② 若用到碰撞相关的功能，打开"显示所有绑定对象"。Webots 默认选中对象才显示边界，该开关启用后，不用选中对象也可以查看，对于经常查看车轮旋转方向的仿真来说特别有用。

③ 若用到摩擦力等接触相关的功能，打开"显示接触点"。

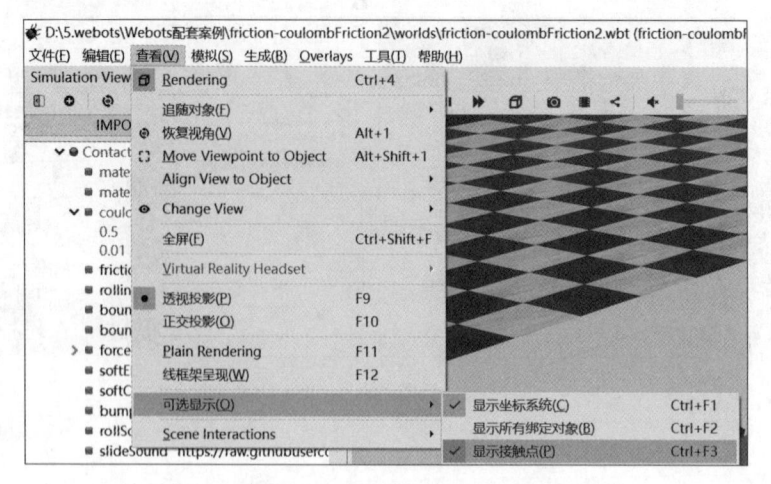

图 15-2 打开"可选显示"功能

15.5 纹理、模型等资源文件的放置位置

打开软件自带或者网络上下载的 Webots 项目文件，经常会出现从某个网址下载文件的提示信息，有时网络条件不好，将无法下载，Webots 场景显示为空。为了避免这个问题，在使用 Webots 制作仿真项目的时候，最好将用到的资源文件放置到项目本身的路径下，项目文件打开后，Webots 会自动去项目路径搜索，这样能够避免其他人无法使用仿真文件的情况。

例如：某个项目的纹理文件放置到项目的 protos 文件夹下，如图 15-3 所示。

在使用这个纹理文件时，选择图 15-3 的文件，路径显示如图 15-4 所示，其中".."表示当前项目路径。

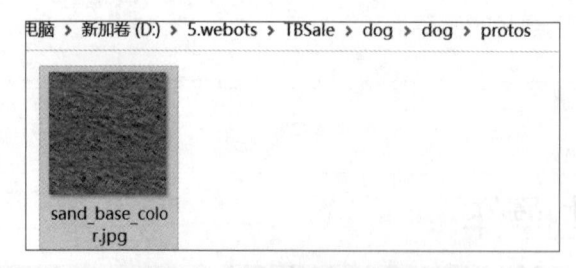

图 15-3 项目的纹理文件放置位置   图 15-4 Webots 的资源路径设置

15.6 360 安全软件和杀毒软件

因为控制器程序作为可执行程序运行，所以系统的杀毒软件或 360 安全软件会将此 exe 认为是异常程序，产生误杀，如图 15-5 所示。

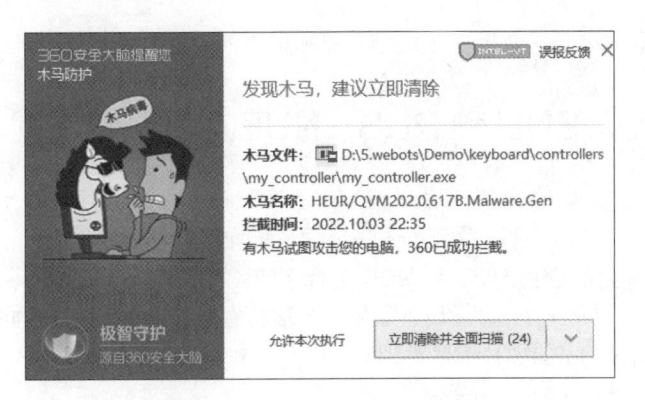

图 15-5　360 安全软件误认为木马

15.7　场景对象旋转 90°

打开别人的项目文件，有时候会出现如图 15-6 所示的情况，而正常的情况应该如图 15-7 所示。

图 15-6　打开的场景

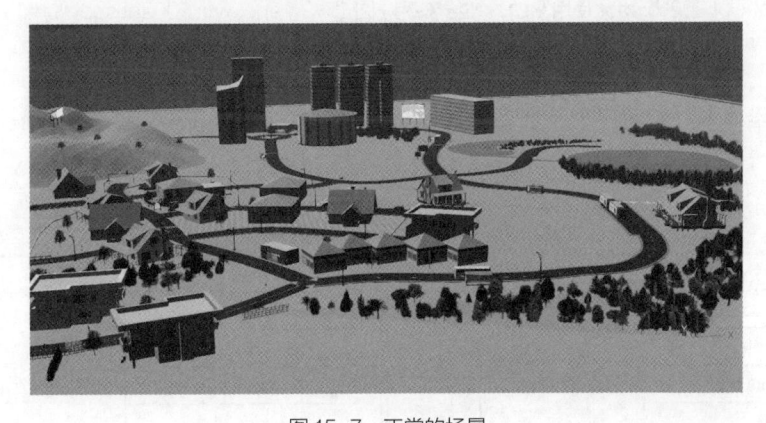

图 15-7　正常的场景

原因：打开的项目文件是 Webots2022a 之前的版本制作的，使用 Webots2022a 及以后的版本打开之后就呈现这样的效果，是场景对象和世界的坐标系不一样导致的。

15.7.1　FLU、ENU 和 RUB、NUE 坐标系统

为了兼容 ROS 及其他机器人系统，Webots2022a 中很多几何体的坐标系由原来的 RUB 坐标系统更改为 FLU 坐标系统。这些坐标系统均符合右手定则。

Webots2022a 之前使用 RUB 和 NUE 坐标系统。

RUB（x-Right,y-Up,z-Back）：场景对象。X 轴向右，Y 轴向上，Z 轴向后。

NUE（x-North,y-Up,z-East）：世界。X 轴向北，Y 轴向上，Z 轴向东。

两种坐标系如图 15-8 所示。

Webots2022a 之后使用 FLU 和 EUE 坐标系统。

FLU axis orientation（x-Forward, y-Left, and z-Up）：场景对象。X 轴向前，Y 轴向左，Z 轴向上。

ENU（x-East, y-North, and z-Up）：世界。X 轴向东，Y 轴向北，Z 轴向上。

两种坐标系如图 15-9 所示。

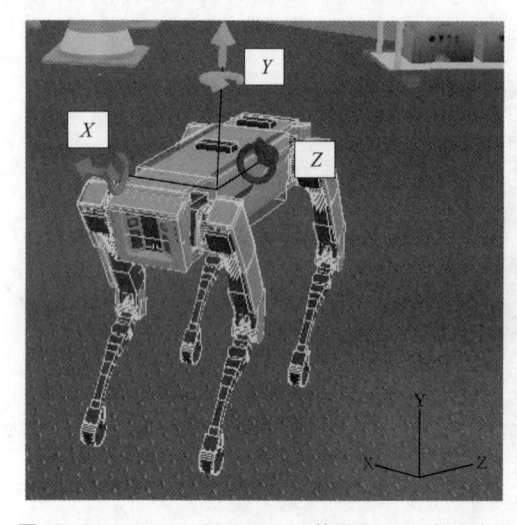

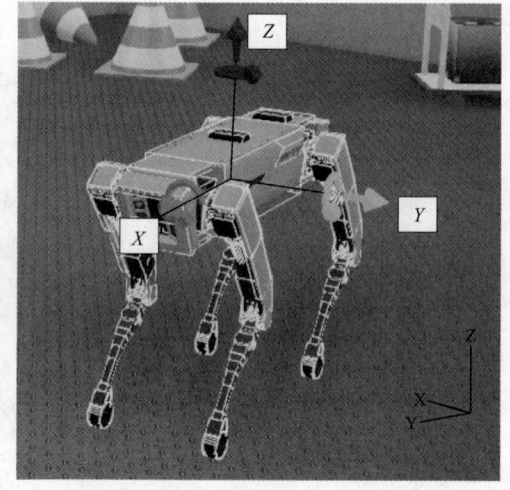

图 15-8　spot.wbt 2021b:spot 使用 RUB，世界使用 NUE

图 15-9　spot.wbt 2022a: spot 使用 FLU，世界使用 ENU

旧版的坐标系，Y 轴向上，而新版的坐标系统 Z 轴向上。若使用新版系统打开旧版的项目，需要按照表 15-1 的规则进行旋转。

表 15-1　坐标系旋转规则

节点	旋转	节点	旋转
Cylinder		Camera	
Capsule		Lidar	
ElevationGrid	$(-\frac{\pi}{2},0,0)$	Radar	$(-\frac{\pi}{2},0,\frac{\pi}{2})$
Cone		Viewpoint	
Plane		Track	
Pen			

续表

节点	旋转	节点	旋转
Emitter			
Receiver	$(-\frac{\pi}{2}, 0, \frac{\pi}{2})$	Webots PROTOs	一般为 $(-\frac{\pi}{2}, 0, \frac{\pi}{2})$，经常没有规律
Connector			
TouchSensor			

在 WorldInfo 节点中可以设置仿真世界的坐标系统，如图 15-10 所示。

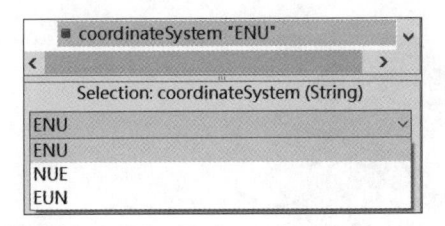

图 15-10　在 WorldInfo 节点中设置坐标系统

15.7.2　解决办法

有两种方法：

① 若场景中对象较少，可以一个一个手动旋转，如图 15-11 ～图 15-13 所示。

图 15-11　手动翻转 floor 之前 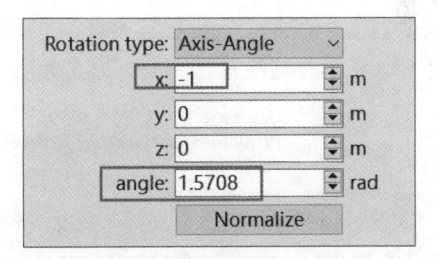　　　图 15-12　手动翻转 floor 的旋转设置值

图 15-13　手动翻转 floor 之后

> **注意**
>
> 手动翻转之后，有可能出现重力方向异常的情况，重启软件可以解决。

② 若场景中对象较多，可以尝试使用自动旋转功能，如图 15-14、图 15-15 所示的情况。

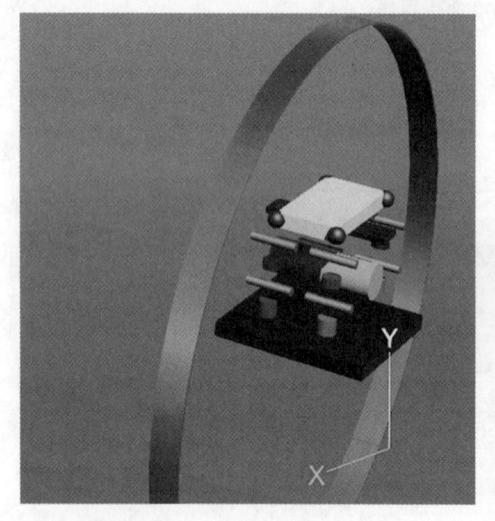

图 15-14　对象方向混乱的情况

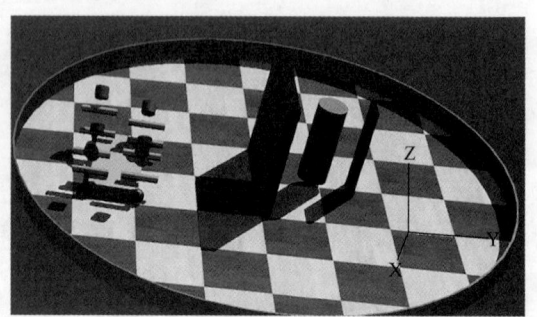

图 15-15　运行 convert_nue_to_enu_rub_to_flu.py 的效果

按照官网的说法，Webots 软件配套的源文件中包含了进行坐标系转换的 py 文件，如图 15-16 所示，运行这些 py 文件即可，但是实际上效果并不好，笔者推荐采用手动旋转的方法。

图 15-16　Webots2022b 源文件中的坐标系变换 py 文件

这些坐标系转换文件中最常用的是 convert_nue_to_enu_rub_to_flu.py，可同时对世界坐标系和节点对象坐标系进行转换。

例如要将当前目录下的 empty.wbt 进行转换，则使用如下命令：

```
python D:\Webots-R2022b\scripts\ converter\ convert_nue_to_enu_rub_to_flu.py empty.wbt
```

若出现如下报错，说明 Python 环境未配置好，缺少 transform3d 软件包，使用 Anaconda 或 PyCharm 进行安装即可解决。

```
D:\5.webots\Demo\Webots-Homework-master\Final_project\worlds>python D:\webots-R2022b\scripts\converter\convert_all_worlds.py flu.py
    Traceback (most recent call last):
      File "D:\webots-R2022b\scripts\converter\convert_all_worlds.py", line 24, in <module>
        from convert_to_nue import convert_to_nue
    ModuleNotFoundError: No module named 'convert_to_nue'
```

安装完成之后，再次运行，出现如下信息说明运行成功：

```
D:\5.webots\Demo\Webots-Homework-master\Final project\worlds>python D:\webots-R2022b\scripts\converter\convert_nue_to_enu_rub_to_flu.py world3.wbt
    Conversion of [I33mworld3.wbt m successful
    Achieved successfully! 1 file(s) converted.
```

15.8 节点无法显示 missing proto icon

若出现节点无法加载、场景全黑、信息提示栏显示"raw.githubusercontent.com 无法访问和无法下载"的情况，表示 Webots 找不到资源文件，如图 15-17 所示。

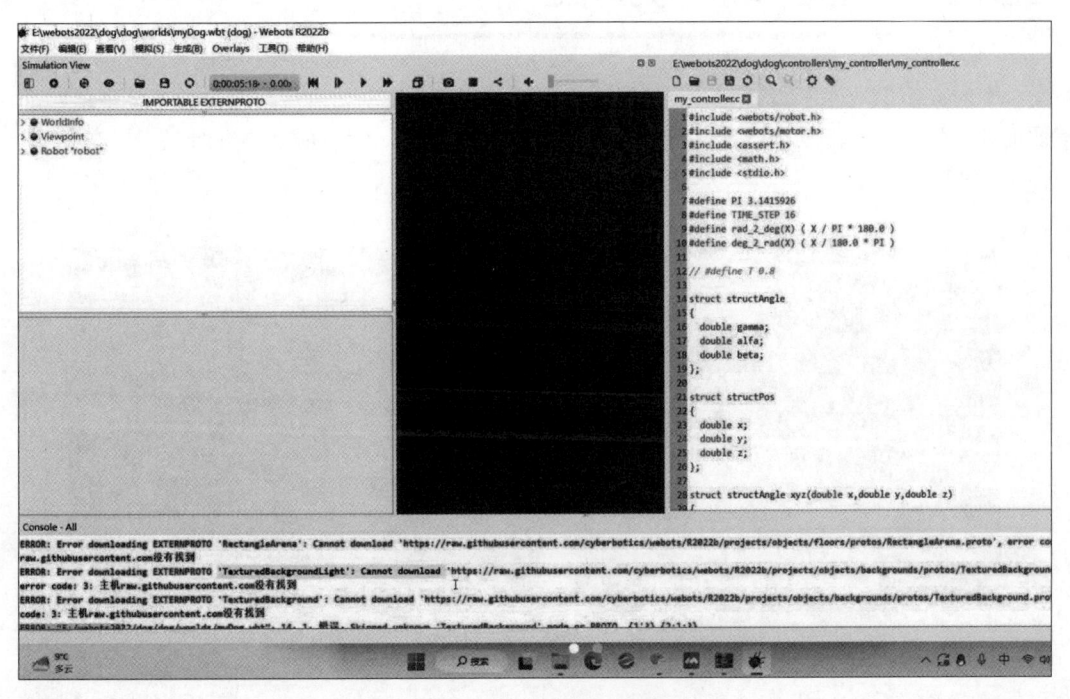

图 15-17　Webots 找不到资源文件

手动添加节点的时候，显示如图 15-18 所示的界面，无法显示缩略图，表示找不到资源文件。

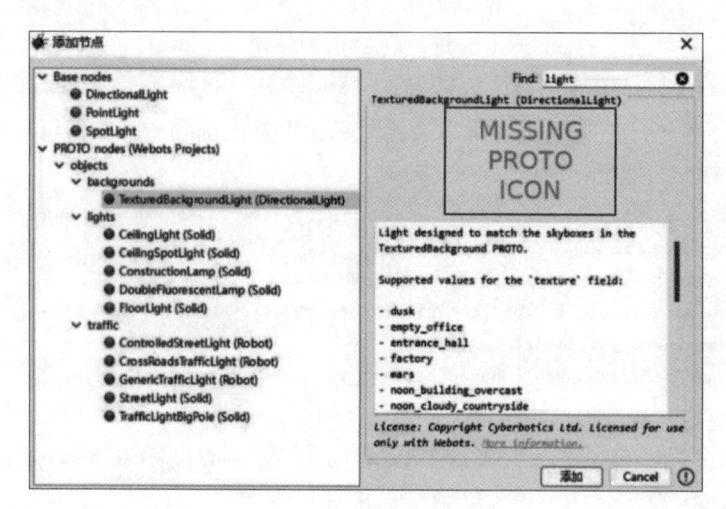

图 15-18 节点缩略图无法显示

解决方法有两种：
① 将节点资源文件放到项目文件夹的 proto 文件夹下，能解决多数问题，若还不行，可用第②种方法。
② 按照"1.3.3 GitHub 网络安装"的方法进行联网。

15.9 地面似乎有弹性

有时会出现地面上的对象陷入到地面的情况。例如，启动仿真后，两个长方体下落，上面的长方体甚至下落至了下方长方体里，下方长方体也陷入了地面里，地面似乎是软的，如图 15-19 所示。

图 15-19 对象陷入了地面（左图仿真前，右图仿真后）

有时移动机器人也会在地面产生下陷的现象。
产生这个问题的原因是对象的质量大于地面或其他对象的承受能力，下方的对象做了弹性形变。

解决办法：

① 减小对象质量。

② 设置接触属性，增加 softERP 的值，如图 15-20 所示。

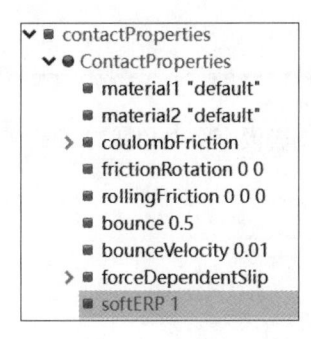

图 15-20　将 WorldInfo 的接触属性 softERP 的值调大

15.10　从动轮的实现

从动轮没有电机，随车体而动。要实现从动轮，在软件设置时不加电机即可，如图 15-21 所示。

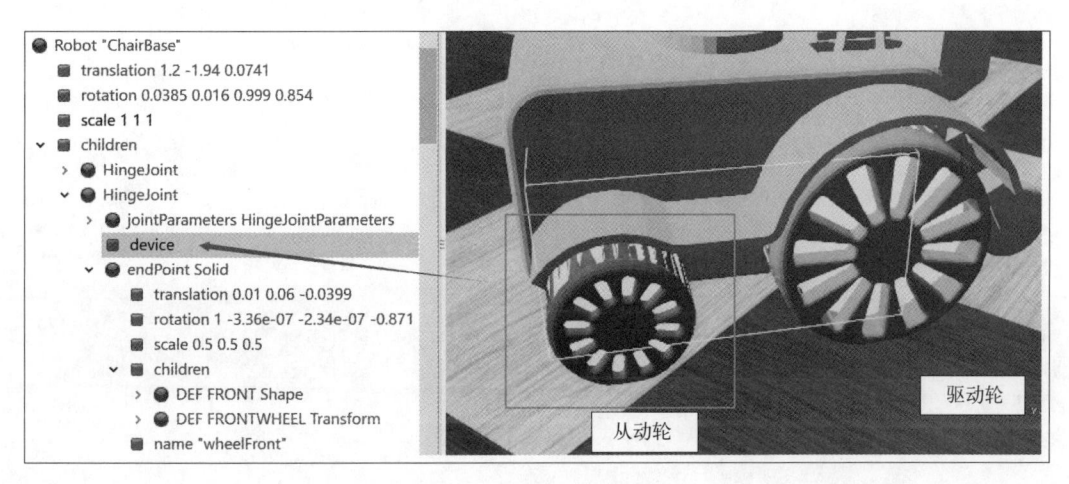

图 15-21　360 从动轮的实现

15.11　移动机器人的控制

各种移动机器人、移动小车或者无人机等，都可以采用同样的思路来实现，即设置一个目标点，让移动机器人一直定位自己到这个目标点，同时在另外一个进程或者同一个程序里控制这个目标点到指定位置。这样将机器人本身的控制和高层的控制分开，程序结构清晰易读，且容易调试。

15.12　其他

有时出现莫名其妙的问题，或者没有实现预期的功能，可尝试重启解决。